“十三五”国家重点出版物出版规划项目

中国生态环境演变与评估

黄河中上游能源化工区生态环境遥感调查与评估

张全发　朱明勇　张克荣　著

科学出版社
龍門書局
北京

内 容 简 介

黄河中上游能源化工区是我国未来发展的重点区域。本书针对该地区生态环境脆弱、生态系统稳定性差的问题，从生态系统构成与格局、生态承载力、生态环境质量、环境胁迫、水资源承载力及开发强度几个方面，主要采用主成分分析法对该区域进行系统、全面、科学的生态环境调查与评估，研究黄河中上游能源化工区生态环境质量、生态环境问题及变化趋势；构建开发强度与生态承载力、环境胁迫之间的相关关系，评价资源开发、产业发展、城市化进程等对区域生态环境的影响；针对区域水资源短缺这一最大的生态问题，进行区域水资源承载力分析；在综合评价区域生态环境质量的基础上，有针对性地提出区域可持续发展对策。

本书可作为地学、生态、环境等相关专业人员的参考书，尤其可供从事环境影响评价的相关科学研究与业务应用人员参考。

图书在版编目(CIP)数据

黄河中上游能源化工区生态环境遥感调查与评估 / 张全发，朱明勇，张克荣著．—北京：科学出版社，2017. 4

（中国生态环境演变与评估）

“十三五”国家重点出版物出版规划项目　国家出版基金项目

ISBN 978-7-03-050408-1

Ⅰ. 黄…　Ⅱ. ①张…②朱…③张…　Ⅲ. ①黄河中、上游-能源工业-生态环境-环境遥感-环境质量评价②黄河中、上游-化学工业-生态环境-环境遥感-环境质量评价　Ⅳ. X87

中国版本图书馆 CIP 数据核字（2016）第 262830 号

责任编辑：李　敏　张　菊　吕彩霞 / 责任校对：邹慧卿
责任印制：肖　兴 / 封面设计：黄华斌

科学出版社 出版
北京东黄城根北街 16 号
邮政编码：100717
http://www.sciencep.com

中国科学院印刷厂 印刷

科学出版社发行　各地新华书店经销

*

2017 年 4 月第　一　版　开本：787×1092　1/16
2017 年 4 月第一次印刷　印张：23 1/4
字数：600 000

定价：210.00 元

（如有印装质量问题，我社负责调换）

《中国生态环境演变与评估》丛书编委会

《黄河中上游能源化工区生态环境遥感调查与评估》

编委会

主　笔　张全发　朱明勇

副主笔　张克荣

总　序

我国国土辽阔,地形复杂，生物多样性丰富，拥有森林、草地、湿地、荒漠、海洋、农田和城市等各类生态系统，为中华民族繁衍、华夏文明昌盛与传承提供了支撑。但长期的开发历史、巨大的人口压力和脆弱的生态环境条件，导致我国生态系统退化严重，生态服务功能下降，生态安全受到严重威胁。尤其 2000 年以来，我国经济与城镇化快速的发展、高强度的资源开发、严重的自然灾害等给生态环境带来前所未有的冲击：2010 年提前 10 年实现 GDP 比 2000 年翻两番的目标；实施了三峡工程、青藏铁路、南水北调等一大批大型建设工程；发生了南方冰雪冻害、汶川大地震、西南大旱、玉树地震、南方洪涝、松花江洪水、舟曲特大山洪泥石流等一系列重大自然灾害事件，对我国生态系统造成巨大的影响。同时，2000 年以来，我国生态保护与建设力度加大，规模巨大，先后启动了天然林保护、退耕还林还草、退田还湖等一系列生态保护与建设工程。进入 21 世纪以来，我国生态环境状况与趋势如何以及生态安全面临怎样的挑战，是建设生态文明与经济社会发展所迫切需要明确的重要科学问题。经国务院批准，环境保护部、中国科学院于 2012 年 1 月联合启动了“全国生态环境十年变化（2000—2010 年）调查评估”工作，旨在全面认识我国生态环境状况，揭示我国生态系统格局、生态系统质量、生态系统服务功能、生态环境问题及其变化趋势和原因，研究提出新时期我国生态环境保护的对策，为我国生态文明建设与生态保护工作提供系统、可靠的科学依据。简言之，就是“摸清家底，发现问题，找出原因，提出对策”。

“全国生态环境十年变化（2000—2010 年）调查评估”工作历时 3 年，经过 139 个单位、3000 余名专业科技人员的共同努力，取得了丰硕成果：建立了“天地一体化”生态系统调查技术体系，获取了高精度的全国生态系统类型数据；建立了基于遥感数据的生态系统分类体系，为全国和区域生态系统评估奠定了基础；构建了生态系统“格局–质量–功能–问题–胁迫”评估框架与技术体系，推动了我国区域生态系统评估工作；揭示了全国生态环境十年变化时空特征，为我国生态保护与建设提供了科学支撑。项目成果已应用于国家与地方生态文明建设规划、全国生态功能区划修编、重点生态功能区调整、国家生态保护红线框架规划，以及国家与地方生态保护、城市与区域发展规划和生态保护政策的制定，并为国家与各地区社会经济发展“十三五”规划、京津冀交通一体化发展生态保护规划、京津冀协同发展生态环境保护规划等重要区域发展规划提供了重要技术支撑。此外，项目建立的多尺度大规模生态环境遥感调查技术体系等成果，直接推动了国家级和省级自然保护区人类活动监管、生物多样性保护优先区监管、全国生态资产核算、矿产资源开发监管、海岸带变化遥感监测等十余项新型遥感监测业务的发展，显著提升了我国生态环境保护管理决策的能力和水平。

《中国生态环境演变与评估》丛书系统地展示了“全国生态环境十年变化（2000—2010年）调查评估”的主要成果，包括：全国生态系统格局、生态系统服务功能、生态环境问题特征及其变化，以及长江、黄河、海河、辽河、珠江等重点流域，国家生态屏障区，典型城市群，五大经济区等主要区域的生态环境状况及变化评估。丛书的出版，将为全面认识国家和典型区域的生态环境现状及其变化趋势、推动我国生态文明建设提供科学支撑。

因丛书覆盖面广、涉及学科领域多，加上作者水平有限等原因，丛书中可能存在许多不足和谬误，敬请读者批评指正。

《中国生态环境演变与评估》丛书编委会

2016年9月

前　　言

在国家区域发展战略引领下，黄河中上游能源化工区正在成为我国未来发展的重点区域。该区域涵盖黄河中上游“几字湾”沿线以能源化工为主导产业的区域，包括山西、陕西、宁夏、内蒙古4省（自治区）的19个地市，面积约51万km^2，跨半湿润、半干旱、干旱三种气候类型区。2000年以来，区域经济强势扩张，2010年区域GDP达到16 504亿元，占全国GDP的4.1%，为2000年该区域GDP的7.86倍。该区域煤炭、石油、天然气、矿产等资源丰富，在全国占有重要的地位。该区域是我国最主要的煤炭产区和调出区、煤源重化工产品重要生产区。区域已探明煤炭储量5713.48亿t，占全国煤炭探明储量的56%。煤化工、能源电力等高耗水行业及煤炭开采业为该区重点发展产业。同时，该区域是我国西电东送北通道的重要部分，2007年电力装机容量46 850MW，发电量约2111.7亿kW·h，占4省（自治区）总量的43.6%，占全国总量的6.45%。因此，该区域是国家西部大开发与中部崛起战略的重要支撑，也是我国依赖资源推动经济增长的典型区域。

黄河中上游能源化工区生态环境脆弱，生态系统稳定性差，是干旱、沙尘暴、土壤侵蚀、土壤盐渍化、土地沙漠化等多重自然生态风险源集中分布区。特别是近年来随着该区重点发展产业的迅速发展，水环境污染等人为风险源开始凸现。生态用水被挤占、规划矿区粗放型煤矿开发等人为风险，加剧了区域生态的脆弱性。干旱缺水、土地沙化、水土流失、湿地萎缩等生态环境问题日益突出。人为风险源和自然生态风险源交织在一起，极易产生生态风险放大效应。因此，该区域是生态风险重点监控区。对该地区进行系统、全面、科学的生态环境调查与评估，从而制订相应的生态环境保护对策，是该区域实现可持续发展的重要保障。

本书通过遥感和地面调查，整合气象数据、水文水利数据、环境监测数据、社会经济统计数据等，研究黄河中上游能源化工区生态环境质量、生态环境问题及变化趋势，分析和评价资源开发、产业发展、城市化进程等对生态环境的影响，分析区域水资源承载力，制订黄河中上游能源化工区水资源可持续利用对策。

作　者

2016年10月

目　　录

第1章　绪　　论

本章简要介绍开展研究区生态环境遥感调查与评估工作的背景，研究的目标与任务，研究工作的主要内容及进行评估工作所采用的方法、技术路线、评估指标的选取，列举研究工作所涉及数据的来源。

1.1　研究目标与任务

黄河中上游能源化工区是国家西部大开发与中部崛起战略的重要支撑，也是我国依赖资源推动经济增长的典型区域。但该区域生态环境脆弱，生态系统稳定性差，是干旱、沙尘暴、土壤侵蚀、土壤盐渍化、土地沙漠化等多重自然生态风险源集中分布区。

开展黄河中上游能源化工区生态环境遥感调查与评估，旨在掌握该区域的生态环境质量，明确该区域的生态环境问题及未来发展趋势，为制订区域生态环境保护对策、协调经济快速发展与资源环境约束之间的关系提供科学依据，为实现区域的可持续发展提供重要的科学支撑。

本书通过遥感和地面调查，整合气象数据、水文水利数据、环境监测数据、社会经济统计数据等，主要完成以下任务。

1）揭示黄河中上游能源化工区生态环境质量及变化规律；

2）明确黄河中上游能源化工区的生态环境问题及生态承载力并分析其变化趋势；

3）提出生态环境保护对策。

1.2　研究内容与指标

1.2.1　研究主要内容

从生态系统质量、生态环境胁迫、生态承载力等方面开展调查和研究，分析这几个方面的现状、变化趋势、相互关系等，从而对黄河中上游能源化工区经济发展与生态环境质量之间的关系进行综合评价。具体内容如下。

1）黄河中上游能源化工区生态环境质量及其变化；

2）黄河中上游能源化工区生态环境问题及其变化；

3）黄河中上游能源化工区生态承载力及其变化。

1.2.2 调查指标体系

针对每项任务，建立以下3套调查指标体系。

1）黄河中上游能源化工区的自然、社会、经济状况调查指标体系；

2）黄河中上游能源化工区的生态环境问题指标体系；

3）黄河中上游能源化工区的生态环境质量及生态承载力调查指标体系。

根据调查和评价目标，从自然条件、社会经济与资源、生态环境质量、生态承载力、生态环境问题5个方面选择调查指标，具体调查指标与相应数据来源见表1-1～表1-5。

表1-1 土地利用数据

分类级数	分辨率/m	时相/年	区域
二级	30	2000、2005、2010	黄河中上游能源化工区

表1-2 遥感反演参数

参量	分辨率/m	数据源	辅助数据	时相/年
植被覆盖度	30、250	Landsat TM /HJ-1	植被覆盖地面调查数据	2000、2005、2010
叶面积指数	30、250	Landsat TM /HJ-1	—	2000、2005、2010
净初级生产力	30、250	Landsat TM /HJ-1	气象数据	2000、2005、2010
生物量	30、250	Landsat TM /HJ-1	森林/草地生物量干重	2000、2005、2010

表1-3 统计数据

名称	时间	数据来源
国土面积	2000～2010年	统计部门
人口	2000～2010年	统计部门
城市化水平	2000～2010年	统计部门
GDP	2000～2010年	统计部门
工业、服务业GDP	2000～2010年	统计部门
全社会用水量	2000～2010年	统计部门
水资源总量	2000～2010年	统计部门
地表水资源总量	2000～2010年	统计部门

表1-4 环境监测数据

名称	时间	数据来源
工业COD排放量	2000～2010年	环境监测部门
生活COD排放量	2000～2010年	环境监测部门
工业废水排放量	2000～2010年	环境监测部门

续表

名称	时间	数据来源
生活废水排放量	2000～2010 年	环境监测部门
工业氨氮排放量	2000～2010 年	环境监测部门
生活氨氮排放量	2000～2010 年	环境监测部门
工业废气排放量	2000～2010 年	环境监测部门
生活废气排放量	2000～2010 年	环境监测部门
工业氮氧化物排放物	2000～2010 年	环境监测部门
生活氮氧化物排放量	2000～2010 年	环境监测部门
工业 SO_2 排放量	2000～2010 年	环境监测部门
生活 SO_2 排放量	2000～2010 年	环境监测部门
工业 CO_2 排放量	2000～2010 年	环境监测部门
生活 CO_2 排放量	2000～2010 年	环境监测部门
烟、粉尘排放量	2000～2010 年	环境监测部门
固废排放量	2000～2010 年	环境监测部门
PM_{10} 浓度	2000～2010 年	环境监测部门
年天气良好天数	2000～2010 年	环境监测部门

表 1-5　生态环境状况调查内容与指标

序号	调查内容	调查指标
1	自然条件	年均气温，年极端最高气温，年极端最低气温，月平均气温，月极端最高气温，月极端最低气温
		年均降水量，月均降水量，逐月多年平均降水量
		地表水资源量，地下水资源量
		主要河流、湖泊、水库水位与流量（年均、逐月）
2	社会经济与资源	行政区国土面积
		人口总数，城镇与农村人口，户籍与常住人口
		国民生产总值，分产业产值与结构
		社会用水量，分行业用水量
3	生态系统质量	森林、草地、湿地、农田、城镇生态系统分布与构成
		各类生态系统斑块数量与面积
		植被覆盖度指数（VC），生物量（biomass），净初级生产力（NPP），叶面积指数（LAI）

续表

序号	调查内容	调查指标
4	环境胁迫	工业与生活废水排放量，工业与生活 COD 排放量，工业与生活氨氮排放量
		废气排放量，氮氧化物排放量，工业与生活 SO_2 排放量
		工业固体废物排放量，生活垃圾排放量
		土地退化，各站点主要空气污染物浓度（SO_2浓度、NO_2浓度、PM_{10}浓度等），河流和湖泊水质，年天气良好天数
5	生态承载力	不同时期遥感影像，人口数，人均生物生产性土地面积，均衡因子、产量因子

1.2.3 评价指标体系

在调查指标的基础上，筛选一定数量的指标或组建一定数量的新指标来评价黄河中上游能源化工区的生态环境综合质量及其效应（表 1-6）。

表 1-6 生态环境评估内容与指标

评价目标	评价内容	关键指标
生态系统构成与格局	生态系统构成	生态系统面积
		生态系统构成比例
	生态系统构成变化	类型面积变化率
	生态系统景观格局特征及其变化	斑块数（NP）
		平均斑块面积（AREA_MN）
		类斑块平均面积（MPST）
		边界密度（ED）
	生态系统结构变化、各类型之间相互转换特征	生态系统类型变化方向
		综合生态系统动态度
		类型相互转化强度
生态承载力	生态承载力	各地区林地、耕地、草地、建设用地和水域面积
		产量因子
		均衡因子
	生态承载力变化强度	生态承载力变化率
	生态承载力驱动力	总人口、城镇人口、GDP、人均 GDP、GDP 增长率、非农业产值比率等社会经济指标
生态系统质量	植被破碎化程度	斑块密度
	植被覆盖	植被覆盖面积及其所占国土面积比例
	生物量	植被单位面积生物量

续表

评价目标	评价内容	关键指标
环境胁迫	地表水环境	河流Ⅲ类水体以上的比例，主要湖库面积加权富营养化指数
	空气环境	年空气质量达二级标准的天数
	人口密度	单位国土面积人口数
	大气污染	单位国土面积 CO_2 排放量、单位国土面积 SO_2 排放量、单位国土面积烟粉尘排放量
	水污染	单位国土面积 COD 排放量
	酸雨侵蚀	酸雨发生的量、强度和频度
开发强度	土地开发强度	建设用地面积占评估单元总面积的比例
	经济活动强度	单位国土面积 GDP
	交通网络密度	单位面积道路建设长度
	水资源利用强度	用水量与水资源总量的比值
	城市化强度	土地城市化（城市建成区面积占评价单元面积的比例），经济城市化（第一产业、第二产业和第三产业比例），人口城市化（城市化人口比例）

1.3　调查与分析方法

利用 RS/GIS 平台，解译不同时相的遥感影像，统计 2000 年、2005 年和 2010 年黄河中上游能源化工区内森林、草地、湿地、荒漠、城市等生态系统的面积，分析 2000～2010 年各类生态系统的时空变化。

利用遥感数据、地面调查数据，分析 2000 年、2005 年和 2010 年该区域不同评价单元内的森林、草地、湿地、荒漠等生态系统的植被覆盖度和生物量，分析其时空变化。运用地理信息系统（GIS）平台，统计不同程度荒漠化、草地退化、水土流失等退化面积比例。利用部门监测数据，在建立评价指标体系的基础上，主要运用主成分分析法等，综合评价大气、水等环境要素质量现状及其变化。

运用多元统计分析（如主成分分析、相关分析等），研究经济发展与生态环境变化的关系，从土地利用变化、大气环境、水环境、资源开发等方面评估黄河中上游能源化工区的生态环境胁迫特征，分析经济快速发展的生态环境影响。

整合分析自然因素（如气候、水文、植被、土地利用等）与社会经济发展因素（如产业发展等），研究在自然与社会经济双重影响下水土流失、湿地退化等生态环境问题，辨识区域生态环境问题形成与发展的关键驱动力，分析区域生态足迹及生态承载力。

1.4 研究技术路线

本研究分析黄河中上游能源化工区生态系统与环境质量状况，评价 2000 ~ 2010 年黄河中上游能源化工区的生态环境综合质量，分析生态环境质量综合指数、环境胁迫指数等与经济驱动力指标之间的相互关系，提出不同经济发展模式的生态环境问题及对策，具体技术路线如图 1-1 所示。

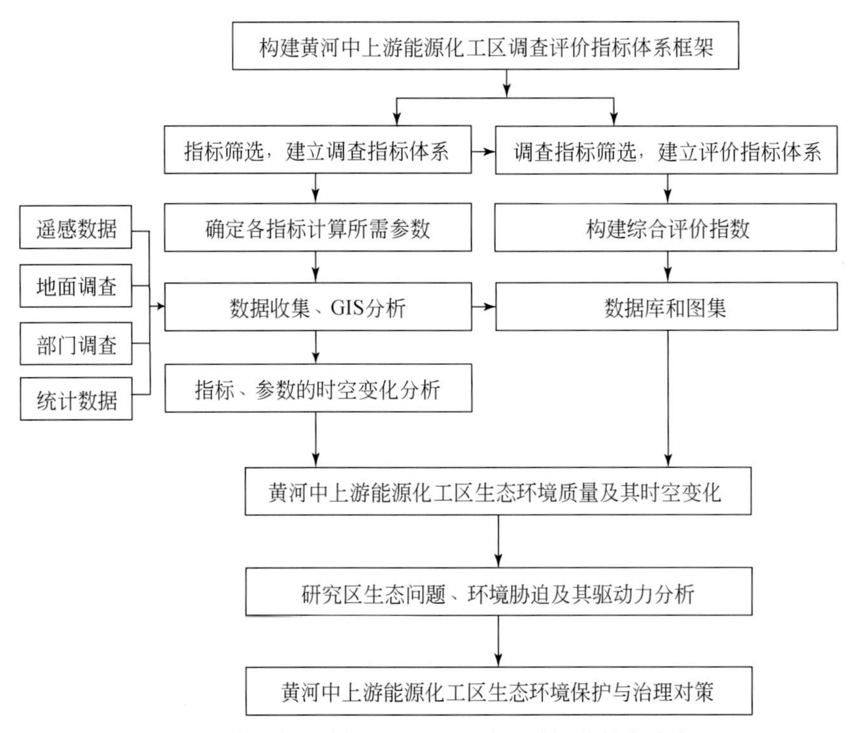

图 1-1 黄河中上游能源化工区生态环境评价技术路线图

第2章　概　述

本章从自然（地形、水系、降水、气温、土壤、植被）和社会经济（地理位置、行政区划、人口、经济）两方面对研究区黄河中上游能源化工区进行简要的介绍。

黄河中上游能源化工区地处我国中西部（97°10′E～112°43′E、33°35′N～42°47′N），西与青海省、甘肃省接壤，东南部毗邻华中地区、华北地区。行政范围包括宁夏回族自治区、内蒙古自治区、陕西省、山西省沿黄河流域的19个地市（旗），分别是宁夏回族自治区的中卫市、吴忠市、银川市、石嘴山市，内蒙古自治区的阿拉善左旗、乌海市、巴彦淖尔市、鄂尔多斯市、包头市，陕西省的榆林市、延安市、渭南市、铜川市、咸阳市、宝鸡市，山西省的忻州市、吕梁市、临汾市和运城市（表2-1）。区域东西长约895km，南北长约1018km；面积50.83万km^2，约占我国陆地面积的5.4%。黄河在研究区内经宁夏回族自治区中卫市的下河沿断面流入，至山西省运城市以下的三门峡断面流出。

表2-1　黄河中上游能源化工区2010年行政区划表

省（自治区）	市（旗）	县（市、旗、区）
山西省（57）	忻州市（14）	忻府区、原平市、代县、繁峙县、静乐县、定襄县、五台县、神池县、五寨县、岢岚县、偏关县、河曲县、保德县、宁武县
	吕梁市（13）	离石区、汾阳市、孝义市、交城县、文水县、交口县、石楼县、柳林县、中阳县、方山县、岚县、兴县、临县
	临汾市（17）	尧都区、侯马县、霍州县、洪洞县、翼城县、隰县、汾西县、安泽县、永和县、古县、浮山县、曲沃县、襄汾县、吉县、乡宁县、大宁县、蒲县
	运城市（13）	盐湖区、永济市、河津市、绛县、夏县、新绛县、稷山县、芮城县、临猗县、万荣县、闻喜县、垣曲县、平陆县
陕西省（66）	宝鸡市（12）	渭滨区、金台区、陈仓区、凤翔县、岐山县、扶风县、凤县、太白县、眉县、陇县、千阳县、麟游县
	咸阳市（14）	秦都区、杨陵区（属代管）、渭城区、兴平市、三原县、泾阳县、乾县、礼泉县、永寿县、彬县、长武县、旬邑县、淳化县、武功县
	渭南市（11）	临渭区、韩城市、华阴市、潼关县、华县、大荔县、蒲城县、富平县、合阳县、澄城县、白水县
	铜川市（4）	王益区、印台区、耀州区、宜君县
	延安市（13）	宝塔区、延长县、延川县、子长县、安塞县、志丹县、吴起县、甘泉县、富县、洛川县、宜川县、黄龙县、黄陵县
	榆林市（12）	榆阳区、府谷县、神木县、定边县、靖边县、横山县、米脂县、佳县、子洲县、吴堡县、绥德县、清涧县

续表

省（自治区）	市（旗）	县（市、旗、区）
宁夏回族自治区（17）	银川市（6）	兴庆区、金凤区、西夏区、灵武市、永宁县、贺兰县
	吴忠市（5）	利通区、红寺堡区、青铜峡市、盐池县、同心县
	中卫市（3）	中宁县、海原县、沙坡头区
	石嘴山市（3）	大武口区、惠农区、平罗县
内蒙古自治区（28）	巴彦淖尔市（7）	临河区、五原县、磴口县、杭锦后旗、乌拉特前旗、乌拉特中旗、乌拉特后旗
	鄂尔多斯市（8）	东胜区、达拉特旗、准格尔旗、鄂托克前旗、鄂托克旗、杭锦旗、乌审旗、伊金霍洛旗
	乌海市（3）	海勃湾区、乌达区、海南区
	包头市（9）	昆都仑区、青山区、东河区、九原区、石拐区、白云鄂博矿区、固阳县、土默特右旗、达尔罕茂明安联合旗
	阿拉善左旗	阿拉善左旗

注：黄河中上游能源化工区跨山西、陕西、宁夏、内蒙古4省（自治区）的19个地市168个县（市、旗、区）。表中括号内数字为县（市、旗、区）级行政单位的个数。山西省和内蒙古自治区的行政区划较稳定，宁夏回族自治区的行政区划调整较大，陕西省的也有调整。2003年，宁夏回族自治区的石嘴山市陶乐县被撤销，将陶乐县月牙湖乡划归银川市兴庆区管辖，其余地方划归平罗县管辖；2003年中卫县被撤销，设立地级中卫市，辖从吴忠市划入的中宁县、从固原市划入的海原县和新设立的沙坡头区（原中卫县）；撤销石嘴山市惠农县和石嘴山区，设立石嘴山市惠农区，以原惠农县和石嘴山区的行政区划为惠农区的行政区域。2003年陕西省宝鸡市行政区划调整，设立宝鸡市陈仓区（原宝鸡县），陈仓区成为继渭滨区、金台区后宝鸡市的第三个区。

随着我国西部大开发、东北地区老工业基地振兴、中部地区崛起、东部地区率先发展等一系列重大区域规划的出台，黄河中上游能源化工区与环渤海沿海地区、北部湾经济区、成渝经济区和海西经济区这五大区域（图2-1）作为国家重要的基础性、战略性产业

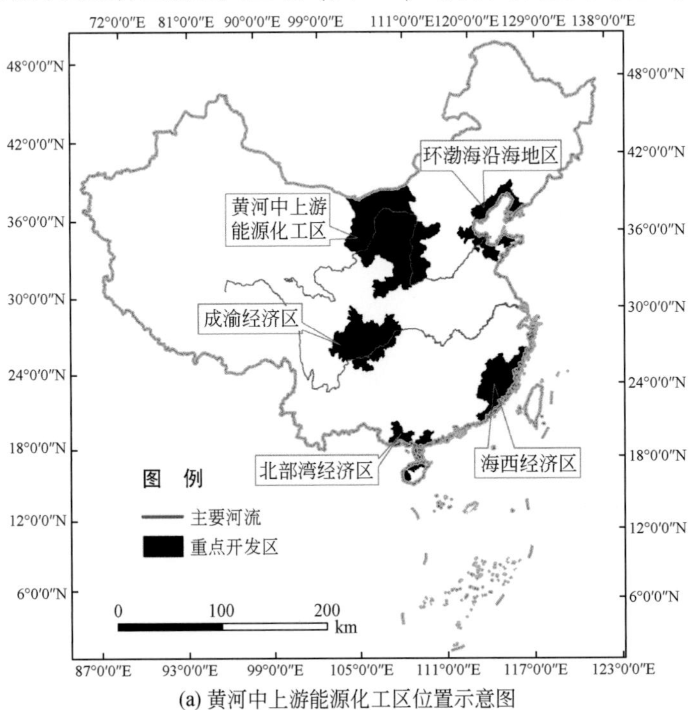

(a) 黄河中上游能源化工区位置示意图

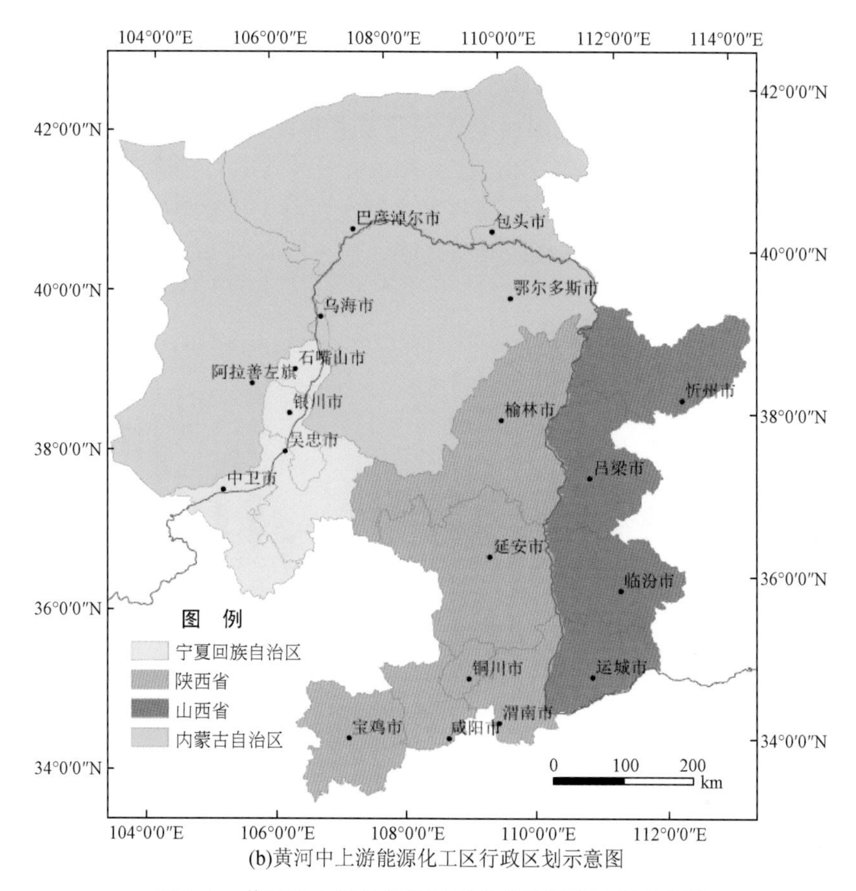

(b)黄河中上游能源化工区行政区划示意图

图2-1　黄河中上游能源化工区位置及行政区划示意图

基地的地位不断强化，工业化进程明显加快，成为我国新一轮区域经济调整和经济总量扩张的主要地区，也是依赖资源推动经济增长的典型区域。

2.1　社会经济状况

2.1.1　位置与行政区划

黄河中上游能源化工区涵盖黄河中上游“几字湾”沿线以能源化工为主导产业的区域（图2-1），包括山西、陕西、宁夏、内蒙古4省（自治区）的19个地市（旗），跨半湿润、半干旱、干旱三种气候区。

黄河中上游能源化工区的相关省、市（旗）在该区域的面积情况见图2-2。2000年以来，区域经济强势扩张，2010年区域GDP达到16 504亿元，占全国GDP的4.1%。该区域煤炭、石油、天然气、矿产等资源丰富，在全国占有重要地位。该区域是我国最主要的煤炭产区和调出区，已探明煤炭储量 5713.48 亿 t，占全国煤炭探明储量的 56%。该区域是煤源重化工产品的重要生产区，煤化工、能源电力等高耗水行业及煤炭开采业为该区域重点发展产业。同时，该区域是我国西电东送北通道的重要部分，2007 年电力装机容量 46 850MW，发电量约 2111.7 亿 kW·h，占 4 省（自治区）电力装机容量总量的 43.6%，占全国电力装机容总量的 6.45%。因此，该区域是国家西部大开发与中部崛起战略的重要支撑，也是我国依赖资源推动经济增长的典型区域。

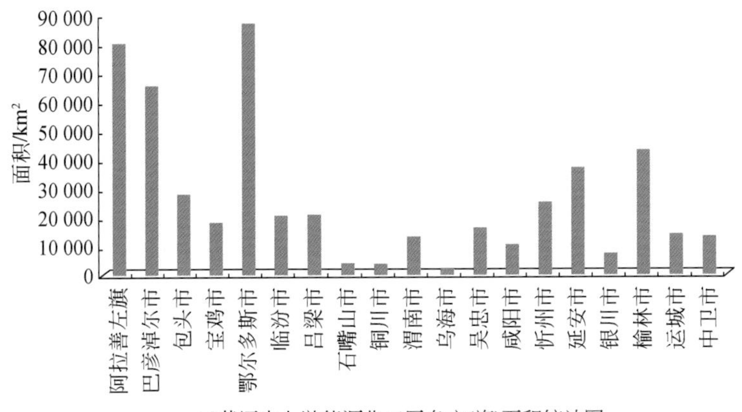

(a)黄河中上游能源化工区各市(旗)面积统计图

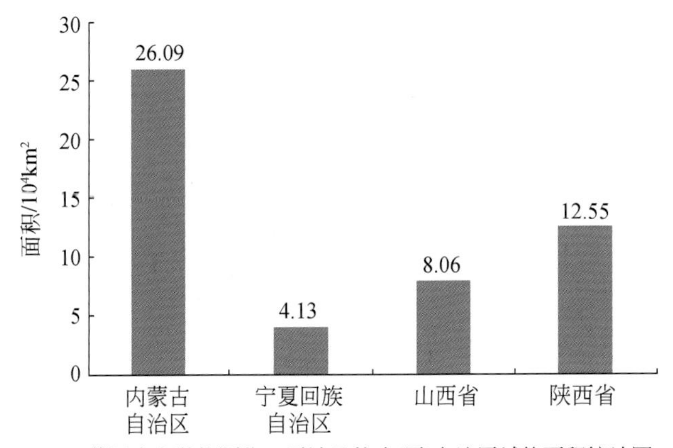

(b)黄河中上游能源化工区涉及的省(区)在该区域的面积统计图

图 2-2　黄河中上游能源化工区 2010 年各省及各地区面积统计图

2.1.2　人口

黄河中上游能源化工区 2000 年第五次全国人口普查统计总人口为 44 789 759 人，2010 年第六次全国人口普查统计总人口为 48 758 183 人（表 2-2）。10 年净增长 3 968 424 人，年平均增长 39.7 万人，年平均增长率为 8.86‰。在这 10 年里，除巴彦淖尔市人口有减少、渭南市人口稍有减少外，其他地市（旗）均为增长。绝对数增长最快的是鄂尔多斯市，10 年共增长 570 887 人；其次是银川市，增加 565 585 人。增长最少的是阿拉善左旗，10 年增长 24 822 人。增长率最快的也是鄂尔多斯市和银川市，分别达到 41.2‰和 39.6‰。

表 2-2　黄河中上游能源化工区各地区面积、总人口及人口密度变化统计表

地区		面积/km²	总人口/人		人口密度/(人/km²)		2000～2010 年的变化	
			2000 年	2010 年	2000 年	2010 年	人口变化/人	密度变化/(人/km²)
内蒙古自治区	阿拉善左旗	79 809	148 672	173 494	1.9	2.2	24 822	0.3
	巴彦淖尔市	65 092	1 682 662	1 669 915	25.9	25.7	-12 747	-0.2
	包头市	27 605	2 254 439	2 650 364	81.7	96.0	395 925	14.3
	鄂尔多斯市	86 691	1 369 766	1 940 653	15.8	22.4	570 887	6.6
	乌海市	1 658	427 553	532 902	257.8	321.4	105 349	63.5
	小计	260 855	5 883 092	6 967 328	22.6	26.7	1 084 236	4.2
宁夏回族自治区	石嘴山市	4 095	675 378	725 482	164.9	177.2	50 104	12.2
	吴忠市	16 190	1 086 407	1 273 792	67.1	78.7	187 385	11.6
	银川市	7 457	1 427 503	1 993 088	191.4	267.3	565 585	75.9
	中卫市	13 527	913 704	1 080 832	67.6	79.9	167 128	12.4
	小计	41 269	4 102 992	5 073 194	99.4	122.9	970 202	23.5
山西省	临汾市	20 260	3 950 845	4 316 612	195.0	213.1	365 767	18.1
	吕梁市	21 015	3 382 280	3 727 057	161.0	177.4	344 777	16.4
	忻州市	25 175	2 938 344	3 067 501	116.7	121.9	129 157	5.1
	运城市	14 157	4 812 361	5 134 794	339.9	362.7	322 433	22.8
	小计	80 607	15 083 830	16 245 964	187.1	201.5	1 162 134	14.4
陕西省	宝鸡市	18 126	3 594 215	3 716 731	198.3	205.1	122 516	6.8
	铜川市	3 910	792 600	834 437	202.7	213.4	41 837	10.7
	渭南市	13 020	5 292 200	5 286 077	406.5	406.0	-6 123	-0.5
	咸阳市	10 296	4 886 003	5 096 006	474.6	494.9	210 003	20.4
	延安市	37 015	2 016 787	2 187 009	54.5	59.1	170 222	4.6
	榆林市	43 159	3 138 040	3 351 437	72.7	77.7	213 397	4.9
	小计	125 526	19 719 845	20 471 697	157.1	163.1	751 852	6.0
总计		508 257	44 789 759	48 758 183	88.12	95.93	3 968 424	7.8

注：人口统计数据。黄河中上游能源化工区在 2000～2010 年部分地方行政区划发生了变动，以 2010 年行政区划为基准，对人口的分布进行相应调整。吴忠市 2010 年前下辖利通区、中卫县、中宁县、灵武市、青铜峡市、盐池县、同心县、红寺堡开发区 8 个县（市、区），现辖利通区、青铜峡市、盐池县、同心县、红寺堡开发区 5 个县（市、区）。将 2000 年统计的吴忠市的总人口减去中卫县、中宁县、灵武市三县（市）的人口即为吴忠市（按 2010 年行政区划范围）2000 年的实际人口。同时，对银川市和中卫市的人口做相应调整，按 2010 年的行政区调整 2000 年的行政区人口。银川市 2000 年的实际人口应为 2000 年的统计人口加上 2000 年灵武市的人口（为老银川市人口 1 177 613 人加上灵武县人口 249 890 人）。中卫市 2000 年的人口来自中卫县、中宁县和固原地区的海原县。

2010 年研究区人口密度为 96 人/km^2，低于当年全国平均人口密度 143 人/km^2。研究区内工业发达的地区，人口相对密集，如渭南、运城、宝鸡、咸阳、临汾、吕梁、榆林的人口数量较多，占整个研究区总人口的近 70%，其中尤以研究区南部的宝鸡、咸阳、渭南、运城人口密度最大，约 346 人/km^2（图 2-3）。

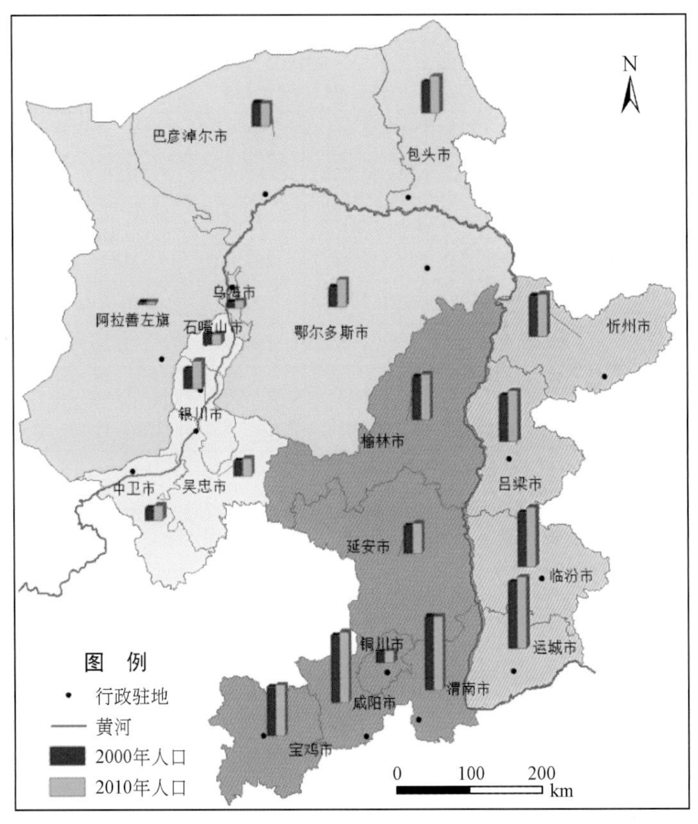

图 2-3 黄河中上游能源化工区 2000 年、2010 年人口分布统计图

2.1.3 经济

2000 年我国的 GDP 为 99 214.55 亿元，黄河中上游能源化工区的 GDP 为 2100 亿元，占全国 GDP 的 2.1%。2000 年我国人均 GDP 为 7860 元，而该区仅为 4650 元，仅为全国 GDP 平均水平的 60%，说明该区的经济发展水平当时落后于全国经济发展水平。

2010 年我国的 GDP 为 397 983 亿元，黄河中上游能源化工区为 16 504 亿元，占全国 GDP 的 4.1%，比 2000 年该区 GDP 占全国 GDP 的比例提高了 2 个百分点。2010 年我国人均 GDP为 29 992 元，而该区为 32 926 元，超过全国平均 GDP 水平 9.78%，说明该区 2000 ~ 2010 年经济快速增长（表 2-3）。

表2-3　黄河中上游能源化工区GDP及人均GDP统计表

地区		GDP/亿元		总人口/人		人均GDP/元	
		2000年	2010年	2000年	2010年	2000年	2010年
内蒙古自治区	阿拉善左旗	8.059 7	240.986	148 672	173 494	5 421	169 589
	巴彦淖尔市	111.07	603.329	1 682 662	1 669 915	6 601	32 378
	包头市	228.37	2 460.81	2 254 439	2 650 364	10 130	111 957
	鄂尔多斯市	150.09	2 643.23	1 369 766	1 940 653	10 957	173 463
	乌海市	38.36	391.124	427 553	532 902	8 972	88 210
	小计	535.949 7	6 339.479	5 883 092	6 967 328	911	9 099
宁夏回族自治区	石嘴山市	50.44	298.597	675 378	725 482	7 468	39 909
	吴忠市	55.717 2	216.997	1 086 407	1 273 792	5 129	15 685
	银川市	109.285	769.423	1 427 503	1 993 088	7 656	48 452
	中卫市	26.134 8	173.189	913 704	1 080 832	2 860	14 662
	小计	241.577	1 458.206	4 102 992	5 073 194	589	2 874
山西省	临汾市	170.3	890.144	3 950 845	4 316 612	4 311	20 602
	吕梁市	85.4	845.539	3 382 280	3 727 057	2 525	22 666
	忻州市	83.4	437.456	2 938 344	3 067 501	2 838	14 250
	运城市	172.4	827.432	4 812 361	5 134 794	3 582	16 100
	小计	511.5	3 000.571	15 083 830	16 245 964	339	1 847
陕西省	宝鸡市	195.34	976.09	3 594 215	3 716 731	5 648	25 613
	铜川市	40.428	187.734	792 600	834 437	5 101	21 973
	渭南市	165.47	801.423	5 292 200	5 286 077	3 103	14 310
	咸阳市	234.46	1 098.681	4 886 003	5 096 006	4 671	20 379
	延安市	96.2	885.42	2 016 787	2 187 009	4 770	38 460
	榆林市	78.9	1 756.668	3 138 040	3 351 437	2 514	48 194
	小计	810.798	5 706.016	19 719 845	20 471 697	411	2 787
总计		2 100	16 054.3	44 789 759	48 758 183	4 689	32 926

注：资料来源于CNKI网络年鉴数据库、各省统计年鉴（2001年）、2001年中国县市经济统计年鉴、2001～2011年中国区域经济统计年鉴、《中国城市统计年鉴2001》。

2.2　自然地理概况

2.2.1　地形

黄河中上游能源化工区绝大部分地区（66.88%）分布在海拔1000～1500m地区，区域内坡度小于5°的地区面积（占57.42%）超过总面积的一半（表2-4，表2-5，图2-4）。

表 2-4　黄河中上游能源化工区各高程带面积分布统计表

高程分布/m	面积/km²	面积所占比例/%	高程分布/m	面积/km²	面积所占比例/%
109～200	0.59	0	1 000～1 500	347 560.15	66.88
200～500	16 642.59	3.20	1 500～2 500	89 417.65	17.21
500～1 000	65 086.62	12.52	2 500～3 754	992.39	0.19

表 2-5　黄河中上游能源化工区各坡度分级面积分布统计表

坡度/°	面积/km²	面积所占比例/%	坡度/°	面积/km²	面积所占比例/%
0	5 971	1.15	8～15	76 794	14.78
0～3	201 659	38.80	15～25	57 815	11.12
3～5	90 812	17.47	25～35	18 620	3.58
5～8	63 426	12.20	>35	4 602	0.89

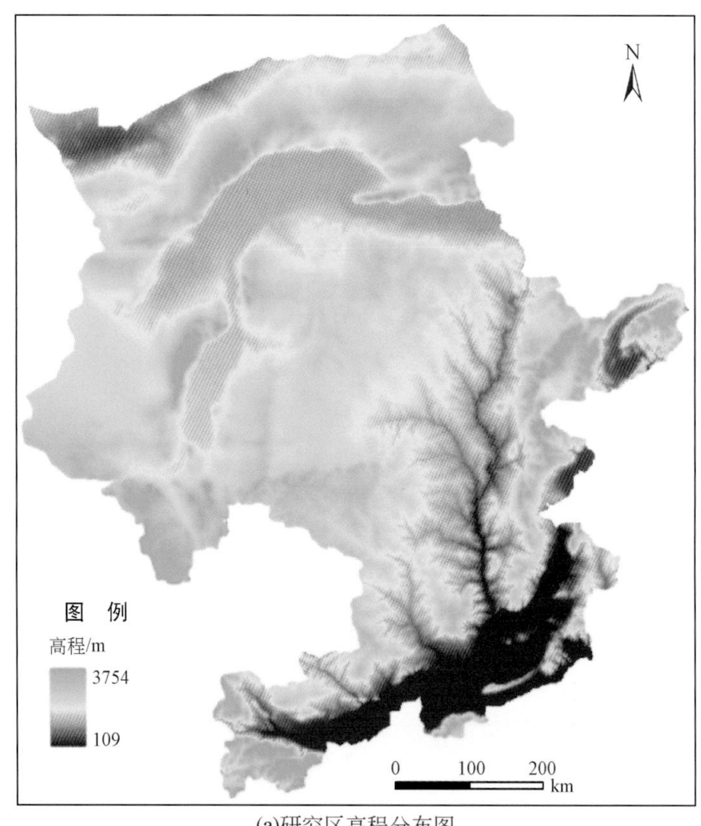

(a)研究区高程分布图

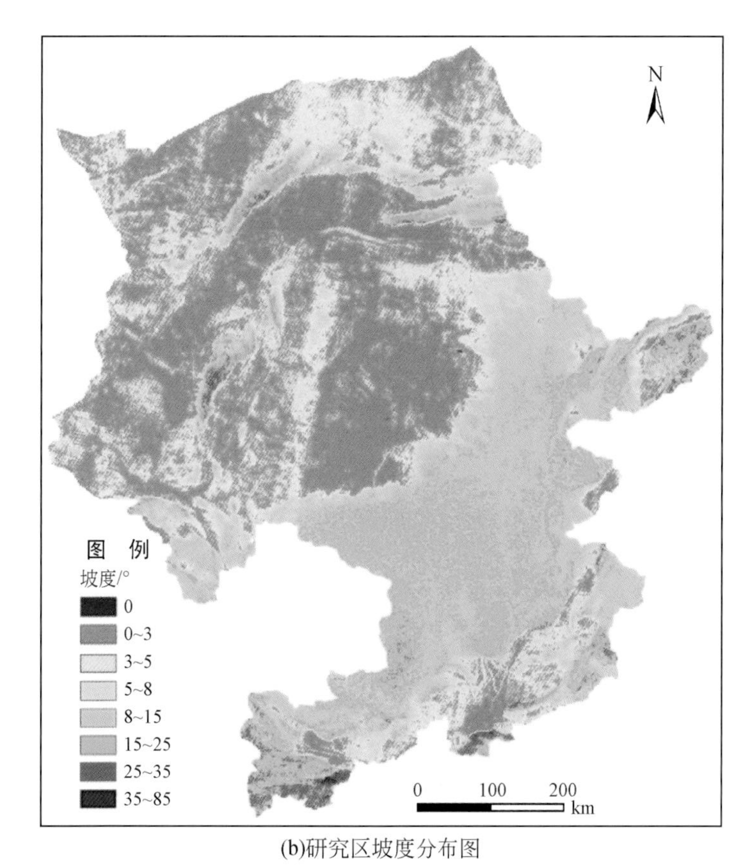

(b)研究区坡度分布图

图 2-4　黄河中上游能源化工区高程及坡度分布图

2.2.2　水系

黄河中上游能源化工区一级河流即黄河，二级河流有渭河、汾河、无定河、延河、北洛河等，三级河流有泾河、沮水、永定河等（图 2-5），该区域内水系的密度在黄河下游地区明显高于上游地区。

2.2.3　降水

黄河中上游能源化工区及附近周边地区多年降水量为 44.8 ~ 835.7mm，多年平均降水量为 383mm。年平均降水量最高值位于研究区东南部的湿润、半湿润地区，如华山、五台山附近的高海拔地区，达 800mm 左右；降水量最低值位于研究区北部的干旱地区，如宁蒙河套平原年降水量只有 200mm 左右，内蒙古自治区的拐子湖台站为 44.8mm。研究区降水量分布从东、南向西及向北减小，属半湿润、半干旱和干旱地区。降水集中在 6 ~ 9 月，这 4 个月的降水量一般占到各地年降水量的 60% ~ 80%。研究区多年平均、多年月均降水情况见表 2-6 和图 2-6。区内大部分地区旱灾频繁，历史上曾经多次发生遍及数省、连续多年的严重旱灾，危害极大。

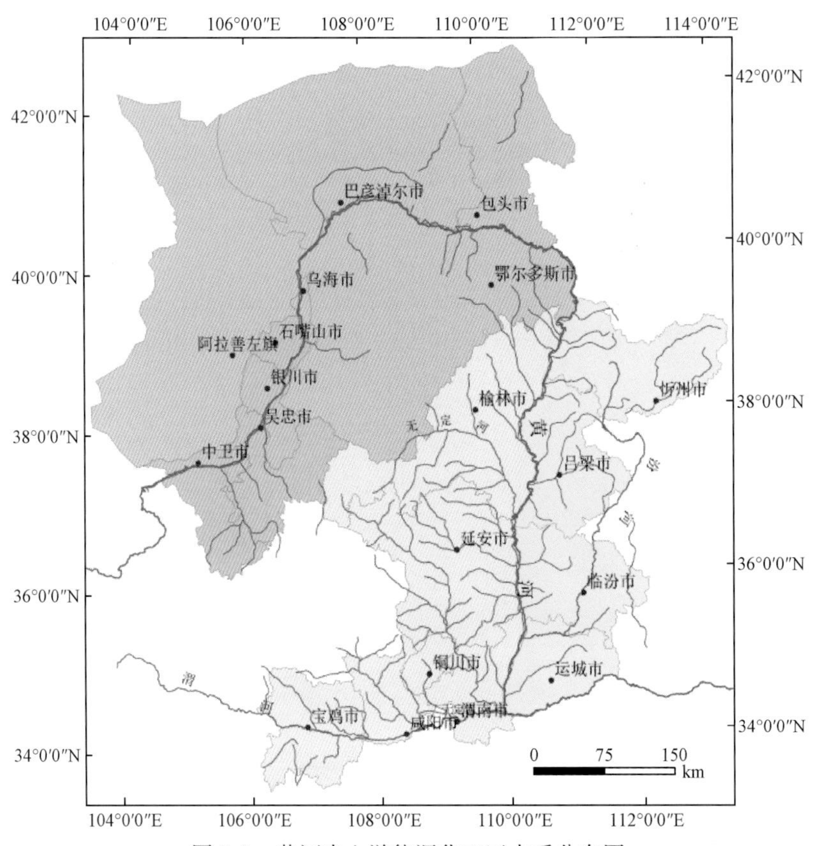

图 2-5　黄河中上游能源化工区水系分布图

表 2-6　黄河中上游能源化工区多年平均、多年月均降水情况统计表

台站名称	东经/°	北纬/°	海拔/m	降水量/mm												
				年平均	1月	2月	3月	4月	5月	6月	7月	8月	9月	10月	11月	12月
拐子湖	102.4	41.4	960	45	0	0	1	2	4	5	12	11	6	3	0	0
巴彦诺尔公	104.8	40.2	1323.9	100	1	1	2	3	8	14	25	27	14	4	1	0
民勤	103.1	38.6	1367.5	115	1	1	3	5	11	15	21	31	18	7	2	0
景泰	104.1	37.2	1630.9	184	1	1	4	9	20	25	37	45	29	12	2	0
满都拉	110.1	42.5	1225.2	171	2	2	4	6	14	22	44	44	20	8	3	2
海力素	106.4	41.4	1509.6	132	1	1	3	5	11	19	36	32	15	6	3	2
乌拉特中旗	108.5	41.6	1288	203	2	2	4	6	13	26	56	59	24	9	2	1
达尔罕旗	110.4	41.7	1376.6	255	2	3	5	8	19	32	67	69	31	12	4	2
杭锦后旗	107.1	40.9	1056.7	97	1	1	2	4	6	11	24	29	12	6	1	0
包头	109.9	40.7	1067.2	305	2	3	7	14	23	31	76	85	40	19	4	1
呼和浩特	111.7	40.8	1063	403	3	6	10	16	29	47	102	112	47	22	6	2
右玉	112.5	40.0	1345.8	419	3	4	9	21	36	54	100	107	54	22	7	2
大同	113.3	40.1	1067.2	375	2	3	10	20	30	48	95	84	53	21	7	2

续表

台站名称	东经/°	北纬/°	海拔/m	降水量/mm												
				年平均	1月	2月	3月	4月	5月	6月	7月	8月	9月	10月	11月	12月
吉兰太	105.8	39.8	1031.8	108	1	1	2	5	10	13	25	31	14	5	1	0
临河	107.4	40.8	1039.3	144	1	1	3	6	12	16	33	44	19	8	2	1
惠农	106.8	39.2	1092.5	175	1	2	4	6	16	21	44	47	23	9	3	0
鄂托克旗	108.0	39.1	1380.3	266	2	3	7	11	23	29	59	80	35	13	5	1
鄂尔多斯	110.0	39.8	1461.9	380	2	4	10	17	29	42	94	105	48	21	6	2
伊金霍洛旗	109.7	39.6	1329.3	258	1	3	8	11	20	25	61	76	34	14	3	1
河曲	111.2	39.4	861.5	406	3	4	11	19	30	48	102	104	53	24	8	2
五台山	113.5	39.0	2208.3	780	9	16	32	41	57	106	186	169	85	44	24	12
阿拉善左旗	105.7	38.8	1561.4	210	2	2	6	11	22	24	43	52	29	13	4	2
银川	106.2	38.5	1111.4	192	1	2	6	11	20	22	40	49	26	12	4	1
陶乐	106.7	38.8	1101.6	178	1	1	5	8	17	20	40	48	23	10	3	1
榆林	109.8	38.3	1157	400	2	4	10	21	31	41	87	110	55	25	10	2
五寨	111.8	38.9	1401	469	3	5	11	24	36	64	111	110	63	28	10	4
兴县	111.1	38.5	1012.6	481	4	6	12	25	36	54	112	117	69	32	13	4
原平	112.7	38.7	828.2	432	2	4	8	18	31	56	104	116	60	22	9	2
中卫	105.2	37.5	1225.7	132	1	1	3	7	13	16	21	38	20	10	3	1
中宁	105.7	37.5	1183.4	207	1	1	4	11	19	25	41	55	31	14	4	1
盐池	107.4	37.8	1349.3	291	2	3	8	15	27	33	59	74	42	19	7	1
定边	107.6	37.6	1360.3	333	3	4	10	18	32	38	73	77	50	20	9	1
吴旗	108.2	36.9	1331.4	464	3	5	12	26	41	50	100	110	74	30	11	2
横山	109.2	37.9	1111	377	2	4	10	20	31	48	80	94	55	22	9	2
绥德	110.2	37.5	929.7	450	3	5	13	21	35	51	99	104	71	31	12	3
离石	111.1	37.5	950.8	486	3	6	13	24	37	55	107	115	75	33	15	3
太原	112.6	37.8	778.3	442	3	6	11	22	34	53	106	102	61	28	13	3
海源	105.7	36.6	1854.2	378	3	4	9	19	39	45	75	92	57	27	6	2
同心	105.9	37.0	1339.3	267	2	3	6	16	27	32	53	64	39	19	5	1
固原	106.3	36.0	1753	448	3	4	11	23	44	56	92	106	68	32	9	2
延安	109.5	36.6	958.5	530	3	6	16	28	44	64	114	119	79	39	15	3
隰县	111.0	36.7	1052.7	520	4	7	15	27	38	61	120	112	79	37	16	4
介休	111.9	37.0	743.9	465	4	6	14	26	35	50	108	102	69	35	13	4
临汾	111.5	36.1	449.5	484	4	6	15	28	38	53	120	95	69	36	16	4
长治-晋东南	113.1	36.1	991.8	583	5	8	16	28	46	73	146	133	66	38	17	6
西吉	105.7	36.0	1916.5	406	2	4	10	22	41	51	83	91	62	31	8	1
长武	107.8	35.2	1206.5	582	7	10	23	39	54	59	107	107	98	52	21	5
洛川	109.5	35.8	1159.8	609	6	10	23	37	51	68	130	117	91	48	21	5
铜川	109.1	35.1	978.9	512	5	7	20	35	45	57	103	100	75	44	17	4
运城	111.1	35.1	365	538	5	7	19	38	51	61	108	87	84	51	22	4

续表

台站名称	东经/°	北纬/°	海拔/m	降水量/mm												
				年平均	1月	2月	3月	4月	5月	6月	7月	8月	9月	10月	11月	12月
侯马	111.4	35.7	433.8	488	6	9	15	31	46	49	108	80	74	45	21	5
宝鸡	107.1	34.4	612.4	644	7	10	25	49	62	72	113	108	114	61	21	5
凤翔	107.4	34.5	781.1	650	8	12	20	23	56	58	143	127	131	47	22	4
武功	108.2	34.3	447.8	612	6	10	27	45	61	61	98	107	109	60	23	5
西安	108.9	34.3	397.5	563	7	10	25	44	57	57	99	76	94	62	26	7
耀县	109.0	34.9	710	560	8	14	15	24	40	65	109	110	101	46	20	7
华山	110.1	34.5	2064.9	836	13	18	41	63	84	87	159	129	117	81	33	11
三门峡	111.2	34.8	409.9	555	5	8	20	37	55	64	114	87	88	50	23	5
孟津	112.4	34.8	333.3	624	8	14	25	40	53	64	149	95	95	47	26	8
洛阳	112.5	34.6	137.1	602	8	13	27	39	52	66	137	101	79	45	27	10
泾河	109.0	34.4	410	567	4	13	20	30	54	51	97	116	107	47	23	5

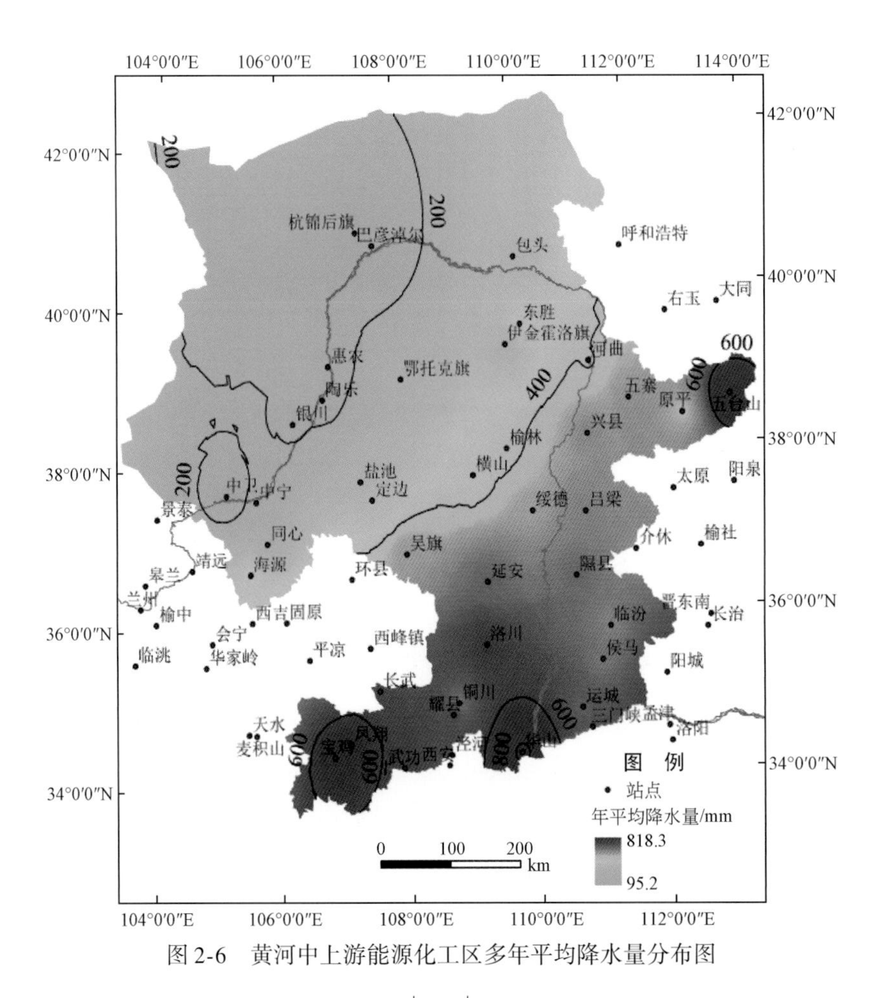

图 2-6 黄河中上游能源化工区多年平均降水量分布图

2.2.4 气温

近半个多世纪以来，黄河中上游能源化工区及附近周边地区多年平均气温为-2.35 ~ 14.55℃（图 2-7），多年极端最低气温为-44.8℃（1958 年 1 月 15 日山西省五台山台站记录），发生在 1 月；多年极端最高气温为 44.8℃（1988 年 7 月 24 日内蒙古自治区拐子湖台站记录），发生在 7 月。区域内相关气温统计情况见图 2-7 和表 2-7。

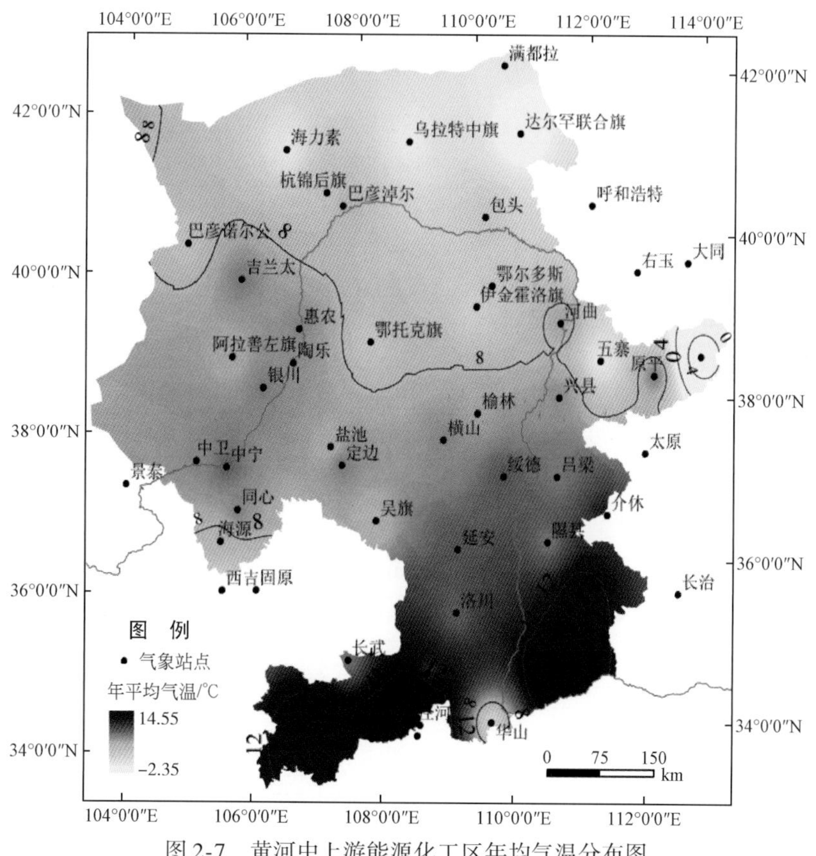

图 2-7　黄河中上游能源化工区年均气温分布图

表 2-7　黄河中上游能源化工区多年平均气温及多年极端气温情况统计表

台站名称	东经/°	北纬/°	海拔/m	起止时间	年限长度/年	年均值/℃	多年最小值/℃	多年最大值/℃
拐子湖	102.37	41.37	960	1960 ~ 2011 年	52	9.25	-32.4	44.8
巴彦诺尔公	104.8	40.17	1323.9	1958 ~ 2011 年	54	7.37	-34.4	41.1
民勤	103.08	38.63	1367.5	1953 ~ 2011 年	59	8.38	-29.5	41.7
景泰	104.05	37.18	1630.9	1958 ~ 2011 年	54	8.75	-10.9	39.4

续表

台站名称	东经/°	北纬/°	海拔/m	起止时间	年限长度/年	年均值/℃	多年最小值/℃	多年最大值/℃
满都拉	110.13	42.53	1225.2	1958～2011年	54	5.32	-35.6	39.8
海力素	106.4	41.4	1509.6	1971～2011年	41	5.4	-34	39.1
乌拉特中旗	108.52	41.57	1288	1954～2011年	58	5.22	-34.4	38.7
达尔罕联合旗	110.43	41.7	1376.6	1954～2011年	58	4.16	-41	38.1
杭锦后旗	107.13	40.9	1056.7	1954～2008年	54	7.18	-33.1	37.4
包头	109.85	40.67	1067.2	1951～2011年	60	7.14	-31.4	40.4
呼和浩特	111.68	40.82	1063	1952～2011年	59	6.81	-31.2	38.9
右玉	112.45	40	1345.8	1957～2011年	55	4.03	-40.4	37.7
大同	113.33	40.1	1067.2	1955～2011年	57	7.01	-29.1	39.2
吉兰太	105.75	39.78	1031.8	1955～2011年	57	9.09	-31.4	41.8
巴彦淖尔	107.42	40.75	1039.3	1958～2011年	54	7.97	-35.3	39.4
惠农	106.77	39.22	1092.5	1957～2011年	55	8.89	-28.4	38.7
鄂托克旗	107.98	39.1	1380.3	1955～2011年	57	7.07	-31.5	37.3
鄂尔多斯市	109.98	39.83	1461.9	1957～2011年	55	6.88	-29.8	36.7
伊金霍洛旗	109.73	39.57	1329.3	1959～2008年	49	6.44	-31.4	37
河曲	111.15	39.38	861.5	1955～2011年	57	8.41	-32.8	42.2
五台山	113.52	38.95	2208.3	1956～2011年	56	-2.35	-44.8	29.6
阿拉善左旗	105.67	38.83	1561.4	1953～2011年	59	8.14	-31.4	38.4
银川	106.22	38.48	1111.4	1951～2011年	61	9.04	-30.6	39.3
陶乐	106.7	38.8	1101.6	1959～2011年	53	8.68	-30.3	39
榆林	109.78	38.27	1157	1952～2011年	60	8.43	-32.7	39
五寨	111.82	38.92	1401	1957～2011年	55	5.21	-38.1	36.7
兴县	111.13	38.47	1012.6	1955～2011年	57	8.85	-29.3	39.9
原平	112.72	38.73	828.2	1954～2011年	58	9.08	-27.2	41.1
中卫	105.18	37.53	1225.7	1959～2011年	53	8.86	-29.2	37.6
中宁	105.68	37.48	1183.4	1953～2011年	59	9.59	-26.9	38.5
盐池	107.38	37.8	1349.3	1954～2011年	58	8.19	-29.6	38.1
定边	107.58	37.58	1360.3	1985～2011年	27	9.1	-29.1	37.7
吴旗	108.17	36.92	1331.4	1957～2011年	54	8.08	-28.5	38.3
横山	109.23	37.93	1111	1954～2011年	58	8.93	-29	40.4
绥德	110.22	37.5	929.7	1953～2011年	59	9.91	-25.4	40.5

续表

台站名称	东经/°	北纬/°	海拔/m	起止时间	年限长度/年	年均值/℃	多年最小值/℃	多年最大值/℃
吕梁	111.1	37.5	950.8	1957～2011 年	54	9.31	-26	40.6
太原	112.55	37.78	778.3	1951～2011 年	61	9.95	-25.5	39.4
海源	105.65	36.57	1854.2	1958～2011 年	54	7.78	-25.8	35.6
同心	105.9	36.97	1339.3	1955～2011 年	57	8.92	-28.3	39
固原	106.27	36	1753	1957～2011 年	55	6.67	-30.9	34.6
延安	109.5	36.6	958.5	1951～2011 年	61	9.88	-25.4	39.7
隰县	110.95	36.7	1052.7	1958～2011 年	54	9.32	-24.2	38.5
介休	111.92	37.03	743.9	1954～2011 年	58	11.36	-24.5	40.6
临汾	111.5	36.07	449.5	1954～2011 年	58	12.71	-25.6	42.3
长治	113.07	36.05	991.8	1954～2011 年	57	9.61	-29.3	38.1
西吉	105.72	35.97	1916.5	1958～2011 年	54	5.64	-32	33.9
长武	107.8	35.2	1206.5	1957～2011 年	55	9.32	-26.2	37.6
洛川	109.5	35.82	1159.8	1955～2011 年	57	9.63	-23	37.5
铜川	109.07	35.08	978.9	1955～2008 年	54	10.67	-21.8	37.7
运城	111.05	35.05	365	1956～2011 年	56	13.98	-18.9	42.7
侯马	111.37	35.65	433.8	1991～2011 年	21	13.23	-21.4	41.2
宝鸡	107.13	34.35	612.4	1952～2008 年	57	13.17	-16.7	41.6
凤翔	107.38	34.52	781.1	2005～2011 年	7	12.26	-16	40.1
武功	108.22	34.25	447.8	1955～2011 年	57	13.27	-19.4	42
西安	108.93	34.3	397.5	1951～2008 年	58	13.73	-20.6	41.8
耀县	108.98	34.93	710	2000～2011 年	12	13.06	-15.2	39.1
华山	110.08	34.48	2064.9	1953～2011 年	59	6.25	-25.3	29
泾河	108.97	34.43	410	2006～2011 年	6	14.55	-11	41.2

2.2.5 土壤

黄河中上游能源化工区地域辽阔，自然条件差异很大，地形复杂，气候类型多样，植被类型纷繁，土壤母质多变，形成了丰富多彩的土壤资源。加之农业历史悠久，人为活动对土壤形成与演变的影响很大，土壤沙化、石质化、盐渍化和贫瘠化等退化严重，形成大面积黄绵土、风沙土和石质土等，更增添了土壤资源的多样性。该区有褐土、黑垆土、棕钙土、灰漠土、塿土、黄绵土、灌淤土、风沙土、红土、潮土、新积土、黑钙土、淡棕壤、灰褐土、草甸土、沼泽土、盐土、碱土、水稻土、石质土、粗骨土、紫色土和冻漠土等土类，其中黄绵土、风沙土、粗骨土、灰褐土等面积较大（中国科学院黄土高原综合科学考察队，1991）。各种土壤类型及其代码见表 2-8。

表 2-8　黄河中上游能源化工区土壤类型分布图土类代码与名称对应表

土类代码	土壤类型	土类代码	土壤类型	土类代码	土壤类型
1	北方水稻土	8	黑钙土	15	盐碱土
2	塿土	9	栗钙土	16	风沙土
3	绵土	10	灰钙土	17	黄绵土
4	潮土	11	棕漠土	18	新积土
5	灌淤土	12	暗色草甸土	19	灰棕漠土
6	棕壤	13	盐土	20	水域
7	黑土	14	石灰土		

黄河中上游能源化工区受大陆性季风气候的影响明显。随着从东南向西北地势的升高和离海洋距离的增加，海洋性气候的影响减弱，大陆性气候的影响加强，加之研究区西部青藏高原的隆起，使该地区形成独特的自然地理区域。人类生产活动也给土壤地带性分布带来一些新的影响，使该区域土壤的分布规律具有明显的地带性和非地带性分布特点（孟庆香，2006）。

受地势变化和水热条件差异的综合影响，该地区土壤呈现出东北—西南走向的生物气候带，土壤也呈相应的水平地带性分布规律。土壤带的排列大致呈东北、西南到东西向，由东南至西北依次分布着褐土、黑垆土、栗钙土、棕钙土和灰漠土。在研究区内的高山地带，土壤表现出垂直地带性，垂直带谱的结构可分为暖温带半湿润阔叶林褐土带，暖温带半干旱半湿润森林草原、草原黑垆土带，中温带半干旱干草原栗钙土带，温带干旱荒漠草原带，中温带荒漠带，以及甘青高原中温带半干旱、半湿润森林草原–草原土壤垂直带 6 种。

黄土高原不同土壤区域内，由于地形、母质、水文地质条件和人为耕种等的影响，各自镶嵌分布较多互不相同的非地带性土壤和农业土壤，显示出土壤区域分布的差异性。例如，在广大的黑垆土分布地区，由于人为不合理耕种与强烈的水土流失，黑垆土剖面被侵蚀殆尽，黄土和红土母质出露，形成了大面积的初育土壤黄绵土和红土；在山区，由于植被遭到破坏，致使森林土壤淡棕壤、褐土、灰褐土及山地草甸土等薄土层被侵蚀，母岩出露，形成不少粗骨土和石质土；在汾渭平原，褐土经长期耕种，施加土粪，形成了塿土；在银川平原和河套平原地区形成了灌淤土；在汾渭河谷、大同盆地、银川平原、河套平原及各大小河谷沿岸形成盐碱土、沼泽土、草甸土和新积土复区等。这表明，研究区土壤具有区域性分布特征，其土壤类型分布如图 2-8 所示，各种土壤类型面积及其面积所占比例如表 2-9 所示。

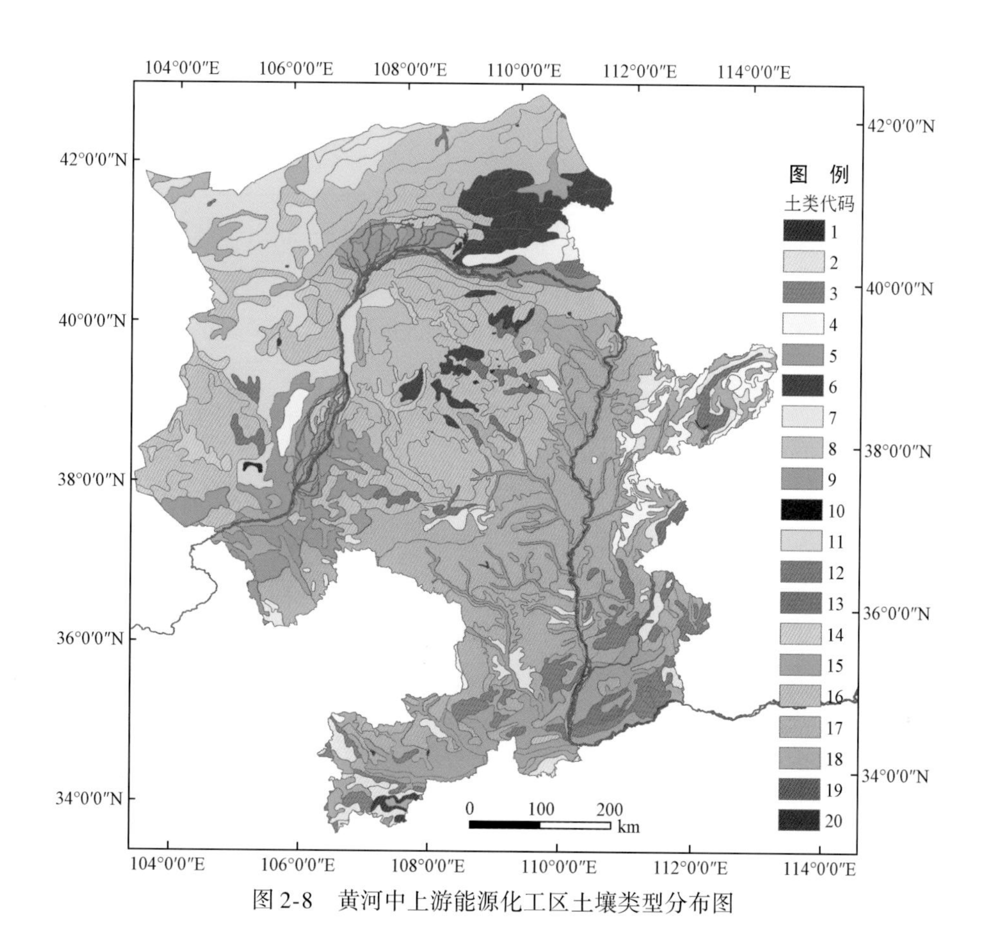

图 2-8　黄河中上游能源化工区土壤类型分布图

表 2-9　黄河中上游能源化工区各种土壤类型面积及其面积所占比例统计表

土壤类型	面积/km^2	比例/%	土壤类型	面积/km^2	比例/%
黄绵土	101 214. 16	19. 95	暗色草甸土	12 457. 37	2. 46
风沙土	100 644. 41	19. 84	黑土	11 495. 53	2. 27
黑钙土	46 811. 44	9. 23	石灰土	11 494. 00	2. 27
盐碱土	39 977. 67	7. 88	棕漠土	11 272. 09	2. 22
新积土	38 750. 68	7. 64	灌淤土	10 279. 90	2. 03
灰棕漠土	36 136. 33	7. 12	水域	5 220. 02	1. 03
栗钙土	23 522. 18	4. 64	塿土	5 178. 40	1. 02
棕壤	19 854. 46	3. 91	北方水稻土	911. 23	0. 18
潮土	16 597. 18	3. 27	盐土	277. 00	0. 05
绵土	15 047. 40	2. 97	灰钙土	206. 42	0. 04

2. 2. 6　植被

黄河中游地区黄土高原在全新世期间以各种类型的草原植被为主。在全新世中期的气候最适宜期，南部的关中地区表现为以草甸草原为主的森林草原景观，植被中有一些针叶林的成分；高原中部则是典型的草原景观（刘东生等，1994；吕厚远等，2003）。文献记载（黄河水利委员会和黄河中游治理局，1993；吴钦孝和杨文治，1998），历史时期黄土高原曾较多见到森林、草原。例如，关中平原在古籍中就有“平林”“中林”“木或林”“桃林”等有关森林的记载。由于气候、地质、全球变化等自然因素和历史上频繁的战乱及不合理土地利用方式等综合作用的影响，黄土高原大量植被惨遭破坏，只有极少部分残留的天然次生林和人工林。新中国成立后，黄土高原开始了大规模的人工造林种草，目前黄河中游地区植被恢复良好（Chen et al.，2016）。在现代地理区划中，黄土高原在自然地带上从西向东南横跨干草原、荒漠草原、森林草原和森林三个植被气候带（中国植被编辑委员会，1980；杨勤业和袁宝印，1991），其南部被划为落叶阔叶林区，中部归入森林草原区。

按照欧阳志云等（2015）所建立的“基于遥感技术的全国生态系统分类体系”，目前黄河中上游能源化工区植被覆盖类型主要为草地，占研究区总面积的41.9%；森林和灌丛面积约占19.5%，荒漠面积达到16.5%，湿地面积较小。其现状土地覆盖类型如图2-9所示。由于研究区涉及范围太大，植被类型复杂，笔者无法笼统叙述，因此按行政区将各个地区的植被分布情况分别进行介绍。

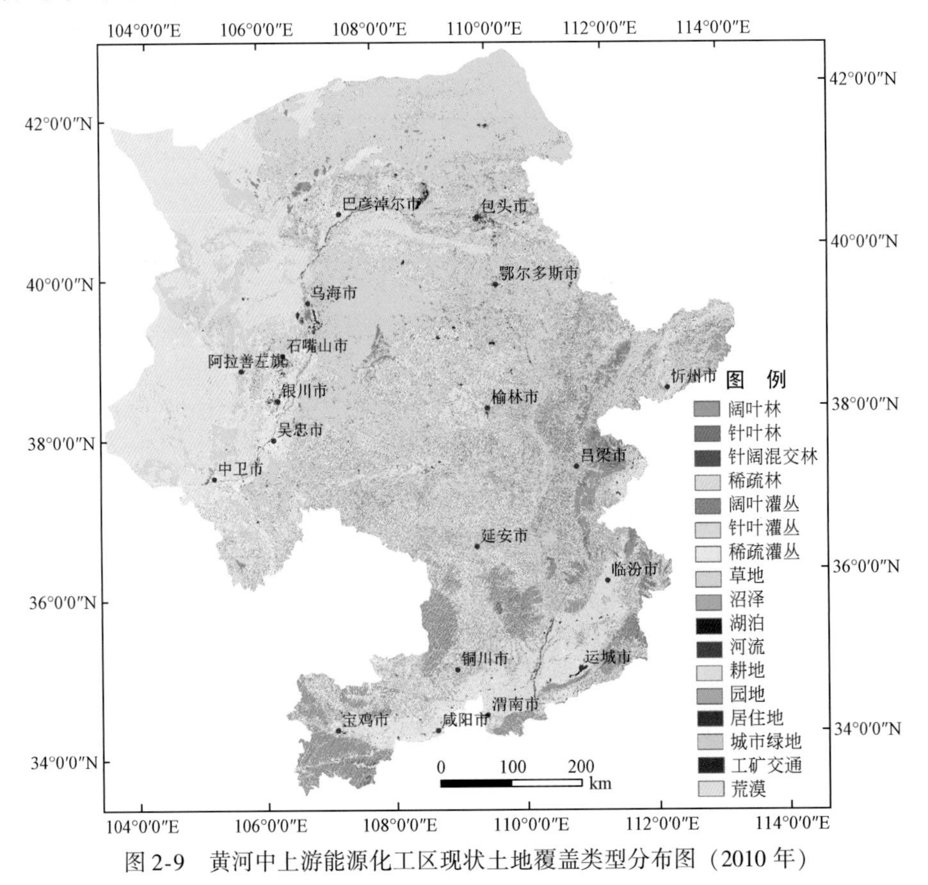

图2-9　黄河中上游能源化工区现状土地覆盖类型分布图（2010年）

阿拉善左旗位于亚欧大陆腹地，东部有贺兰山，北部有蒙古高原，从而形成了相对封闭的高原内陆区（马斌等，2008）。该地区属于典型的中温带干旱区，植被稀疏，具有明显的地带性和区域性，从东南向西北依次为草原化荒漠带、典型荒漠带、极旱荒漠带（张凯等，2008）。阿拉善左旗的植被组成主要以旱生、超旱生灌木、半灌木为主，多年生禾本科和豆科植物相对较少。主要建群植物以藜科、菊科、蒺藜科等居多，主要建群种为梭梭（*Haloxylon ammodendron*）、红砂（*Reaumuria songarica*）、泡泡刺（*Nitraria sphaerocarpa*）、霸王（*Sarcozygium xanthoxylon*）、麻黄（*Ephedra sinica*）、沙蒿（*Artemisia desertorum*）、藏锦鸡儿（*Leguminosae*）等；其次为蔷薇科、柽柳科，禾本科草类仅在水分条件较好的局部地区占优势，从而形成荒漠特有的植被景观（马斌等，2008）。该地区植被大多呈现个体矮小、根系发达、耐盐耐旱、防强光灼伤能力强等特征（马斌等，2008）。

巴彦淖尔地区以草原、荒漠及栽培植被为主。草原包括温带丛生矮禾草、半矮灌木荒漠草原［如戈壁针茅（*Stipa tianschanica*）荒漠草原］、温带丛生禾草典型草原等。荒漠包括温带草原化灌木荒漠［包括柠条（*Caragana korshinskii*）、蒙古沙拐枣（*Calligonum mongolicm*）、霸王、矮禾草荒漠］，温带灌木荒漠［如西伯利亚白刺（*Nitraria sibirica*）荒漠］，温带半灌木、矮半灌木荒漠（如红砂荒漠）等。栽培植被主要是一年一熟粮食作物，以及耐寒经济作物、落叶果树园等。

包头市植被以草原为主，包括温带丛生禾草典型草原［如克氏针茅（*Stipa krylovii*）草原、糙隐子草（*Cleistogenes squarrosa*）草原等］，温带禾草、杂类草草甸草原，温带丛生矮禾草、矮半灌木荒漠草原，温带禾草、杂类草盐生草甸。

鄂尔多斯地处草原、荒漠及其过渡地带，主要植被类型是以沙生、旱生半灌木为主的干草原和荒漠草原。从东向西北，境内植被依次可划分为典型草原亚带、荒漠草原亚带和草原化荒漠亚带。鄂尔多斯典型草原亚带的主要植被是以小半灌木蒿类为主的群落，在高亢、向阳的生境上保存有小片的长芒草草原群落，在沙丘间的低湿滩地上有草甸、盐生草甸、沼泽草甸、中生灌木等植被类型。北部、南部风沙地，沙生半灌木植被最为发达，形成沙生植被生态系列，主要植物群落有克氏针茅、蒿类、百里香（*Thymus mongolicus*）、牛心朴子（*Cynanchum hancockianum*）、苦豆子（*Sophora alopecuroides*）、兴安胡枝子（*Lespedeza daurica*）、砂珍棘豆（*Oxytropis psamocharis*）、柠条等。鄂尔多斯荒漠草原亚带荒漠植被特有成分显著，植被群落复杂多样。东部有典型草原植被成分加入，北部以沙生植物为主，中部及南部以旱生小灌木油蒿类为主。主要植物群落有锦鸡儿（*Caragana sinica*）、短花针茅（*Stipa breviflora*）、沙生针茅（*Stipa glareosa*）、珍珠猪毛菜（*Salsola passerina*）、戈壁针茅（*Stipa tianschanica*）、牛枝子（*Lespedeza potaninii*）、柠条、芨芨草（*Achnatherum splendens*）、油蒿（*Artemisia ordosica*）、白沙蒿（*Artemisia sphaerocephala*）、白草（*Pennisetum centrasiaticum*）、蒙古冰草（*Agropyron mongolicum*）、麻黄等。鄂尔多斯草原化荒漠亚带的主要群落是草原化荒漠植被群落，群落中也伴生有荒漠草原植被成分，主要植物群落有沙生针茅、短花针茅、阿尔泰狗娃花（*Heteropappus altaicus*）、沙冬青（*Ammopiptanthus mongolicus*）、猫头刺（*Oxytropis aciphylla*）、绵刺（*Potaninia mongolica*）、半日花（*Helianthemum songaricum*）、油蒿、猪毛菜（*Salsola collina*）、蒺藜（*Tribulus terrestris*）、沙生冰草（*Agropyron desertorum*）、叉枝鸦葱（*Scorzonera divaricata*）等（额尔登苏布达，2013）。

乌海市地处乌兰布和、库布其、毛乌素三大沙漠边缘，植被类型属荒漠化草原向草原化荒漠过渡地带（王霞等，2007）。该地区植被分布极不均匀，主要以荒漠植被型、干旱草原植被型、沙生植被型、草原化荒漠植被型等植被类型为主。主要植物群落有山地戈壁针茅+松叶猪毛菜（*Salsola laricifolia*）、半日花+小禾草、短脚锦鸡儿（*Caragana brachypoda*）+小禾草、四合木（*Tetraena mongolica*）+红砂+珍珠（*Salsola passerina*）+霸王+小禾草、沙冬青+霸王+四合木+小禾草、红砂+珍珠+霸王+小禾草、油蒿+霸王+沙冬青+四合木、油蒿+沙竹（*Phyllostachys propinqua*）、白刺堆（*Nitraria tangutorum*）、碱蓬（*Suaeda glauca*）+盐爪爪等（王霞等，2007）。

石嘴山市的植被类型以草地和栽培植被为主。草原植被包括温带丛生矮禾草、矮半灌木荒漠草原。栽培植被主要为一年一熟粮食作物，以及耐寒经济作物、落叶果树园，有春小麦、大豆等。

吴忠市由南向北分别分布有半干旱典型草原带、干旱半干旱草原荒漠带、干旱草原化荒漠带。半干旱典型草原带的典型植物有长芒草（*Stipa bungeana*）、冷蒿（*Artemisia frigida*）、猪毛蒿（*Artemisia scoparia*）、甘草（*Glycyrrhiza uralensis*）、牛枝子、蓍状亚菊（*Ajania achilloides*）；干旱半干旱草原荒漠带主要建群种有短花针茅、蓍状亚菊、木本猪毛菜（*Salsola collina*）等；干旱草原化荒漠带的典型植物有红砂、珍珠、沙冬青等。另外，在黄河及其支流的冲积平原分布有以芦苇（*Phragmites australis*）、盐爪爪等为建群种的低洼地草甸。栽培植被主要为一年一熟粮食作物，以及耐寒经济作物、落叶果树。

银川市的植被以草原为主，多为干草原与荒漠草原。林木资源以人工林为主，主要有杨树（*Pterocarya stenoptera*）、榆树（*Ulmus pumila*）、柳树（*Salix babylonica*）等（金鑫，2012）。贺兰山区有银川市唯一的天然林资源，贺兰山区总面积 2.67 万 hm^2，有天然次生林 1.23 万 hm^2，森林覆盖率 22.8%。林种主要有云杉（*Picea asperata*）、油松（*Pinus tabuliformis*）、山杨（*Populus davidiana*）等乔木，还有山榆（*Ulmus davidiana*）、山杏（*Armeniaca sibirica*）等灌木。栽培植被主要为一年一熟粮食作物，以及耐寒经济作物、落叶果树。

中卫地区的植被类型主要为温带丛生矮禾草、矮半灌木荒漠草原［包括短花针茅荒漠草原、亚菊（*Ajania pallasiana*）、矮禾草荒漠草原］，温带丛生禾草典型草原［冷蒿+丛生小禾草草原、茭蒿（*Artemisia giraldii*）+禾草草原、长芒草草原等］，温带禾草、杂类草草甸［包括小白花地榆（*Sanguisorba tenuifolia*）、金莲花（*Trollius chinensis*）、禾草草甸］，温带半灌木、矮半灌木荒漠（主要包括有籽蒿荒漠、松叶猪毛菜荒漠、红砂荒漠），温带草原化灌木荒漠［主要有刺旋花（*Convolvulus tragacanthoides*）、矮禾草荒漠］，温带多汁盐生矮半灌木荒漠（如盐爪爪荒漠）。

临汾地区自然植被主要是温带针叶阔叶混交林、温带落叶阔叶林、温带针叶林、温带落叶灌丛。临汾东南山区丘陵地带以栎类占优势；东部山地以油松为主；太岳山区以油松、栎类为主；临汾盆地以杨树为主；吕梁山以侧柏（*Platycladus orientalis*）为主；西部黄土残塬丘陵植被区以侧柏、刺槐（*Robinia pseudoacacia*）为主。该地区现有植物606种（农作物除外），分属97科386属，其中，乔木以油松、白皮松（*Pinus bungeana*）、侧柏、落叶松（*Larix gmelinii*）、辽东栎（*Quercus wutaishansea*）、栓皮栎（*Quercus variabilis*）、山杨、山榆、白桦（*Betula platyphylla*）、山杏、椴树（*Tilia tuan*）、白蜡树（*Fraxinus chinensis*）、杨树、楸树（*Catalpa bungei*）、枹桐（*Paulownia*）、刺槐等为主，灌木主要有绣线菊（*Spiraea salicifolia*）、胡枝子（*Lespedeza bicolor*）、胡颓子（*Elaeagnus pungens*）、连翘（*Forsythia suspensa*）、黄栌（*Cotinus coggygria*）、荆条（*Vitex negundo*）、虎榛子（*Ostryopsis davidiana*）、黄蔷薇（*Rosa hugonis*）、狼牙刺（*Sophora viciifolia*）、沙棘（*Hippophae rhamnoides*）等，草本主要有薹草（*Carex tristachya*）、白羊草（*Bothriochloa ischaemum*）、柴胡（*Bupleurum chinensis*）、苍术（*Atractylodes Lancea*）、桔梗（*Platycodon grandiflorus*）等。

吕梁市的植被型主要有温带落叶阔叶林、温带针叶林、温带落叶灌丛、亚高山落叶阔叶灌丛、温带禾草、杂类草草甸和温带草丛。吕梁市有林地总面积51.5万hm^2，其中成林面积30.3万hm^2、灌木林地18万hm^2、四旁树4790万株（折合面积3.2hm^2），森林覆盖率24.4%，主要树种为油松、华北落叶松、山杨、辽东栎、白桦等。从南到北、从低山到中山分布着暖温带的栎类杨桦阔叶杂木林。中部、北部高寒山区分布有侧柏林。关帝山主要是以华北落叶松、油松为主的针叶混交林。黄河东岸残垣沟壑区以红枣为主，黄河丘陵区以刺槐、榆为主，离石三川河、临县湫水河、兴县蔚汾河西岸及岚县小盆地人工栽植有以北京杨、新疆杨、加拿大杨为主的杂交品种。吕梁山东麓的孝义、汾阳、交口等县（市）的黄土丘陵阶地以核桃为主。汾河以西的交城、文水、汾阳、孝义的平川区则是北京杨、毛白杨等杂交杨占绝对优势，间有旱柳、漳河柳的人工速生丰产林及农田林网。

忻州境内植被受山体影响，由高到低形成明显的垂直分布格局，可分为6个自然带。①亚高山草甸带，分布于五台山、管涔山的顶部。植被以蒿草为主，其次有薹草、蓝花棘豆（*Oxytropis coerulea*）等草甸群落。②山地草原草甸带，分布在山脉上部、山顶平台缓坡处。植被种类主要有薹草、蒿草、兰花棘豆、委陵菜（*Potentilla chinensis*）、苔藓、地衣，还有金莲花（*Trollius chinensis*）、珠芽蓼（*Polygonum viviparum*）、短颖鹅冠草（*Roegneria breviglumis*）、小丛红景天（*Rhodiola dumulosa*）、莎草（*Cyperus rotundus*）、狼毒（*Stellera chamaejasme*）、羽茅（*Achnatherum sibiricum*）、铁杆蒿丛及多种菊科草共同组成的五花草甸群落。③森林灌丛带，分布于海拔1700～2700m的深山山地上。在这个海拔范围内，上部主要以云杉、落叶松、油松等针叶林为主，与林下的苔藓类构成生态群落；下部以针阔混交林为主。阔叶树种主要是桦树、山杨等。内部混杂着野刺梅（*Euphorbia Milii*）、丁香（*Syringa oblata*）、山桃（*Amygdalus davidiana*）、山杏、绣线菊、胡榛子等灌丛，以及一些莎草等草本构成的生物群落。④灌丛草本带，处于海拔1200～1900m广大的土石山地上，植被以山杨、山杏、酸刺（*Hippophae rhamnoides*）、绣线菊、刺梅、虎榛子、荆条等灌木，以及铁杆蒿、胡枝子、狼毒、莎草、柴胡、黄芪（*Astragalus membranaceus*）、野葱（*Allium fistulosum*）、早熟禾（*Poa annua*）、黄花铁线莲（*Clematis urophylla*）、羽茅（*Achnatherum sibiricum*）、蓝花棘豆、菊科等草本为主构成草灌群落。⑤旱生草本带，分布于黄土丘陵区和平川二级阶地区。植被以蒿草、披碱草（*Elymus dahuricus*）、酸枣（*Ziziphus jujuba*）、甘草、胡枝子、阿尔泰紫菀（*Heteropappus altaicus*）、狗尾（*Setaria viridis*）、白草、蒺藜、紫云英（*Astragalus sinicus*）、沙蓬（*Agriophyllum squarrosum*）、野苜蓿（*Medicago falcata*）、刺儿菜（*Cirsium setosum*）等旱生草本和田间杂草为主。⑥隐域草菅带，分布于冲积平原一级阶地上，草本植物有苦菜（*Sonchus oleraceus*）、灰菜（*Chenopodium album*）、芦苇、马唐（*Digitaria sanguinalis*）、狗尾、水稗（*Echinochloa phyllopogon*）、醋柳（沙棘）、蒲草（*Typha angustifolia*）、芦草、苍耳（*Xanthium sibiricum*）、旋花（*Calystegia sepium*）、蒲公英（*Taraxacum mongolicum*）、车前（*Plantago asiatica*）、芨芨草等田间杂草和湿生草甸复合群落。

运城市的植被型主要有温带针叶林、温带落叶灌丛、温带草丛等，以油松林、虎榛子灌丛、沙棘灌丛、荆条、酸枣、白羊草灌草丛为主。运城地区的天然森林主要分布在中条山区，在森林植被区划上属暖温带落叶阔叶林区，其特点是以中生或半旱生的松栎林为主，这两属植物占60%以上。依据群落中建群种和优势种的不同，中条山森林植被可划分为针叶林［包括油松、华山松（*Pinus armandii*）、白皮松、侧柏等］、阔叶林［包括栓皮栎、麻栎（*Quercus acutissima*）、槲栎（*Quercus aliena*）、板栗（*Castanea mollissima*）等］、针阔叶混交林（主要为油松、栎林混交）、灌丛［黄栌（*Cotinus coggygria*）-荚蒾（*Viburnum dilatatum*）灌丛、土庄绣线菊（*Spiraea pubescens*）-二色胡枝子（苕条）（*Lespedeza bicolor*）灌丛、连翘-黄刺梅（*Rosa xanthina*）灌丛、山桃-山杏灌丛、荆条-白刺花（*Sophora davidii*）-扁核木（*Prinsepia utilis*）灌丛、牛奶子（*Elaeagnus umbellate*）-黄栌-陕西荚蒾（*Viburnum schensianum*）灌丛等］、灌草丛（主要为荆条-酸枣-白羊草灌草丛）。栽培植被主要为杨属、柳属、泡桐、果树、花椒（*Zanthoxylum bungeanum*）、竹类等（滕崇德，1998）。

宝鸡市生境条件多样，植物种类丰富，区系成分复杂，植被类型多样，主要包括落叶阔叶林、针叶林、灌丛、草原、草甸、水生和沼生植被、栽培植被等。该地区的森林分布主要集中在秦岭和关山，关中盆地和台塬地区以栽培植被为主（秦超等，2014）。

铜川市属暖温带半湿润落叶阔叶林植被地带，植物种类多，其地区北部以天然次生林为主，乔木主要有油松、橡树、杨树等，禾草主要有白羊草、薹草，半灌木主要有胡枝子、铁杆蒿、酸刺、铁扫帚（*Clematis hexapetala*），灌木主要有狼牙刺、荆条等。该地区东南部为丘陵沟壑区，以人工刺槐和草灌混交林为主；禾草以白羊草、薹草为主；灌木、半灌木植物以酸刺、铁杆蒿、胡枝子等为主（霍贝贝，2010）。

渭南植被区为暖温带落叶阔叶林地带。林木区内成分主要为华北和西北的温暖、寒冷性树种。乔木植物主要有油松、华山松、山松、侧柏、桑（*Morus alba*）、板栗、山杨、旱柳（*Salix matsudana*）、湖北枫杨（*Pterocarya hupehensis*）、榆、构树（*Broussonetia papyrifera*）、槐树（*Sophora japonica*）等，灌木植物主要有沙棘、金银忍冬（*Lonicera maackii*）、卫矛（*Euonymus alatus*）、胡枝子、虎榛子、玫瑰（*Rosa rugosa*）等，草本植物主要有艾蒿（*Artemisia argyi*）、蒿（*Artemisia*）、葎草（*Humulus japonicus*）、苦菜、藜（*Chenopodium album*）、野菊花（*Dendranthema indicum*）、苍耳、地榆（*Sanguisorba officinalis*）等（王芳，2015）。

咸阳市处在暖温带落叶阔叶林亚带，自然植被主要包括油松林、侧柏林、辽东栎林、山杨林、白桦林、狼牙刺灌丛、黄蔷薇灌丛、山桃灌丛、酸枣灌丛、杠柳（*Periploca sepium*）灌丛等。优势树种有辽东栎、山杨、白桦、油松等，大面积的人工林以刺槐为主，四旁绿化以杨树为主（杨勇，2007）。

延安市位于暖温带落叶阔叶林带向草原带过渡的中间地带，由于地处生态过渡带，坡向和部位等地形因素对植被类型、森林分布等均有明显的影响。该地区的主要建群种有辽东栎、山杨、虎榛子、狼牙刺、酸枣、铁杆蒿、白羊草等，辽东栎林、山杨林等主要分布于阴坡，细裂槭（*Acer stenolobum*）、山杏、侧柏林主要分布于阳坡。人工林主要为刺槐、柠条、沙棘、杨树等（庞敏等，2005）。

榆林地区为温带草原带，隶属于长城沿线风沙草原区，该地区自然植被以草原为主，包括分布在长城北部的风沙草原和长城以南的森林草原两部分。植物种群主要为草本植物，但也包括部分木本植物和半灌木等。植被类型主要包括干草原、落叶阔叶灌丛、落叶阔叶林、沙生植被、草甸、盐生植被、沼泽植被及水生植被（李军，2014）。

第3章 生态系统构成与格局及其变化分析

黄河中上游能源化工区是在国家区域发展战略引领下的未来发展的重点区域之一，在国家区域经济发展战略中具有独特的地位和作用。该区位于我国东北—西南走向的生态过渡带上，气候、水文、土壤、植被等生态因子呈现迅速过渡的特点。研究区按水分差异依次跨越半湿润、半干旱、干旱三种气候类型区，土壤区划跨越蒙新草原-荒漠土壤和东部森林土壤两个土壤区域，植物地理区系跨越泛北极植物区的欧亚森林植物亚区、中国-日本森林植物亚区，动物地理区系跨越古北界的蒙新区和华北区。独特的地理位置和自然环境的过渡性，决定了黄河中上游能源化工区生态环境的脆弱性（周能福等，2013）。

黄河中上游能源化工区在全国具有重要的生态地位，是华北地区的生态防线、黄河流域生态安全核心区。区内广泛分布的荒漠生态系统保护区和野生动物栖息地保护区是华北地区风沙防线的重要组成部分，沿黄河分布的众多湿地保护区对黄河流域生态功能起重要作用。研究区北部是我国主要的风水两相侵蚀区、南部是黄河主要的多沙粗沙区，每年向黄河输送90%的泥沙，故该区也是我国防风固沙、水土保持的关键区域。当荒漠化问题持续、生态用水长期不足时，这些自然保护区将难以维持，最终失去原有的生态功能。

黄河中上游能源化工区地表径流和地下水资源不足，地面植被覆盖度不高，生产量偏低，生态环境极其脆弱，风沙危害和水土流失十分严重。为了从根本上改善区域的生态环境状况，新中国成立以来我国就在该区域实施了大量的水土保持工程，以及不断推进的三北防护林工程、退耕还林（还草）、天然林保护等重大生态保护与建设工程。

许多学者开展了黄土高原地区或黄河流域生态环境状况相关的研究，集中在区域防护林建设问题、理论与效益研究（铁铮和廖行，2007；陈文业等，2007），防护林空间分布信息提取及遥感监测（边亮，2009），生态环境因素特征及其变化影响因素［如土壤水分（Li et al.，2013；Wang et al.，2013）、区域蒸散发（Liu et al.，2010；Wang et al.，2012；夏婷等，2015；Li et al.，2016）、植被覆盖（信忠保等，2007；邵薇薇等，2009）、土壤理化性质（Xu et al.，2016）等］，土壤侵蚀估算和水土流失治理成效评估（Zhou et al.，2006；Feng et al.，2010；王兵等，2012；Zhao et al.，2014），土地退化的遥感调查（孙建国，2014）及土地退化治理（雷金银，2012）等方面。这些研究主要是针对黄土高原地区或黄河流域生态环境单因素开展分析，缺少对该地区生态系统整体状况的全面、科学、准确的把握，尤其是缺乏将黄河中上游能源化工区作为一个研究单元来进行的工作。人们迫切需要了解黄河中上游能源化工区过去所实施的，尤其是近十年所实施的大量重大生态建设工程，其实施后的区域生态系统如何变化？

生态系统构成与格局是指生态系统组成单元的类型、数目，以及空间分布与配置，能反映出各类生态系统自身的空间分布规律和各类生态系统之间的空间结构关系等，是决定生态系统服务功能整体状况及其空间差异的重要因素，也是人类针对不同区域特征实施生态系统服务功能保护和利用的重要依据。生态系统构成及格局与水土流失、荒漠化、生物多样性丧失等生态问题之间存在着必然的联系，因此研究生态系统构成与格局以及生态系统类型之间的变化特征对生态保护、生态工程效益评估、区域经济发展、土地管理和生态恢复与重建均具有重要意义。

景观生态学中，景观格局是自然或人为形成的一系列大小与形状各异、排列不同的景观要素，是各种复杂物理、生物和社会因子相互作用的结果。景观格局对各种生态过程起着重要的作用。利用景观指标定量分析景观格局变化的理论、方法和应用研究始终是景观生态学的研究核心。利用生态学的空间格局指数法研究生态系统变化，可以了解生态系统的景观格局特征，探究生态系统变化与生态系统功能之间的关系。

本章试图通过分析 2000 ~ 2010 年生态系统类型与格局的时空变化，了解大的生态工程背景下黄河中上游能源化工区近十年生态系统变化状况，为科学评估生态工程的生态效应以及后续生态工程的实施提供理论依据。

3.1　生态系统构成与分布

随着遥感技术的发展，以遥感数据作为生态系统监测与评价的基础已成为宏观生态学研究的重要手段。由于当前的土地覆盖分类体系对生态系统参数反应不足，难以直接用于生态系统调查与评价，因此，根据遥感数据的光谱特征，结合植被覆盖度与生态系统植物群落构成特征，以全国遥感土地覆盖分类系统为基础，建立了基于中分辨率遥感数据的研究区生态系统分类体系（欧阳志云等，2015）。

生态系统构成是指不同区域森林、草地、湿地、农田、城镇、荒漠、冰川/永久积雪、裸地生态系统的面积和比例。黄河中上游能源化工区生态系统类型主要划分为森林、灌丛、草地、湿地、农田、城镇、荒漠 7 个 I 级类型。根据生态系统评估所建立的分类体系（欧阳志云等，2015），森林是指以乔木植物（高度>5m）覆盖为主的土地，郁闭度不低于 0.2，包括自然、半自然植被，以及集约化经营和管理的人工木本植被。灌丛是指以灌木植物（高度<5m）覆盖为主的土地。草地是一年或多年生草本植被为主的植物群落，覆盖度大于 20%，高度在 3m 以下。湿地包括沼泽、水域、永久性冰川、滩地等。农田是以收获为目的、有耕犁活动的人工种植草本植物覆盖表面。城镇是指人工建造用于城乡居民点、工矿交通等的陆地表面。荒漠包括沙漠与沙地、裸岩、裸土、盐碱地。全国生态系统Ⅰ、Ⅱ、Ⅲ级类型划分体系（欧阳志云等，2015）如表 3-1 所示。

表 3-1　全国生态系统Ⅰ、Ⅱ、Ⅲ级类型划分体系

Ⅰ级分类代码	Ⅰ级生态系统分类	Ⅱ级分类代码	Ⅱ级生态系统分类	Ⅲ级分类代码	Ⅲ级生态系统分类	土地覆盖分类Ⅱ级代码
1	森林生态系统	11	阔叶林	111	常绿阔叶林	101
				112	落叶阔叶林	102
		12	针叶林	121	常绿针叶林	103
				122	落叶针叶林	104
		13	针阔混交林	131	针阔混交林	105
		14	稀疏林	141	稀疏林	61
2	灌丛生态系统	21	阔叶灌丛	211	常绿阔叶灌木林	106
				212	落叶阔叶灌木林	107
		22	针叶灌丛	221	常绿针叶灌木林	108
		23	稀疏灌丛	231	稀疏灌木林	62
3	草地生态系统	31	草甸	311	温带草甸	21
				312	高寒草甸	21
		32	草原	321	温带草原	22
				322	高寒草原	22
				323	温带荒漠草原	63
				324	高寒荒漠草原	63
		33	草丛	331	温带草丛	23
				332	热带草丛	23
4	湿地生态系统	41	沼泽	411	森林沼泽	31
				412	灌丛沼泽	32
				413	草本沼泽	33
		42	湖泊	421	湖泊	34
				422	水库/坑塘	35
		43	河流	431	河流	36
				432	运河/水渠	37
5	农田生态系统	51	耕地	511	水田	41
				512	旱地	42
		52	园地	521	乔木园地	109
				522	灌木园地	110
6	城镇生态系统	61	居住地	611	居住地	51

续表

Ⅰ级分类代码	Ⅰ级生态系统分类	Ⅱ级分类代码	Ⅱ级生态系统分类	Ⅲ级分类代码	Ⅲ级生态系统分类	土地覆盖分类Ⅱ级代码
6	城镇生态系统	62	城市绿地	621	乔木绿地	111
				622	灌木绿地	112
				623	草本绿地	24
		63	工矿交通	631	工业用地	52
				632	交通用地	53
				633	采矿场	54
7	荒漠生态系统*	71	荒漠	711	沙漠/沙地	67
				712	荒漠裸岩	65
				713	荒漠裸土	66
				714	荒漠盐碱地	68
8	冰川/永久积雪	81	冰川/永久积雪	811	冰川/永久积雪	69
9	裸地	91	裸地	911	苔藓/地衣	64
				912	裸岩	65
				913	裸土	66
				914	盐碱地	68
				915	沙漠/沙地	67

* 干旱与半干旱区的沙漠/沙地、裸岩、裸土、盐碱地归类于荒漠生态系统；湿润区的沙漠/沙地、裸岩、裸土、盐碱地归类为裸地。

Ⅲ级生态系统分类指标如表 3-2 所示。

表 3-2 Ⅲ级生态系统分类指标

代码	Ⅲ级分类	指标
111	常绿阔叶林	自然或半自然常绿阔叶乔木植被，H=3～30m，C>20%，不落叶，阔叶
112	落叶阔叶林	自然或半自然落叶阔叶乔木植被，H=3～30m，C>20%，落叶，阔叶
121	常绿针叶林	自然或半自然常绿针叶乔木植被，H=3～30m，C>20%，不落叶，针叶
122	落叶针叶林	自然或半自然落叶针叶乔木植被，H=3～30m，C>20%，落叶，针叶
131	针阔混交林	自然或半自然阔叶和针叶混交乔木植被，H=3～30m，C>20%，25%<F<75%
141	稀疏林	自然或半自然乔木植被，H=3～30m，C=4%～20%
211	常绿阔叶灌木林	自然或半自然常绿阔叶灌木植被，H=0.3～5m，C>20%，不落叶，阔叶
212	落叶阔叶灌木林	自然或半自然落叶阔叶灌木植被，H=0.3～5m，C>20%，落叶，阔叶
221	常绿针叶灌木林	自然或半自然针叶灌木植被，H=0.3～5m，C>20%，不落叶，针叶
231	稀疏灌木林	自然或半自然灌木植被，H=0.3～5m，C=4%～20%

续表

代码	Ⅲ级分类	指标
311	温带草甸	分布在温带地区的自然或半自然草本植被，$K>1.5$，土壤水饱和，$H=0.03\sim3$m，$C>20\%$
312	高寒草甸	分布在高寒地区（海拔>3000m）的自然或半自然草本植被，$K>1.5$，土壤水饱和，$H=0.03\sim3$m，$C>20\%$
321	温带草原	分布在温带地区的自然或半自然草本植被，$K=0.9\sim1.5$，$H=0.03\sim3$m，$C>20\%$
322	高寒草原	分布在高寒地区（海拔>3000m）的自然或半自然草本植被，$K=0.9\sim1.5$，$H=0.03\sim3$m，$C>20\%$
323	温带荒漠草原	分布在温带地区的自然或半自然草本植被，$H=0.03\sim3$m，$C=4\%\sim20\%$
324	高寒荒漠草原	分布在高寒地区（海拔>3000m）的自然或半自然草本植被，$H=0.03\sim3$m，$C=4\%\sim20\%$
331	温带草丛	分布在温带地区的自然或半自然草本植被，$K>1.5$，$H=0.03\sim3$m，$C>20\%$
332	热带草丛	分布在热带与亚热带地区的自然或半自然草本植被，$K>1.5$，$H=0.03\sim3$m，$C>20\%$
411	森林沼泽	自然或半自然乔木植被，$T>2$ 或湿土，$H=3\sim30$m，$C>20\%$
412	灌丛沼泽	自然或半自然灌木植被，$T>2$ 或湿土，$H=0.3\sim5$m，$C>20\%$
413	草本沼泽	自然或半自然草本植被，$T>2$ 或湿土，$H=0.03\sim3$m，$C>20\%$
421	湖泊	自然水面，静止
422	水库/坑塘	人工水面，静止
431	河流	自然水面，流动
432	运河/水渠	人工水面，流动
511	水田	人工植被，土地扰动，水生作物，收割过程
512	旱地	人工植被，土地扰动，旱生作物，收割过程
521	乔木园地	人工植被，$H=3\sim30$m，$C>20\%$
522	灌木园地	人工植被，$H=0.3\sim5$m，$C>20\%$
611	居住地	人工硬表面，居住建筑
621	乔木绿地	人工植被，人工表面周围，$H=3\sim30$m，$C>20\%$
622	灌木绿地	人工植被，人工表面周围，$H=0.3\sim5$m，$C>20\%$
623	草本绿地	人工植被，人工表面周围，$H=0.03\sim3$m，$C>20\%$
631	工业用地	人工硬表面，生产建筑
632	交通用地	人工硬表面，线状特征
633	采矿场	人工挖掘表面
711	沙漠/沙地	自然，松散表面，沙质
712	荒漠裸岩	自然，坚硬表面

续表

代码	Ⅲ级分类	指标
713	荒漠裸土	自然，松散表面，壤质
714	荒漠盐碱地	自然，松散表面，高盐分
811	冰川/永久积雪	自然，水的固态
911	苔藓/地衣	自然，微生物覆盖
912	裸岩	自然，坚硬表面
913	裸土	自然，松散表面，壤质
914	盐碱地	自然，松散表面，高盐分
915	沙漠/沙地	自然，松散表面，沙质

注：*C* 为覆盖度（郁闭度）（%）；*F* 为针阔比率（%）；*H* 为植被高度（m）；*T* 为水一年覆盖时间（月）；*K* 为湿润指数。

基于 2000 年、2005 年、2010 年 Landsat TM/ETM+及环境小卫星等 30m 空间分辨率遥感影像数据，经图像精纠正和拉伸处理后，通过遥感解译判读，生成 3 期生态系统类型空间分布数据。通过 1°×1°经纬度交叉点的野外调查信息进行结果的校正与验证，类型精度达到 85%以上（吴炳方等，2014），进而对生态系统类型空间数据进行统计分析，综合评价七大生态系统类型的时空变化态势（图 3-1）。

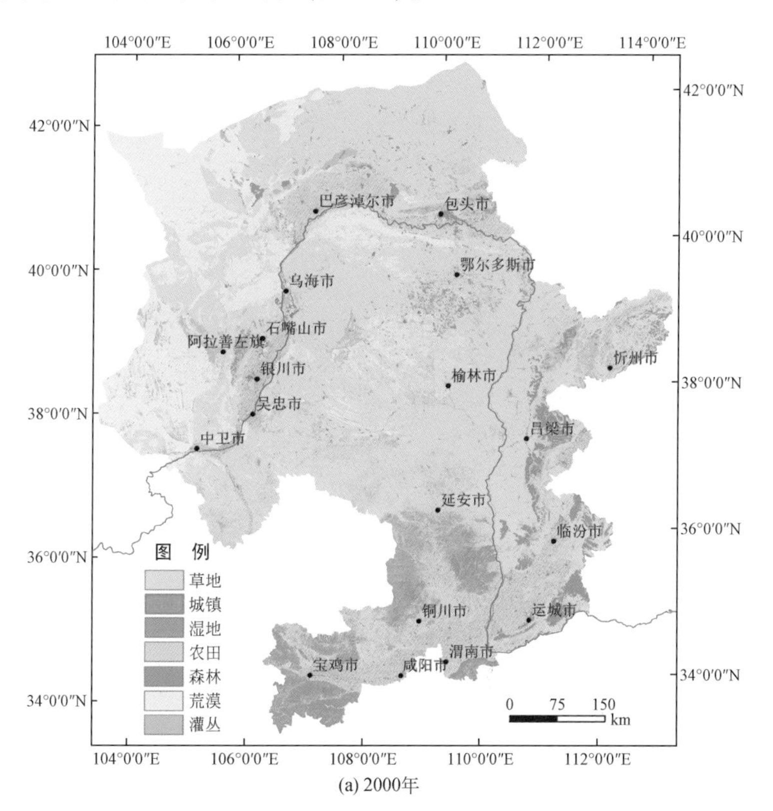

(a) 2000年

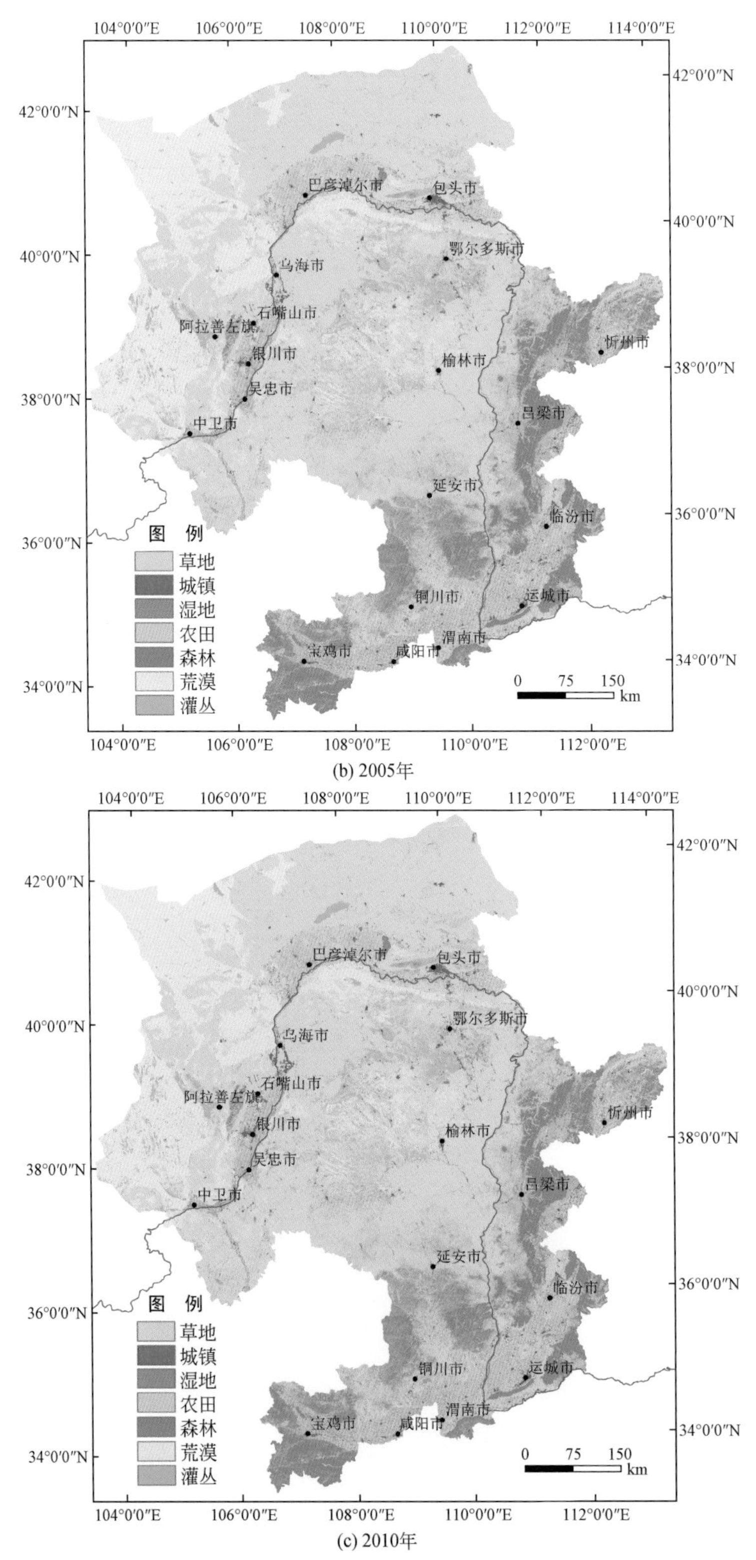

(b) 2005年

(c) 2010年

图 3-1 黄河中上游能源化工区 Ⅰ 级生态系统类型分布图

先将各Ⅲ级用地类型融合成Ⅰ级用地类型，然后统计其面积，结果与直接用Ⅲ级用地栅格统计面积后再汇总成Ⅰ级用地类型总面积有点出入，这是由栅格和矢量在相互转化过程中的误差所致。黄河中上游能源化工区土地总面积约 50.83 万 km^2。2010 年，研究区各生态系统类型中，草地生态系统面积最大，占研究区总面积的 41.91%；其次是农田生态系统，占 19.48%；再次是荒漠生态系统，占 16.51%；湿地生态系统面积和城镇面积较小（表 3-3，图 3-2）。

表 3-3　黄河中上游能源化工区Ⅰ级生态系统构成

生态系统类型	2000 年		2005 年		2010 年	
	面积/km^2	比例/%	面积/km^2	比例/%	面积/km^2	比例/%
森林	42 125.58	8.29	42 310.33	8.32	42 295.06	8.32
灌丛	56 294.24	11.07	56 829.59	11.18	56 874.76	11.19
草地	210 015.6	41.31	212 890.4	41.88	213 049.3	41.91
湿地	3 058.674	0.6	3 140.024	0.62	3 106.355	0.61
农田	104 331.1	20.52	99 947.01	19.66	99 036.45	19.48
城镇	8 264.364	1.63	8 960.719	1.76	10 051.34	1.98
荒漠	84 252.54	16.57	84 246.13	16.57	83 913.81	16.51
合计	508 342.098	100	508 324.2	100	508 327.1	100

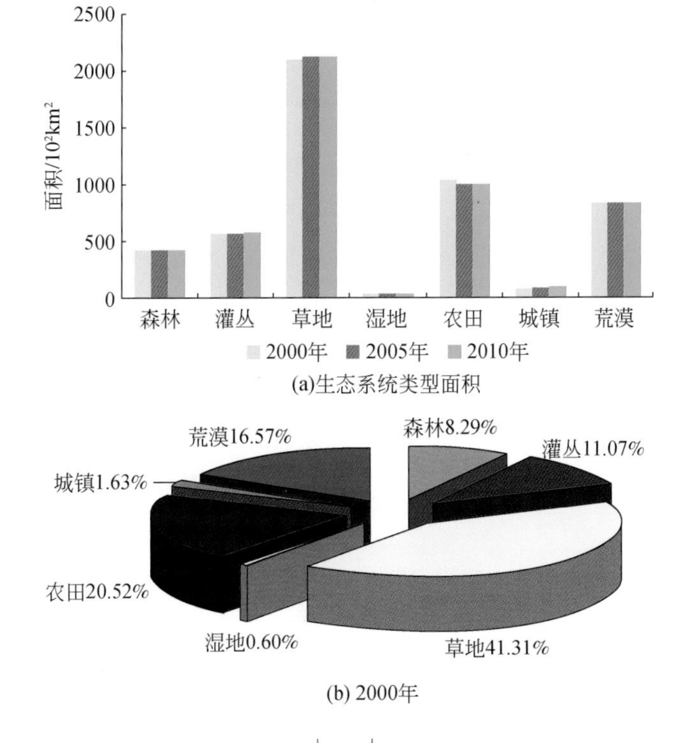

(a)生态系统类型面积

(b) 2000年

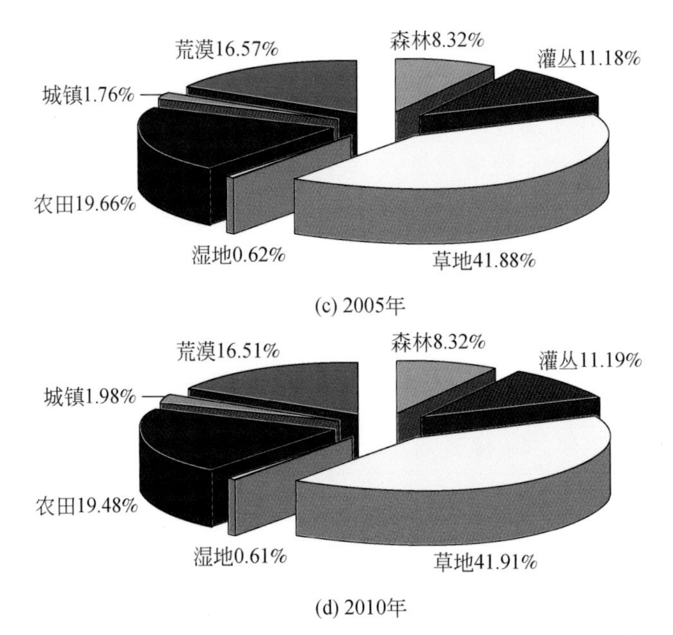

(c) 2005年

(d) 2010年

图 3-2　黄河中上游能源化工区Ⅰ级生态系统面积和面积比例构成图

2000 年、2005 年、2010 年黄河中上游能源化工区Ⅱ级生态系统分类略有调整，其分布情况见图 3-3 和图 3-4。

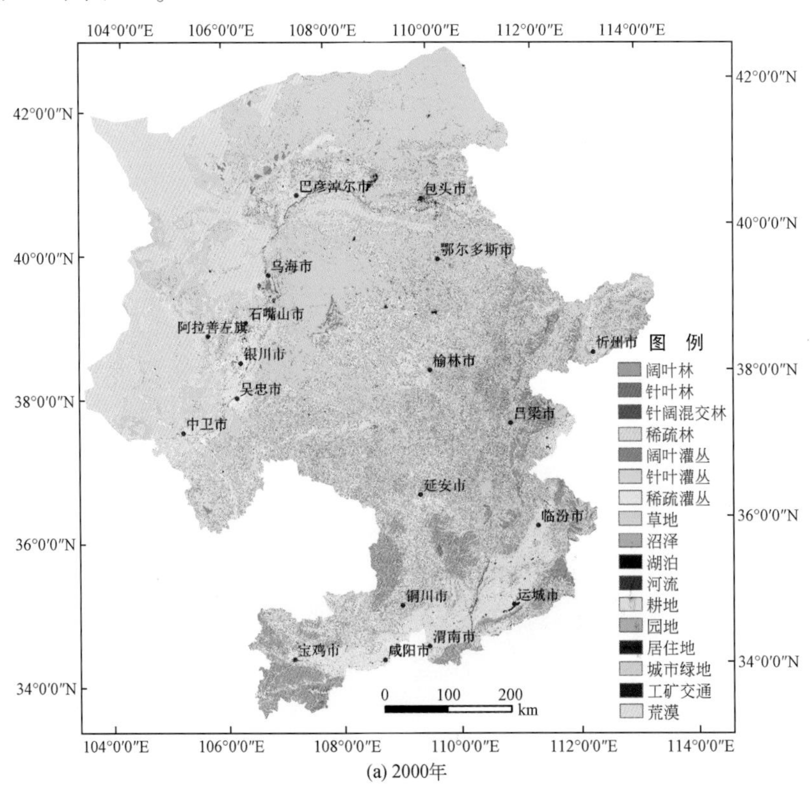

(a) 2000年

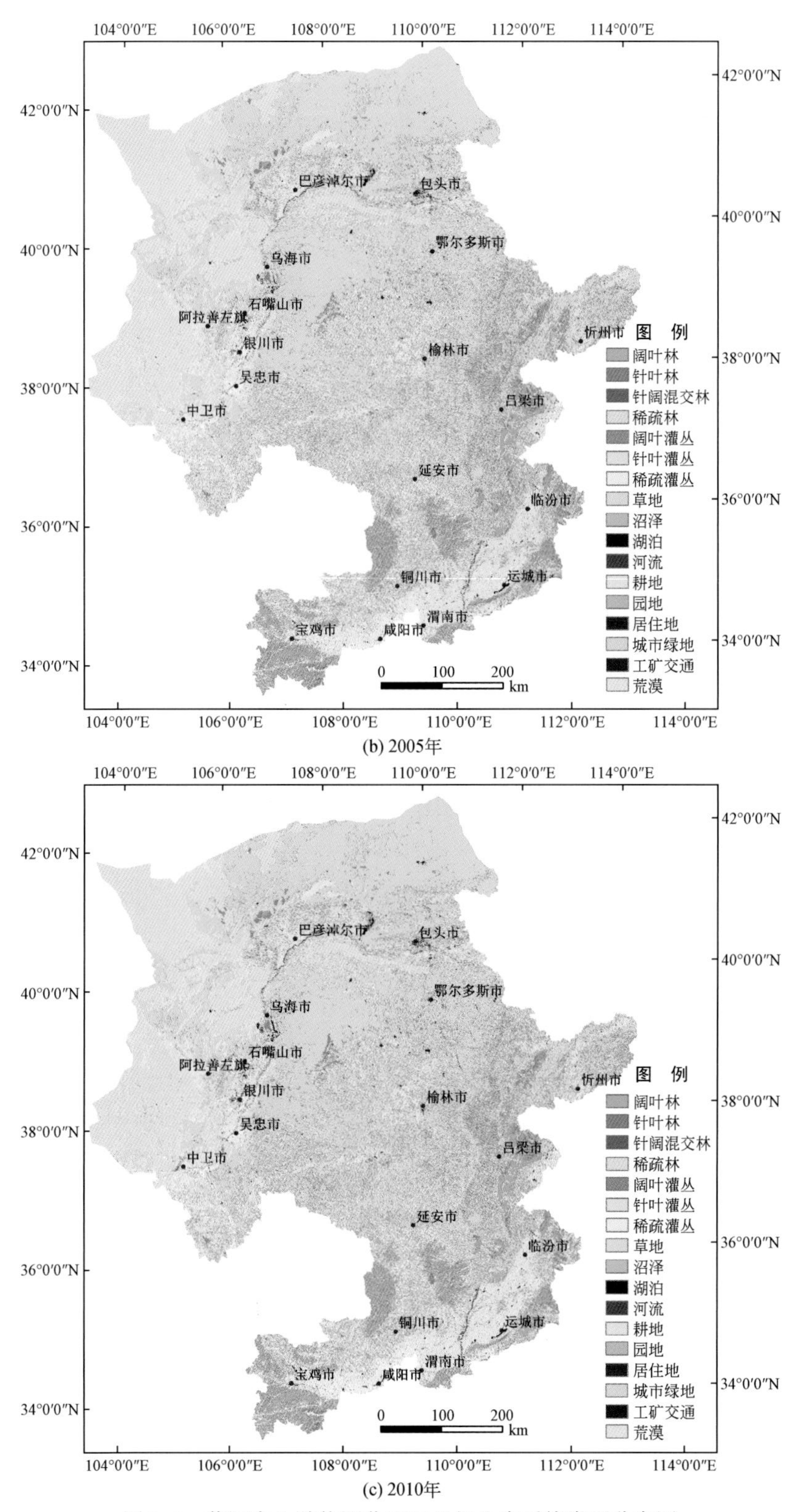

(b) 2005年

(c) 2010年

图 3-3 黄河中上游能源化工区 Ⅱ 级生态系统类型分布图

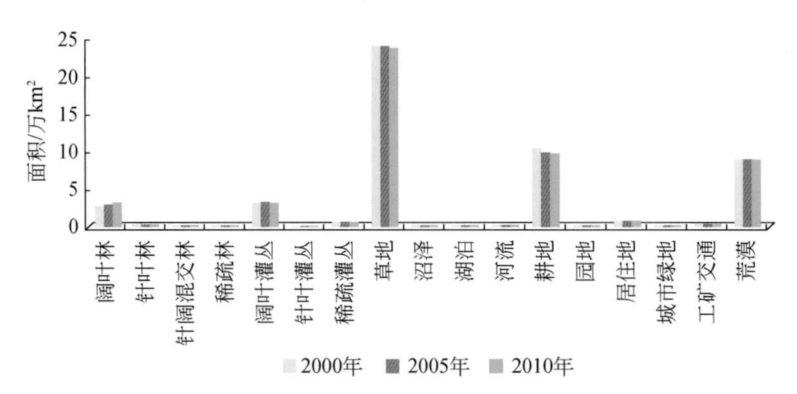

图 3-4　黄河中上游能源化工区Ⅱ级生态系统面积构成图

就Ⅱ级生态系统类型而言，2010 年黄河中上游能源化工区以草地为主，占总面积的 46.36%；其次是耕地，占 19.07%；再次是荒漠，占 17.28%（表 3-4，图 3-5）。

表 3-4　黄河中上游能源化工区Ⅱ级生态系统类型统计表

代码	名称	2000 年		2005 年		2010 年	
		面积/km²	比例/%	面积/km²	比例/%	面积/km²	比例/%
11	阔叶林	25 937.1	5.1	28 359.17	5.58	31 364.29	6.17
12	针叶林	2 329.87	0.46	2 396.95	0.47	2 668.76	0.52
13	针阔混交林	1 913.58	0.38	1 915.36	0.38	1 915.55	0.38
14	稀疏林	1 136.66	0.22	1 147.52	0.23	1 168.22	0.23
21	阔叶灌丛	31 645.61	6.22	32 530.62	6.4	31 442.75	6.18
22	针叶灌丛	8.51	0	8.51	0	8.55	0
23	稀疏灌丛	5 076.78	1	5 078.21	1	5 102.45	1
31	草地	237 151.74	46.64	237 865.23	46.78	235 768.38	46.36
41	沼泽	701.91	0.14	658.97	0.13	670.32	0.13
42	湖泊	934.49	0.18	972.99	0.19	1 023.66	0.21
43	河流	1 498.75	0.3	1 515.45	0.3	1 397.81	0.28
51	耕地	102 952.68	20.25	98 113.72	19.29	96 974.71	19.07
52	园地	641.86	0.12	691.84	0.14	711.27	0.14
61	居住地	6 046.19	1.19	6 351.4	1.25	6 880.82	1.35
62	城市绿地	106.99	0.02	109.73	0.02	124.26	0.02
63	工矿交通	2 022.46	0.39	2 430.77	0.47	3 329.47	0.65
71	荒漠	88 346.48	17.38	88 305.19	17.38	87 899.13	17.28
合计		508 451.7	100	508 451.6	100	508 450.4	100

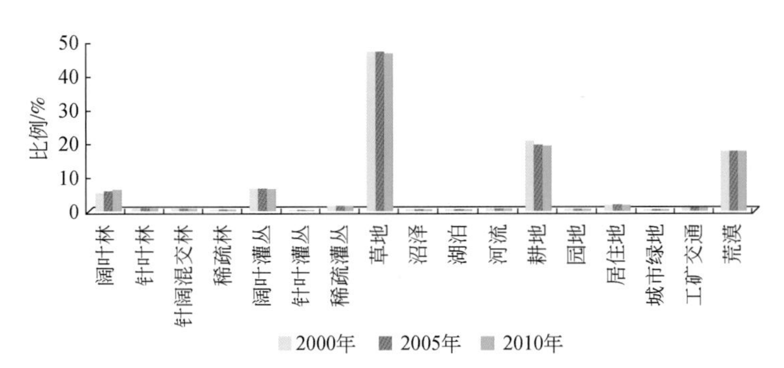

图 3-5　黄河中上游能源化工区Ⅱ级生态系统面积比例构成图

2000 年、2005 年、2010 年黄河中上游能源化工区Ⅲ级生态系统分类略有调整，其分布见图 3-6。

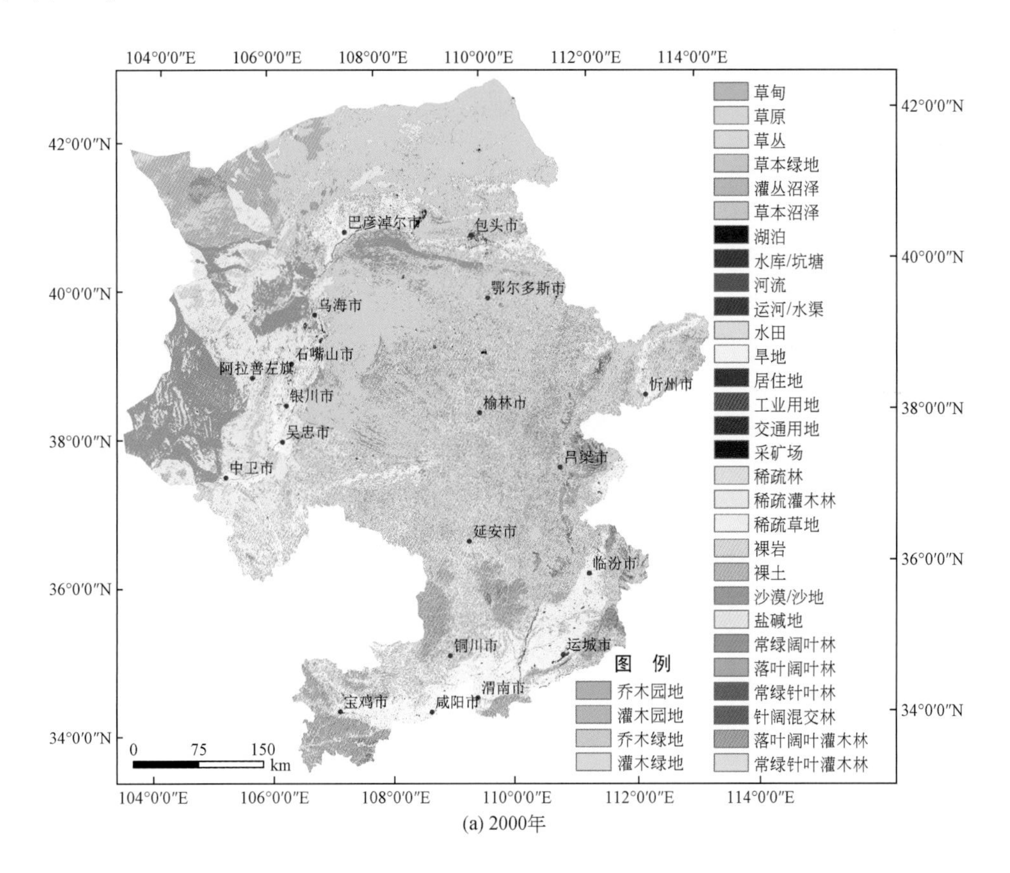

(a) 2000年

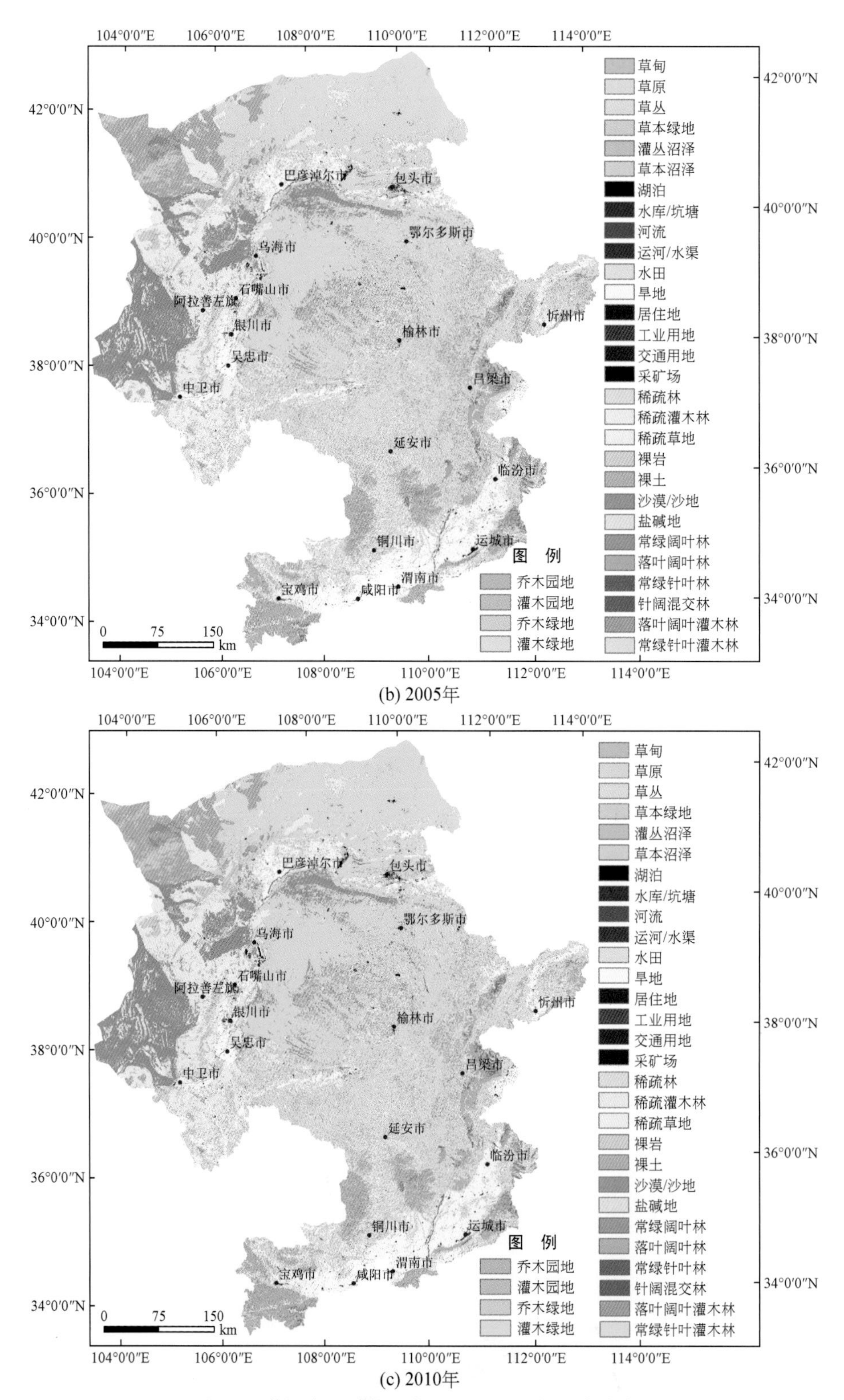

(b) 2005年

(c) 2010年

图 3-6 黄河中上游能源化工区Ⅲ级生态系统分布图

就Ⅲ级生态系统类型而言，黄河中上游能源化工区主要是草原，约占总面积的30%；其次是旱地，占20%左右；再次是沙漠/沙地，约占10%；稀疏草地约占总面积的9%；其他类型生态系统面积所占比例均不足9%（表3-5）。

表3-5　黄河中上游能源化工区Ⅲ级生态系统面积及其比例统计表

生态系统类型	2000年		2005年		2010年	
	面积/km^2	比例/%	面积/km^2	比例/%	面积/km^2	比例/%
常绿阔叶林	3.67	0	3.67	0	3.67	0
落叶阔叶林	25 933.43	5.1	28 355.5	5.58	31 360.62	6.17
常绿针叶林	2 329.87	0.46	2 396.95	0.47	2 668.76	0.52
针阔混交林	1 913.58	0.38	1 915.36	0.38	1 915.55	0.38
稀疏林	1 136.66	0.22	1 147.52	0.23	1 168.22	0.23
落叶阔叶灌木林	31 645.61	6.22	32 530.62	6.4	31 442.75	6.18
常绿针叶灌木林	8.51	0	8.51	0	8.55	0
稀疏灌木林	5 076.78	1	5 078.21	1	5 102.45	1
草甸	1 282.82	0.25	1 314.8	0.26	1 324.26	0.26
草原	152 825.7	30.06	155 371.93	30.56	155 399.63	30.56
草丛	36 223.94	7.12	34 227.51	6.73	32 357.58	6.36
稀疏草地	46 819.32	9.21	46 950.99	9.23	46 686.91	9.18
灌丛沼泽	2.18	0	2.12	0	2.12	0
草本沼泽	699.73	0.14	656.85	0.13	668.2	0.13
湖泊	406.31	0.08	391.42	0.08	435.82	0.09
水库/坑塘	528.18	0.1	581.57	0.11	587.84	0.12
河流	1 370.75	0.27	1 386.64	0.27	1 259.07	0.25
运河/水渠	128	0.03	128.81	0.03	138.74	0.03
水田	1 217.63	0.24	1 234.37	0.24	1 321.88	0.26
旱地	101 735.1	20.01	96 879.35	19.05	95 652.83	18.81
乔木园地	623.55	0.12	643.14	0.13	644.73	0.13
灌木园地	18.31	0	48.7	0.01	66.54	0.01
居住地	6 046.19	1.19	6 351.4	1.25	6 880.82	1.35
乔木绿地	83.44	0.02	85.58	0.02	89.23	0.02
灌木绿地	7.75	0	7.83	0	9.74	0
草本绿地	15.8	0	16.32	0	25.29	0
工业用地	834.75	0.16	1 124.11	0.22	1 590.94	0.31

续表

生态系统类型	2000 年		2005 年		2010 年	
	面积/km^2	比例/%	面积/km^2	比例/%	面积/km^2	比例/%
交通用地	514. 27	0. 1	628. 66	0. 12	766. 23	0. 15
采矿场	673. 44	0. 13	678	0. 13	972. 3	0. 19
沙漠/沙地	51 977. 17	10. 22	51 887. 58	10. 21	51 763. 16	10. 18
裸岩	13 017. 63	2. 56	13 015. 98	2. 56	13 003. 88	2. 56
裸土	21 690. 19	4. 27	21 746. 39	4. 28	21 532. 07	4. 23
盐碱地	1 661. 49	0. 33	1 655. 24	0. 33	1 600. 02	0. 31

黄河中上游能源化工区 2000 年、2005 年、2010 年Ⅰ、Ⅱ、Ⅲ级生态系统总体面积及面积构成比例汇总情况见表 3-6。

表 3-6　黄河中上游能源化工区 2000 年、2005 年、2010 年各级生态系统构成

代码	Ⅰ级	代码	Ⅱ级	代码	Ⅲ级	原代码	2000 年		2005 年		2010 年	
							面积/km^2	比例/%	面积/km^2	比例/%	面积/km^2	比例/%
1	森林	11	阔叶林	111	常绿阔叶林	101	3. 67	0	3. 67	0	3. 67	0
				112	落叶阔叶林	102	25 933. 43	5. 1	28 355. 5	5. 58	31 360. 62	6. 17
			小计				25 937. 1	5. 1	28 359. 17	5. 58	31 364. 29	6. 17
		12	针叶林	121	常绿针叶林	103	2 329. 87	0. 46	2 396. 95	0. 47	2 668. 76	0. 52
		13	针阔混交林	131	针阔混交林	105	1 913. 58	0. 38	1 915. 36	0. 38	1 915. 55	0. 38
		14	稀疏林	141	稀疏林	61	1 136. 66	0. 22	1 147. 52	0. 23	1 168. 22	0. 23
	合计						31 317. 21	6. 16	33 819	6. 66	37 116. 82	7. 3
2	灌丛	21	阔叶灌丛	212	落叶阔叶灌木林	107	31 645. 61	6. 22	32 530. 62	6. 4	31 442. 75	6. 18
		22	针叶灌丛	221	常绿针叶灌木林	108	8. 51	0	8. 51	0	8. 55	0
		23	稀疏灌丛	231	稀疏灌木林	62	5 076. 78	1	5 078. 21	1	5 102. 45	1
	合计						36 730. 9	7. 22	37 617. 34	7. 4	36 553. 75	7. 18
3	草地	31	草地	311	草甸	21	1 282. 82	0. 25	1 314. 8	0. 26	1 324. 26	0. 26
				312	草原	22	152 825. 7	30. 06	155 371. 93	30. 56	155 399. 63	30. 56
				313	草丛	23	36 223. 94	7. 12	34 227. 51	6. 73	32 357. 58	6. 36
				314	稀疏草地	63	46 819. 32	9. 21	46 950. 99	9. 23	46 686. 91	9. 18
	合计						237 151. 74	46. 64	237 865. 23	46. 78	235 768. 38	46. 36

续表

代码	Ⅰ级	代码	Ⅱ级	代码	Ⅲ级	原代码	2000 年		2005 年		2010 年	
							面积/km²	比例/%	面积/km²	比例/%	面积/km²	比例/%
4	湿地	41	沼泽	412	灌丛沼泽	32	2. 18	0	2. 12	0	2. 12	0
				413	草本沼泽	33	699. 73	0. 14	656. 85	0. 13	668. 2	0. 13
			小计				701. 91	0. 14	658. 97	0. 13	670. 32	0. 13
		42	湖泊	421	湖泊	34	406. 31	0. 08	391. 42	0. 08	435. 82	0. 09
				422	水库/坑塘	35	528. 18	0. 1	581. 57	0. 11	587. 84	0. 12
			小计				934. 49	0. 18	972. 99	0. 19	1 023. 66	0. 21
		43	河流	431	河流	36	1 370. 75	0. 27	1 386. 64	0. 27	1 259. 07	0. 25
				432	运河/水渠	37	128	0. 03	128. 81	0. 03	138. 74	0. 03
			小计				1 498. 75	0. 3	1 515. 45	0. 3	1 397. 81	0. 28
	合计						3 135. 15	0. 62	3 147. 41	0. 62	3 091. 79	0. 62
5	农田	51	耕地	511	水田	41	1 217. 63	0. 24	1 234. 37	0. 24	1 321. 88	0. 26
				512	旱地	42	101 735. 1	20. 01	96 879. 35	19. 05	95 652. 83	18. 81
			小计				102 952. 68	20. 25	98 113. 72	19. 29	96 974. 71	19. 07
		52	园地	521	乔木园地	109	623. 55	0. 12	643. 14	0. 13	644. 73	0. 13
				522	灌木园地	110	18. 31	0	48. 7	0. 01	66. 54	0. 01
			小计				641. 86	0. 12	691. 84	0. 14	711. 27	0. 14
	合计						103 594. 54	20. 37	98 805. 56	19. 43	97 685. 98	19. 21
6	城镇	61	居住地	611	居住地	51	6 046. 19	1. 19	6 351. 4	1. 25	6 880. 82	1. 35
		62	城市绿地	621	乔木绿地	111	83. 44	0. 02	85. 58	0. 02	89. 23	0. 02
				622	灌木绿地	112	7. 75	0	7. 83	0	9. 74	0
				623	草本绿地	24	15. 8	0	16. 32	0	25. 29	0
			小计				106. 99	0. 02	109. 73	0. 02	124. 26	0. 02
		63	工矿交通	631	工业用地	52	834. 75	0. 16	1 124. 11	0. 22	1 590. 94	0. 31
				632	交通用地	53	514. 27	0. 1	628. 66	0. 12	766. 23	0. 15
				633	采矿场	54	673. 44	0. 13	678	0. 13	972. 3	0. 19
			小计				2 022. 46	0. 39	2 430. 77	0. 47	3 329. 47	0. 65
	合计						8 175. 64	1. 6	8 891. 9	1. 74	10 334. 55	2. 02
7	荒漠	71	荒漠	711	沙漠/沙地	67	51 977. 17	10. 22	51 887. 58	10. 21	51 763. 16	10. 18
				712	裸岩	65	13 017. 63	2. 56	13 015. 98	2. 56	13 003. 88	2. 56
				713	裸土	66	21 690. 19	4. 27	21 746. 39	4. 28	21 532. 07	4. 23
				714	盐碱地	68	1 661. 49	0. 33	1 655. 24	0. 33	1 600. 02	0. 31
	合计						88 346. 48	17. 38	88 305. 19	17. 38	87 899. 13	17. 28

黄河中上游能源化工区 2000 年、2005 年、2010 年各地区Ⅰ级生态系统类型面积分布情况见表 3-7 ~ 表 3-9，我们以 2010 年为例进行简要分析。

表 3-7　2000 年黄河中上游能源化工区各地区 Ⅰ 级生态系统类型面积统计表

地区	森林		灌丛		草地		湿地		农田		城镇		荒漠		合计
	面积/km^2	比例/%	面积/km^2	比例/%	面积/km^2	比例/%	面积/km^2	比例/%	面积/km^2	比例/%	面积/km^2	比例/%	面积/km^2	比例/%	面积/km^2
阿拉善左旗	305.5	0.4	2 991.9	3.7	23 011.5	28.8	45.7	0.1	413.6	0.5	185.3	0.2	52 870.4	66.2	79 823.9
巴彦淖尔市	1 170.8	1.8	2 480.2	3.8	40 198.8	61.7	869.6	1.3	9 169.6	14.1	587.9	0.9	10 624.8	16.3	65 101.6
包头市	540.3	2.0	1 102	4.0	21 446.5	77.7	191.2	0.7	3 698.6	13.4	526.9	1.9	99.1	0.4	27 604.7
宝鸡市	8 676.7	47.9	2 640	14.6	1 156.6	6.4	67.4	0.4	4 980.5	27.5	523	2.9	81.1	0.4	18 125.5
鄂尔多斯市	1 629.8	1.9	4 139.6	4.8	57 690.1	66.5	525.9	0.6	5 150.1	5.9	829.2	1.0	16 726.6	19.3	86 691.2
临汾市	2 693.2	13.3	1 802.6	8.9	7 459.5	36.8	30	0.1	7 774.9	38.4	498.7	2.5	1.6	0.0	20 260.5
吕梁市	3 014.6	14.3	2 180.3	10.4	8 338	39.7	44.7	0.2	6 962.8	33.1	457.8	2.2	16.2	0.1	21 014.5
石嘴山市	68.1	1.7	198.7	4.9	1 772.8	43.3	127.7	3.1	1 268.9	31.0	287	7.0	371.7	9.1	4 095
铜川市	792	20.3	892.6	22.8	671.6	17.2	7	0.2	1 469.4	37.6	73.6	1.9	4.2	0.1	3 910.5
渭南市	1 311.3	10.1	723.6	5.6	1 478.7	11.4	244.3	1.9	8 534.2	65.5	680.5	5.2	47.3	0.4	13 019.9
乌海市	17.2	1.0	162.2	9.8	987	59.5	40.4	2.4	145	8.7	243.3	14.7	63	3.8	1 658.1
吴忠市	22.5	0.1	748.3	4.6	9 321.4	57.6	94.2	0.6	4 317.1	26.7	249.2	1.5	1 437.8	8.9	16 190.5
咸阳市	662	6.4	1 140.2	11.1	1 482.5	14.4	52.7	0.5	6 334.2	61.5	607	5.9	17.4	0.2	10 296
忻州市	1 519.8	6.0	3 754.4	14.9	11 642	46.2	53	0.2	7 650.1	30.4	543.5	2.2	12.4	0.0	25 175.3
延安市	6 747.4	18.2	8 070.4	21.8	13 711	37.0	89.3	0.2	8 188	22.1	200.2	0.5	8.6	0.0	37 014.8
银川市	145.5	2.0	400.3	5.4	3 311.3	44.4	150.6	2.0	2 370.2	31.8	331.3	4.4	747.6	10.0	7 456.9
榆林市	71.3	0.2	1 942.9	4.5	26 357.1	61.1	228.2	0.5	11 942.5	27.7	273.8	0.6	2 343.8	5.4	43 159.7
运城市	1 884.3	13.3	806.7	5.7	1 830.8	12.9	185.7	1.3	8 583.2	60.6	846.8	6.0	19.8	0.1	14 157.2
中卫市	12.6	0.1	533.4	3.9	5 235.3	38.7	81.1	0.6	4 601.6	34.0	228.6	1.7	2 834	21.0	13 526.6
合计	31 285	6.2	36 710	7.2	237 103	46.6	3 129	0.6	103 555	20.4	8 174	1.6	88 327	17.4	508 282

表 3-8　2005 年黄河中上游能源化工区各地区Ⅰ级生态系统类型面积统计表

地区	森林		灌丛		草地		湿地		农田		城镇		荒漠		合计
	面积/km²	比例/%	面积/km²	比例/%	面积/km²	比例/%	面积/km²	比例/%	面积/km²	比例/%	面积/km²	比例/%	面积/km²	比例/%	面积/km²
阿拉善左旗	305.6	0.4	2 998.3	3.8	22 995.5	28.8	59.1	0.1	449.5	0.6	205.2	0.3	52 810.7	66.2	79 823.9
巴彦淖尔市	1 172.5	1.8	2 538	3.9	40 055.9	61.5	870	1.3	9 218.7	14.2	675.8	1.0	10 570.7	16.2	65 101.6
包头市	538.2	1.9	1 125.4	4.1	21 356.3	77.4	140.9	0.5	3 693.9	13.4	650.2	2.4	99.8	0.4	27 604.7
宝鸡市	8 737.3	48.2	2 690.9	14.8	1 245	6.9	72.4	0.4	4 752.2	26.2	551.8	3.0	75.9	0.4	18 125.5
鄂尔多斯市	1 689.1	1.9	4 134.3	4.8	57 633.8	66.5	529.4	0.6	5 149	5.9	830.2	1.0	16 725.5	19.3	86 691.2
临汾市	3 119	15.4	2 613.9	12.9	6 243.2	30.8	41	0.2	7 744.5	38.2	497.7	2.5	1.1	0.0	20 260.5
吕梁市	3 992	19.0	1 727.5	8.2	7 768.5	37.0	40.9	0.2	6 990.6	33.3	480.3	2.3	14.7	0.1	21 014.5
石嘴山市	68.1	1.7	207.3	5.1	1 743.1	42.6	149.3	3.6	1 264.2	30.9	307.2	7.5	355.9	8.7	4 095
铜川市	794	20.3	900.6	23.0	680.2	17.4	6.9	0.2	1 446.6	37.0	77.8	2.0	4.4	0.1	3 910.5
渭南市	1 306.1	10.0	749.1	5.8	1 520.9	11.7	225.5	1.7	8 443	64.8	724.5	5.6	50.7	0.4	13 019.9
乌海市	17.2	1.0	162.2	9.8	947.3	57.1	43.1	2.6	142.7	8.6	284.5	17.2	61.1	3.7	1 658.1
吴忠市	22.7	0.1	797.8	4.9	9 527.5	58.8	96.5	0.6	3 993.4	24.7	288.1	1.8	1 464.6	9.0	16 190.5
咸阳市	665.1	6.5	1 173.6	11.4	1 535.9	14.9	45.8	0.4	6 209.3	60.3	647	6.3	19.2	0.2	10 296
忻州市	2 488.9	9.9	3 275.8	13.0	11 474.7	45.6	47.2	0.2	7 395.4	29.4	477.7	1.9	15.6	0.1	25 175.3
延安市	6 862.7	18.5	8 319.1	22.5	15 377.4	41.5	99.2	0.3	6 097.5	16.5	250.6	0.7	8.3	0.0	37 014.8
银川市	145.4	1.9	405.8	5.4	3 283.4	44.0	161.4	2.2	2 291.6	30.7	410.8	5.5	758.4	10.2	7 456.9
榆林市	73.9	0.2	1 955.7	4.5	27 319.8	63.3	215.2	0.5	10 856.2	25.2	423.5	1.0	2 315.5	5.4	43 159.7
运城市	1 771.5	12.5	1 234.6	8.7	1 528.2	10.8	208.6	1.5	8 546.6	60.4	845.1	6.0	22.6	0.2	14 157.2
中卫市	15.4	0.1	586.4	4.3	5 581	41.3	88.4	0.7	4 082.2	30.2	262	1.9	2 911.1	21.5	13 526.6
合计	33 785	6.6	37 596	7.4	237 818	46.8	3 141	0.6	98 767	19.4	8 890	1.7	88 286	17.4	508 282

表 3-9　2010 年黄河中上游能源化工区各地区Ⅰ级生态系统类型面积统计表

地区	森林		灌丛		草地		湿地		农田		城镇		荒漠		合计
	面积/km²	比例/%	面积/km²	比例/%	面积/km²	比例/%	面积/km²	比例/%	面积/km²	比例/%	面积/km²	比例/%	面积/km²	比例/%	面积/km²
阿拉善左旗	302.9	0.4	3 032.3	3.8	22 990.4	28.8	50.5	0.1	462.5	0.6	242.5	0.3	52 740.4	66.1	79 821.5
巴彦淖尔市	80.9	0.1	2 295.8	3.5	43 343.1	66.6	878.5	1.3	9 255.4	14.2	762	1.2	8 482.9	13.0	65 098.6
包头市	62.6	0.2	1 354	4.9	21 328.4	77.3	175.6	0.6	3 765.9	13.6	723	2.6	194.3	0.7	27 603.8
宝鸡市	8 794.7	48.5	3 811	21.0	204.5	1.1	73.6	0.4	4 645.5	25.6	574.1	3.2	22	0.1	18 125.4
鄂尔多斯市	409.7	0.5	13 340.1	15.4	50 945.8	58.8	500.3	0.6	6 343.5	7.3	1 105.2	1.3	14 046.5	16.2	86 691.2
临汾市	6 096.3	30.1	3 738.3	18.5	2 096.2	10.3	27.4	0.1	7 789.3	38.4	511.6	2.5	1.2	0.0	20 260.3
吕梁市	6 442.9	30.7	4 890.6	23.3	2 186.5	10.4	39.9	0.2	6 933.6	33.0	506.7	2.4	14.3	0.1	21 014.5
石嘴山市	68.7	1.7	88.8	2.2	1 860.9	45.4	146.5	3.6	1 243	30.4	338	8.3	349.2	8.5	4 095
铜川市	817.2	20.9	1 029.3	26.3	539.6	13.8	6.5	0.2	1 424.4	36.4	88.2	2.3	5.1	0.1	3 910.5
渭南市	1 336	10.3	906.7	7.0	1 440.2	11.1	229.4	1.8	8 324.6	63.9	760.6	5.8	22.3	0.2	13 019.8
乌海市	2.8	0.2	23.7	1.4	966.8	58.3	37.2	2.2	145.3	8.8	359	21.7	123.4	7.4	1 658.1
吴忠市	22.4	0.1	285.3	1.8	9 549.7	59.0	119	0.7	4 018.1	24.8	329.1	2.0	1 866.9	11.5	16 190.5
咸阳市	728.6	7.1	1 520.3	14.8	1 137.9	11.1	46.2	0.4	6 155.5	59.8	689.1	6.7	18.2	0.2	10 295.8
忻州市	6 672.7	26.5	7 529.7	29.9	2 969.4	11.8	46.4	0.2	7 371.9	29.3	569.5	2.3	15.7	0.1	25 175.4
延安市	7 246	19.6	9 028.4	24.4	14 559.3	39.3	78.8	0.2	5 814.1	15.7	280.1	0.8	8.1	0.0	37 014.8
银川市	145.6	2.0	185.3	2.5	3 382.9	45.4	155.2	2.1	2 263	30.3	513.2	6.9	811.7	10.9	7 456.9
榆林市	144.3	0.3	2 763.7	6.4	26 894.5	62.3	205.9	0.5	10 351.3	24.0	533.4	1.2	2 266.5	5.3	43 159.6
运城市	2 877.3	20.3	794.7	5.6	827.1	5.8	186	1.3	8 584.2	60.6	867	6.1	20.7	0.1	14 157.2
中卫市	15.5	0.1	246	1.8	5 896.2	43.6	98.5	0.7	4 126.4	30.5	297.6	2.2	2 846.4	21.0	13 526.6
合计	42 267	8.3	56 864	11.2	213 119	41.9	3 102	0.6	99 018	19.5	10 050	2.0	83 856	16.5	508 275

2010年黄河中上游能源化工区以草地生态系统为主，占总面积的41.9%；其次是农田生态系统，占19.5%；再次是荒漠生态系统，占16.5%；其后依次是灌丛和森林生态系统，分别占11.2%和8.3%；城镇和湿地生态系统面积较小，分别只占2.0%和0.6%（表3-9）。

荒漠生态系统面积所占比例最大的是阿拉善左旗，达66.1%；其次是中卫市，占21%；其后依次是鄂尔多斯市、巴彦淖尔市、吴忠市、银川市、石嘴山市、乌海市和榆林市，分别占该地区总面积的16.2%、13%、11.5%、10.9%、8.5%、7.4%和5.3%；其他地区荒漠生态系统面积所占比例不足1%（表3-9）。

森林和灌丛生态系统主要分布在山西省的4个地市、陕西省延安市及其以南的地区。除宝鸡市外，其他地区草地生态系统面积所占比例均较大，也即研究区是以草地生态系统类型为主的景观。

湿地生态系统各地区面积所占比例普遍很小。

只有阿拉善左旗、鄂尔多斯市和乌海市的农田生态系统面积比例低于10%，分别为0.6%、7.3%和8.8%；其余地区农田生态系统面积比例均不低于13.6%（包头市），所占比例最高的是渭南市、运城市和咸阳市，分别为63.9%、60.6%和59.8%，均在陕西省和山西省重要的粮食产区汾渭平原上（表3-9）。

城镇生态系统面积所占比例较大的分别是乌海市（21.7%）、石嘴山市（8.3%）、银川市（6.9%）、咸阳市（6.7%）和运城市（6.1%），其余地区城镇生态系统面积所占比例均低于6%，最低的是阿拉善左旗（0.3%）和延安市（0.8%）（表3-9）。

3.2 生态系统类型面积变化

黄河中上游能源化工区Ⅰ级生态系统类型间相互转移。2000～2005年，湿地面积的损失较大，有6.6%（200.2km^2）的湿地转换成了草地、8.4%（256.2 km^2）的湿地转换成了农田、2.3%（71.8km^2）的湿地转换成了荒漠；5.9%的农田转换成了草地、8.9%的城镇转换成了农田；其他用地类型之间的转换相对较小（表3-10，表3-11）。

表3-10　黄河中上游能源化工区2000～2005年Ⅰ级生态系统类型转移矩阵

（单位：km^2）

类型	1森林	2灌丛	3草地	4湿地	5农田	6城镇	7荒漠
1森林	40 588.1	934.6	208.0	11.1	338.3	17.6	12.4
2灌丛	928.9	52 716.2	1 276.5	14.5	1 088.9	58.1	196.7
3草地	189.9	1 281.6	203 144.3	226.4	2 915.8	553.0	1 657.9
4湿地	9.1	16.4	200.2	2 481.7	256.2	21.0	71.8
5农田	552.6	1 618.7	6 153.9	326.9	94 374.9	974.9	300.1
6城镇	17.7	40.4	155.9	11.5	737.4	7 261.3	37.9
7荒漠	13.2	208.9	1 712.9	66.3	212.0	71.7	81 953.0

表 3-11　黄河中上游能源化工区 2000 ~ 2005 年 Ⅰ 级生态系统类型转移比例

（单位：%）

类型	1 森林	2 灌丛	3 草地	4 湿地	5 农田	6 城镇	7 荒漠
1 森林	96.4	2.2	0.5	0.0	0.8	0.0	0.0
2 灌丛	1.7	93.7	2.3	0.0	1.9	0.1	0.3
3 草地	0.1	0.6	96.7	0.1	1.4	0.3	0.8
4 湿地	0.3	0.5	6.6	81.2	8.4	0.7	2.3
5 农田	0.5	1.6	5.9	0.3	90.5	0.9	0.3
6 城镇	0.2	0.5	1.9	0.1	8.9	87.9	0.5
7 荒漠	0.0	0.2	2.0	0.1	0.3	0.1	97.3

2005 ~ 2010 年，也是湿地的转换面积所占比例较大，分别有 5.9%（184.9km^2）和 7%（220.1km^2）的湿地转换成了草地和农田；有 5.2%（464.8km^2）城镇转换为湿地；其他用地类型之间相互转换的比例相对较小（表 3-12，表 3-13）。

表 3-12　黄河中上游能源化工区 2005 ~ 2010 年 Ⅰ 级生态系统类型转移矩阵

（单位：km^2）

类型	1 森林	2 灌丛	3 草地	4 湿地	5 农田	6 城镇	7 荒漠
1 森林	41 542.1	521.1	51.6	4.9	145.6	29.9	7.1
2 灌丛	518.1	55 582.1	231.8	5.1	407.8	70.3	7.3
3 草地	51.9	245.0	210 353.1	117.0	917.7	660.5	529.6
4 湿地	5.9	9.5	184.9	2 666.8	220.1	16.3	36.0
5 农田	154.2	451.4	1 641.0	225.8	96 603.1	744.9	113.8
6 城镇	8.1	16.6	52.5	5.0	464.8	8 401.5	11.0
7 荒漠	6.7	42.3	516.8	81.1	265.0	125.8	83 205.1

表 3-13　黄河中上游能源化工区 2005 ~ 2010 年 Ⅰ 级生态系统类型转移比例

（单位：%）

类型	1 森林	2 灌丛	3 草地	4 湿地	5 农田	6 城镇	7 荒漠
1 森林	98.2	1.2	0.1	0.0	0.3	0.1	0.0
2 灌丛	0.9	97.8	0.4	0.0	0.7	0.1	0.0
3 草地	0.0	0.1	98.8	0.1	0.4	0.3	0.2
4 湿地	0.2	0.3	5.9	84.9	7.0	0.5	1.1
5 农田	0.2	0.5	1.6	0.2	96.7	0.7	0.1
6 城镇	0.1	0.2	0.6	0.1	5.2	93.8	0.1
7 荒漠	0.0	0.1	0.6	0.1	0.3	0.1	98.8

从表3-14、表3-15可以看出，2000～2010年，湿地和城镇转换的面积所占比例较大，分别有8.5%（258.6km^2）、9.5%（290.9km^2）、1.9%（58.9km^2）、1.0%（31.2km^2）的湿地转换成了草地、农田、荒漠和城镇；分别有2.0%和8.2%的城镇转换成了草地和农田。另有6.8%的农田转换成了草地，其他生态系统类型转换的面积所占比例不大。

表3-14　黄河中上游能源化工区2000～2010年Ⅰ级生态系统类型转移矩阵

（单位：km^2）

类型	1 森林	2 灌丛	3 草地	4 湿地	5 农田	6 城镇	7 荒漠
1 森林	40 712.4	805.9	216.0	9.3	324.2	36.6	7.4
2 灌丛	799.0	52 648.5	1 383.6	14.3	1 120.6	119.6	194.7
3 草地	193.4	1 398.2	202 023.2	236.0	3 153.4	1 170.5	1 795.2
4 湿地	10.2	18.4	258.6	2 388.5	290.9	31.2	58.9
5 农田	548.4	1 702.4	7 115.3	345.8	93 107.1	1 196.7	288.5
6 城镇	14.9	46.6	168.5	9.4	674.1	7 312.1	37.1
7 荒漠	7.8	242.6	1 844.4	101.6	344.6	181.6	81 515.7

表3-15　黄河中上游能源化工区2000～2010年Ⅰ级生态系统类型转移比例

（单位:%）

类型	1 森林	2 灌丛	3 草地	4 湿地	5 农田	6 城镇	7 荒漠
1 森林	96.7	1.9	0.5	0.0	0.8	0.1	0.0
2 灌丛	1.4	93.5	2.5	0.0	2.0	0.2	0.3
3 草地	0.1	0.7	96.2	0.1	1.5	0.6	0.9
4 湿地	0.3	0.6	8.5	78.1	9.5	1.0	1.9
5 农田	0.5	1.6	6.8	0.3	89.3	1.1	0.3
6 城镇	0.2	0.6	2.0	0.1	8.2	88.5	0.4
7 荒漠	0.0	0.3	2.2	0.1	0.4	0.2	96.8

黄河中上游能源化工区Ⅱ级生态系统类型转移情况见表3-16～表3-19。

表3-16　黄河中上游能源化工区Ⅱ级生态系统类型代码表

代码	类型	代码	类型	代码	类型	代码	类型
11	阔叶林	22	针叶灌丛	43	河流	63	工矿交通
12	针叶林	23	稀疏灌丛	51	耕地	71	荒漠
13	针阔混交林	31	草地	52	园地		
14	稀疏林	41	沼泽	61	居住地		
21	阔叶灌丛	42	湖泊	62	城市绿地		

表 3-17　2000～2005 年黄河中上游能源化工区Ⅱ级生态系统类型转移矩阵

类型	11	12	13	14	21	22	23	31	41	42	43	51	52	61	62	63	71
11	25 404.1	2.58		0.01	487.92		0.04	39.56		0.14	0.03	0.45		0.27		1.90	0.11
12	3.22	2 206.8			117.64			2.22				0.02					
13			1 913.4		0.01			0.02				0.13					
14	0.01			1 136.4	0.01		0.02	0.14				0.02					0.03
21	2 047.25	164.41		0.05	28 802.5		0.18	611.51	0.01	1.20	0.83	6.03		0.30		4.20	7.13
22						8.51											
23	0.80			0.02	0.98		5 073.4	0.07		0.18	0.02	0.77		0.01	0.01	0.13	0.41
31	450.02	21.57	0.06	10.47	2 577.97		2.14	233 112.5	1.76	26.58	90.06	372.92	25.23	99.00	1.02	294.96	65.47
41	0.01				0.20			26.63	625.75	7.30	31.79	7.48		0.91	0.06	0.81	0.99
42	0.07		0.03		1.58		0.03	17.54	1.55	845.54	2.32	33.87		2.05	0.06	2.10	27.75
43	0.81				0.65		0.12	90.63	14.68	6.83	1 267.8	80.15		1.57	0.09	5.37	30.08
51	409.24	0.28	1.85	0.42	532.42		0.34	3 737.7	14.52	55.52	92.29	97 445.8	19.29	353.15	1.51	126.19	162.19
52								0.22				0.02	641.5				0.10
61	40.28	0.41			2.42		0.02	96.83		0.58	0.91	44.67		5 857.7	0.10	2.12	
62	0.12				0.01		0.04				0.02	0.01		0.10	106.7	0.01	
63	0.95	0.93			0.95		0.01	20.43	0.05	1.00	1.36	25.00		22.60	0.21	1 947.6	1.33
71	2.29			0.11	5.37		1.88	109.27	0.64	28.13	28.07	96.41	5.8	13.59		45.32	88 009.6

表3-18　2005～2010年黄河中上游能源化工区Ⅱ级生态系统类型转移矩阵

类型	11	12	13	14	21	22	23	31	41	42	43	51	52	61	62	63	71
11	27 851	21.39		0.02	235.65		0.01	184.79	0.01		0.03	2.86		43.21	0.08	19.46	0.61
12	8.96	2 354.1			11.64			17.17			0.01	0.12		0.93		4.04	
13	0.04		1 915.2					0.02				0.05					0.05
14	0.01			1 146.8	0.05			0.17				0.44					0.02
21	2 633.62	281.13		0.01	27 686.1	0.01	2.22	1 863.02	0.03	0.25	0.13	17.87	0.07	8.70	0.21	34.69	2.54
22						8.48		0.03									
23	0.03				0.67		5 059.1	2.48	0.05	0.77	0.43	2.13	0.40	0.73	0.15	10.19	1.11
31	855.26	11.72		21.31	3 409.52	0.06	10.59	232 281.2	3.58	56.74	48.49	222.35	4.10	182.37	1.14	551.88	204.89
41					0.70			9.00	609.74	19.28	6.64	10.47		0.09	0.12	1.40	1.52
42	0.12				1.82		0.76	39.12	369.06	451.9	4.03	72.69	0.31	4.90	0.86	4.97	22.37
43	2.48		0.02		3.11		0.59	142.99	33.86	8.88	1 190.5	111.03		1.35		2.07	17.50
51	11.75	0.05	0.26	0.04	78.99		2.30	994.22	12.45	72.41	117.85	96 265.97	0.16	315.89	4.33	200.02	37.06
52												1.67	690.2			0.01	
61	0.33	0.20			0.02			2.27		0.08	0.34	55.07		6 287.2	2.23	3.62	0.03
62										0.05	0.09			5.33	104.2	0.04	
63	0.20	0.15			2.37		0.01	9.76	0.01	0.63	0.13	25.33		3.11	0.03	2 387.9	1.14
71	0.46	0.02	0.06	0.01	12.09		26.90	222.14	2.55	51.63	29.17	186.66	16.06	27.00	10.89	109.20	87 610.3

表 3-19　2000～2010 年黄河中上游能源化工区II级生态系统类型转移矩阵

类型	11	12	13	14	21	22	23	31	41	42	43	51	52	61	62	63	71
11	25 728.3	12.58		111.87				1.99	58.42	0.01	0.14	0.05	1.50	0.29	0.12	21.21	0.62
12	6.70	2 299.4		14.96					8.63			0.01	0.02		0.01	0.15	
13	0.04		1 913.3	0.12					0.04				0.06				0.05
14	3 688.02	311.89		26 054.1	0.01	0.07		27.44	1 485.61	0.04	1.60	0.66	18.11	6.00	6.30	37.71	8.06
21					8.48			0.03					0.33				
22						623.22											
23							18.31										
31	67.21	0.09		405.28	0.06	0.03		152 731.1	1.75	1.21	31.54	35.33	213.51	76.68	122.91	454.74	58.22
41	1 530.72	43.27	0.05	4 173.77		0.02		0.25	30 248.7	0.48	3.49	10.93	99.44	68.23	0.36	55.39	4.66
42	0.01			0.88				31.61	0.27	593.6	25.49	34.63	8.87	1.07	0.90	2.21	2.34
43	0.16		0.03	2.41			0.17	31.19	3.07	6.86	770.7	0.96	62.74	6.24	10.92	6.87	32.12
51	3.00			3.58				96.21	30.17	33.93	9.29	1 115.1	145.29	1.97	37.52	7.00	14.60
52	335.86	1.28	2.13	631.95		20.79	0.19	3 717.84	517.84	27.30	84.03	136.13	95 996	576.72	479.36	271.60	153.64
61	0.04	0.06		0.04				3.85	0.14		0.05	0.35	8.04	6 028.8	0.24	4.55	0.03
62	1.28	0.03		24.42		0.01	29.51	77.09	4.03	2.99	36.36	32.87	169.40	42.53	52 067.96	370.86	173.42
63	0.30	0.15		3.13				7.73	12.08	0.08	1.60	0.35	21.50	30.54	0.14	1 942.4	2.47
71	2.68	0.02	0.06	16.24		0.59	18.36	96.49	12.15	3.79	59.39	34.36	265.94	88.60	230.75	68.06	87 448.9

黄河中上游能源化工区 2000 年、2005 年和 2010 年 Ⅰ 级生态系统类型间相互转移的空间分布情况见图 3-7 ~ 图 3-9。

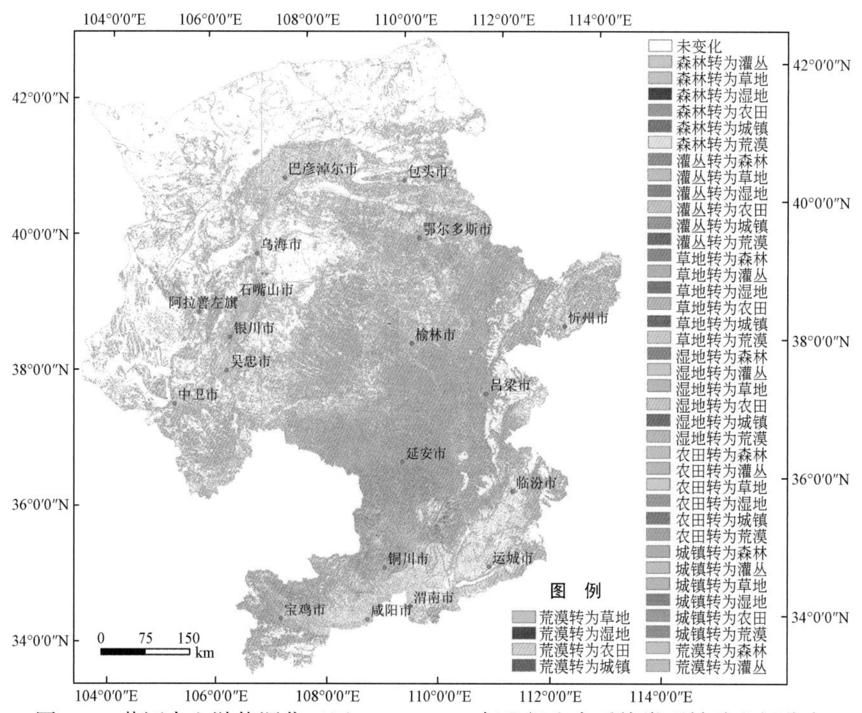

图 3-7 黄河中上游能源化工区 2000 ~ 2005 年 Ⅰ 级生态系统类型转移空间分布

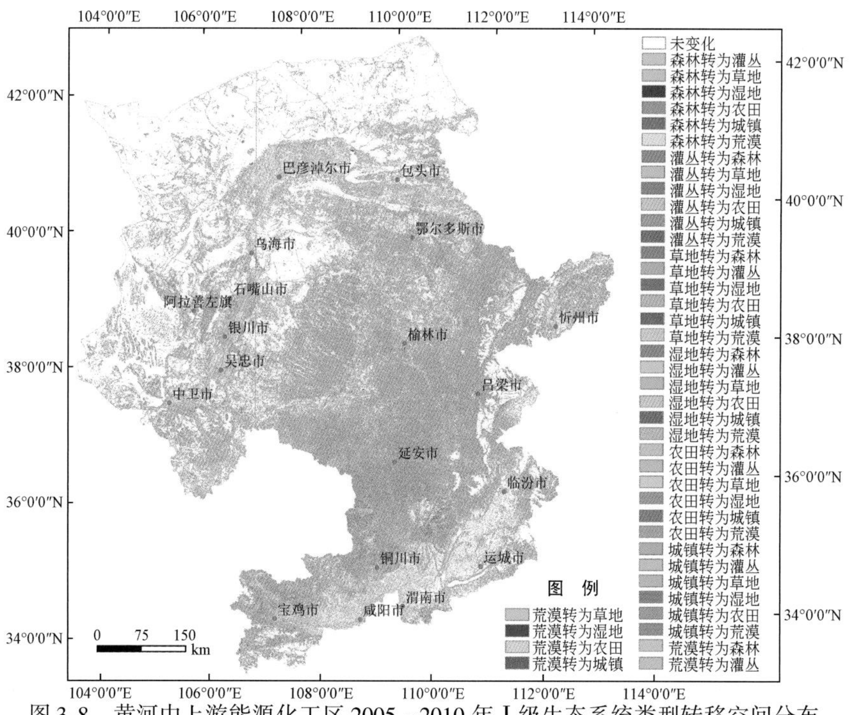

图 3-8 黄河中上游能源化工区 2005 ~ 2010 年 Ⅰ 级生态系统类型转移空间分布

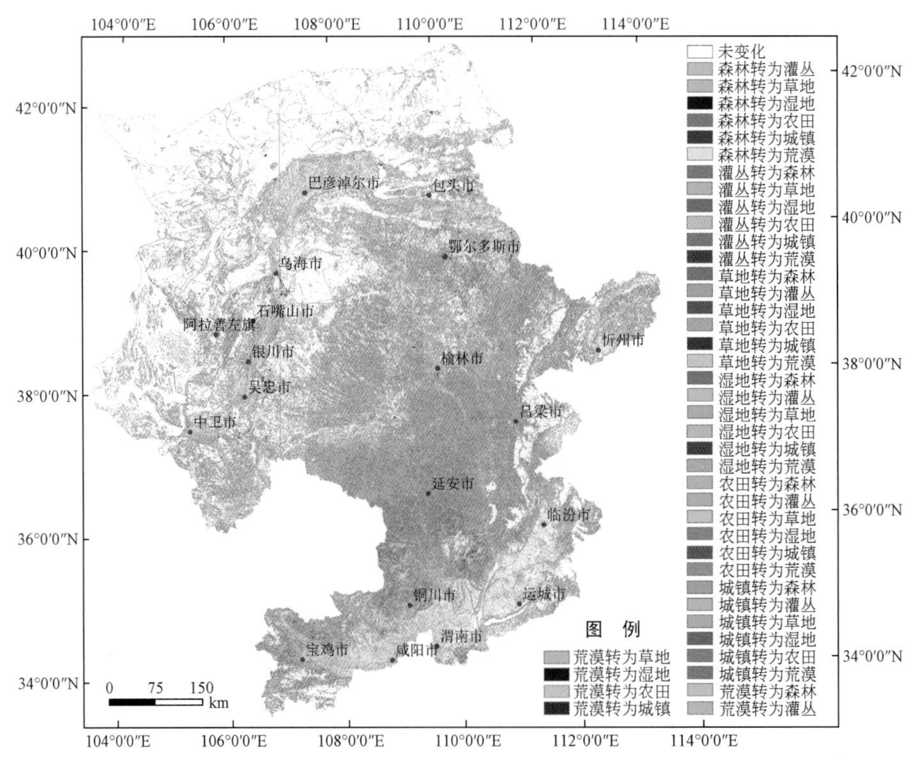

图 3-9　黄河中上游能源化工区 2000 ~ 2010 年Ⅰ级生态系统类型转移空间分布

3.3　生态系统类型面积变化率

分析研究区域一定时间范围内某种生态系统类型的数量变化情况，目的在于分析每一类生态系统在研究时期内的面积变化量。计算方法：

$$E_v = \frac{EU_b - EU_a}{EU_a} \times 100\%$$

式中，E_v为研究时段内某一生态系统类型的变化率；EU_a、EU_b 分别为研究期初及研究期末某一种生态系统类型的数量（如可以是面积、斑块数等）。

黄河中上游能源化工区Ⅰ级生态系统类型中，森林和城镇的面积正向变化率比较大，2000 ~ 2010 年变化率分别为 18.52% 和 26.41%。而面积逆向变化率比较大的是农田，2000 ~ 2010 年农田的面积变化率达到-5.70%。森林和农田面积的变化正体现了该地区“退耕还林”的结果。森林和城镇面积一直呈增加趋势，而荒漠和农田面积一直呈减小趋势（表 3-20）。

黄河中上游能源化工区Ⅱ级生态系统类型中，工矿交通的面积正向变化率比较大，2000 ~ 2010 年变化率为 64.62%；针叶林和阔叶林的面积正向变化率也较大，分别达到 14.55% 和 20.92%；面积正向变化率较大的还有居住地和城市绿地。耕地面积逆向变化率较大，达到-5.81%（表 3-21）。研究区Ⅲ级生态系统类型面积变化率见表 3-22。

表 3-20　2000 ~ 2010 年黄河中上游能源化工区 I 级生态系统类型面积变化率

（单位：%）

时段	森林	灌丛	草地	湿地	农田	城镇	荒漠
2000 ~ 2005 年	7. 99	2. 41	0. 30	0. 39	-4. 62	8. 76	-0. 05
2005 ~ 2010 年	9. 75	-2. 83	-0. 88	-1. 77	-1. 13	16. 22	-0. 46
2000 ~ 2010 年	18. 52	-0. 48	-0. 58	-1. 38	-5. 70	26. 41	-0. 51

表 3-21　2000 ~ 2010 年黄河中上游能源化工区 II 级生态系统类型面积变化率

（单位：%）

生态系统类型	2000 ~ 2005 年	2005 ~ 2010 年	2000 ~ 2010 年
阔叶林	9. 34	10. 60	20. 92
针叶林	2. 88	11. 34	14. 55
针阔混交林	0. 09	0. 01	0. 10
稀疏林	0. 96	1. 80	2. 78
阔叶灌丛	2. 80	(3. 34)	(0. 64)
针叶灌丛	0. 00	0. 47	0. 47
稀疏灌丛	0. 03	0. 48	0. 51
草地	0. 30	(0. 88)	(0. 58)
沼泽	(6. 12)	1. 72	(4. 50)
湖泊	4. 12	5. 21	9. 54
河流	1. 11	(7. 76)	(6. 73)
耕地	(4. 70)	(1. 16)	(5. 81)
园地	7. 79	2. 81	10. 81
居住地	5. 05	8. 34	13. 80
城市绿地	2. 56	13. 24	16. 14
工矿交通	20. 19	36. 97	64. 62
荒漠	(0. 05)	(0. 46)	(0. 51)

注：括号内表示是负值，下同。

表 3-22　2000 ~ 2010 年黄河中上游能源化工区 III 级生态系统类型面积变化率

（单位：%）

生态系统类型	2000 ~ 2005 年	2005 ~ 2010 年	2000 ~ 2010 年
常绿阔叶林	0. 00	0. 00	0. 00
落叶阔叶林	9. 34	10. 60	20. 93
常绿针叶林	2. 88	11. 34	14. 55
针阔混交林	0. 09	0. 01	0. 10
稀疏林	0. 96	1. 80	2. 78

续表

生态系统类型	2000～2005 年	2005～2010 年	2000～2010 年
落叶阔叶灌木林	2. 80	(3. 34)	(0. 64)
常绿针叶灌木林	0. 00	0. 47	0. 47
稀疏灌木林	0. 03	0. 48	0. 51
草甸	2. 49	0. 72	3. 23
草原	1. 67	0. 02	1. 68
草丛	(5. 51)	(5. 46)	(10. 67)
稀疏草地	0. 28	(0. 56)	(0. 28)
灌丛沼泽	(2. 75)	0. 00	(2. 75)
草本沼泽	(6. 13)	1. 73	(4. 51)
湖泊	(3. 66)	11. 34	7. 26
水库/坑塘	10. 11	1. 08	11. 30
河流	1. 16	(9. 20)	(8. 15)
运河/水渠	0. 63	7. 71	8. 39
水田	1. 37	7. 09	8. 56
旱地	(4. 77)	(1. 27)	(5. 98)
乔木园地	3. 14	0. 25	3. 40
灌木园地	165. 97	36. 63	263. 41
居住地	5. 05	8. 34	13. 80
乔木绿地	2. 56	4. 27	6. 94
灌木绿地	1. 03	24. 39	25. 68
草本绿地	3. 29	54. 96	60. 06
工业用地	34. 66	41. 53	90. 59
交通用地	22. 24	21. 88	48. 99
采矿场	0. 68	43. 41	44. 38
沙漠/沙地	(0. 17)	(0. 24)	(0. 41)
裸岩	(0. 01)	(0. 09)	(0. 11)
裸土	0. 26	(0. 99)	(0. 73)
盐碱地	(0. 38)	(3. 34)	(3. 70)

3.4 生态系统类型相互转化强度

生态系统类型相互转化强度指数（land cover change index，LCCI）（土地覆被转类指数）反映土地覆被类型在特定时间内变化的总体趋势。土地覆被类型按照生态意义进行定级，并去除受人类活动影响变化较剧烈且无规律的农田和城镇，得到主要土地覆被类型的生态级别（表 3-23，以Ⅰ级生态系统为例）。对土地覆被类型定级后，将土地覆被类型变化前后级别相减，如果为正值则表示覆被类型转好，反之表示覆被类型转差。操作过程中，首先为每类生态系统按分级赋值，按指标计算类型相互转化强度。

表 3-23　生态系统类型分级标准

生态系统类型	湿地	森林	灌丛	草地	荒漠
生态级别	1 级	2 级	3 级	4 级	5 级

定义土地覆被转类指数（LCCI）：

$$\mathrm{LCCI}_{ij}=\frac{\sum\left[A_{ij}\times\left(D_{\mathrm{a}}-D_{\mathrm{b}}\right)\right]}{A_{ij}}\times 100\%$$

式中，LCCI_{ij}为某研究区土地覆被转类指数，i为研究区，j为土地覆被类型，$j=1, \cdots, n$；A_{ij}为某研究区土地覆被一次转类的面积；D_{a}为转类前级别；D_{b}为转类后级别。LCCI_{ij}值为正，表示此研究区总体上土地覆被类型转好；LCCI_{ij}值为负，表示此研究区总体上土地覆被类型转差。黄河中上游能源化工区Ⅰ级生态系统类型相互转化强度结果如表 3-24 所示。

表 3-24　黄河中上游能源化工区Ⅰ级生态系统类型相互转化强度　（单位：%）

类型相互转化强度	2000～2005 年	2005～2010 年
LCCI_{ij}	-0.16	-0.42

3.5　综合生态系统动态度

综合生态系统动态度（EC）是根据生态系统构成变化分析结果进一步计算变化后期全部生态系统变化总面积与变化后期总面积之比，Ⅰ、Ⅱ级生态系统计算结果见表 3-25。

表 3-25　黄河中上游能源化工区综合生态系统动态度

项目	Ⅰ级综合生态系统动态度			Ⅱ级综合生态系统动态度		
	2000～2005 年	2005～2010 年	2000～2010 年	2000～2005 年	2005～2010 年	2000～2010 年
综合生态系统动态度 EC	0.62	2.63	3.12	0.74	3.10	3.71

3.6　生态系统格局特征分析与评价

生态系统格局是指生态系统空间格局，即不同生态系统在空间上的配置。景观格局特征用斑块数（number of patches）、平均斑块面积（mean patch size）、类斑块平均面积、边界密度（edge density）、聚集度指数（contagion index）等景观格局特征指标进行衡量。斑块数用来衡量目标景观的复杂程度，斑块数量越多说明景观构成越复杂。平均斑块面积可以用于衡量景观总体完整性和破碎化程度，平均斑块面积大说明景观较完整，破碎化程度较低。类斑块平均面积是指景观中某类景观要素斑块面积的算术平均值，反映该类景观要素斑块规模的平均水平，平均面积最大的类可以说明景观的主要特征，每一类的平均面积则说明该类在景观中的完整性。边界密度是从边形特征描述景观破碎化程度，边界密度越高说明斑块破碎化程度越高。聚集度指数反映景观中不同斑块类型的非随机性或聚集程度，聚集度指数高说明景观完整性较好，相对的破碎化程度较低。

黄河中上游能源化工区Ⅰ级生态系统类型斑块中，延安市、榆林市和鄂尔多斯市等地的斑块数量多，景观构成复杂。乌海市斑块数量少，景观构成简单。除宁夏回族自治区的吴忠市、中卫市和石嘴山市斑块数在2000～2010年有相对较大下降外，其他地方的斑块数没有明显变化（表3-26，图3-10）。

表3-26　黄河中上游能源化工区Ⅰ级生态系统景观格局特征及其变化

地区	年份	景观面积/km^2	斑块数	平均斑块面积/km^2	边界密度	聚集度指数
阿拉善左旗	2000	79 809.8	12 723	627.3	2.5	94.7
	2005	79 809.8	12 699	628.5	2.5	94.5
	2010	79 810.1	12 189	654.8	2.5	94.5
巴彦淖尔市	2000	65 088.1	33 879	16.6	192.1	67.1
	2005	65 089.7	34 547	16.7	188.4	67
	2010	65 093.4	34 589	16.7	188.2	67.3
包头市	2000	27 603.7	15 535	18.4	177.7	69.2
	2005	27 604.6	15 590	19.6	177.1	68.1
	2010	27 604.6	15 810	19.8	174.6	68
宝鸡市	2000	18 124.1	52 642	49.4	34.4	60.1
	2005	18 124.1	52 207	49.3	34.7	60.1
	2010	18 124.1	51 742	49.1	35	60.1
鄂尔多斯市	2000	86 688.7	126 827	38.3	68.4	60.4
	2005	86 688.6	126 339	38.5	68.6	60.2
	2010	86 688.6	126 845	38.7	68.3	60
临汾市	2000	20 259.2	27 627	45.3	73.3	56.4
	2005	20 259.2	27 429	45.3	73.9	56.5
	2010	20 259.3	28 132	44.9	72	56.5
吕梁市	2000	21 013.2	36 716	54.3	57.2	54.7
	2005	21 013.2	36 550	54.2	57.5	55
	2010	21 012.9	36 647	54.3	57.3	54.8
石嘴山市	2000	4 094.6	10 315	33.9	39.7	62
	2005	4 094.6	10 317	33.8	39.7	61.5
	2010	4 094.6	9 742	33.3	42	60.9

续表

地区	年份	景观面积/km²	斑块数	平均斑块面积/km²	边界密度	聚集度指数
铜川市	2000	3 910. 5	16 730	72. 7	23. 4	51. 9
	2005	3 910. 5	16 685	72. 6	23. 4	51. 8
	2010	3 910. 5	16 689	72. 6	23. 4	51. 7
渭南市	2000	13 018. 9	20 909	32. 8	62. 3	63. 3
	2005	13 018. 9	20 810	32. 8	62. 6	63. 5
	2010	13 019. 3	20 683	32. 9	62. 9	63. 2
乌海市	2000	1 657. 7	1 771	28. 6	93. 6	58
	2005	1 657. 7	1 794	28. 5	92. 4	58
	2010	1 658	1 747	28. 5	94. 9	58
吴忠市	2000	16 189. 5	31 162	37. 3	52	62. 9
	2005	16 189. 5	30 465	36. 4	53. 1	63. 1
	2010	16 189. 4	30 094	36. 7	53. 8	62. 6
咸阳市	2000	10 295. 5	22 754	44. 3	45. 2	61. 1
	2005	10 295. 5	22 178	43. 9	46. 4	60. 7
	2010	10 295. 5	21 997	43. 9	46. 8	60. 7
忻州市	2000	25 173. 3	38 541	49	65. 3	54. 6
	2005	25 173. 3	38 160	49	66	54. 7
	2010	25 173. 7	38 655	48. 9	65. 1	54. 6
延安市	2000	37 014. 3	202 020	80. 7	18. 3	52. 2
	2005	37 014. 3	199 928	79. 4	18. 5	52. 5
	2010	37 014. 3	200 036	79. 3	18. 5	52. 5
银川市	2000	7 456. 6	13 818	31. 9	54	59. 7
	2005	7 456. 6	13 651	31. 9	54. 6	59. 1
	2010	7 456. 6	12 790	31. 7	58. 3	58. 3
榆林市	2000	43 156. 7	142 742	57. 3	30. 2	60
	2005	43 156. 7	142 782	57. 1	30. 2	60
	2010	43 156. 6	143 093	57	30. 2	59. 7
运城市	2000	14 156. 5	11 273	26	125. 6	64. 2
	2005	14 156. 5	11 344	26. 1	124. 8	64. 1
	2010	14 156. 7	11 133	26	127. 2	64. 3
中卫市	2000	13 525. 7	20 516	27	65. 9	67. 6
	2005	13 525. 7	20 318	27. 2	66. 6	67. 3
	2010	13 525. 6	19 312	27	70	66. 9

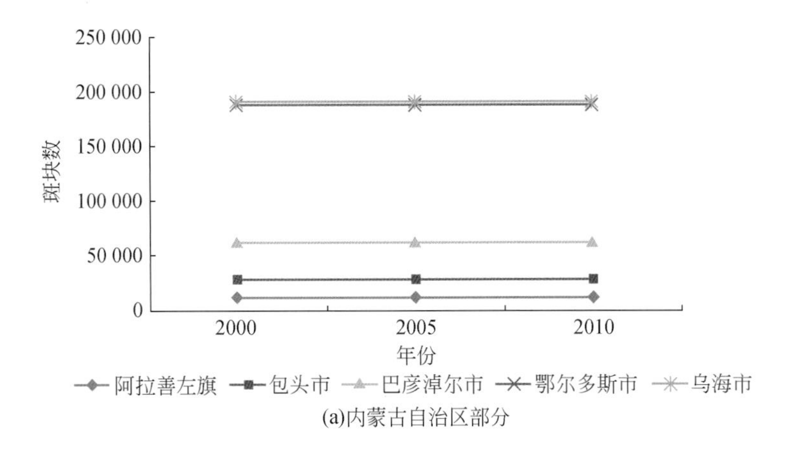

(a)内蒙古自治区部分

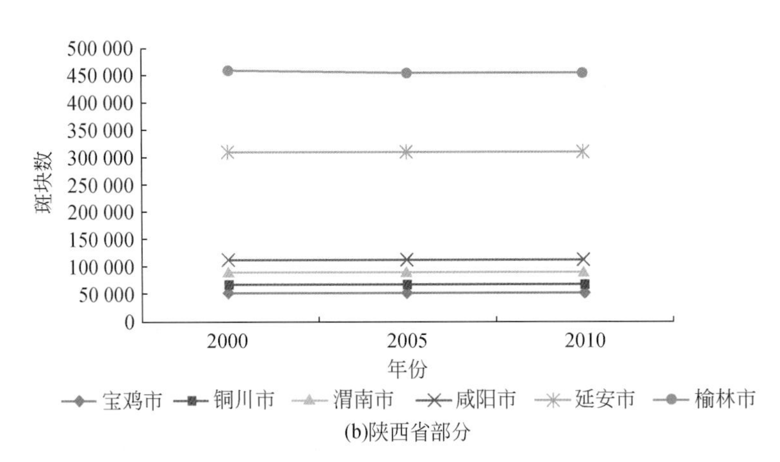

(b)陕西省部分

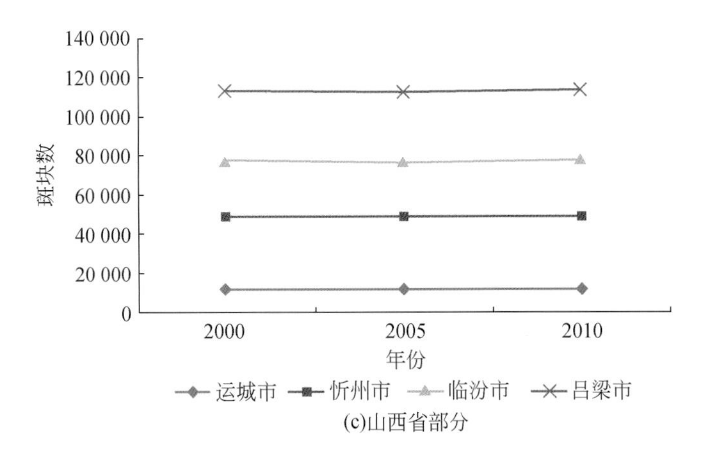

(c)山西省部分

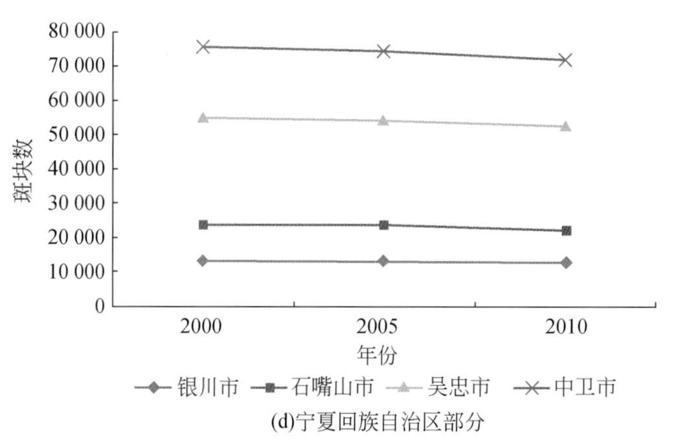

(d)宁夏回族自治区部分

图 3-10　黄河中上游能源化工区 Ⅰ 级生态系统类型斑块数统计图

黄河中上游能源化工区 Ⅰ 级生态系统类型斑块中，平均斑块面积最大的是阿拉善左旗，达到 628km^2；最小的是巴彦淖尔市，为 16.6 km^2。内蒙古自治区 5 个地区的平均斑块面积于 2000 ~ 2010 年一直在增加，2005 ~ 2010 年增加速率较 2000 ~ 2005 年大，说明其景观趋于完整，破碎化程度降低。其他地区平均斑块面积没有明显变化（图 3-11）。

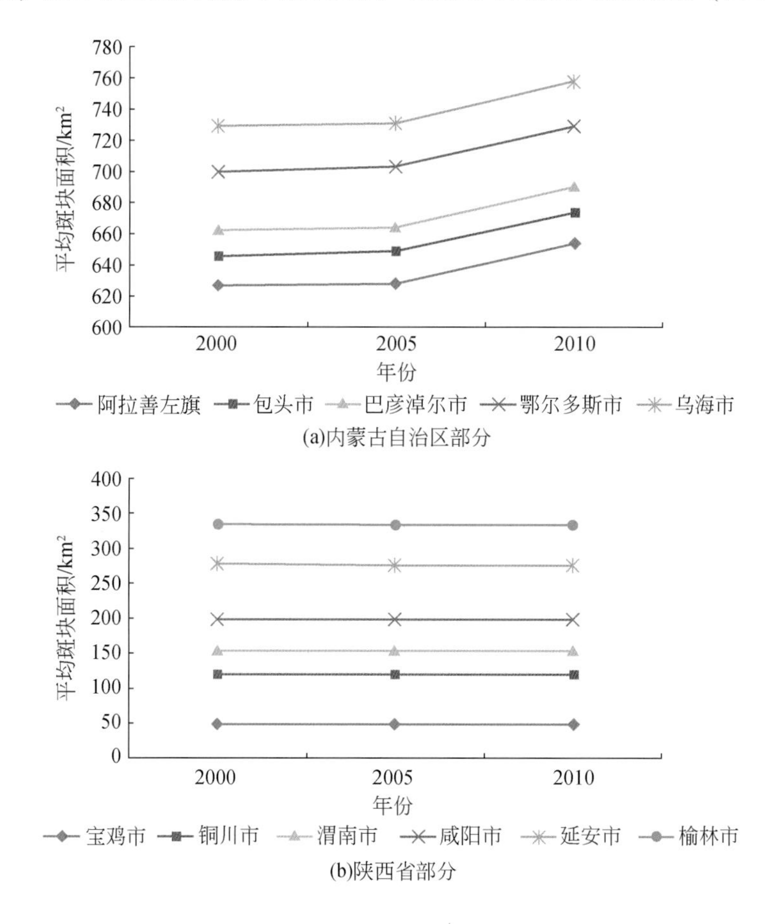

(b)陕西省部分

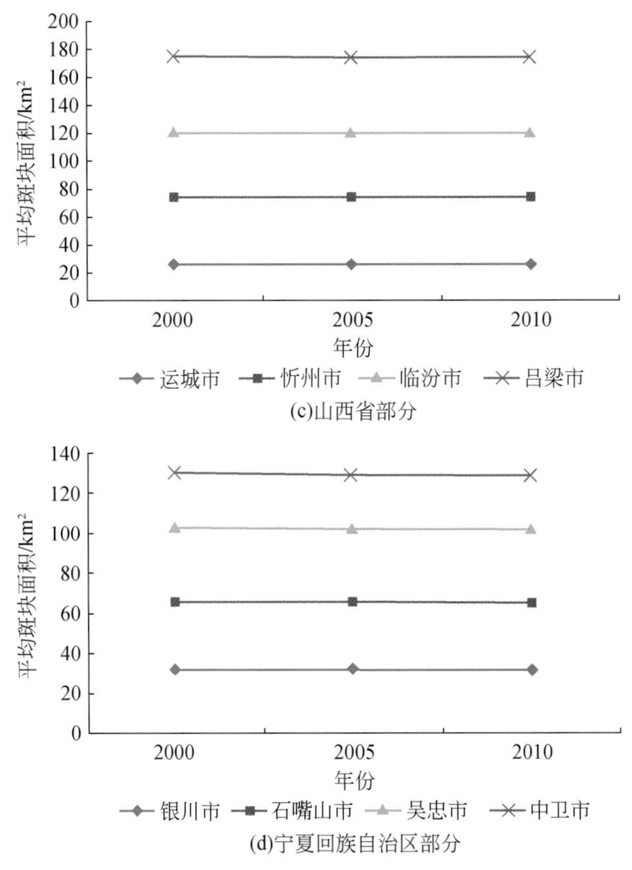

图3-11　黄河中上游能源化工区Ⅰ级生态系统类型平均斑块面积统计图

黄河中上游能源化工区Ⅰ级生态系统类型边界密度最小的是阿拉善左旗，为2.5，说明其破碎化程度很小；最大的是巴彦淖尔市，达188，说明其破碎化程度很高。黄河中上游能源化工区边界密度在2000～2010年没有明显的变化（图3-12）。

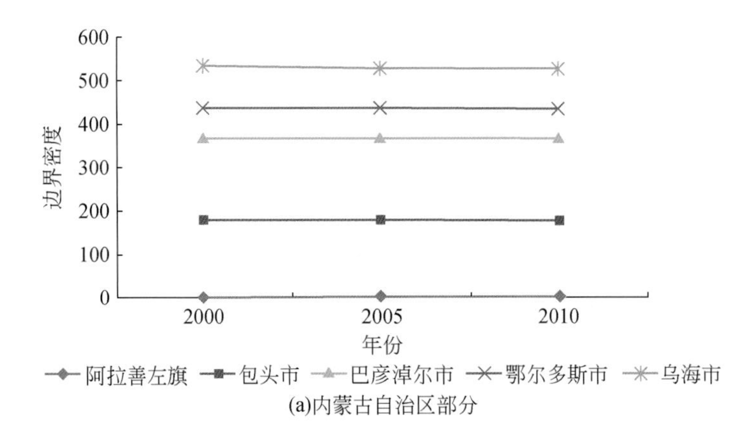

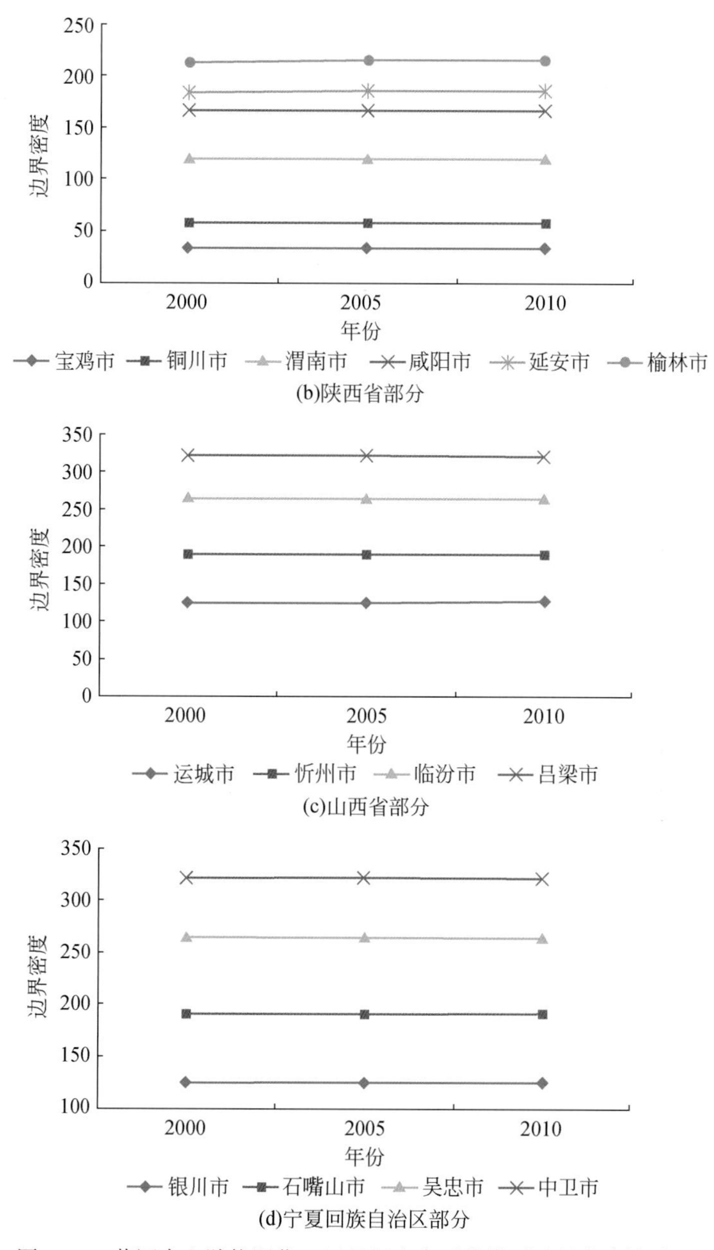

(b)陕西省部分

(c)山西省部分

(d)宁夏回族自治区部分

图 3-12 黄河中上游能源化工区 Ⅰ 级生态系统类型边界密度统计图

黄河中上游能源化工区 Ⅰ 级生态系统类型聚集度指数最高的是阿拉善左旗，为 94.5，说明其景观完整性较好，破碎化程度较低；最小的是铜川市，为 51.7，说明其破碎化程度较高。黄河中上游能源化工区聚集度指数在 2000 ~ 2010 年没有明显的变化（图 3-13）。

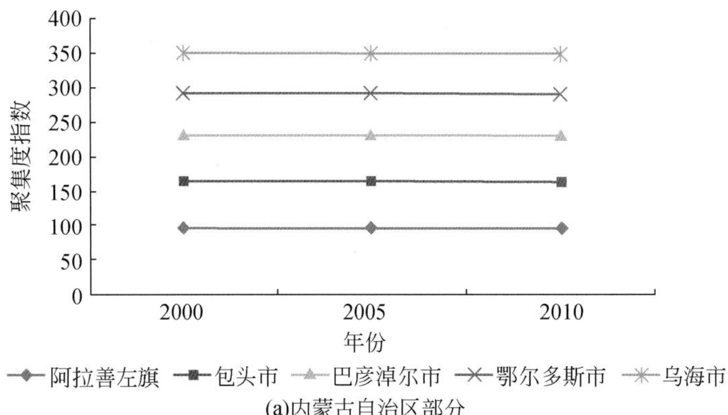

(a)内蒙古自治区部分

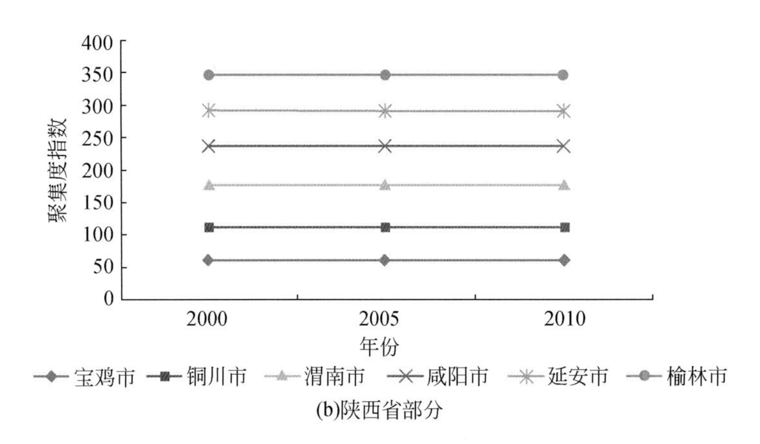

(b)陕西省部分

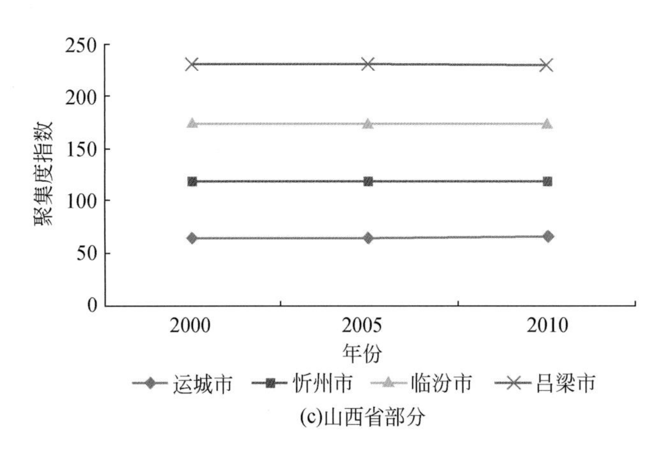

(c)山西省部分

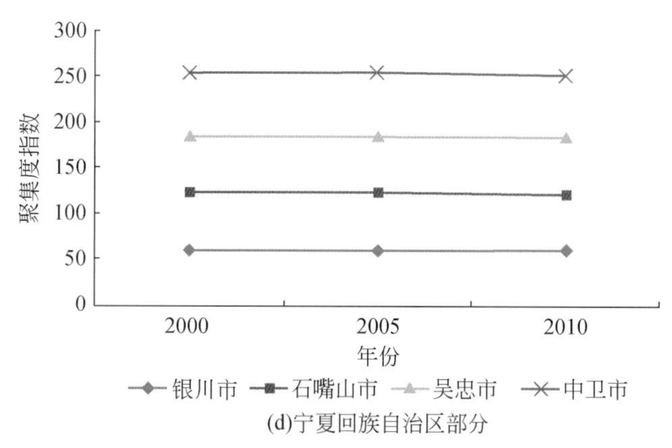

图 3-13　黄河中上游能源化工区 Ⅰ 级生态系统类型聚集度指数统计图

黄河中上游能源化工区 Ⅱ 级生态系统景观格局特征指标均未出现明显的变化（表 3-27，图 3-14 ~ 图 3-17）。

表 3-27　黄河中上游能源化工区 Ⅱ 级生态系统景观格局特征及其变化

地区	年份	景观面积/km^2	斑块数	边界密度	平均斑块面积/km^2	聚集度指数
阿拉善左旗	2000	79 809	53 922	18. 4	148	73. 3
	2005	79 809	53 187	18. 4	150. 1	72. 8
	2010	79 809. 5	50 646	18. 2	157. 6	72. 8
巴彦淖尔市	2000	65 087. 9	43 737	23	148. 8	69
	2005	65 087. 9	44 078	23. 2	147. 7	67. 9
	2010	65 091. 6	44 317	23. 4	146. 9	67. 6
包头市	2000	27 604. 9	16 875	20. 9	163. 6	77. 8
	2005	27 604. 9	17 494	21. 9	157. 8	76
	2010	27 605	17 720	22. 1	155. 8	75. 8
宝鸡市	2000	18 125. 5	62 185	58. 7	29. 1	68. 6
	2005	18 125. 5	61 775	58. 5	29. 3	68. 6
	2010	18 125. 5	61 366	58. 4	29. 5	68. 6
鄂尔多斯市	2000	86 691. 1	133 773	43. 2	64. 8	71. 3
	2005	86 691. 1	134 013	43. 3	64. 7	70. 8
	2010	86 691. 2	134 918	43. 5	64. 3	70. 6
临汾市	2000	20 260. 5	31 680	53. 3	64	66. 6
	2005	20 260. 5	31 248	53. 1	64. 8	67. 4
	2010	20 260. 5	31 253	53. 1	64. 8	66. 7
吕梁市	2000	21 014. 5	39 857	62. 7	52. 7	65. 4
	2005	21 014. 5	39 324	62. 5	53. 4	66. 3
	2010	21 014. 5	39 382	62. 5	53. 4	65. 5

续表

地区	年份	景观面积/km^2	斑块数	边界密度	平均斑块面积/km^2	聚集度指数
石嘴山市	2000	4 095	14 393	49.6	28.5	58
	2005	4 095	14 416	49.5	28.4	57.7
	2010	4 095	13 673	48.2	29.9	57.5
铜川市	2000	3 910.5	18 294	77.3	21.4	64.7
	2005	3 910.5	18 238	77.2	21.4	62.9
	2010	3 910.5	18 223	77.2	21.5	61.9
渭南市	2000	13 019.7	22 957	36.2	56.7	74.4
	2005	13 019.7	22 853	36.2	57	74.1
	2010	13 019.9	22 722	36.3	57.3	74.3
乌海市	2000	1 657.9	2 233	33	74.2	63.4
	2005	1 657.9	2 248	33.1	73.7	63.4
	2010	1 658.2	2 168	33.1	76.5	62.7
吴忠市	2000	16 190.5	45 448	51.9	35.6	64.9
	2005	16 190.5	44 496	51.2	36.4	64.8
	2010	16 190.4	44 324	51.3	36.5	64.5
咸阳市	2000	10 296.2	28 023	54.1	36.7	67.5
	2005	10 296.2	27 458	53.6	37.5	67.3
	2010	10 296.2	27 274	53.6	37.8	67.1
忻州市	2000	25 175	39 407	53	63.9	67.3
	2005	25 175	38 681	52.9	65.1	68.1
	2010	25 175.1	38 789	52.9	64.9	67.4
延安市	2000	37 014.6	207 526	85.1	17.8	63.8
	2005	37 014.6	205 531	83.7	18	64
	2010	37 014.7	205 730	83.6	18	63
银川市	2000	7 457	21 651	48.8	34.4	61
	2005	7 457	21 446	48.8	34.8	60.6
	2010	7 457	20 578	48.1	36.2	59.1
榆林市	2000	43 159.5	152 446	65.2	28.3	70.9
	2005	43 159.5	152 520	65.1	28.3	70.9
	2010	43 159.3	152 847	65	28.2	70.6
运城市	2000	14 157.3	13 226	31.6	107	72.7
	2005	14 157.3	13 166	31.7	107.5	73.2
	2010	14 157.3	13 014	31.5	108.8	73.3
中卫市	2000	13 526.6	33 680	45.3	40.2	65
	2005	13 526.6	33 351	45.3	40.6	64.7
	2010	13 526.6	31 414	44.3	43.1	64.8

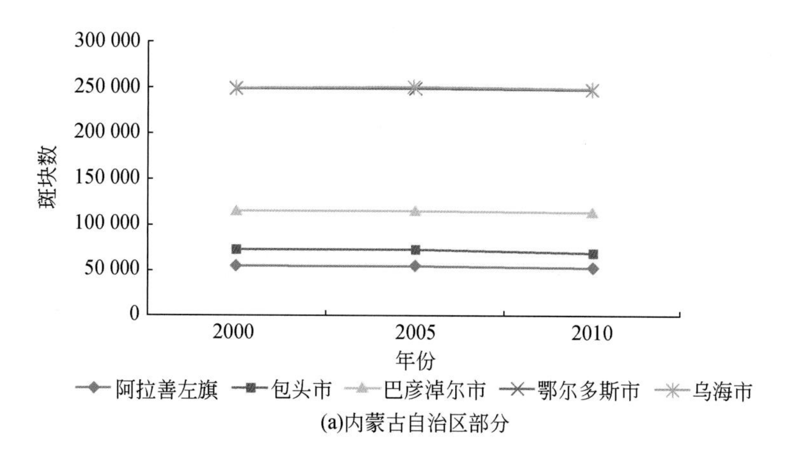

(a)内蒙古自治区部分

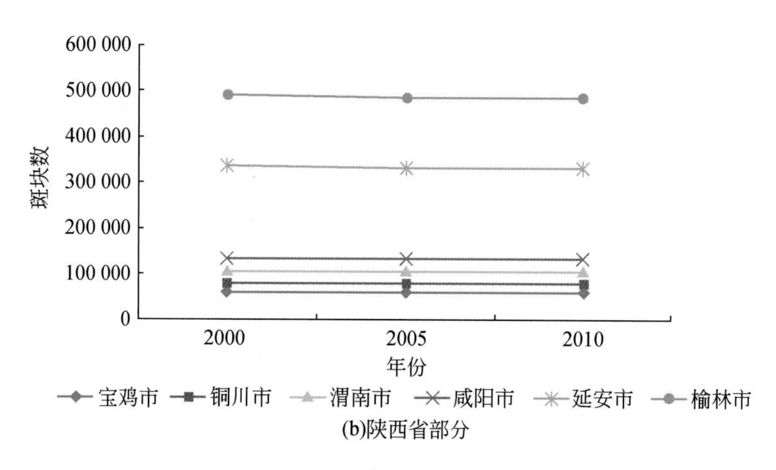

(b)陕西省部分

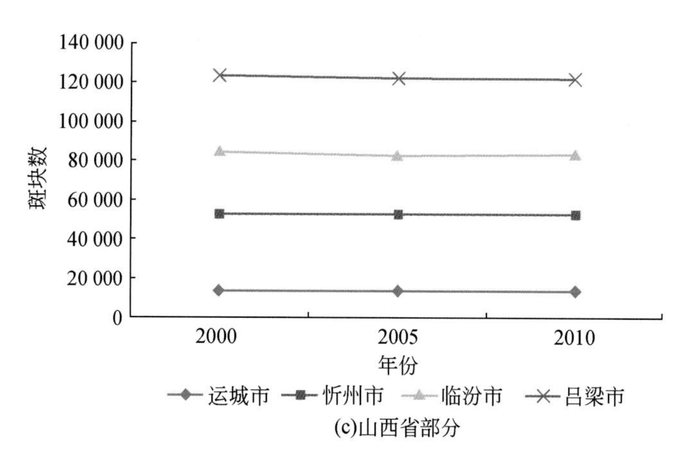

(c)山西省部分

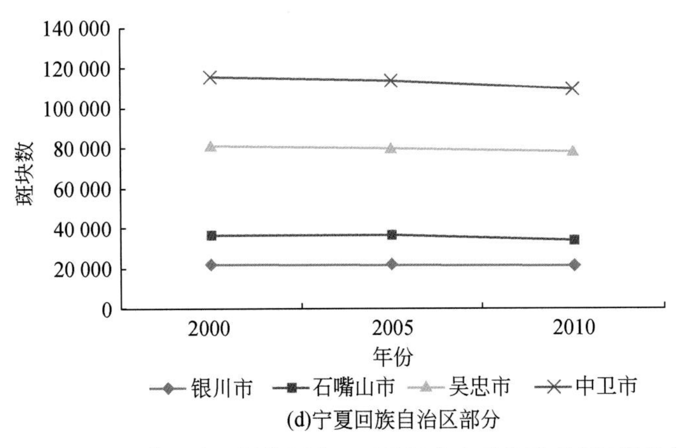

(d)宁夏回族自治区部分

图 3-14　黄河中上游能源化工区Ⅱ级生态系统类型斑块数统计图

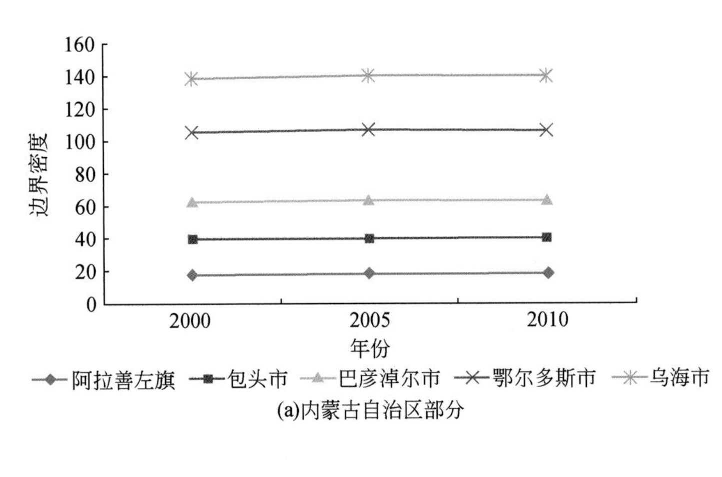

(a)内蒙古自治区部分

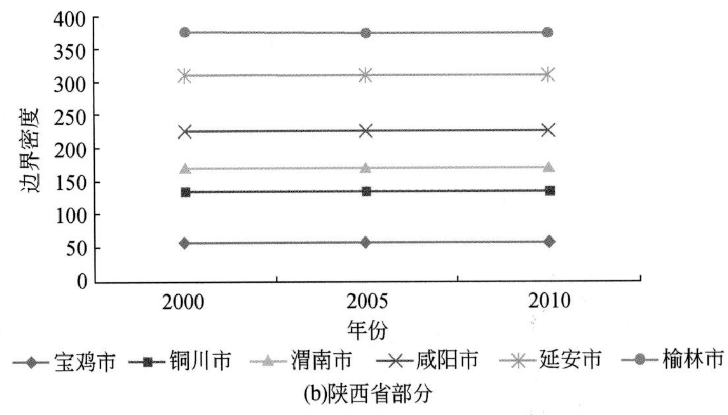

(b)陕西省部分

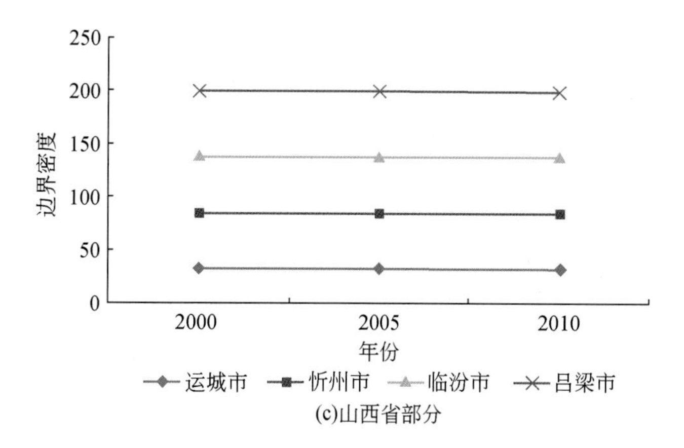

(c)山西省部分

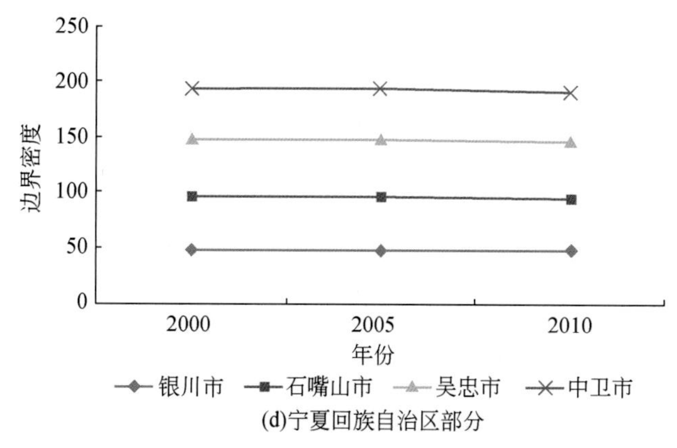

(d)宁夏回族自治区部分

图 3-15　黄河中上游能源化工区Ⅱ级生态系统边界密度统计图

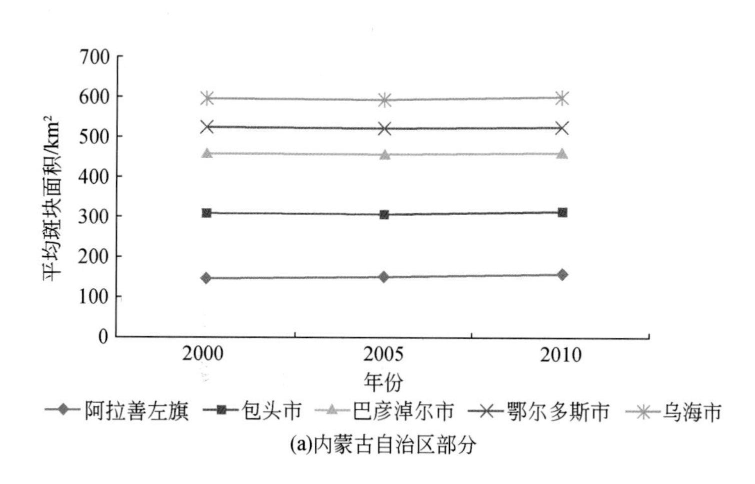

(a)内蒙古自治区部分

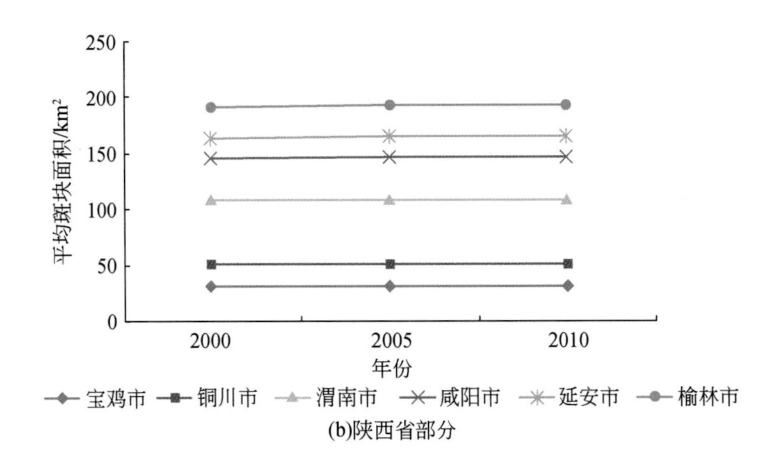

(b)陕西省部分

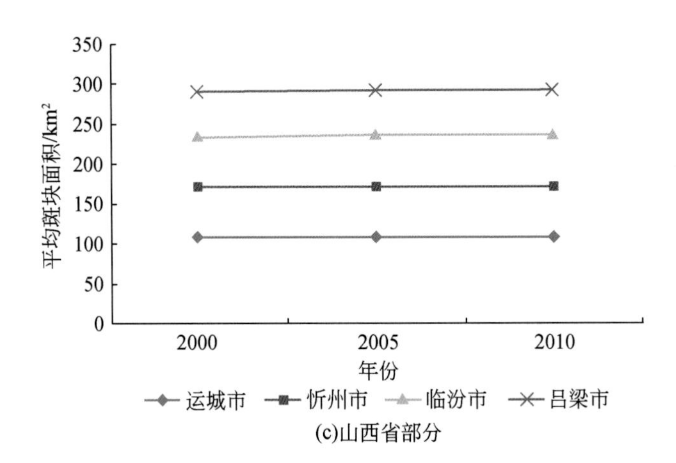

(c)山西省部分

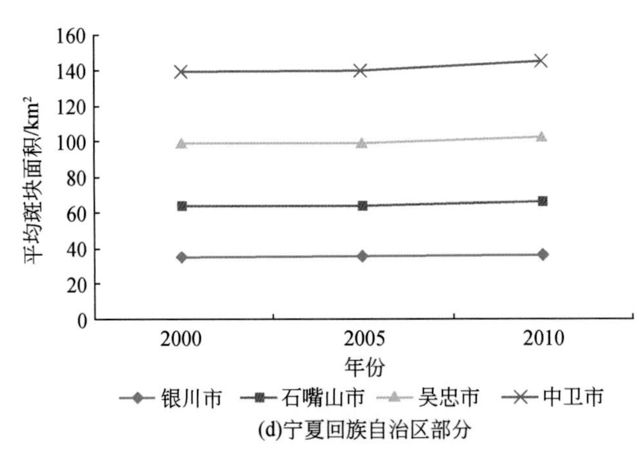

(d)宁夏回族自治区部分

图 3-16 黄河中上游能源化工区Ⅱ级生态系统平均斑块面积统计图

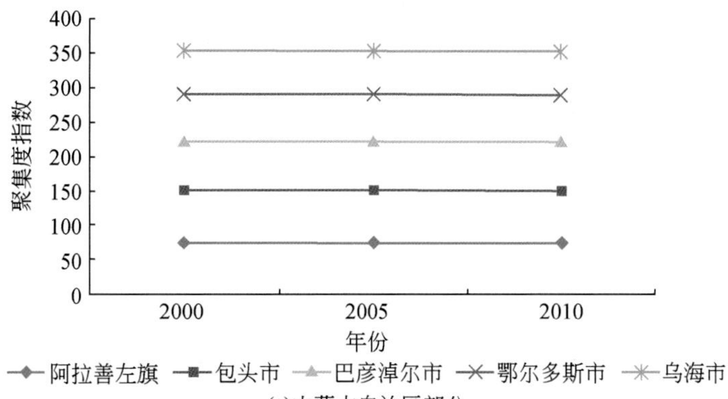

(a)内蒙古自治区部分

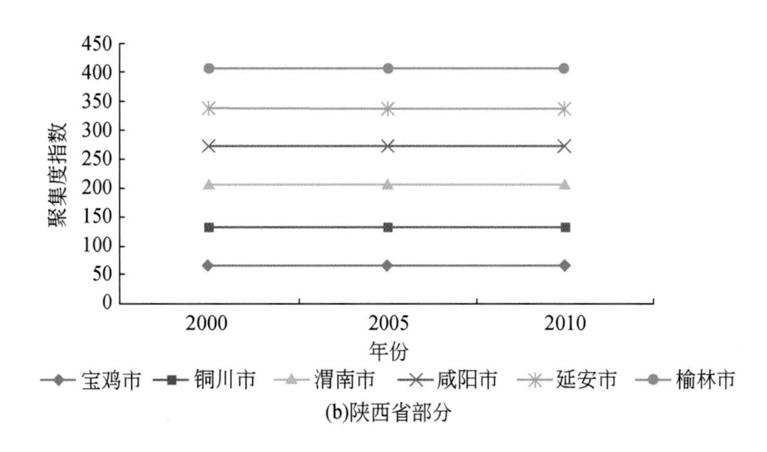

(b)陕西省部分

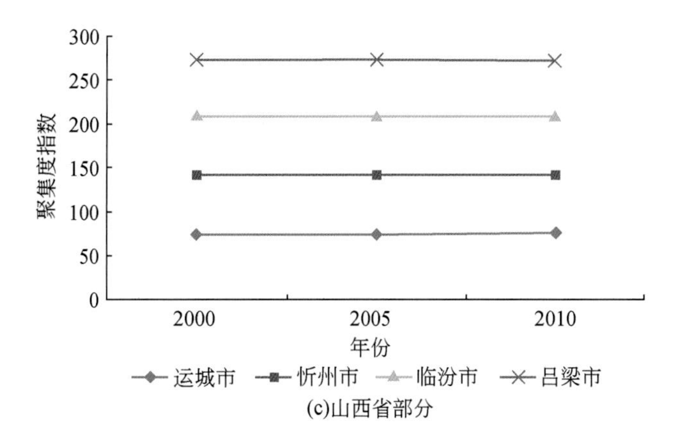

(c)山西省部分

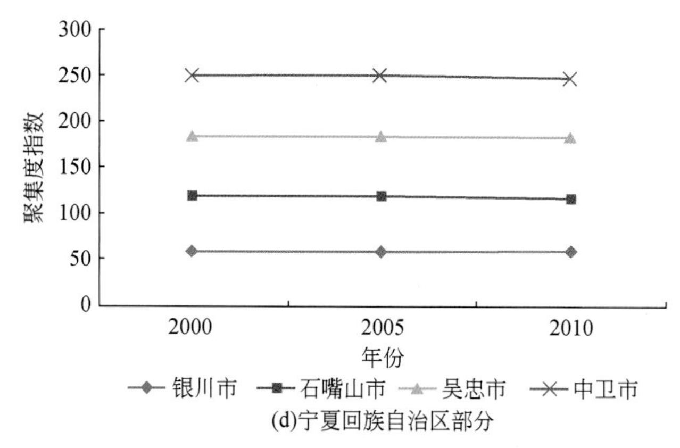

(d)宁夏回族自治区部分

图 3-17　黄河中上游能源化工区Ⅱ级生态系统聚集度指数统计图

就类斑块平均面积而言，阿拉善左旗、巴彦淖尔市以荒漠为主要景观类型，包头市以草地为主要景观类型，鄂尔多斯市以草地和荒漠、乌海市以城镇和荒漠为主要景观类型。宝鸡市以森林和农田为主要景观类型，铜川市、渭南市、咸阳市以农田为主要景观类型，延安市和榆林市以草地为主要景观类型。山西省的 4 个地区以森林和农田为主要景观类型。宁夏回族自治区的 4 个市以农田和荒漠为主要景观类型（表 3-28 ~ 表 3-30）。

表 3-28　黄河中上游能源化工区 2000 年Ⅰ级生态系统类斑块平均面积

地区	森林	灌丛	草地	湿地	农田	城镇	荒漠
阿拉善左旗	42.6	9.7	15.3	11.1	62.2	6.7	8596.4
巴彦淖尔市	11.5	27.2	123.5	51.1	256.5	18.8	595.5
包头市	14.8	79.1	474.7	40.4	98.8	58.7	77.2
宝鸡市	101.2	15.9	3.1	12.3	53.4	9.3	21.9
鄂尔多斯市	11	44.3	112.3	22.8	27.2	38.7	83
临汾市	166.2	45.5	40.8	20.5	93.4	25.2	8.8
吕梁市	208.9	37.3	32.6	20.9	61.2	25.8	8.7
石嘴山市	16.6	6.4	6.5	16.3	132.9	11.8	87.9
铜川市	27.7	19.9	10.7	9.1	50.7	11.3	11.1
渭南市	47	21.1	38.6	34.3	260.3	12.3	11.8
乌海市	11.1	19.2	80.9	42.9	49.8	160.8	136.5
吴忠市	23.8	15.3	38.3	14.5	49.5	10.5	86.6
咸阳市	19.3	31.4	20	13.7	254.6	11.2	8.1
忻州市	102.6	79.9	32.4	23.7	75.2	18.4	10.2
延安市	18.3	12.5	38.1	8.8	13	6.8	5
银川市	17.9	6.6	43.2	10.1	235.5	10.7	75.8
榆林市	3.6	7.6	90.3	17.8	15.3	8.6	49.9
运城市	392.1	43.1	37.2	67.6	350.4	24.3	17.4
中卫市	7.1	24.4	23	16	66.6	9.1	154.5

表 3-29　黄河中上游能源化工区 2005 年 I 级生态系统类斑块平均面积

地区	森林	灌丛	草地	湿地	农田	城镇	荒漠
阿拉善左旗	42.4	9.9	15.5	13.8	77.3	7.1	8286.3
巴彦淖尔市	11.4	27.1	121.8	51.1	249.9	19.7	591.6
包头市	15	79.7	460.8	36.3	100.8	55.1	92
宝鸡市	102.4	16.1	3.1	14	53.4	9.7	21.2
鄂尔多斯市	11	44.6	112.9	23.7	27.2	42	83
临汾市	166.5	45.5	41.1	21.9	94.2	25.2	8.6
吕梁市	207.4	37.4	32.7	17.3	63	22.2	8.3
石嘴山市	16.6	6.4	6.3	20.9	130.1	12.4	84.9
铜川市	27.8	20	10.9	9.1	49.8	12.7	11.3
渭南市	46.8	21.1	38.2	29.1	262.6	12.9	11.9
乌海市	11.4	18.6	79.2	44.1	49.3	158.4	134.7
吴忠市	23.8	15.2	39	15.3	50.1	11.3	88.8
咸阳市	19.5	32.2	21.3	15.1	248.4	12.4	9
忻州市	102.9	80.8	32.8	24.1	77.3	16.7	12
延安市	18.4	12.5	40.5	8.5	12.4	7.6	4.6
银川市	17.9	6.6	44	11.1	206.7	13.7	74.6
榆林市	3.7	7.6	90.5	16.4	15.2	9.4	50.1
运城市	393.3	43.2	36.8	68.4	345.3	24	22.5
中卫市	7.1	24.8	23.3	18.4	68.4	9.9	151.2

表 3-30　黄河中上游能源化工区 2010 年 I 级生态系统类斑块平均面积

地区	森林	灌丛	草地	湿地	农田	城镇	荒漠
阿拉善左旗	41.6	10.3	15.9	16.9	82	8.6	8291.4
巴彦淖尔市	11.4	27	109	50	250.9	21.7	641
包头市	15	79.8	460.5	32.3	100.7	51	91.7
宝鸡市	102.5	16.1	3.1	15.8	53.5	10.5	22.2
鄂尔多斯市	10.7	44.5	112.4	23.7	27.1	48.6	82.1
临汾市	164.5	44.3	38.9	17.8	92.9	25.4	8.2
吕梁市	209.9	37.2	32	20.1	62.6	24.6	8
石嘴山市	16.7	6.6	6.5	39.9	126.5	15.4	85.5
铜川市	27.7	19.9	10.9	9.4	50.1	13	12.2
渭南市	46.4	21.2	39.7	38.7	256	13.4	6.6
乌海市	11.4	18.4	80.7	48.7	51.5	160.8	138.2

续表

地区	森林	灌丛	草地	湿地	农田	城镇	荒漠
吴忠市	24.2	15.1	39.8	23.2	51.5	13.8	86.4
咸阳市	19.5	32.2	21.4	14.6	249.6	12.9	11.1
忻州市	102.2	79.3	31.9	22.9	75.9	18	11.5
延安市	18.4	12.5	40.6	8.4	12.3	8.3	4.6
银川市	17.9	6.7	45.7	13.9	217.2	20.9	72.6
榆林市	3.7	7.6	90.1	17	15.1	13.2	49.6
运城市	394.8	43.2	37	71.6	361.8	24.2	20.2
中卫市	7.1	28	23.4	24.8	80.1	11	151.1

黄河中上游能源化工区各地区Ⅱ级生态系统类斑块平均面积见表3-31～表3-49。

表3-31 阿拉善左旗Ⅱ级生态系统类斑块平均面积

类型编码	类型	2000年	2005年	2010年
12	落叶阔叶林	3.2	3.2	7.9
13	常绿针叶林	34.1	34.0	34.2
22	落叶灌木林	9.2	9.7	10.0
32	草原	14.1	14.4	15.0
43	草本沼泽	7.3	6.6	20.0
44	湖泊	6.6	9.8	8.5
45	水库/坑塘	5.7	6.6	8.4
46	河流	15.6	20.3	28.9
47	运河/水渠	30.8	30.8	30.7
51	水田	5.5	4.7	8.0
52	旱地	44.6	62.3	70.0
53	园地	2.4	34.2	295.1
61	居住地	13.2	15.3	18.3
62	工业用地	9.8	11.3	20.2
63	交通用地	9.2	10.1	11.0
71	稀疏植被	80.3	81.0	84.8
73	裸岩	153.9	154.0	154.4
74	裸土	173.7	175.5	182.5
75	沙漠/沙地	820.4	820.0	854.7
76	盐碱地	56.2	55.3	61.5

表 3-32　宝鸡市Ⅱ级生态系统类斑块平均面积

类型编码	类型	2000 年	2005 年	2010 年
12	落叶阔叶林	79.9	80.8	80.8
13	常绿针叶林	3.9	3.9	3.9
15	针阔混交林	11.1	11.1	11.1
22	落叶灌木林	16.6	16.8	16.9
32	草原	3.1	3.1	3.1
33	草丛	10.9	11.1	11.3
43	草本沼泽	6.7	6.7	2.7
45	水库/坑塘	11.5	14.3	16.9
46	河流	15.2	14.8	15.0
51	水田	6.3	6.3	6.3
52	旱地	53.9	53.9	54.2
53	园地	5.7	5.7	5.8
61	居住地	9.6	9.9	10.4
62	工业用地	6.4	7.1	9.8
63	交通用地	6.1	6.5	9.4
71	稀疏植被	23.8	23.9	24.1
73	裸岩	20.3	20.3	20.0
74	裸土	8.1	6.6	6.5

表 3-33　包头市Ⅱ级生态系统类斑块平均面积

类型编码	类型	2000 年	2005 年	2010 年
12	落叶阔叶林	21.9	21.8	21.9
13	常绿针叶林	12.0	12.0	12.0
22	落叶灌木林	80.4	79.7	79.9
31	草甸	55.8	60.3	60.3
32	草原	479.2	449.3	449.5
33	草丛	49.0	49.0	49.0
42	灌丛沼泽	668.2	0	0
43	草本沼泽	64.9	62.0	61.7
44	湖泊	15.4	15.2	7.1
45	水库/坑塘	18.3	19.8	16.3
46	河流	39.2	42.2	42.6
51	水田	27.8	0	0
52	旱地	100.4	100.7	100.6

续表

类型编码	类型	2000 年	2005 年	2010 年
53	园地	32.9	32.9	32.9
61	居住地	49.4	49.2	46.5
62	工业用地	107.7	68.0	57.6
63	交通用地	18.2	18.2	18.6
71	稀疏植被	65.0	72.0	71.9
73	裸岩	264.4	278.2	280.4
74	裸土	9.3	14.1	13.6
75	沙漠/沙地	28.7	41.7	41.6
76	盐碱地		46.7	46.7

表 3-34　巴彦淖尔市Ⅱ级生态系统类斑块平均面积

类型编码	类型	2000 年	2005 年	2010 年
12	落叶阔叶林	11.8	11.7	11.7
13	常绿针叶林	6.6	6.6	6.6
22	落叶灌木林	27.5	27.5	27.4
31	草甸	54.0	54.0	51.1
32	草原	125.6	124.7	111.6
33	草丛	49.2	49.2	49.2
42	灌丛沼泽	1.6	1.6	1.6
43	草本沼泽	79.4	86.6	87.4
44	湖泊	27.4	26.8	27.4
45	水库/坑塘	10.7	10.7	9.6
46	河流	18.8	25.4	26.5
47	运河/水渠	124.6	124.6	118.2
52	旱地	258.2	254.0	254.6
53	园地	21.2	0	0
61	居住地	15.3	15.8	16.3
62	工业用地	40.2	35.8	54.2
63	交通用地	51.7	58.7	58.7
71	稀疏植被	159.3	158.9	182.2
73	裸岩	241.3	241.3	240.3
74	裸土	55.1	53.8	55.7
75	沙漠/沙地	402.7	406.1	405.5
76	盐碱地	35.9	39.1	35.1

表 3-35 临汾市Ⅱ级生态系统类斑块平均面积

类型编码	类型	2000 年	2005 年	2010 年
12	落叶阔叶林	131. 4	131. 7	131. 7
13	常绿针叶林	24. 5	24. 5	24. 5
15	针阔混交林	0. 0	6. 2	0. 0
22	落叶灌木林	46. 9	47. 0	47. 0
31	草甸	143. 5	143. 5	143. 5
32	草原	7. 4	7. 7	6. 6
33	草丛	40. 9	41. 1	41. 1
44	湖泊	45. 4	45. 4	45. 4
45	水库/坑塘	23. 2	25. 5	24. 1
46	河流	21. 3	23. 7	23. 3
47	运河/水渠	4. 2	4. 2	4. 2
52	旱地	94. 9	95. 7	95. 6
53	园地	16. 2	16. 2	16. 2
61	居住地	23. 3	25. 3	25. 4
62	工业用地	14. 5	12. 8	13. 5
63	交通用地	87. 2	80. 1	80. 1
71	稀疏植被	2. 1	2. 1	2. 3
74	裸土	8. 8	8. 5	8. 5

表 3-36 吕梁市Ⅱ级生态系统类斑块平均面积

类型编码	类型	2000 年	2005 年	2010 年
12	落叶阔叶林	171. 2	171. 1	131. 7
13	常绿针叶林	28. 2	28. 3	24. 5
15	针阔混交林	0. 0	14. 6	0. 0
22	落叶灌木林	38. 3	38. 4	47. 0
31	草甸	0. 0	0. 0	143. 5
32	草原	2. 1	2. 0	6. 6
33	草丛	34. 6	34. 7	41. 1
43	草本沼泽	9. 9	9. 0	
44	湖泊	0. 0	0. 0	45. 4
45	水库/坑塘	35. 9	13. 6	24. 1
46	河流	21. 8	21. 7	23. 3

续表

类型编码	类型	2000 年	2005 年	2010 年
47	运河/水渠	10.4	10.4	4.2
50	农田	0.9	0.9	
52	旱地	62.3	63.9	95.6
53	园地	13.9	13.9	16.2
61	居住地	21.5	24.0	25.4
62	工业用地	15.6	10.2	13.5
63	交通用地	43.8	44.2	80.1
71	稀疏植被	1.0	1.0	2.3
74	裸土	9.8	9.3	8.5

表 3-37　石嘴山市Ⅱ级生态系统类斑块平均面积

类型编码	类型	2000 年	2005 年	2010 年
12	落叶阔叶林	37.7	37.7	58.5
13	常绿针叶林	16.1	16.1	16.3
22	落叶灌木林	6.4	6.4	6.6
32	草原	6.7	6.6	6.7
33	草丛	4.1	4.3	4.3
43	草本沼泽	7.7	7.3	7.9
44	湖泊	20.9	26.4	102.3
45	水库/坑塘	6.6	7.8	12.4
46	河流	60.6	88.1	181.0
47	运河/水渠	6.0	6.0	32.7
51	水田	63.7	62.3	87.4
52	旱地	95.0	94.3	84.7
61	居住地	8.5	8.6	9.5
62	工业用地	21.6	24.7	40.2
63	交通用地	8.9	8.7	9.9
71	稀疏植被	23.0	22.3	21.9
73	裸岩	230.1	231.3	255.4
74	裸土	20.9	20.7	24.5
75	沙漠/沙地	43.9	43.7	41.7
76	盐碱地	85.7	82.1	29.9

表 3-38 铜川市Ⅱ级生态系统类斑块平均面积

类型编码	类型	2000 年	2005 年	2010 年
12	落叶阔叶林	21.5	21.6	21.6
13	常绿针叶林	3.7	3.7	3.8
15	针阔混交林	9.6	9.6	9.6
22	落叶灌木林	19.9	19.9	19.9
32	草原	10.7	10.9	10.9
33	草丛	2.8	0	0
43	草本沼泽	18.9	5.9	0
45	水库/坑塘	6.6	8.9	9.6
46	河流	8.8	8.5	9.1
51	水田	1.3	1.3	5.9
52	旱地	50.2	49.3	49.7
53	园地	8.5	8.5	8.7
61	居住地	10.9	12.5	12.9
62	工业用地	21.3	21.7	20.5
63	交通用地	3.6	3.6	3.4
71	稀疏植被	9.6	0	0
74	裸土	11.2	11.3	12.2

表 3-39 鄂尔多斯市Ⅱ级生态系统类斑块平均面积

类型编码	类型	2000 年	2005 年	2010 年
12	落叶阔叶林	11.2	11.2	10.8
13	常绿针叶林	2.6	2.6	2.7
22	落叶灌木林	45.6	45.5	45.4
31	草甸	59.1	58.9	58.9
32	草原	123.7	123.1	121.8
33	草丛	21.5	21.8	17.0
43	草本沼泽	27.5	28.1	17.1
44	湖泊	17.3	16.6	18.4
45	水库/坑塘	10.1	9.9	9.4
46	河流	29.1	34.8	35.1
47	运河/水渠	223.6	223.6	186.3
51	水田	3.6	3.6	4.3
52	旱地	27.6	27.6	27.4

续表

类型编码	类型	2000 年	2005 年	2010 年
53	园地	5.4	5.4	5.4
61	居住地	30.2	33.7	35.8
62	工业用地	45.4	49.9	58.8
63	交通用地	43.4	49.8	59.9
71	稀疏植被	37.2	37.2	36.6
73	裸岩	8.3	8.2	8.2
74	裸土	14.7	14.5	14.0
75	沙漠/沙地	86.3	86.1	85.7
76	盐碱地	2.8	42.2	41.7

表 3-40 渭南市Ⅱ级生态系统类斑块平均面积

类型编码	类型	2000 年	2005 年	2010 年
12	落叶阔叶林	43.1	42.8	42.7
13	常绿针叶林	3.5	3.5	3.4
15	针阔混交林	5.4	5.4	5.4
22	落叶灌木林	21.6	21.6	21.7
32	草原	41.9	41.5	43.2
33	草丛	19.4	20.5	20.4
43	草本沼泽	51.7	47.9	56.0
44	湖泊	13.5		21.9
45	水库/坑塘	12.6	12.1	15.3
46	河流	74.1	69.5	96.4
47	运河/水渠	6.5	6.5	6.5
51	水田	43.8	41.6	31.8
52	旱地	258.1	259.5	256.1
53	园地	6.7	6.7	6.8
61	居住地	12.6	13.1	13.4
62	工业用地	10.8	12.8	15.0
63	交通用地	6.5	7.4	9.4
71	稀疏植被	25.9	19.8	11.8
73	裸岩	3.6	3.6	3.6
74	裸土	14.9	15.7	7.9
75	沙漠/沙地	0.5	0.5	24.5

表 3-41 乌海市Ⅱ级生态系统类斑块平均面积

类型编码	类型	2000 年	2005 年	2010 年
12	落叶阔叶林	13. 0	13. 0	13. 0
13	常绿针叶林	3. 9	3. 9	3. 9
22	落叶灌木林	19. 3	19. 3	18. 4
32	草原	80. 8	79. 5	80. 2
33	草丛	65. 9	65. 9	65. 9
43	草本沼泽	10. 4	10. 4	10. 9
44	湖泊	5. 1	5. 1	5. 1
45	水库/坑塘	17. 3	17. 3	17. 3
46	河流	46. 9	46. 5	52. 2
51	水田	60. 6	60. 6	44. 6
52	旱地	47. 1	46. 8	48. 8
61	居住地	77. 2	79. 6	80. 4
62	工业用地	122. 6	125. 4	127. 0
63	交通用地	91. 5	93. 2	78. 9
71	稀疏植被	124. 4	122. 2	128. 6
73	裸岩	0. 1	0. 1	0. 0
74	裸土	42. 8	42. 3	50. 5
75	沙漠/沙地	21. 5	20. 9	20. 7

表 3-42 吴忠市Ⅱ级生态系统类斑块平均面积

类型编码	类型	2000 年	2005 年	2010 年
12	落叶阔叶林	4. 8	4. 8	4. 8
13	常绿针叶林	25. 5	25. 5	25. 5
22	落叶灌木林	15. 5	15. 3	15. 2
32	草原	39. 5	40. 2	40. 9
33	草丛	12. 7	13. 7	20. 1
43	草本沼泽	17. 3	17. 3	20. 3
44	湖泊	6. 2	5. 4	5. 5
45	水库/坑塘	5. 0	5. 8	12. 9
46	河流	32. 3	32. 6	35. 2
51	水田	22. 0	22. 0	22. 7
52	旱地	47. 7	48. 1	49. 3
53	园地	53. 4	58. 0	67. 8

续表

类型编码	类型	2000 年	2005 年	2010 年
61	居住地	11.3	12.3	12.9
62	工业用地	8.3	8.7	21.0
63	交通用地	5.5	5.6	6.2
71	稀疏植被	46.4	47.4	46.1
73	裸岩	256.3	259.9	259.5
74	裸土	15.6	16.7	15.8
75	沙漠/沙地	8.3	8.2	8.3
76	盐碱地	37.8	40.3	42.7

表 3-43 咸阳市Ⅱ级生态系统类斑块平均面积

类型编码	类型	2000 年	2005 年	2010 年
12	落叶阔叶林	16.6	16.7	16.7
13	常绿针叶林	1.6	1.6	1.6
15	针阔混交林	8.4	8.4	8.3
22	落叶灌木林	32.1	32.9	33.0
32	草原	20.7	22.1	22.1
33	草丛	14.0	12.7	22.4
43	草本沼泽	16.7	15.0	24.3
45	水库/坑塘	12.1	14.6	16.8
46	河流	14.0	17.4	16.3
51	水田	6.5	6.5	6.5
52	旱地	143.7	140.1	140.8
53	园地	18.5	18.5	18.4
61	居住地	11.2	12.2	12.5
62	工业用地	9.0	15.8	25.0
63	交通用地	6.8	7.1	9.8
74	裸土	8.2	9.0	11.4

表 3-44 忻州市Ⅱ级生态系统类斑块平均面积

类型编码	类型	2000 年	2005 年	2010 年
12	落叶阔叶林	97.2	97.4	97.4
13	常绿针叶林	31.1	31.1	31.1
15	针阔混交林	0	10.1	0
22	落叶灌木林	83.1	83.9	83.9

续表

类型编码	类型	2000 年	2005 年	2010 年
31	草甸	423.1	423.1	423.1
32	草原	4.2	4.1	3.9
33	草丛	32.5	32.9	32.9
43	草本沼泽	25.9	26.1	25.9
45	水库/坑塘	9.4	9.9	12.1
46	河流	47.0	45.7	43.6
47	运河/水渠	7.9	7.9	8.0
50	农田	0.2	0.2	0.2
52	旱地	76.8	78.7	77.8
61	居住地	14.1	15.1	15.5
62	工业用地	16.6	13.5	14.3
63	交通用地	80.4	89.2	89.2
71	稀疏植被	14.9	14.7	14.4
73	裸岩	7.4	49.4	49.4
74	裸土	6.8	8.1	8.3

表 3-45 延安市Ⅱ级生态系统类斑块平均面积

类型编码	类型	2000 年	2005 年	2010 年
12	落叶阔叶林	16.4	16.4	16.4
15	针阔混交林	9.5	9.5	9.5
22	落叶灌木林	12.6	12.6	12.6
32	草原	39.2	41.7	41.8
33	草丛	107.4	107.4	98.7
43	草本沼泽	16.1	4.3	
45	水库/坑塘	7.0	6.2	6.3
46	河流	9.7	9.9	9.8
47	运河/水渠	242.5	242.5	242.1
52	旱地	13.1	12.4	12.3
61	居住地	8.9	9.9	10.4
62	工业用地	2.3	2.8	3.8
63	交通用地	5.1	4.8	8.5
71	稀疏植被	5.2	4.7	4.7
74	裸土	4.3	4.2	4.2

表 3-46 银川市Ⅱ级生态系统类斑块平均面积

类型编码	类型	2000 年	2005 年	2010 年
12	落叶阔叶林	19.4	19.4	19.4
13	常绿针叶林	17.8	17.8	17.9
22	落叶灌木林	6.6	6.7	6.7
32	草原	44.9	45.7	47.3
33	草丛	4.1	4.1	7.4
43	草本沼泽	4.3	4.1	4.0
44	湖泊	6.7	3.3	13.4
45	水库/坑塘	8.0	8.5	9.2
46	河流	21.1	26.4	37.5
47	运河/水渠	6.7	6.7	18.6
51	水田	59.6	59.8	75.6
52	旱地	109.0	98.7	90.1
53	园地	7.7	7.7	7.7
61	居住地	10.8	13.5	16.9
62	工业用地	6.0	11.6	59.7
63	交通用地	9.1	9.4	10.6
71	稀疏植被	39.5	39.1	35.6
73	裸岩	315.8	315.9	314.7
74	裸土	8.9	9.1	10.2
75	沙漠/沙地	26.5	26.5	26.4
76	盐碱地	10.3	9.8	7.7

表 3-47 运城市Ⅱ级生态系统类斑块平均面积

类型编码	类型	2000 年	2005 年	2010 年
12	落叶阔叶林	285.7	286.1	285.1
13	常绿针叶林	19.8	19.8	19.8
22	落叶灌木林	44.3	44.3	44.4
31	草甸	25.1	25.1	25.1
32	草原	18.9	11.6	15.5
33	草丛	38.2	38.2	38.2
43	草本沼泽	19.3	18.6	17.2
45	水库/坑塘	50.5	59.1	52.9
46	河流	85.2	71.3	85.6

续表

类型编码	类型	2000 年	2005 年	2010 年
47	运河/水渠	43.4	43.4	41.5
51	水田	0.0	2.0	2.0
52	旱地	357.7	351.7	362.0
53	园地	12.9	12.5	13.3
61	居住地	20.8	21.3	21.4
62	工业用地	48.0	78.2	80.3
63	交通用地	32.7	32.8	38.7
71	稀疏植被	54.6	39.2	50.4
74	裸土	15.0	21.0	18.8

表 3-48　榆林市Ⅱ级生态系统类斑块平均面积

类型编码	类型	2000 年	2005 年	2010 年
12	落叶阔叶林	3.7	3.8	3.8
13	常绿针叶林	0.7	0.7	0.5
22	落叶灌木林	7.8	7.8	7.8
32	草原	97.3	97.4	96.7
33	草丛	21.4	21.1	21.0
43	草本沼泽	10.7	7.5	7.2
44	湖泊	139.8	214.1	229.3
45	水库/坑塘	8.9	8.9	10.3
46	河流	22.5	23.0	22.2
47	运河/水渠	8.6	8.6	8.6
50	农田	3.8	3.8	3.8
51	水田	28.5	28.5	27.4
52	旱地	15.7	15.6	15.5
61	居住地	7.9	8.4	8.7
62	工业用地	11.0	12.6	22.9
63	交通用地	8.0	8.2	9.4
71	稀疏植被	26.6	26.5	26.3
74	裸土	8.6	8.1	7.2
75	落叶阔叶林	27.0	27.0	27.0
76	常绿针叶林	29.0	45.1	37.0

表 3-49 中卫市Ⅱ级生态系统类斑块平均面积

类型编码	类型	2000 年	2005 年	2010 年
12	落叶阔叶林	6.8	6.8	6.8
13	常绿针叶林	2.3	2.3	2.3
15	针阔混交林	8.3	8.3	8.3
22	落叶灌木林	25.0	25.5	28.6
32	草原	23.6	23.9	24.0
43	草本沼泽	6.6	7.1	5.3
44	湖泊	5.6	5.9	161.1
45	水库/坑塘	5.5	7.9	13.0
46	河流	49.5	49.8	54.5
47	运河/水渠	5.4	5.4	5.4
51	水田	11.0	11.1	11.0
52	旱地	67.5	68.4	78.9
53	园地	2.5	121.2	353.2
61	居住地	8.6	9.1	9.3
62	工业用地	12.9	13.8	22.6
63	交通用地	6.8	7.9	8.2
71	稀疏植被	39.9	39.5	40.5
73	裸岩	121.2	121.1	121.4
74	裸土	21.4	21.7	22.6
75	沙漠/沙地	162.7	152.5	156.3
76	盐碱地	44.7	60.2	31.8

在黄河中上游能源化工区Ⅱ级生态系统里，阿拉善左旗以沙漠/沙地、园地、裸土和裸岩，宝鸡市以落叶阔叶林和旱地，包头市以草原、裸岩和旱地，巴彦淖尔市以沙漠/沙地、旱地和裸岩，临汾市、吕梁市以草甸、落叶阔叶林，石嘴山市以裸岩，铜川市以旱地，鄂尔多斯市以运河/水渠、草原等为主要景观类型。

从过去十年黄河中上游能源化工区生态系统类型与格局的时空变化可以看出，近十年的生态工程在研究区生态建设中发挥了极为重要的作用，但也存在较多问题，该区多为干旱半干旱区，很多地方抽取地下水喷灌、滴灌造林，甚至移土造林、在山地草甸上造林，不仅成本高，成活率也低，破坏了草地原生植被，而且不可持续。因此，未来黄河中上游能源化工区生态建设应该基于“宜乔则乔，宜灌则灌，宜草则草，宜荒则荒”的原则，优先保护优良、原生生态系统，以自然恢复为主。

第4章　生态承载力及其变化分析

黄河中上游能源化工区是国家西部大开发与中部崛起战略的重要支撑，也是我国依赖资源推动经济增长的典型区域。该区在全国生态安全格局中占有重要地位，而社会经济与生态环境的协调发展对该区更具重要意义。黄河中上游能源化工区是干旱、沙尘暴、土壤侵蚀、土壤盐渍化、土地沙漠化等多重自然生态风险源集中分布区。随着该地区石油化工等重化工业的快速扩张，部分区域产业发展与生态环境之间的矛盾非常突出，已严重影响区域生态功能和环境质量，如果不及时优化、引导和调控，将进一步恶化环境质量，降低生态功能，加剧生态风险，威胁区域可持续发展。

在黄河中上游能源化工区未来的发展中，必须根据各地生态承载力水平及重点产业发展的中长期生态风险，制定区域化产业发展和环境保护政策，以确保我国未来发展的核心区域及国家的生态安全。处理好黄河中上游能源化工区经济社会发展与生态环境保护的关系，推动发展方式的根本性转变，有利于促进该地区走资源节约型、环境友好型发展道路，也是我国中长期经济社会可持续发展的战略性问题。

生态持续承载是可持续发展的基础，开展生态承载力研究有利于实施可持续发展。生态承载力是指在满足一定的环境保护标准下，在一定的经济、技术水平条件下，在保证一定的社会福利水平要求下，利用当地（和调入）的资源，维系良好环境所能支撑的最大人口数量及社会经济规模（Wackernagel and Rees，1998）。由于受众多因素和不同时空条件的制约，生态承载力的直接模拟计算十分困难。各国学者在致力于量化生态承载力的研究之后，先后提出了一些富有价值的评价方法和指标体系。例如，特定生态地理区域内第一性生产者的生产能力是在一个中心位置上下波动的，而这个生产力是可以测定的，同时可与背景值进行比较，因此可以通过对自然植被净第一性生产力的估测确定该区域生态承载力的指示值，由此出现了1975年由Lieth提出、经Ulittaker和Uchijima完善的自然植被净第一性生产力估测法（Uchijima and Seino，1993）。此外，Sleeser（1990）提出了生态承载力计算的ECCO模型法、王中根和夏军（1999）提出了供需平衡法等，而以生态足迹模型（Wackernagel and Rees，1998）的应用最为广泛。

20世纪70年代，国外开始对生态足迹进行研究，生态足迹又称为生态占用、生态痕迹或生态脚印。生态足迹模型是由加拿大生态经济学家Wackernagel和Rees（Rees，1992；Wackernagel and Rees，1998）于20世纪90年代初提出的一种度量可持续发展程度的方法，它是一组基于土地面积的量化指标。生态足迹模型从需求面计算生态足迹的大小，从供给面计算生态承载力的大小，通过对这二者的比较，评价研究对象的可持续发展状况。近年来，该方法正以其较为科学、完善的理论基础，形象明了的概念框架，精简统一的指标体系，以及方法本身的普适性而广泛流行（杨开忠等，2000）。

4.1 生态承载力的概念及内涵

4.1.1 生态生产性土地

生态生产性土地是生态足迹模型为各类自然资本提供的统一度量基础。生态生产是指生态系统中的生物从外界环境中吸收生命过程所必需的物质和能量转化为新的物质，从而实现物质和能量的积累。根据生产力大小的差异，地球表面的生态生产性土地可分为化石能源地、耕地、林地、建设用地、草地和水域六大类。生态足迹模型首先通过引入生态生产性土地概念实现对各种自然资源的统一描述，其次通过引入等价因子和生产力系数进一步实现不同空间单元间各类生态生产性土地的可加性和可比性，这使得生态足迹模型具有广泛的应用范围。各类生态生产性土地的含义如下所述。

化石能源地，是人类应该留出用于吸收二氧化碳的土地。生态足迹分析法强调资源的再生性，未来保证自然资源的总量不减少，应该储备一定量的土地来补偿因化石能源地的消耗而损失的自然资本的量。因而，出于生态经济学研究的考虑原则，在生态足迹需求方面，考虑了二氧化碳吸收所需的化石能源的土地面积。

耕地，是所有生态生产性土地中生产力水平最高的一类用地，它所聚集的生物量也是最多的。根据联合国粮食及农业组织的报告，世界上几乎所有最好的耕地都已处于耕种状态，随着土壤质量的退化，世界上每个人平均所能得到的耕种面积已经不到0.25hm^2。

草地，目前人均草地约为0.6 hm^2，因为积累生物量的潜力有限，以及植物能量向动物能量转换的过程中存在“十分之一定律”的原因，绝大多数草地的生产力都不如耕地，因而实际上可为人类所使用的生物能量也大打折扣。

林地，是指可产出木材产品的人造林和天然林。为人类提供木材和其他林产品之余，森林还具有许多极其重要的生态系统服务，如防风固沙、保持水土、涵养水源、调节气候、保护物种多样性等。目前，除了少数偏远的、难以进入的密林地区外，大多数森林的生态生产力并不高。此外，耕地和草地的扩充已经成为全球森林面积减少的主要原因之一。

建设用地，包括各类人居设施及道路、工矿设施等所占用的土地，是人类生存的必需场所。由于人类的大部分建设用地位于地球最肥沃的土地上，建设用地的使用是耕地面积减少的重要原因之一。

水域，包括淡水（河流、淡水湖泊等）和非淡水（海洋、盐水湖泊等）两种。淡水资源在全球水资源的占有量不足1%，但其对人类所能获取的生态生产产品总量的贡献很大。海洋覆盖了地球上366亿hm^2的面积，但是它对生态生产产品总量的贡献与其面积却不成正比。

4.1.2 生态赤字/生态盈余

生态赤字和生态盈余指标值用来反映生态承载力与生态足迹的差值。当一个地区的生态足迹小于生态承载力时，就出现生态盈余；当出现负数，即生态足迹大于生态承载力时，就出现了生态赤字。出现生态赤字表明该区域的人类负荷超出了其生态承载力，说明该区域发展模式不合适，处于相对不可持续的发展状态。相反，生态盈余的出现则表明该区域的生态承载力足以支持区域内的人类负荷，说明该区域消费发展模式合适，具有可持续性。

4.1.3 均衡因子和产量因子

均衡因子：生态生产性土地面积中的六大类土地的生态生产力各不相同，在进行比较时需要将它们的面积转换为具有某种相同生态生产力的等量面积后，再进行加和得到总量面积，用于这一转换的系数称为均衡因子（equivalent factor）。均衡因子就是某类生物生产面积的世界平均潜在生产力与全球各类生物生产面积的平均潜在生产力的比值。

产量因子：由于不同国家或地区的资源状况不同，不同类型土地的生态生产力存在差异，即使是同类型土地的生态生产力在不同地域间也存在差异，因而各国各地区同类生态生产性土地的实际面积不能直接进行对比。为了在地域间具有可比性和可累加性，需要把研究对象的每类土地的面积换算为具有相应类型土地全球平均生产力的等量面积，换算系数即为产量因子。产量因子是一个国家或地区某类生物生产土地的平均生产力与同类土地的世界平均生产力之间的比率。要进行区域之间的比较，就需要进行适当的调整，方法是将其生物生产力乘以产量因子。产量因子是将所核算区域单位面积生物生产力与全球平均生物生产力相比较而得到的。

4.1.4 生态足迹模型

生态足迹模型首先通过引入生态生产性土地概念实现对各种自然资源的统一描述，其次通过引入等价因子和生产力系数进一步实现不同空间单元间各类生态生产性土地的可加性和可比性，这使得生态足迹模型具有广泛的应用范围。

生态足迹模型自 1999 年引入我国并开展实证研究以来已成为国内的一个研究热点，研究的方法不断完善，案例研究也不断丰富（徐中民等，2001；Chen et al.，2007；崔旭等，2010；Dang et al.，2013），如徐中民等（2001）对张掖地区 1995 年生态足迹的计算、崔旭等（2010）对黄土区大型露天煤矿区生态承载力的评价等。王家骥等（2000）认为，生态承载力是自然体系调节能力的客观反映，然而自然体系的这种维持能力和调节能力是有一定限度的，即有一个最大容载量（承载力），超过最大容载量，自然体系将失去维持平衡的能力，遭到毁灭或濒于灭绝。高吉喜（2001）应用生态承载力的理论研究了区域的可持续发展，并以黑河流域为例进行了实证评价，探讨了生态承载力与环境承载力和资源承载力之间的关系。Chen 等（2007）、赵万羽等（2008）和 Dang 等（2013）运用生态足迹法对区域生态承载力进行了评价。但上述评价大部分只是基于个别要素的计算，缺乏对系统整体承载状况的判断，并且多数只是一种静态分析，很少体现其动态变化趋势，而且黄河中上游能源化工区只进行过土地承载力的评价研究工作（黄丽华等，2011a）。本章将在现有承载力理论的基础上，分析黄河中上游能源化工区生态系统的承载力状况，希望能为该地区未来可持续发展政策的制定提供依据。

生态足迹模型将“公顷”（hm^2）这一土地面积单位转换成基于全球平均生产力的生态生产土地面积单位（全球公顷，ghm^2），并利用这一均衡后的指标定量地指示区域生态承载力。在核算生态承载力时，借助于产量因子和均衡因子进行调整，使不同种类生产性土地转化为具有同一生产力水平的土地面积。公式如下：

$$\mathrm{ecc} = \left(\sum_{k=1}^{n} A_i \times \mathrm{EQ}_i \times Y_i\right)/N$$

$$\mathrm{ECC} = N \times \mathrm{ecc}$$

式中，ecc 为人均生态承载力；ECC 为生态总承载力，是指生态系统通过自我维持、自我调节所能支撑的最大社会经济活动强度和具有一定生活水平的人口数量，是一个地区的资源状况和生态质量的综合体现；A_i 为不同类型生态生产性土地面积，不同类型生产性土地面积来自于遥感解译的生态系统分布数据；N 为总人口数；EQ_i 为均衡因子；Y_i 为不同生态系统类型的产量因子。

4.1.5　生态承载力的概念

1921 年，美国的 Park 和 Burgess 就在有关的人类生态学杂志中提出了承载力的概念，即某一特定环境条件下（主要是指生存空间、营养物质、阳光等生态因子的组合），某种生物个体存活的最大数量的潜力，在实践中的最初运用是畜牧业中的草场载畜量。随着全球环境污染的蔓延、生态环境和资源短缺的不断恶化，承载力的意义和形式发生了很大的变化。20 世纪中期，提出了全球不可再生资源和再生资源到底可承载多少人口的问题，资源承载力概念应运而生。在全球人口不断增加的背景下，为研究现有土地到底可承载多少人口提出了土地资源承载力。随后人口承载力、资源环境承载力、水资源承载力、矿产资源承载力的研究也应运而生。与环境污染和资源短缺不可分割的另一个问题是生态破坏，如草原退化、水土流失、荒漠化、生物多样性丧失等。这些变化引起了人们对资源损耗与供给能力、生态破坏与可持续发展问题的深深思考。综合发现，生态破坏的明显特点是生态系统的完整性遭到损害，从而使生存在生态系统之内的人、各种动物和植物面临生存危机。为此，许多科学家呼吁，保持生态系统的完整性，将人类活动控制在生态系统承载能力的范围之内，是实现系统与区域可持续发展的最基本和首要条件。至此，承载力被广泛应用于与生态有关的各个领域，生态承载力的概念应运而生。

生态承载力是指区域内真正拥有的生物生产性空间的面积，是一种真实土地面积，反映了生态系统对人类活动的供给程度。生态承载力概念的诞生，可以说是对资源环境承载力概念的扩展和完善。资源承载力是基础，环境承载力是关键，生态承载力是综合。在核算生态承载力时，借助于产量因子和均衡因子（表 4-1）进行调整核算，使不同种类生产性土地转化为具有同一生产力水平的土地面积。本项工作以黄河中上游能源化工区地市为基本评价单元，以土地覆被和生态足迹为切入点，综合考虑陆域生态系统的类型和空间格局，从区域层面上对黄河中上游能源化工区生态系统承载力及其演变趋势进行评价。

表 4-1　均衡因子与产量因子

土地类型	均衡因子	产量因子	土地类型	均衡因子	产量因子
农地	2. 8	1. 66	能源地	1. 1	—
林地	1. 1	0. 91	建设用地	2. 8	1. 66
草地	0. 5	0. 19	水域	0. 2	1

4. 2　生态承载力及其变化

黄河中上游能源化工区各种类型生态系统面积及其生态承载力如表 4-2、图 4-1 所示。2000 ~ 2005 年，黄河中上游能源化工区生态承载力从 61 070 890ghm^2 下降到 59 524 500ghm^2，下降了 1 546 390ghm^2（下降了 2. 53%）；2005 ~ 2010 年，生态承载力由 59 524 500ghm^2 又略微上升到 59 877 160ghm^2，上升了 352 660ghm^2（上升幅度为 0. 59%）（表 4-2）。总体来说，2000 ~ 2010 年生态承载力下降了 1 193 730ghm^2，下降幅度为 1. 95%。

表 4-2　黄河中上游能源化工区各生态系统面积及生态承载力

生态系统类型	生态系统面积/km^2			生态承载力/10^2 ghm^2		
	2000 年	2005 年	2010 年	2000 年	2005 年	2010 年
林地	68 050. 29	71 438. 46	73 672. 69	68 118. 3	71 509. 9	73 746. 4
草地	237 851. 51	238 522. 08	236 436. 58	22 595. 9	22 659. 6	22 461. 5
水域	2 433. 24	2 488. 44	2 421. 47	486. 6	497. 7	484. 3
农地	103 594. 59	98 805. 56	97 685. 98	481 507. 7	459 248. 2	454 044. 4
建设用地	8 175. 64	8 891. 9	10 334. 55	38 000. 4	41 329. 6	48 035. 0
裸地	88 346. 48	88 305. 19	87 899. 13	—	—	—
总体	508 451. 65	508 451. 64	508 450. 4	610 708. 9	595 245. 0	598 771. 6

从图 4-1 可以看出，研究区林地和建设用地生态承载力呈较快增加趋势，而农地生态承载力呈下降趋势。其他用地类型的生态承载力变化不显著。

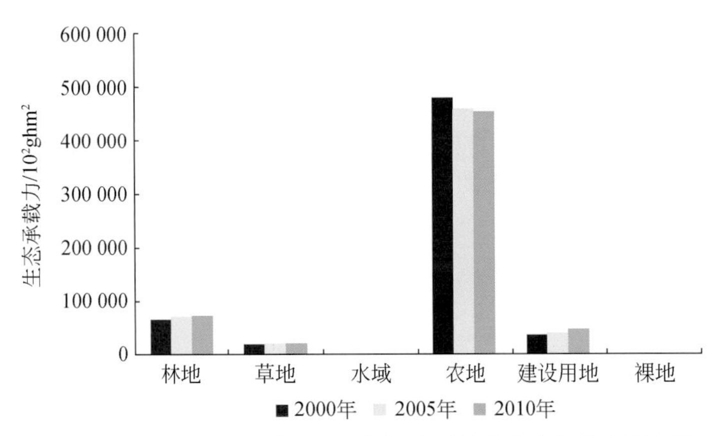

图 4-1 黄河中上游能源化工区不同生态系统的生态承载力统计图

黄河中上游能源化工区各地区、各种不同生态系统类型在 2000 年、2005 年和 2010 年的生态承载力统计情况见表 4-3 ~ 表 4-5，图 4-2 ~ 图 4-4。

表 4-3 黄河中上游能源化工区各地区 2000 年生态承载力 （单位：10^2 ghm^2）

地区	林地	草地	水域	农地	建设用地	合计
阿拉善左旗	3 300.7	2 186.6	8.0	1 922.6	861.1	8 279.1
巴彦淖尔市	3 656.8	3 863.7	79.3	42 620.2	2 732.4	52 952.3
包头市	1 644.0	2 041.9	28.8	17 190.9	2 449.1	23 354.7
宝鸡市	11 328.1	109.9	13.4	23 149.5	2 431.1	37 032.0
鄂尔多斯市	5 775.1	5 488.2	89.2	23 937.4	3 854.0	39 143.9
临汾市	4 500.4	708.7	6.0	36 137.8	2 317.8	43 670.6
吕梁市	5 200.1	792.2	8.8	32 363.2	2 128.0	40 492.3
石嘴山市	267.1	170.2	21.8	5 898.1	1 334.2	7 691.3
铜川市	1 686.3	63.9	1.3	6 829.8	342.3	8 923.5
渭南市	2 037.0	141.5	46.8	39 666.9	3 163.1	45 055.3
乌海市	179.6	94.5	6.5	673.8	1 130.9	2 085.3
吴忠市	771.6	888.1	13.4	20 065.7	1 158.5	22 897.3
咸阳市	1 804.0	141.0	10.2	29 441.4	2 821.5	34 218.1
忻州市	5 279.5	1 106.1	10.5	35 557.8	2 526.4	44 480.1
延安市	14 832.6	1 302.6	17.8	38 057.8	930.4	55 141.2
银川市	546.3	316.0	27.1	11 016.6	1 540.0	13 446.0
榆林市	2 016.3	2 504.5	44.4	55 508.9	1 272.5	61 346.6

续表

地区	林地	草地	水域	农地	建设用地	合计
运城市	2 693. 7	174. 2	36. 6	39 894. 6	3 935. 9	46 734. 9
中卫市	546. 5	497. 6	15. 6	21 388. 1	1 062. 7	23 510. 6
合计	68 065. 7	22 591. 2	485. 4	481 321. 0	37 991. 9	610 455. 2

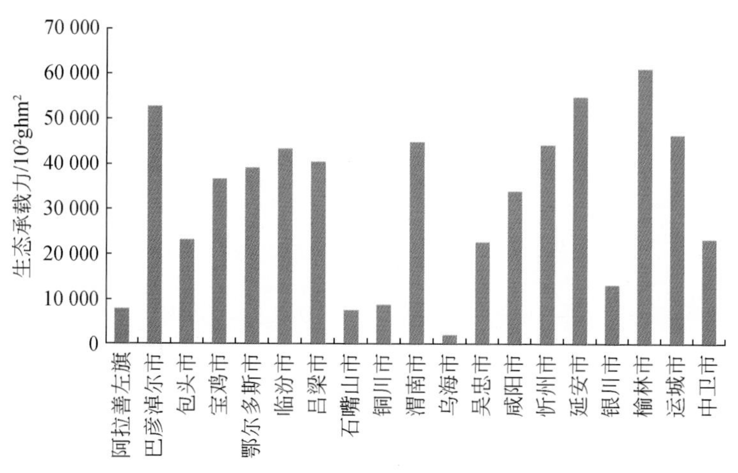

图 4-2　黄河中上游能源化工区各地区 2000 年生态承载力统计图

表 4-4　黄河中上游能源化工区各地区 2005 年生态承载力　（单位：10^2ghm^2）

地区	林地	草地	水域	农地	建设用地	合计
阿拉善左旗	3 307. 2	2 185. 2	10. 4	2 089. 3	953. 9	8 546. 0
巴彦淖尔市	3 716. 4	3 848. 0	83. 8	42 848. 5	3 141. 1	53 637. 8
包头市	1 665. 2	2 030. 9	24. 0	17 169. 4	3 022. 0	23 911. 4
宝鸡市	11 439. 6	118. 3	14. 4	22 088. 4	2 564. 7	36 225. 5
鄂尔多斯市	5 829. 2	5 482. 7	90. 1	23 932. 6	3 858. 6	39 193. 2
临汾市	5 738. 6	593. 4	7. 6	35 996. 4	2 313. 4	44 649. 5
吕梁市	5 725. 2	738. 1	8. 0	32 492. 3	2 232. 5	41 196. 1
石嘴山市	275. 7	167. 4	26. 1	5 875. 8	1 427. 7	7 772. 7
铜川市	1 696. 2	64. 6	1. 3	6 723. 8	361. 5	8 847. 6
渭南市	2 057. 3	145. 6	42. 7	39 242. 8	3 367. 5	44 855. 9
乌海市	179. 6	91. 0	6. 6	663. 2	1 322. 4	2 262. 8
吴忠市	821. 3	907. 7	13. 9	18 561. 5	1 339. 0	21 643. 3

续表

地区	林地	草地	水域	农地	建设用地	合计
咸阳市	1 840.6	146.0	9.0	28 860.9	3 007.4	33 863.9
忻州市	5 770.5	1 090.2	9.2	34 373.6	2 220.6	43 464.1
延安市	15 197.0	1 460.9	19.8	28 341.2	1 164.9	46 183.7
银川市	551.8	313.5	29.0	10 651.5	1 909.3	13 455.0
榆林市	2 031.6	2 595.7	42.4	50 459.5	1 968.2	57 097.4
运城市	3 009.1	145.5	41.1	39 724.6	3 927.9	46 848.2
中卫市	602.4	530.5	17.0	18 974.3	1 217.9	21 342.1
合计	71 454.5	22 655.1	496.4	459 069.7	41 320.5	594 996.2

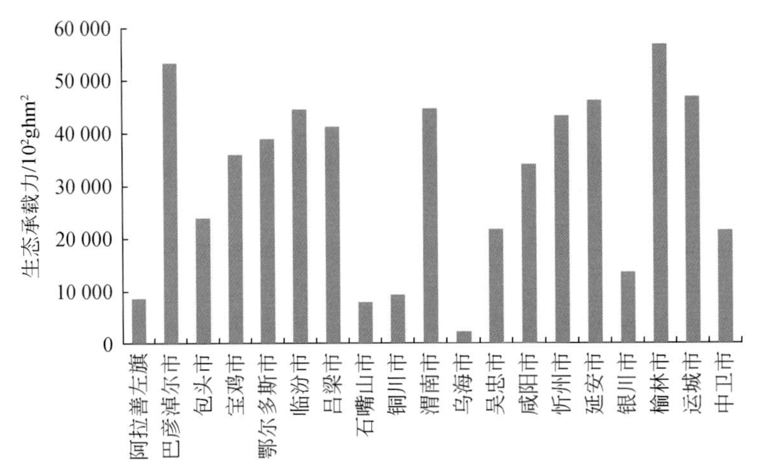

图 4-3　黄河中上游能源化工区各地区 2005 年生态承载力

表 4-5　黄河中上游能源化工区各地区 2010 年生态承载力　（单位：10^2ghm^2）

地区	林地	草地	水域	农地	建设用地	合计
阿拉善左旗	3 338.5	2 185.1	8.0	2 149.7	1 127.1	8 808.4
巴彦淖尔市	2 380.4	4 160.8	84.5	43 019.1	3 541.8	53 186.6
包头市	1 426.9	2 033.6	17.7	17 503.9	3 360.5	24 342.6
宝鸡市	12 618.4	19.4	14.7	21 592.3	2 668.4	36 913.3
鄂尔多斯市	13 763.5	4 846.1	86.9	29 484.6	5 137.0	53 318.1
临汾市	9 844.4	199.1	5.5	36 204.7	2 377.9	48 631.6
吕梁市	11 344.7	207.8	7.8	32 227.4	2 355.1	46 142.9

续表

地区	林地	草地	水域	农地	建设用地	合计
石嘴山市	157.6	178.4	25.8	5 777.5	1 571.0	7 710.3
铜川市	1 848.4	51.3	1.3	6 620.6	410.0	8 931.6
渭南市	2 245.0	138.2	43.0	38 692.7	3 535.3	44 654.2
乌海市	26.5	92.9	5.2	675.4	1 668.6	2 468.6
吴忠市	308.0	910.1	17.8	18 676.1	1 529.7	21 441.7
咸阳市	2 251.1	108.1	9.1	28 610.8	3 202.9	34 182.1
忻州市	14 216.6	282.2	9.1	34 264.6	2 647.0	51 419.5
延安市	16 290.7	1 383.1	15.8	27 023.9	1 301.9	46 015.4
银川市	331.2	321.9	29.9	10 518.4	2 385.4	13 586.8
榆林市	2 910.9	2 555.2	40.6	48 112.8	2 479.2	56 098.9
运城市	3 675.7	78.9	36.6	39 899.4	4 029.8	47 720.3
中卫市	261.8	560.5	18.9	19 179.5	1 383.2	21 404.0
合计	99 240.5	20 312.8	478.3	460 234.3	46 712.4	626 978.3

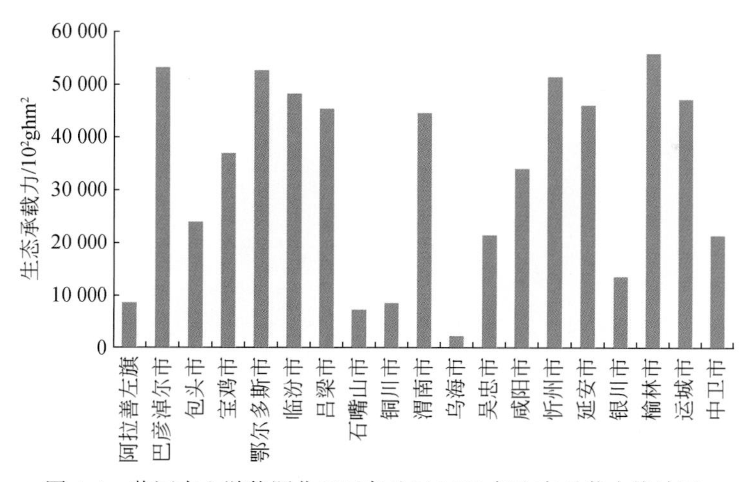

图 4-4 黄河中上游能源化工区各地区 2010 年生态承载力统计图

黄河中上游能源化工区各地区生态承载力、生态承载力变化率及其空间分布情况见图 4-5，图 4-6，表 4-6。

2000～2005 年，研究区共 19 个地区里，有 9 个地区生态承载力下降，下降最多的是延安市，下降了 16.24%；10 个地区生态承载力上升，上升最多的是乌海市，上升了 8.51%（表 4-6）。

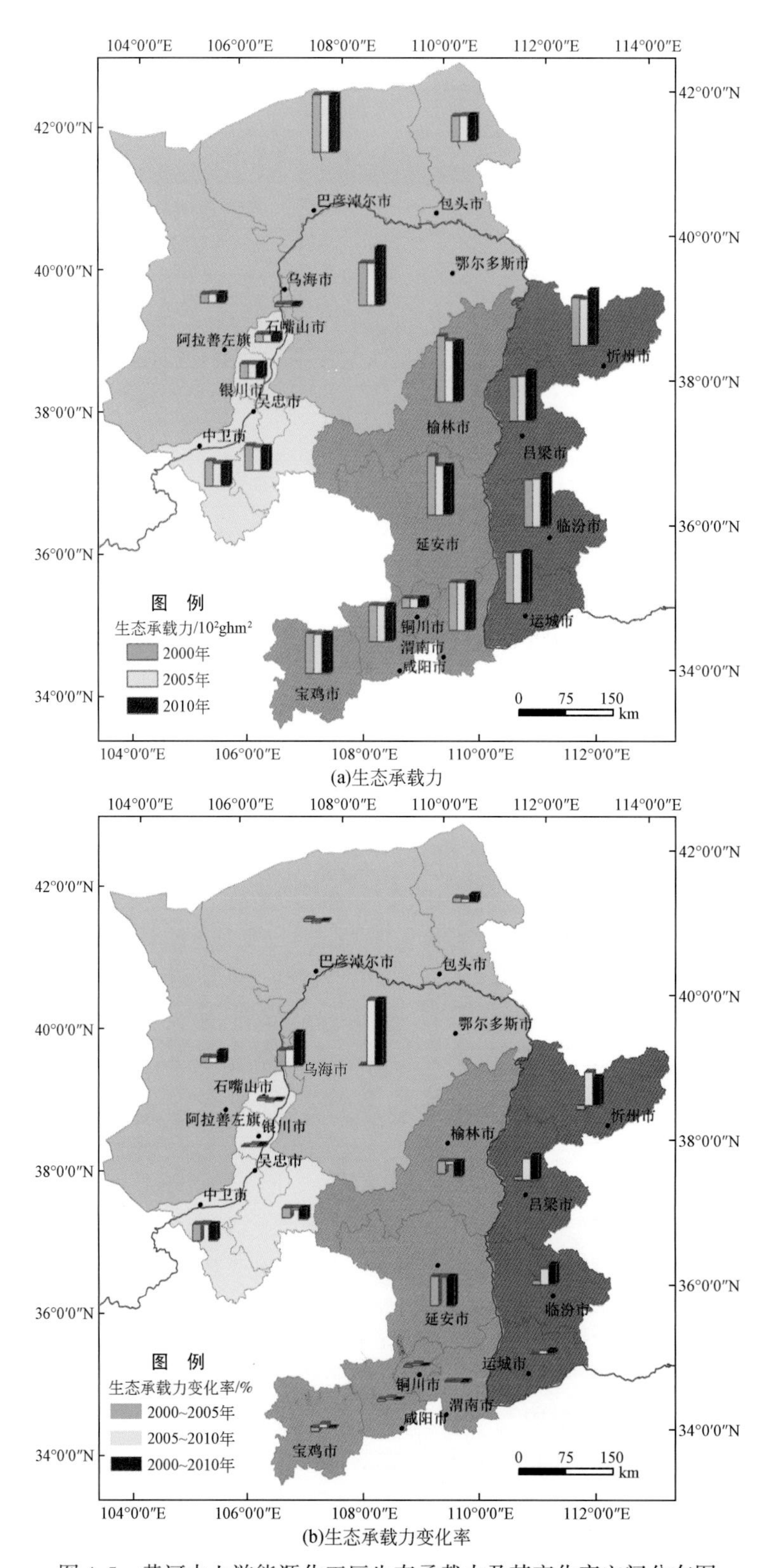

图 4-5 黄河中上游能源化工区生态承载力及其变化率空间分布图

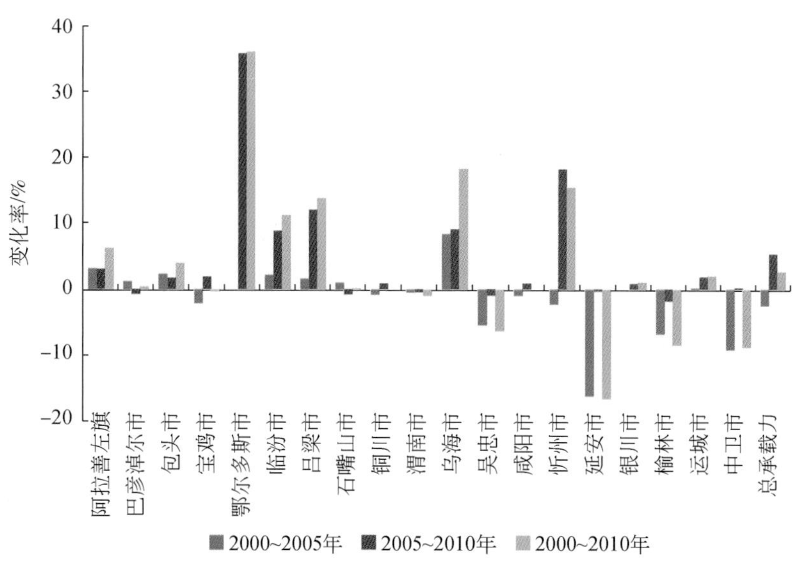

图 4-6　黄河中上游能源化工区生态承载力变化率

表 4-6　黄河中上游能源化工区各地区生态承载力及其变化率

地区	生态承载力/10^2ghm^2			生态承载力变化率/%		
	2000 年	2005 年	2010 年	2000 ~ 2005 年	2005 ~ 2010 年	2000 ~ 2010 年
阿拉善左旗	8 279. 1	8 546	8 808. 4	3. 22	3. 07	6. 39
巴彦淖尔市	52 952. 3	53 637. 8	53 186. 6	1. 29	(0. 84)	0. 44
包头市	23 354. 7	23 911. 4	24 342. 6	2. 38	1. 80	4. 23
宝鸡市	37 032	36 225. 5	36 913. 3	(2. 18)	1. 90	(0. 32)
鄂尔多斯市	39 143. 9	39 193. 2	53 318. 1	0. 13	36. 04	36. 21
临汾市	43 670. 6	44 649. 5	48 631. 6	2. 24	8. 92	11. 36
吕梁市	40 492. 3	41 196. 1	46 142. 9	1. 74	12. 01	13. 95
石嘴山市	7 691. 3	7 772. 7	7 710. 3	1. 06	(0. 80)	0. 25
铜川市	8 923. 5	8 847. 6	8 931. 6	(0. 85)	0. 95	0. 09
渭南市	45 055. 3	44 855. 9	44 654. 2	(0. 44)	(0. 45)	(0. 89)
乌海市	2 085. 3	2 262. 8	2 468. 6	8. 51	9. 09	18. 38
吴忠市	22 897. 3	21 643. 3	21 441. 7	(5. 48)	(0. 93)	(6. 36)
咸阳市	34 218. 1	33 863. 9	34 182. 1	(1. 04)	0. 94	(0. 11)
忻州市	44 480. 1	43 464. 1	51 419. 5	(2. 28)	18. 30	15. 60
延安市	55 141. 2	46 183. 7	46 015. 4	(16. 24)	(0. 36)	(16. 55)
银川市	13 446	13 455	13 586. 8	0. 07	0. 98	1. 05
榆林市	61 346. 6	57 097. 4	56 098. 9	(6. 93)	(1. 75)	(8. 55)
运城市	46 734. 9	46 848. 2	47 720. 3	0. 24	1. 86	2. 11
中卫市	23 510. 6	21 342. 1	21 404	(9. 22)	0. 29	(8. 96)
合计	610 455. 2	594 996. 2	626 978. 3	(2. 53)	5. 38	2. 71

2005~2010 年，共有 6 个地区生态承载力表现为下降，但下降的幅度很小，榆林市下降最多，2010 年比 2005 年下降 1.75%，榆林市、延安市、渭南市和吴忠市表现为持续下降（表 4-6）。

综合来看，十年间，延安市生态承载力下降最多，2010 年比 2000 年下降了 16.55%；鄂尔多斯市上升最多，十年间，生态承载力上升了 36.21%。2000~2010 年，生态承载力变化最大的是鄂尔多斯市，应该是由于经济的快速发展，建设用地扩张导致的生态承载力的快速增长。2010 年，临汾市、吕梁市、忻州市和乌海市的生态承载力比 2000 年分别增加了 11.36%、13.95%、15.6% 和 18.38%。黄河中上游能源化工区生态总承载力在 2000~2005 年略有下降，而 2005~2010 年增加，2000~2010 年共增加 2.71%（表 4-6）。

4.3 人均生态承载力及其变化

在可持续发展理论下，区域发展要在一定的生态承载力范围之内，不能超出合理资源条件、环境容量和生态系统支撑的最大限度。基于生态足迹法的生态承载力计算充分考虑到不同生态系统类型的生态功能，为生态容量的界定提供了客观、有效、准确的计算方法。强调人均生态承载力是以人为本思想的体现。黄河中上游能源化工区 2000 年、2005 年和 2010 年生态承载力及人口统计情况如表 4-7 所示。

表 4-7　黄河中上游能源化工区生态承载力及人口统计表

地区	生态承载力/10^2 ghm^2			人口/万人		
	2000 年	2005 年	2010 年	2000 年	2005 年	2010 年
阿拉善左旗	8 279.1	8 546	8 808.4	14.87	13.99	14.21
巴彦淖尔市	52 952.3	53 637.8	53 186.6	168.27	175.87	186.34
包头市	23 354.7	23 911.4	24 342.6	225.44	236.47	219.8
宝鸡市	37 032	36 225.5	36 913.3	359.42	369.53	381.09
鄂尔多斯市	39 143.9	39 193.2	53 318.1	136.98	137.86	152.38
临汾市	43 670.6	44 649.5	48 631.6	395.08	412.05	432.07
吕梁市	40 492.3	41 196.1	46 142.9	338.23	353.08	373.05
石嘴山市	7 691.3	7 772.7	7 710.3	67.54	72.28	74.82
铜川市	8 923.5	8 847.6	8 931.6	79.26	84.4	85.44
渭南市	45 055.3	44 855.9	44 654.2	529.22	537.06	560.06
乌海市	2 085.3	2 262.8	2 468.6	42.76	46.5	44.34
吴忠市	22 897.3	21 643.3	21 441.7	108.64	124.12	138.35
咸阳市	34 218.1	33 863.9	34 182.1	488.6	509.01	539.13
忻州市	44 480.1	43 464.1	51 419.5	293.83	303.88	306.99

续表

地区	生态承载力/10^2ghm^2			人口/万人		
	2000 年	2005 年	2010 年	2000 年	2005 年	2010 年
延安市	55 141.2	46 183.7	46 015.4	201.68	210.7	230.22
银川市	13 446	13 455	13 586.8	142.75	140.6	158.8
榆林市	61 346.6	57 097.4	56 098.9	313.8	338.38	364.5
运城市	46 734.9	46 848.2	47 720.3	481.24	498.48	513.92
中卫市	23 510.6	21 342.1	21 404	91.37	102.84	118.12
合计	610 455.2	594 996.2	626 978.3	4 478.98	4 667.1	4 893.63

黄河中上游能源化工区人均生态承载力最高的是阿拉善左旗，2010 年为 6.20ghm^2/人；其次是鄂尔多斯市，约 3.50ghm^2/人。2010 年，人均生态承载力最低的是乌海市，约 0.56ghm^2/人。2000 年、2005 年和 2010 年黄河中上游能源化工区总体人均生态承载力分别为 1.36ghm^2/人、1.27ghm^2/人、1.28ghm^2/人。黄河中上游能源化工区人均生态承载力及其变化率如表 4-8，图 4-7 ~ 图 4-9 所示。

表 4-8　黄河中上游能源化工区人均生态承载力及其变化率

地区	人均生态承载力/ghm^2			人均生态承载力变化率/%		
	2000 年	2005 年	2010 年	2000 ~ 2005 年	2005 ~ 2010 年	2000 ~ 2010 年
阿拉善左旗	5.57	6.11	6.20	9.69	1.47	11.31
巴彦淖尔市	3.15	3.05	2.85	(3.17)	(6.56)	(9.52)
包头市	1.04	1.01	1.11	(2.88)	9.90	6.73
宝鸡市	1.03	0.98	0.97	(4.85)	(1.02)	(5.83)
鄂尔多斯市	2.86	2.84	3.50	(0.70)	23.24	22.38
临汾市	1.11	1.08	1.13	(2.70)	4.63	1.80
吕梁市	1.20	1.17	1.24	(2.50)	5.98	3.33
石嘴山市	1.14	1.08	1.03	(5.26)	(4.63)	(9.65)
铜川市	1.13	1.05	1.05	(7.08)	0	(7.08)
渭南市	0.85	0.84	0.80	(1.18)	(4.76)	(5.88)
乌海市	0.49	0.49	0.56	0.00	14.29	14.29
吴忠市	2.11	1.74	1.55	(17.54)	(10.92)	(26.54)
咸阳市	0.70	0.67	0.63	(4.29)	(5.97)	(10.00)
忻州市	1.51	1.43	1.67	(5.30)	16.78	10.60
延安市	2.73	2.19	2.00	(19.78)	(8.68)	(26.74)
银川市	0.94	0.96	0.86	2.13	(10.42)	(8.51)
榆林市	1.95	1.69	1.54	(13.33)	(8.88)	(21.03)
运城市	0.97	0.94	0.93	(3.09)	(1.06)	(4.12)
中卫市	2.57	2.08	1.81	(19.07)	(12.98)	(29.57)
总体	1.36	1.27	1.28	(6.62)	0.79	(5.88)

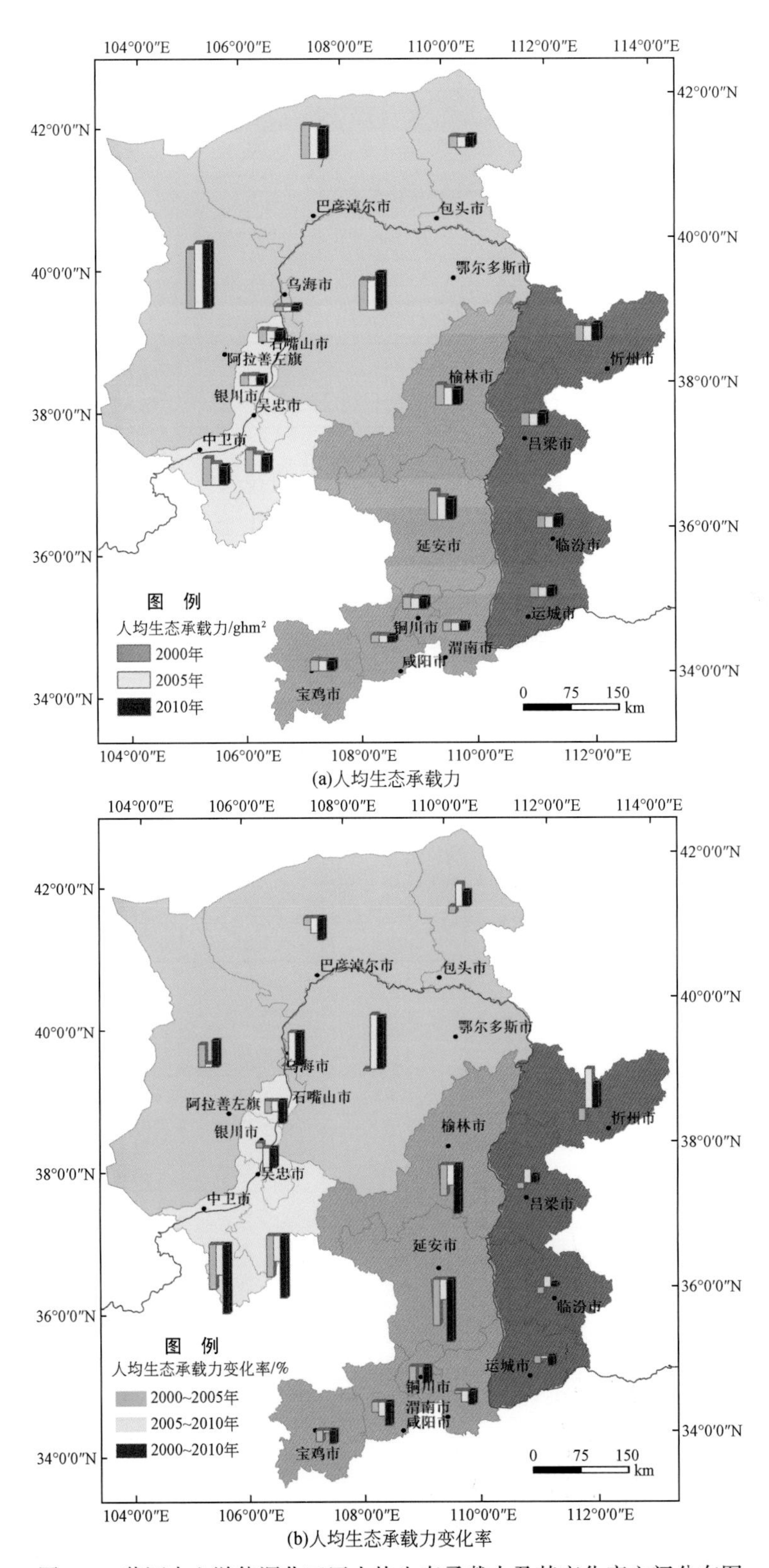

(a)人均生态承载力

(b)人均生态承载力变化率

图 4-7 黄河中上游能源化工区人均生态承载力及其变化率空间分布图

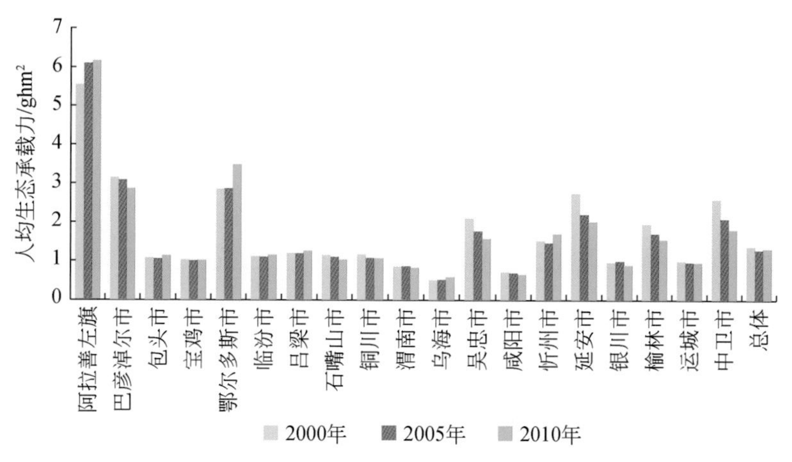

图 4-8　黄河中上游能源化工区人均生态承载力统计图

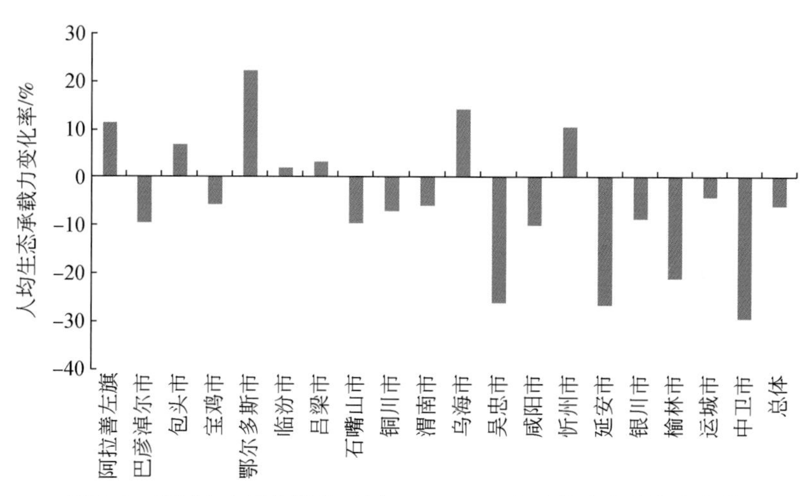

图 4-9　黄河中上游能源化工区 2000 ~ 2010 年人均生态承载力变化

总体人均生态承载力先降低后增大，与总生态承载力变化趋势相近，但生态承载力变化速率更快，体现为区域人口的快速增长拉低了人均生态承载力的变化速率（图 4-10）。期间人均生态承载力增长最快的是鄂尔多斯市，达到 22.38%；人均生态承载力下降较快的是中卫市、吴忠市、榆林市和延安市，下降速率在 2000 ~ 2010 年达到 21% ~ 30%。

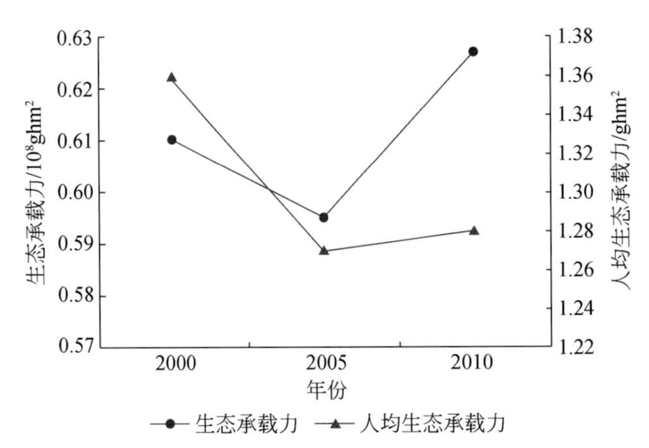

图 4-10　黄河中上游能源化工区 2000 ~ 2010 年生态承载力和人均生态承载力变化

4.4　生态承载力变化的经济驱动力分析

选取 GDP、人均 GDP、GDP 增长率、人均 GDP 增长率、非农业产值比率 5 个指标反映经济总量、经济均量、经济速率和经济结构。用这 5 个指标进行生态承载力变化的经济驱动力分析。

4.4.1　国内生产总值

国内生产总值（GDP）是指一个国家（国界范围内）所有常驻单位在一定时期内生产的所有最终产品和劳务的市场价值。GDP 是国民经济核算的核心指标，也是衡量一个国家或地区总体经济状况的重要指标。黄河中上游能源化工区 GDP、GDP 增长率及其空间分布情况如表 4-9，图 4-11 ~ 图 4-13 所示。

表 4-9　黄河中上游能源化工区各地区 GDP 及其增长率统计表

地区	GDP/亿元			GDP 增长率/%		
	2000 年	2005 年	2010 年	2000 ~ 2005 年	2005 ~ 2010 年	2000 ~ 2010 年
阿拉善左旗	8.059 7	46.001	240.986	470.8	423.9	2 890.0
巴彦淖尔市	111.07	217.029	603.329	95.4	178.0	443.2
包头市	228.37	848.699	2 460.81	271.6	190.0	977.6
宝鸡市	195.34	415.79	976.09	112.9	134.8	399.7
鄂尔多斯市	150.09	594.823	2 643.23	296.3	344.4	1 661.1
临汾市	170.3	523.163	890.144	207.2	70.1	422.7
吕梁市	85.4	309.517	845.539	262.4	173.2	890.1
石嘴山市	50.44	109.629	298.597	117.3	172.4	492.0
铜川市	40.428	69.52	187.734	72.0	170.0	364.4

续表

地区	GDP/亿元			GDP 增长率/%		
	2000 年	2005 年	2010 年	2000～2005 年	2005～2010 年	2000～2010 年
渭南市	165.47	312.42	801.423	88.8	156.5	384.3
乌海市	38.36	125.605	391.124	227.4	211.4	919.6
吴忠市	55.717 2	98.109	216.997	76.1	121.2	289.5
咸阳市	234.46	432.516	1 098.681	84.5	154.0	368.6
忻州市	83.4	167.17	437.456	100.4	161.7	424.5
延安市	96.2	370.616	885.42	285.3	138.9	820.4
银川市	109.285	288.503	769.423	164.0	166.7	604.1
榆林市	78.9	320.037	1 756.668	305.6	448.9	2 126.4
运城市	172.4	470.83	827.432	173.1	75.7	379.9
中卫市	26.134 8	65.848	173.189	152.0	163.0	562.7
总体	2 100	5 785.825	16 504.3	175.5	185.3	685.9

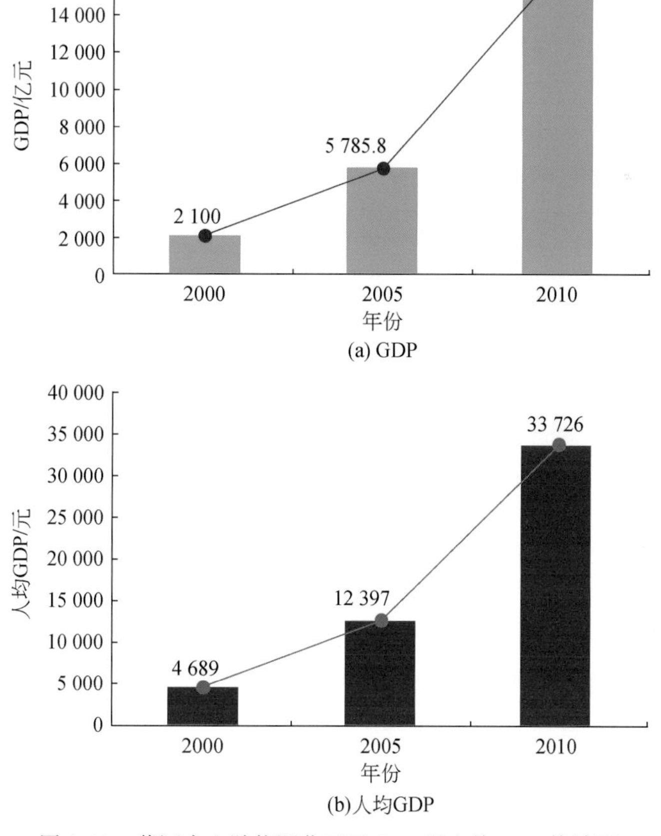

图 4-11　黄河中上游能源化工区 GDP 及人均 GDP 统计图

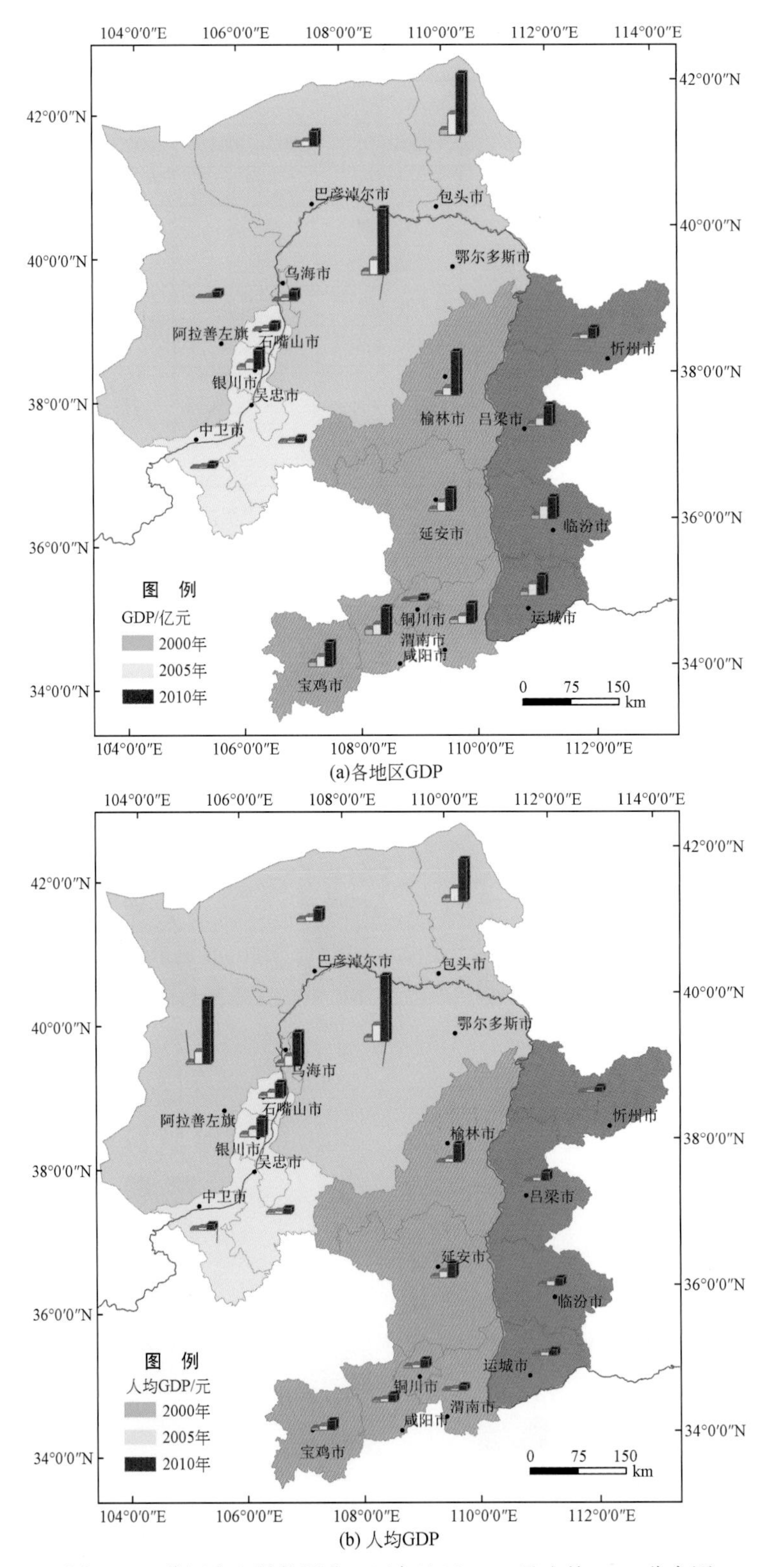

图 4-12 黄河中上游能源化工区各地区 GDP 及人均 GDP 分布图

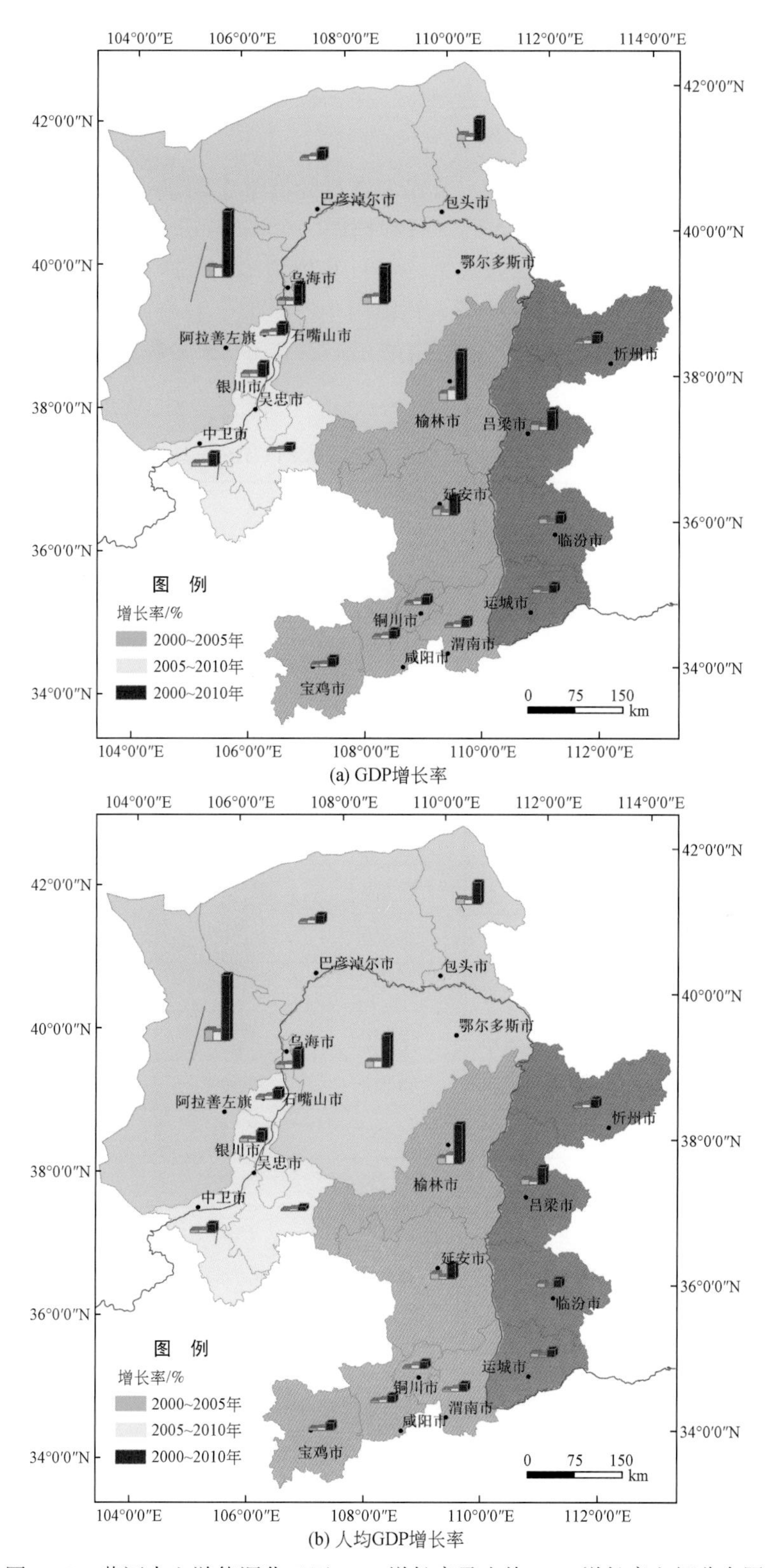

(a) GDP增长率

(b) 人均GDP增长率

图4-13 黄河中上游能源化工区GDP增长率及人均GDP增长率空间分布图

4.4.2 人均国内生产总值

人均国内生产总值，即人均 GDP，常作为发展经济学中衡量经济发展状况的指标，是最重要的宏观经济指标之一，它是人们了解和把握一个国家或地区的宏观经济运行状况的有效工具。将一个国家核算期内（通常是一年）实现的国内生产总值与这个国家的常住人口（或户籍人口）相比进行计算，得到人均国内生产总值。它是衡量各国人民生活水平的一个标准。黄河中上游能源化工区人均 GDP、人均 GDP 增长率及其空间分布情况如表 4-10，图 4-11 ~ 图 4-13 所示。

表 4-10　黄河中上游能源化工区各地区年人均 GDP 及其增长率统计表

地区	人均 GDP/元			人均 GDP 增长率/%		
	2000 年	2005 年	2010 年	2000 ~ 2005 年	2005 ~ 2010 年	2000 ~ 2010 年
阿拉善左旗	5 421. 1	32 881. 34	169 589	506. 54	415. 76	3 028. 31
巴彦淖尔市	6 600. 9	12 340. 31	32 378	86. 95	162. 38	390. 51
包头市	10 129. 8	35 890. 35	111 957	254. 30	211. 94	1 005. 22
宝鸡市	5 648	11 251. 86	25 613	99. 22	127. 63	353. 49
鄂尔多斯市	10 957. 3	43 146. 89	173 463	293. 77	302. 03	1 483. 08
临汾市	4 310. 5	12 696. 59	20 602	194. 55	62. 26	377. 95
吕梁市	2 524. 9	8 766. 2	22 666	247. 19	158. 56	797. 70
石嘴山市	7 468. 4	15 167. 27	39 909	103. 09	163. 13	434. 37
铜川市	5 100. 7	8 236. 97	21 973	61. 49	166. 76	330. 78
渭南市	3 102. 7	5 817. 23	14 310	87. 49	145. 99	361. 21
乌海市	8 972	27 011. 83	88 210	201. 07	226. 56	883. 17
吴忠市	5 128. 6	7 904. 37	15 685	54. 12	98. 43	205. 83
咸阳市	4 670. 5	8 497. 2	20 379	81. 93	139. 83	336. 33
忻州市	2 838. 3	5 501. 18	14 250	93. 82	159. 04	402. 06
延安市	4 770	17 589. 75	38 460	268. 76	118. 65	706. 29
银川市	7 655. 7	20 519. 42	48 452	168. 03	136. 13	532. 89
榆林市	2 514. 3	9 457. 92	48 194	276. 17	409. 56	1 816. 80
运城市	3 582. 4	9 445. 31	16 100	163. 66	70. 45	349. 42
中卫市	2 860. 3	6 402. 96	14 662	123. 86	128. 99	412. 60
总体	4 688. 5	12 397. 05	33 726	164. 41	173. 04	621. 96

4.4.3 非农业产值比例

非农业产值比例是制造业（第二产业）与服务业（第三产业）之和在 GDP 中的比重，这是计算工业化指数的产业结构指标。非农业产值比例与区域的工业化、城市化发展水平密切相关。黄河中上游能源化工区非农业产值比例及其空间分布情况如表 4-11 和图 4-14 所示。

表 4-11 黄河中上游能源化工区非农业产值比例统计表 （单位:%）

地区	2000 年	2005 年	2010 年
阿拉善左旗	67.12	88.61	97.68
巴彦淖尔市	60.99	86.36	80.27
包头市	91.62	94.18	97.30
宝鸡市	87.60	93.67	89.32
鄂尔多斯市	83.66	96.34	97.32
临汾市	86.89	98.38	92.52
吕梁市	81.60	93.17	94.83
石嘴山市	86.74	69.72	93.98
铜川市	90.10	91.84	92.45
渭南市	76.43	89.76	83.91
乌海市	96.92	80.20	99.05
吴忠市	80.57	81.83	82.53
咸阳市	77.46	92.05	81.50
忻州市	79.50	91.42	88.75
延安市	78.00	93.39	91.96
银川市	86.76	91.99	94.74
榆林市	81.90	83.67	94.75
运城市	80.22	71.34	82.90
中卫市	67.80	78.73	80.96
总体	82.13	94.16	97.68

注：资料来源于 CNKI 网络年鉴数据库、山西省统计年鉴（2001 年）、2001 年中国县市经济统计年鉴、2001～2011 年中国区域经济统计年鉴、《中国城市统计年鉴 2001》。

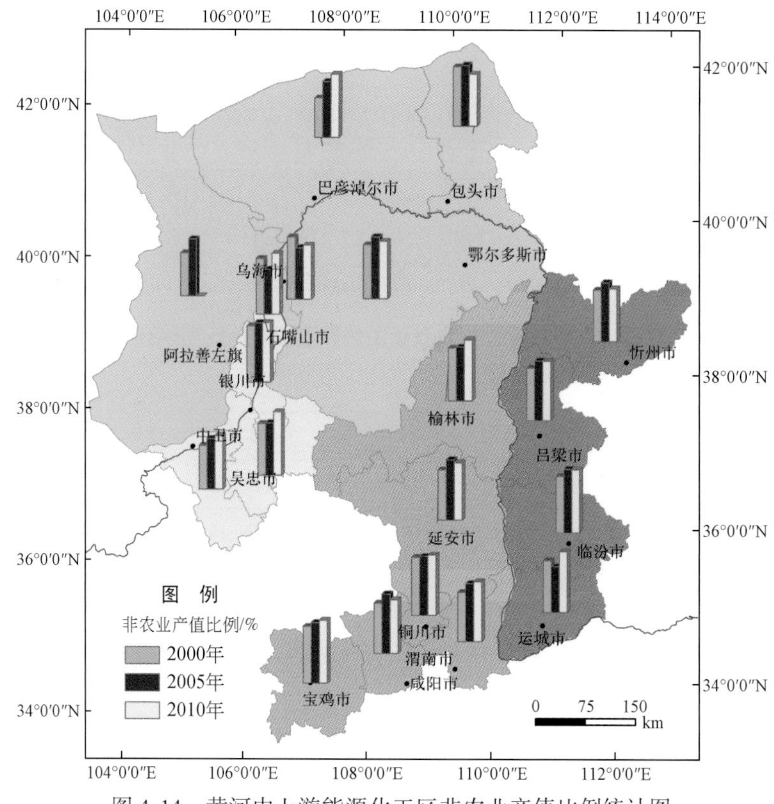

图 4-14 黄河中上游能源化工区非农业产值比例统计图

4.4.4 驱动力评价

利用相关分析方法，选用 GDP、人均 GDP、GDP 增长率、人均 GDP 增长率、非农业产值比例、总人口及开发强度（具体内容见第 8 章）共 7 个指标进行生态承载力变化的驱动力评价，结果见表 4-12 和表 4-13。

表 4-12 黄河中上游能源化工区生态承载力驱动力相关分析表

项目	2000 年 ECC	2005 年 ECC	2010 年 ECC	2000 年人均 ECC	2005 年人均 ECC	2010 年人均 ECC
2000 年 GDP	0.986**					
	0.000					
2005 年 GDP		0.988**				
		0.000				
2010 年 GDP			0.984**			
			0.000			
2000 年人均 GDP				-0.030		
				0.901		

续表

项目	2000 年 ECC	2005 年 ECC	2010 年 ECC	2000 年人均 ECC	2005 年人均 ECC	2010 年人均 ECC
2005 年人均 GDP					0.413	
					0.071	
2010 年人均 GDP						0.686 **
						0.001
2000 年人口数量	0.992 **					
	0.000					
2005 年人口数量		0.994 **				
		0.000				
2010 年人口数量			0.994 **			
			0.000			
2000 年人口密度				-0.683 **		
				0.001		
2005 年人口密度					-0.629 **	
					0.003	
2010 年人口密度						-0.643 **
						0.002

** 在 0.01 水平上显著相关。下行为显著性水平，下同。

注：该表是将与生态承载力及人均生态承载力非显著相关的相关系数全部去掉后的结果。

表 4-13　黄河中上游能源化工区生态承载力与开发强度相关系数表（$n=20$）

项目	2000 年开发强度	2005 年开发强度	2010 年开发强度
2000 年人均生态承载力	-0.707 **		
	0.000		
2005 年人均生态承载力		-0.649 **	
		0.002	
2010 年人均生态承载力			-0.406
			0.076

由表 4-12 可见，2005 年，区域生态承载力与 GDP 总量和人口数量均呈极显著（$P=0$）正相关关系，相关系数均高于 0.984，表现为人口增加、经济总量扩张带来建设用地的增加，促进生态承载力的提高。

1）2000 年人均 GDP 与人均生态承载力相关关系不显著，而到 2005 年在 0.071 水平上显著相关；2010 年相关系数在极显著水平上达到 0.686，说明随着人均 GDP 的提高，人均 GDP 与人均生态承载力之间的关系逐渐密切。

2）选取生态承载力增长率、人均生态承载力增长率、GDP 增长率、人均 GDP 增长率进行相关分析的结果显示：生态承载力或人均生态承载力增量的变化与 GDP 增量变化或人均 GDP 增量的变化没有显著关系。

3）人口密度与人均生态承载力之间呈极显著负相关关系，说明随着人口密度的增大，人均生态承载力下降，这应该是一个显而易见的问题。

4）通过建立 2000 年、2005 年、2010 年的人均生态承载力与开发强度之间的相关关系，发现人均生态承载力与开发强度之间呈负相关关系，尤其是在 2000 年和 2005 年，相关程度达到极显著水平（表 4-13，图 4-15），说明随着开发强度的增加，人均生态承载力下降，主要是开发活动的增强导致大量生产性土地面积减小。

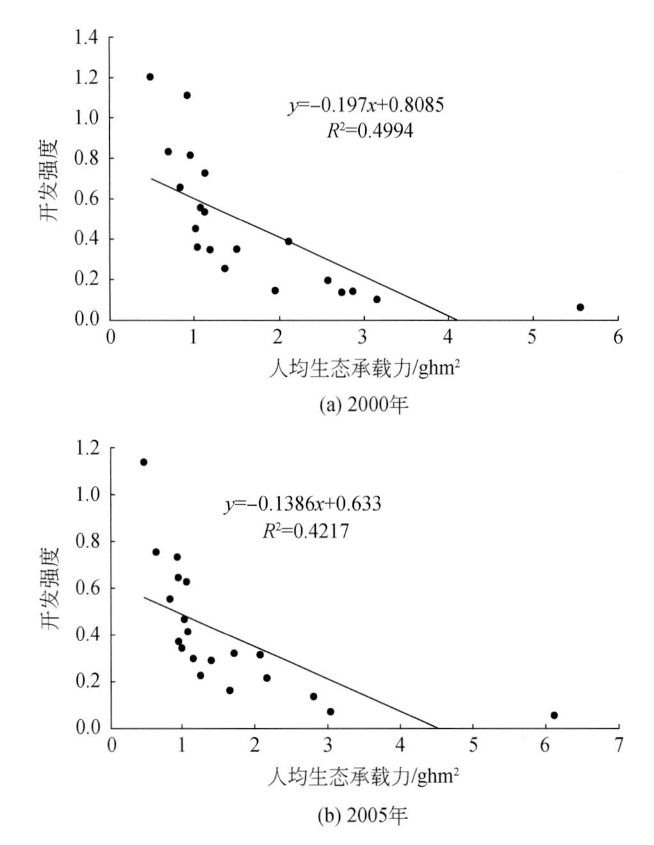

图 4-15 黄河中上游能源化工区生态承载力与开发强度相关关系图

综上所述，2000～2010 年，区域生态承载力与总人口、GDP 总量均呈极显著正相关，相关系数均高于 0.984，表现为人口增长、经济总量的扩张带来建设用地的增加，促进了生态承载力的提高。生态承载力或人均生态承载力与其他经济发展指标之间的关系不明确。随着人类开发活动的增强，人均生态承载力下降。

通过对黄河中上游能源化工区生态承载力的评估，可识别和分析制约生态承载力变化的影响因素，如不合理的土地利用配置等，立足区域生态系统赋予的生态系统服务优势，提出适应区域生态系统特征的土地利用配置、生活习惯和产业结构等调控措施，从而促进区域可持续发展和生态文明建设。

第5章 生态环境质量及其变化分析

生态环境质量评价是以生态学理论为基础，根据人类的具体需求对生态环境的性质及变化状态进行的定量描述和评定，其目的是准确反映生态环境质量和污染状况，找出当前的主要环境问题，为有针对性地采取措施，制订生态环境规划和有关管理防治对策提供科学依据（魏丽等，2005）。生态环境质量评价包括生态安全评价、生态风险评价、生态系统健康评价、生态系统服务功能评价、生态环境承载力评价等多个方面。

生态环境是一个社会—经济—自然复合的生态系统，为人类提供自然资源和生存环境的服务功能，是人类生存和发展的基础。人类在有计划、有目的地利用和改造环境的同时，往往会对环境产生一些污染和破坏。遭到污染和破坏的生态环境，又会反过来强烈制约和影响社会经济的发展。工业革命以来的人类社会的发展，在一定程度上让自然生态环境付出了代价，而开展生态环境建设是一项长期的任务。要有效地进行生态环境建设，首先要科学地评价生态环境质量，了解其动态变化的原因和规律。因此，生态环境质量评价是一项系统性、综合性的研究工作，是资源开发利用、制订社会经济可持续发展规划及生态环境保护对策的重要依据（宋静等，2013）。

国内外学者针对生态环境质量评价的研究始于生态环境污染或环境风险评价，进入20世纪90年代后开始形成实现生态健康的评价目标。近年来，随着评价理论、评价方法的发展与完善，生态环境质量评价的概念开始扩大到社会经济发展与生态区服务功能评价等层面。

生态环境质量的评价方法大致可分为两种类型：一种是作为生态系统质量的评价方法，主要考虑的是生态系统的属性信息；另一种是从社会—经济的观点评价生态环境质量，评价人类社会经济活动引起的生态系统变化。对生态系统的评价如何从定性描述评价过渡为定量评价仍是一个研究探索的过程，而遥感和GIS技术的综合应用提供了对自然生态系统主要构成因素进行定量评价的手段，如果结合传统的调查方法，便可将自然生态环境的客观调查与人类社会经济活动引起的生态系统变化综合起来，进行生态环境质量现状评价。生态系统质量能够反映生态系统的重要特征，是表征生态环境质量和服务功能的重要指标，它主要表征生态系统自然植被的优劣程度，反映生态系统内植被与生态系统的整体状况。

本研究利用遥感和GIS技术将生态系统的属性信息［植被覆盖度、叶面积指数、净初级生产力（NPP）、生物量密度等］，在地市级尺度上对黄河中上游能源化工区进行定量分析，然后将这些定量化信息进行标准化处理后构建生态质量指数，利用主成分分析法评价研究区的生态环境质量，对黄河中上游能源化工区生态系统质量进行时空动态变化监测。

5.1 生态系统质量

5.1.1 植被覆盖度

采用年均植被覆盖度（AuF）及植被覆盖度年变异系数（CVF）评估生态系统质量。

（1）年均植被覆盖度

将年均植被覆盖度分为低、较低、中、较高、高五级，其对应植被覆盖度取值范围分别为0～20%、20%～40%、40%～60%、60%～80%、>80%，统计每一级别面积及比例（表5-1），并对2000～2010年年均植被覆盖度等级绘图（图5-1）。

从表5-1和图5-1可以看出，2000～2010年，研究区低植被覆盖度（<20%）面积比例达60%以上，而高（>80%）和较高（>60%）植被覆盖度面积低于5%，体现为研究区整体的植被覆盖度较低。

表5-1　黄河中上游能源化工区生态系统年均植被覆盖度各等级面积及比例

年份	统计参数	低	较低	中	较高	高
2000	面积/km²	336 767. 3	92 668. 19	53 618. 81	25 040. 19	260
	比例/%	66. 25	18. 23	10. 55	4. 93	0. 05
2005	面积/km²	354 944. 1	86 921. 94	54 292. 44	12 195	1
	比例/%	69. 82	17. 10	10. 68	2. 40	0
2010	面积/km²	315 281. 4	114 447. 3	61 323. 56	17 296. 75	5. 5
	比例/%	62. 02	22. 51	12. 06	3. 40	0

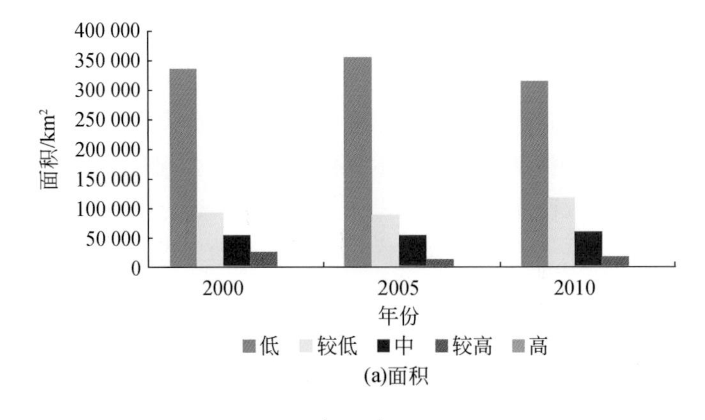

(a)面积

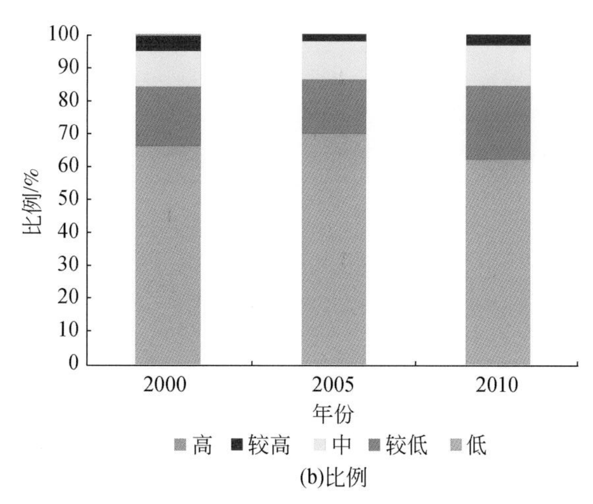

(b)比例

图 5-1　黄河中上游能源化工区年均植被覆盖度各等级面积及比例统计图

研究区植被覆盖较好的地区主要分布在南部和东部地区（图 5-2，表 5-2，图 5-3），以宝鸡市植被覆盖度最高，2010 年达到约 60%；阿拉善左旗植被覆盖度最低，在 6% 以下。鄂尔多斯市和榆林市及其以西的广阔地区植被覆盖度都较低，只在贺兰山附近零星分布有植被覆盖较好地区。

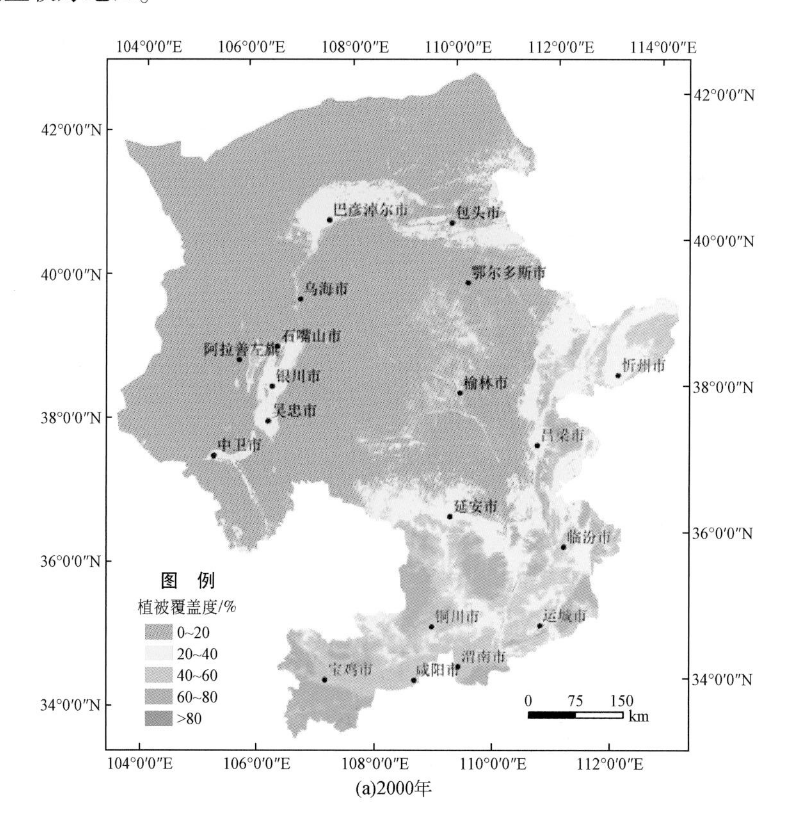

(a)2000年

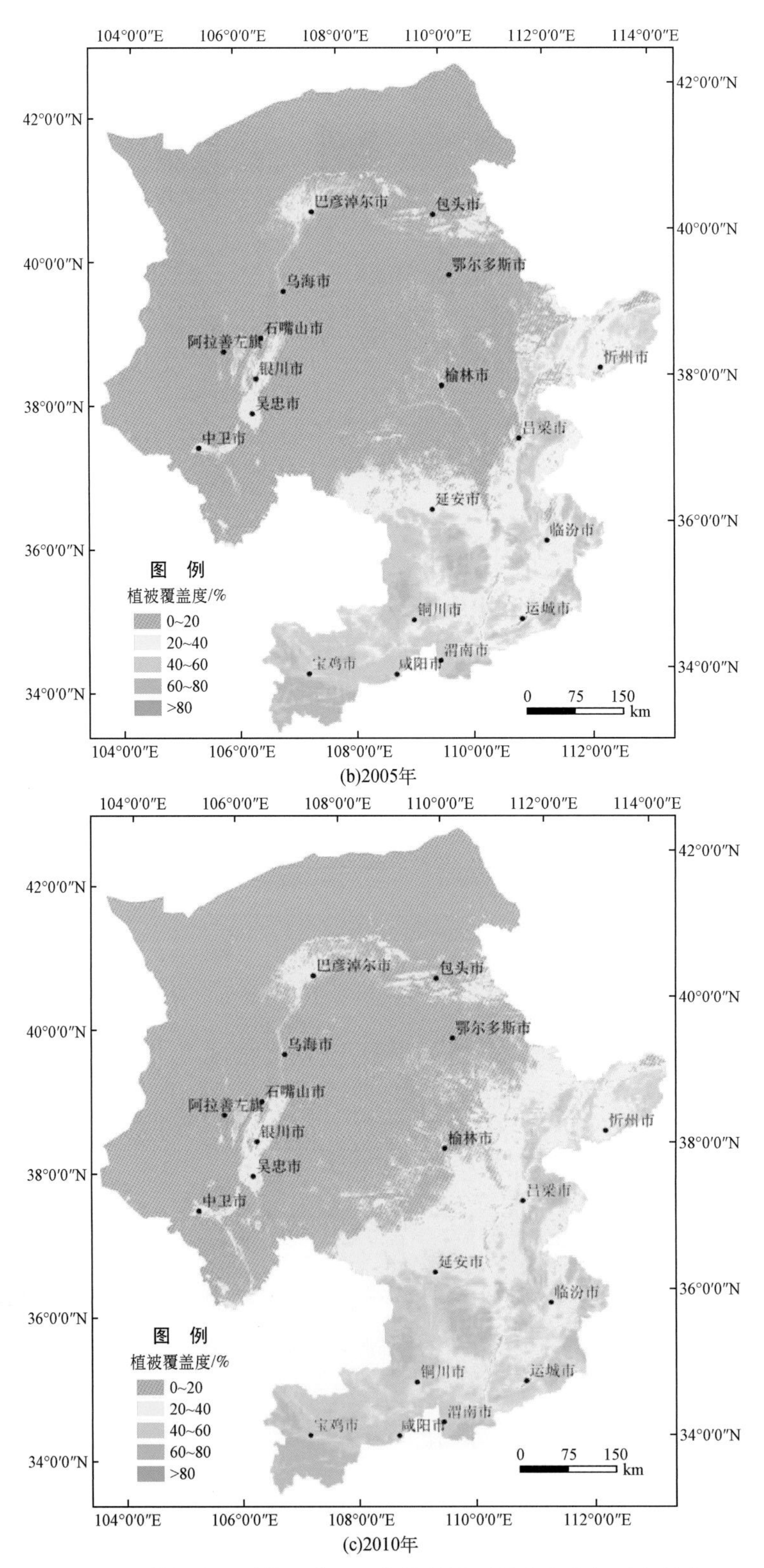

(b)2005年

(c)2010年

图 5-2 黄河中上游能源化工区年均植被覆盖度各等级时空分布

表 5-2　黄河中上游能源化工区年均植被覆盖度及其归一化结果统计表

地区	植被覆盖度/%			植被覆盖度归一化结果		
	2000 年	2005 年	2010 年	2000 年	2005 年	2010 年
阿拉善左旗	5. 85	4. 41	4. 75	0	0	0
巴彦淖尔市	10. 67	7. 45	9. 49	0. 089	0. 061	0. 09
包头市	15. 11	8. 09	9. 72	0. 171	0. 074	0. 094
宝鸡市	60. 02	54. 14	57. 35	1	1	1
鄂尔多斯市	11. 47	7. 94	10. 95	0. 104	0. 071	0. 118
临汾市	38. 84	36. 87	40. 41	0. 609	0. 653	0. 678
吕梁市	32. 54	29. 24	35	0. 493	0. 499	0. 575
石嘴山市	17. 5	11. 66	15. 2	0. 215	0. 146	0. 199
铜川市	50. 86	45. 68	47. 48	0. 831	0. 83	0. 812
渭南市	44. 79	39. 84	41. 58	0. 719	0. 712	0. 7
乌海市	7. 31	4. 67	10. 17	0. 027	0. 005	0. 103
吴忠市	11. 7	6. 39	11. 49	0. 108	0. 04	0. 128
咸阳市	46. 34	45. 08	46. 73	0. 747	0. 818	0. 798
忻州市	33. 35	27. 87	31. 93	0. 508	0. 472	0. 517
延安市	35. 5	35. 67	40. 86	0. 547	0. 629	0. 687
银川市	18. 26	11. 65	15. 84	0. 229	0. 146	0. 211
榆林市	14. 51	12. 71	18. 19	0. 16	0. 167	0. 255
运城市	44. 57	38. 4	41. 41	0. 715	0. 684	0. 697
中卫市	12. 82	6. 77	10. 61	0. 129	0. 047	0. 111
总体	20. 43	17. 12	20. 13	0. 269	0. 256	0. 292

研究区植被覆盖度 2000 年为 20. 43%，2005 年下降为 17. 12%，2010 年又上升到 20. 13%，总体表现为植被覆盖度变化起落较大。2000 ~ 2010 年，研究区植被覆盖度降低了 1. 47 个百分点。各地区中，乌海市植被覆盖度变化率最大，达 39. 12%（表 5-3，图 5-4）。

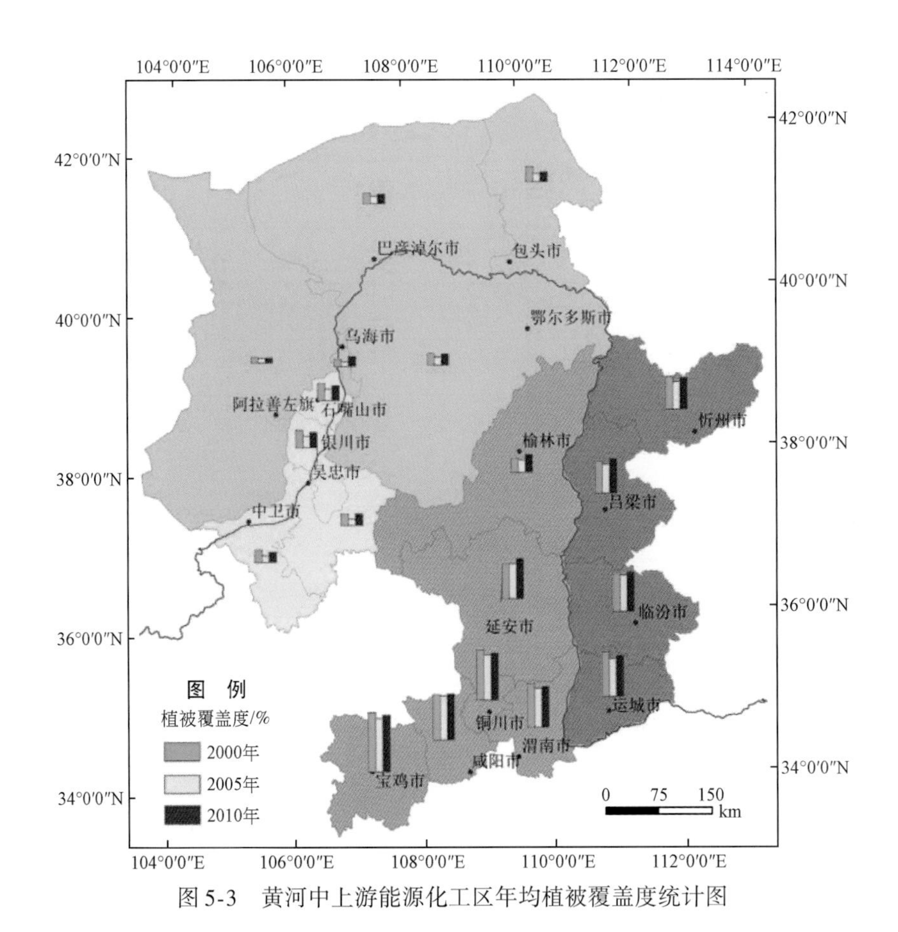

图 5-3 黄河中上游能源化工区年均植被覆盖度统计图

表 5-3 黄河中上游能源化工区年均植被覆盖度变化及其变化率统计表

地区	植被覆盖度变化量/%			植被覆盖度变化率/%		
	2000 ~ 2005 年	2005 ~ 2010 年	2000 ~ 2010 年	2000 ~ 2005 年	2005 ~ 2010 年	2000 ~ 2010 年
阿拉善左旗	(1.44)	0.34	(1.10)	(24.62)	7.71	(18.80)
巴彦淖尔市	(3.22)	2.04	(1.18)	(30.18)	27.38	(11.06)
包头市	(7.02)	1.63	(5.39)	(46.46)	20.15	(35.67)
宝鸡市	(5.88)	3.21	(2.67)	(9.80)	5.93	(4.45)
鄂尔多斯市	(3.53)	3.01	(0.52)	(30.78)	37.91	(4.53)
临汾市	(1.97)	3.54	1.57	(5.07)	9.60	4.04
吕梁市	(3.30)	5.76	2.46	(10.14)	19.70	7.56
石嘴山市	(5.84)	3.54	(2.30)	(33.37)	30.36	(13.14)
铜川市	(5.18)	1.80	(3.38)	(10.18)	3.94	(6.65)

续表

地区	植被覆盖度变化量/%			植被覆盖度变化率/%		
	2000 ~ 2005 年	2005 ~ 2010 年	2000 ~ 2010 年	2000 ~ 2005 年	2005 ~ 2010 年	2000 ~ 2010 年
渭南市	(4.95)	1.74	(3.21)	(11.05)	4.37	(7.17)
乌海市	(2.64)	5.50	2.86	(36.11)	117.77	39.12
吴忠市	(5.31)	5.10	(0.21)	(45.38)	79.81	(1.79)
咸阳市	(1.26)	1.65	0.39	(2.72)	3.66	0.84
忻州市	(5.48)	4.06	(1.42)	(16.43)	14.57	(4.26)
延安市	0.17	5.19	5.36	0.48	14.55	15.10
银川市	(6.61)	4.19	(2.42)	(36.20)	35.97	(13.25)
榆林市	(1.80)	5.48	3.68	(12.41)	43.12	25.36
运城市	(6.17)	3.01	(3.16)	(13.84)	7.84	(7.09)
中卫市	(6.05)	3.84	(2.21)	(47.19)	56.72	(17.24)
总体	(3.31)	3.01	(0.30)	(16.20)	17.58	(1.47)

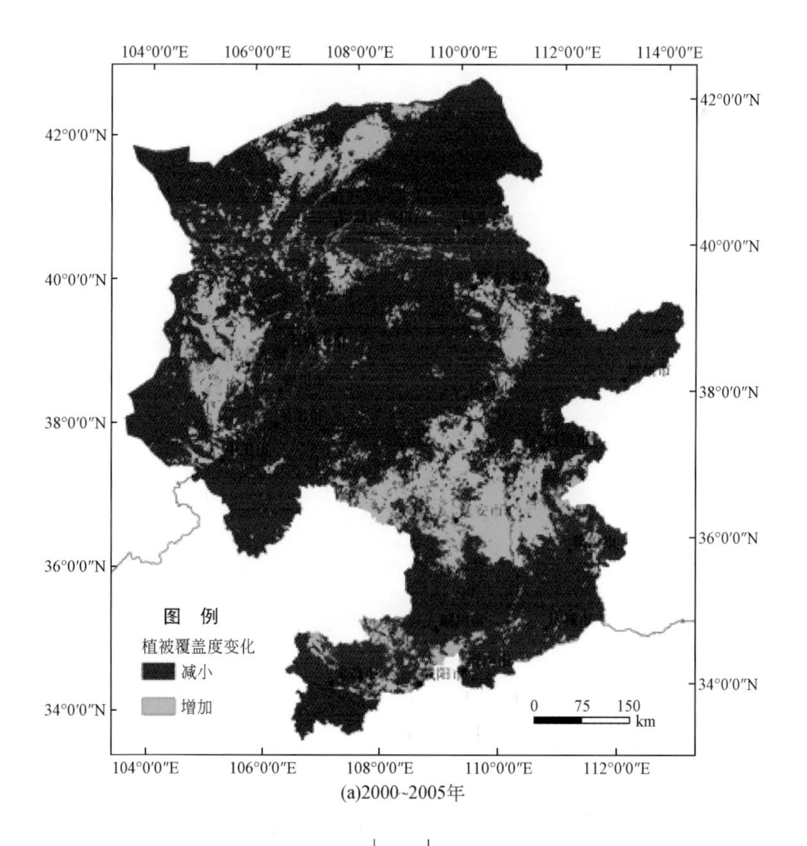

(a)2000~2005年

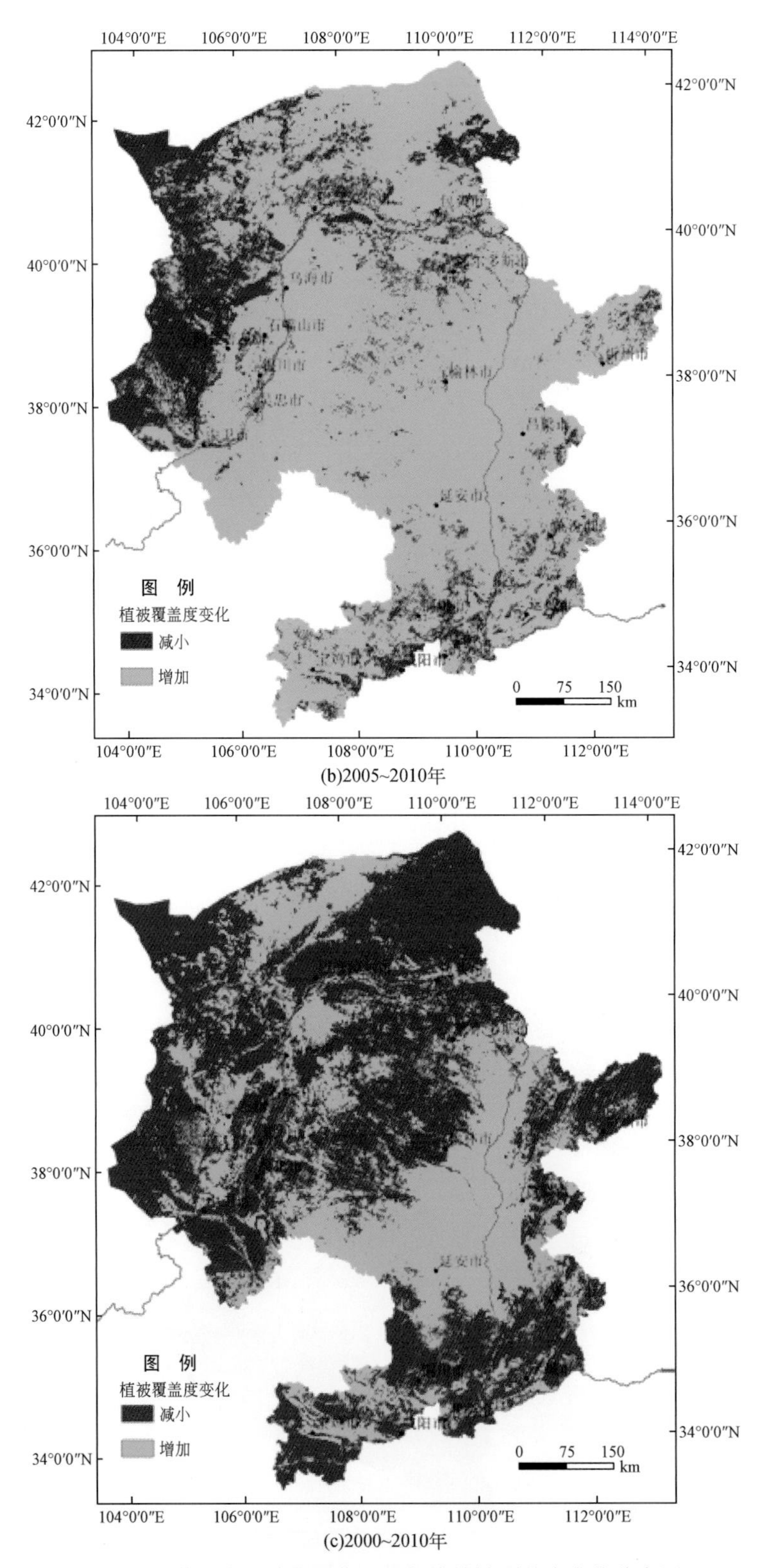

(b)2005~2010年

(c)2000~2010年

图 5-4 黄河中上游能源化工区年均植被覆盖度变化分布图

(2) 植被覆盖度年变异系数

植被覆盖度年变异系数分为低、较低、中、较高、高五级，其取值范围分别为 0 ~0. 5、0. 5 ~1. 0、1. 0 ~1. 5、1. 5 ~2. 0 、>2. 0，统计各级别植被覆盖度年变异系数面积及其比例（表 5-4），并将各级别变异系数绘图（图 5-5，图 5-6）。

表 5-4　黄河中上游能源化工区植被覆盖度年变异系数各等级面积及比例

年份	统计参数	低	较低	中	较高	高
2000	面积/km^2	305 780. 3	197 582. 9	4 152. 188	566. 562 5	272. 5
	比例/%	60. 15	38. 87	0. 82	0. 11	0. 05
2005	面积/km^2	127 747. 1	284 250. 6	69 921. 5	12 403. 5	14 031. 69
	比例/%	25. 13	55. 92	13. 75	2. 44	2. 76
2010	面积/km^2	128 061	271 953. 8	79 588. 63	13 421. 88	15 329. 13
	比例/%	25. 19	53. 5	15. 66	2. 64	3. 02

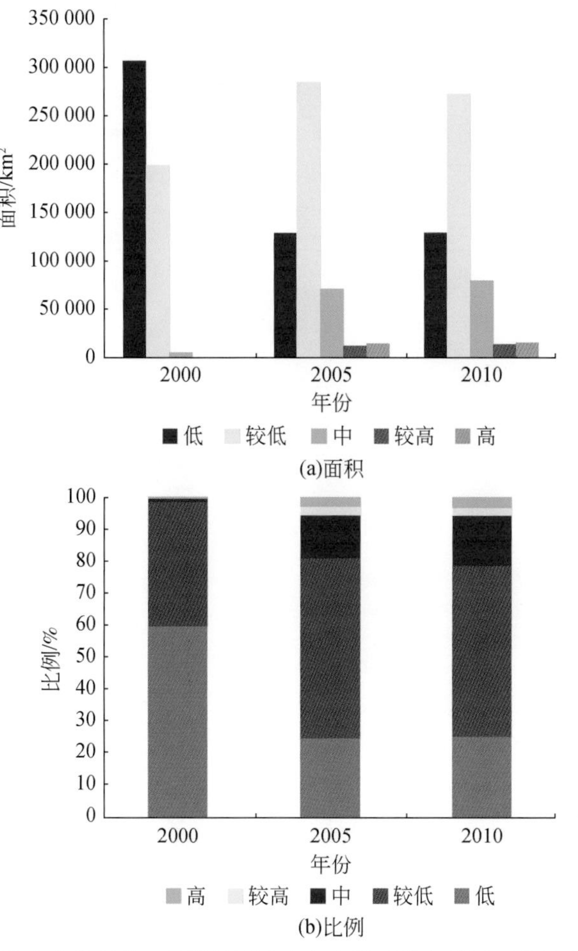

(a)面积

(b)比例

图 5-5　黄河中上游能源化工区植被覆盖度年变异系数各等级面积及比例统计图

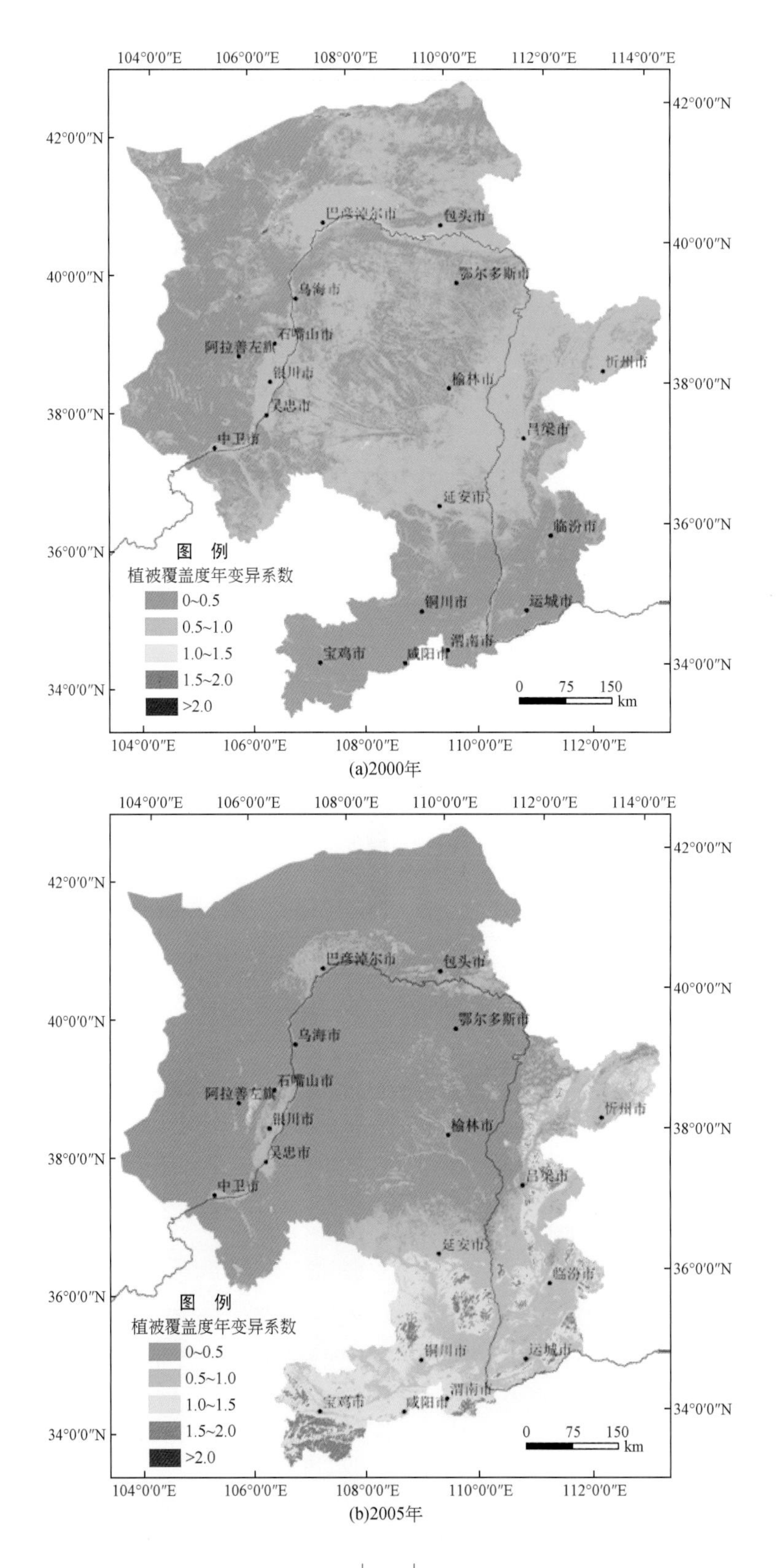

(a)2000年

(b)2005年

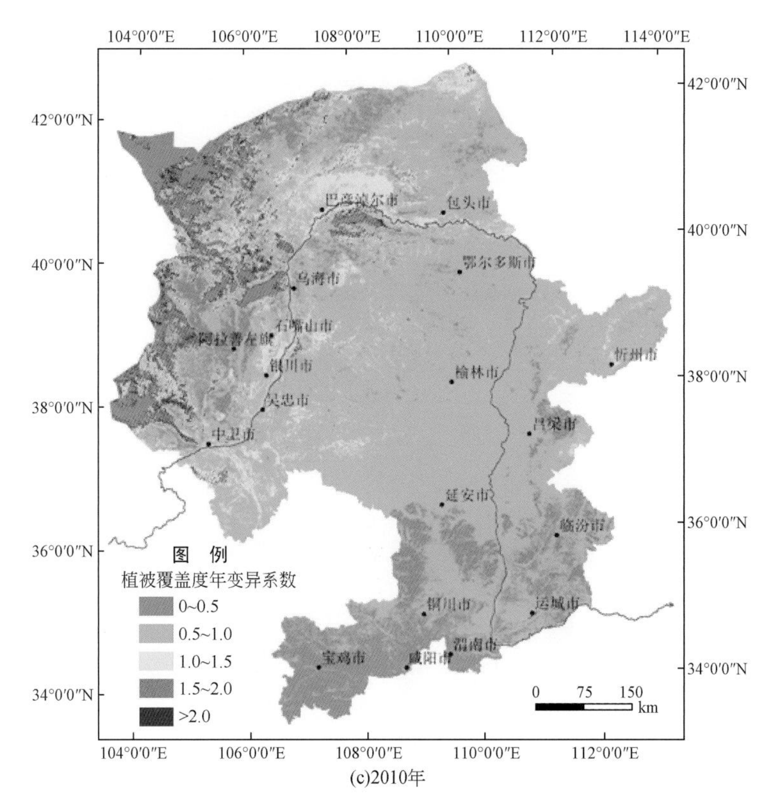

图 5-6 黄河中上游能源化工区植被覆盖度年变异系数各等级时空分布

从表 5-4 和图 5-6 可以看出，研究区生态系统植被覆盖度年变异系数在植被覆盖度较低的地区变化较大，而植被覆盖度较高的南部和东部地区较小。总体来看，研究区 2000 ~ 2010 年生态系统植被覆盖度年变异系数较大。

5.1.2 叶面积指数

采用年均叶面积指数（AuL）及叶面积指数年变异系数（CVL）指标进行生态系统质量评估。

（1）年均叶面积指数

将年均叶面积指数取值分为低、较低、中、较高、高 5 个等级，对应叶面积指数（LAI）取值范围分别为 0 ~ 2、2 ~ 4、4 ~ 6、6 ~ 8、>8，统计 2000 ~ 2010 年年均叶面积指数各级别面积及比例（表 5-5），并对各等级时空分布绘图（图 5-7，图 5-8）。

整体来看，研究区叶面积指数各等级面积比例较大的是低等级，2000 ~ 2010 年，该等级面积比一般在 64% 以上；其次是较低等级面积比例，一般在 10% 以上。这两个等级面积比例合计达 78% 以上，体现为研究区叶面积指数稳定在较低状态。

表 5-5　黄河中上游能源化工区生态系统年均叶面积指数各等级面积与比例

年份	统计参数	低	较低	中	较高	高
2000	面积/km²	377 887.13	51 721.75	28 290.31	14 080.50	36 374.75
	比例/%	74.34	10.17	5.57	2.77	7.16
2005	面积/km²	366 428.69	57 313.44	28 629.38	15 097.75	40 885.19
	比例/%	72.08	11.27	5.63	2.97	8.04
2010	面积/km²	327 810.00	70 247.44	39 807.75	20 656.13	49 833.13
	比例/%	64.48	13.82	7.83	4.06	9.80

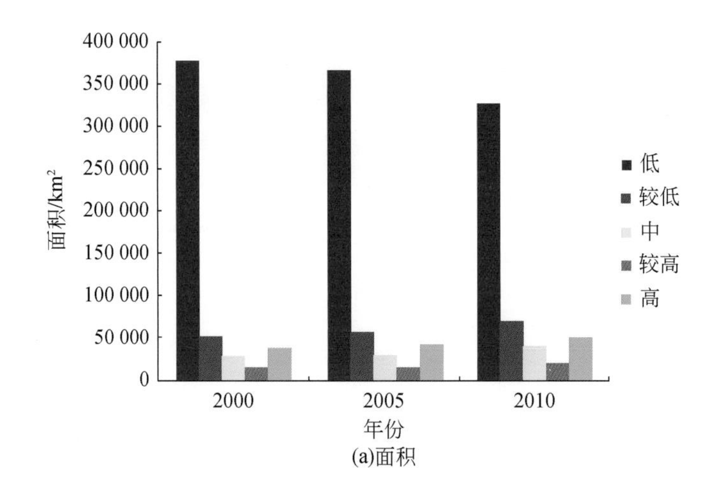

(a)面积

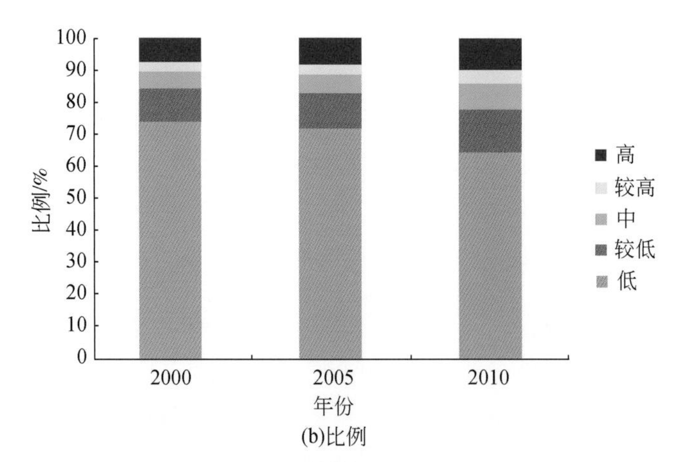

(b)比例

图 5-7　黄河中上游能源化工区生态系统年均叶面积指数各等级面积比例统计图

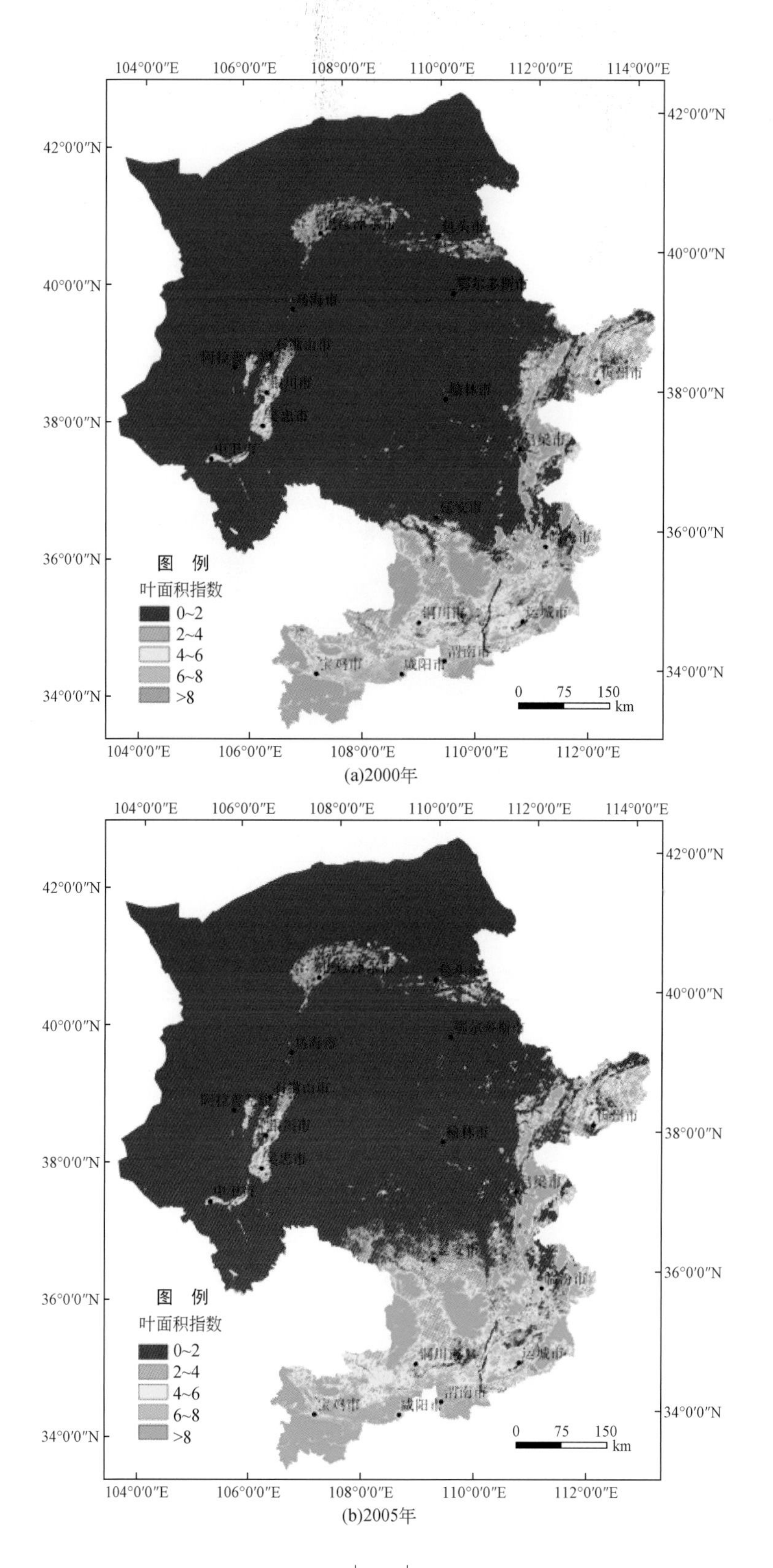

(a)2000年

(b)2005年

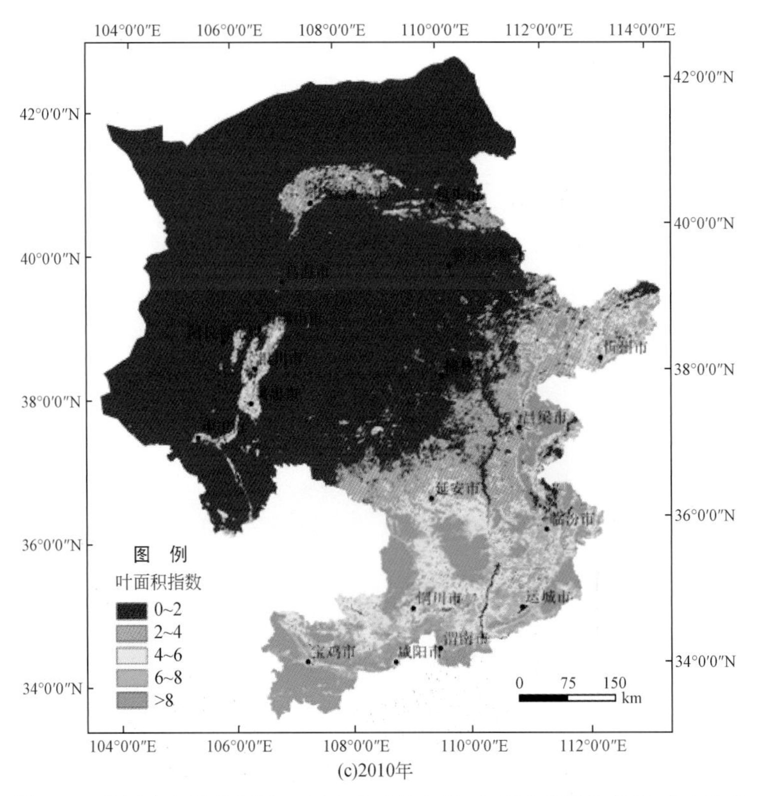

(c)2010年

图 5-8　黄河中上游能源化工区生态系统年均叶面积指数各等级时空分布

2010 年叶面积指数最高的是宝鸡市，达 13. 43；其次是铜川市，为 8. 55；最小的是阿拉善左旗，仅为 0. 059（表 5-6）。叶面积指数变化情况见表 5-7 和图 5-9。

表 5-6　黄河中上游能源化工区各地区年均叶面积指数及其归一化结果统计表

地区	叶面积指数			叶面积指数归一化结果		
	2000 年	2005 年	2010 年	2000 年	2005 年	2010 年
阿拉善左旗	0. 0539	0. 0654	0. 0592	0	0	0
巴彦淖尔市	0. 5321	0. 5026	0. 6614	0. 035	0. 033	0. 045
包头市	1. 0122	0. 7661	0. 9649	0. 071	0. 053	0. 068
宝鸡市	13. 5535	13. 2408	13. 4268	1	1	1
鄂尔多斯市	0. 5911	0. 6429	0. 7808	0. 040	0. 044	0. 054
临汾市	5. 2861	6. 1175	8. 05	0. 388	0. 459	0. 598
吕梁市	4. 6736	5. 1881	7. 323	0. 342	0. 389	0. 543
石嘴山市	1. 5142	1. 5725	2. 0436	0. 108	0. 114	0. 148
铜川市	7. 475	7. 7327	8. 5539	0. 550	0. 582	0. 635
渭南市	7. 0501	7. 2324	8. 2511	0. 518	0. 544	0. 613
乌海市	0. 2978	0. 4158	0. 4622	0. 018	0. 027	0. 030

续表

地区	叶面积指数			叶面积指数归一化结果		
	2000 年	2005 年	2010 年	2000 年	2005 年	2010 年
吴忠市	0. 4926	0. 6525	1. 1719	0. 032	0. 045	0. 083
咸阳市	6. 6396	7. 7141	8. 2108	0. 488	0. 581	0. 610
忻州市	3. 8353	3. 6827	4. 5845	0. 280	0. 275	0. 339
延安市	5. 2851	6. 2918	7. 4215	0. 388	0. 473	0. 551
银川市	1. 5846	1. 5446	1. 9716	0. 113	0. 112	0. 143
榆林市	0. 8876	1. 2194	1. 9478	0. 062	0. 088	0. 141
运城市	6. 8636	6. 8876	8. 3478	0. 504	0. 518	0. 620
中卫市	0. 6655	0. 706	1. 0713	0. 045	0. 049	0. 076
总体	2. 4038	2. 5699	3. 1037	0. 174	0. 190	0. 228

表 5-7　黄河中上游能源化工区各地区年均叶面积指数变化量及其变化率统计表

地区	叶面积指数变化量			叶面积指数变化率/%		
	2000 ~ 2005 年	2005 ~ 2010 年	2000 ~ 2010 年	2000 ~ 2005 年	2005 ~ 2010 年	2000 ~ 2010 年
阿拉善左旗	0. 01	(0. 01)	0. 01	21. 34	(9. 48)	9. 83
巴彦淖尔市	(0. 03)	0. 16	0. 13	(5. 54)	31. 60	24. 30
包头市	(0. 25)	0. 20	(0. 05)	(24. 31)	25. 95	(4. 67)
宝鸡市	(0. 31)	0. 19	(0. 13)	(2. 31)	1. 40	(0. 93)
鄂尔多斯市	0. 05	0. 14	0. 19	8. 76	21. 45	32. 09
临汾市	0. 83	1. 93	2. 76	15. 73	31. 59	52. 29
吕梁市	0. 51	2. 13	2. 65	11. 01	41. 15	56. 69
石嘴山市	0. 06	0. 47	0. 53	3. 85	29. 96	34. 96
铜川市	0. 26	0. 82	1. 08	3. 45	10. 62	14. 43
渭南市	0. 18	1. 02	1. 20	2. 59	14. 09	17. 04
乌海市	0. 12	0. 05	0. 16	39. 62	11. 16	55. 20
吴忠市	0. 16	0. 52	0. 68	32. 46	79. 60	137. 90
咸阳市	1. 07	0. 50	1. 57	16. 18	6. 44	23. 66
忻州市	(0. 15)	0. 90	0. 75	(3. 98)	24. 49	19. 53
延安市	1. 01	1. 13	2. 14	19. 05	17. 96	40. 42
银川市	(0. 04)	0. 43	0. 39	(2. 52)	27. 64	24. 42
榆林市	0. 33	0. 73	1. 06	37. 38	59. 73	119. 45
运城市	0. 02	1. 46	1. 48	0. 35	21. 20	21. 62
中卫市	0. 04	0. 37	0. 41	6. 09	51. 74	60. 98
总体	0. 17	0. 53	0. 70	6. 91	20. 77	29. 12

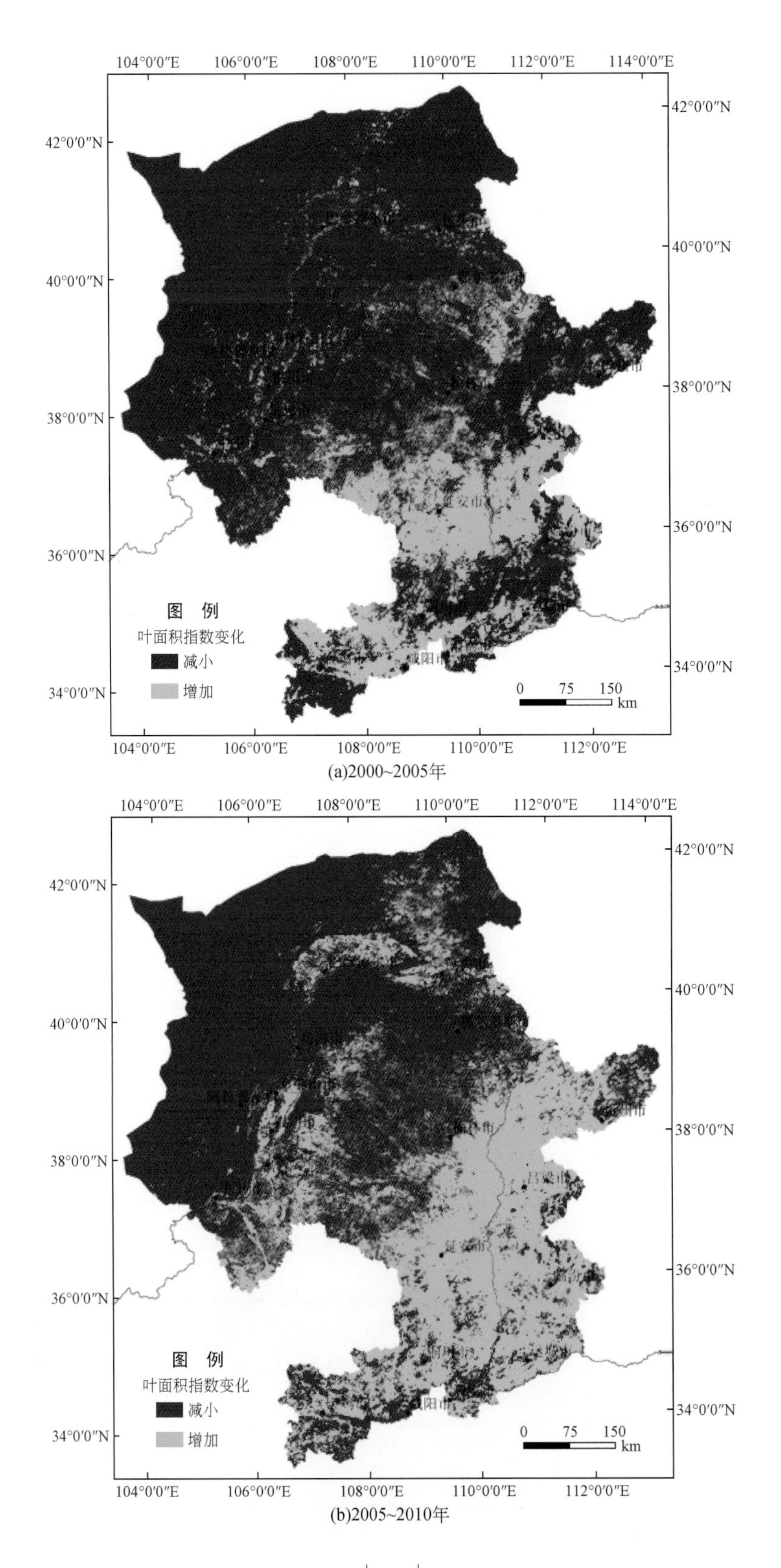

(a)2000~2005年

(b)2005~2010年

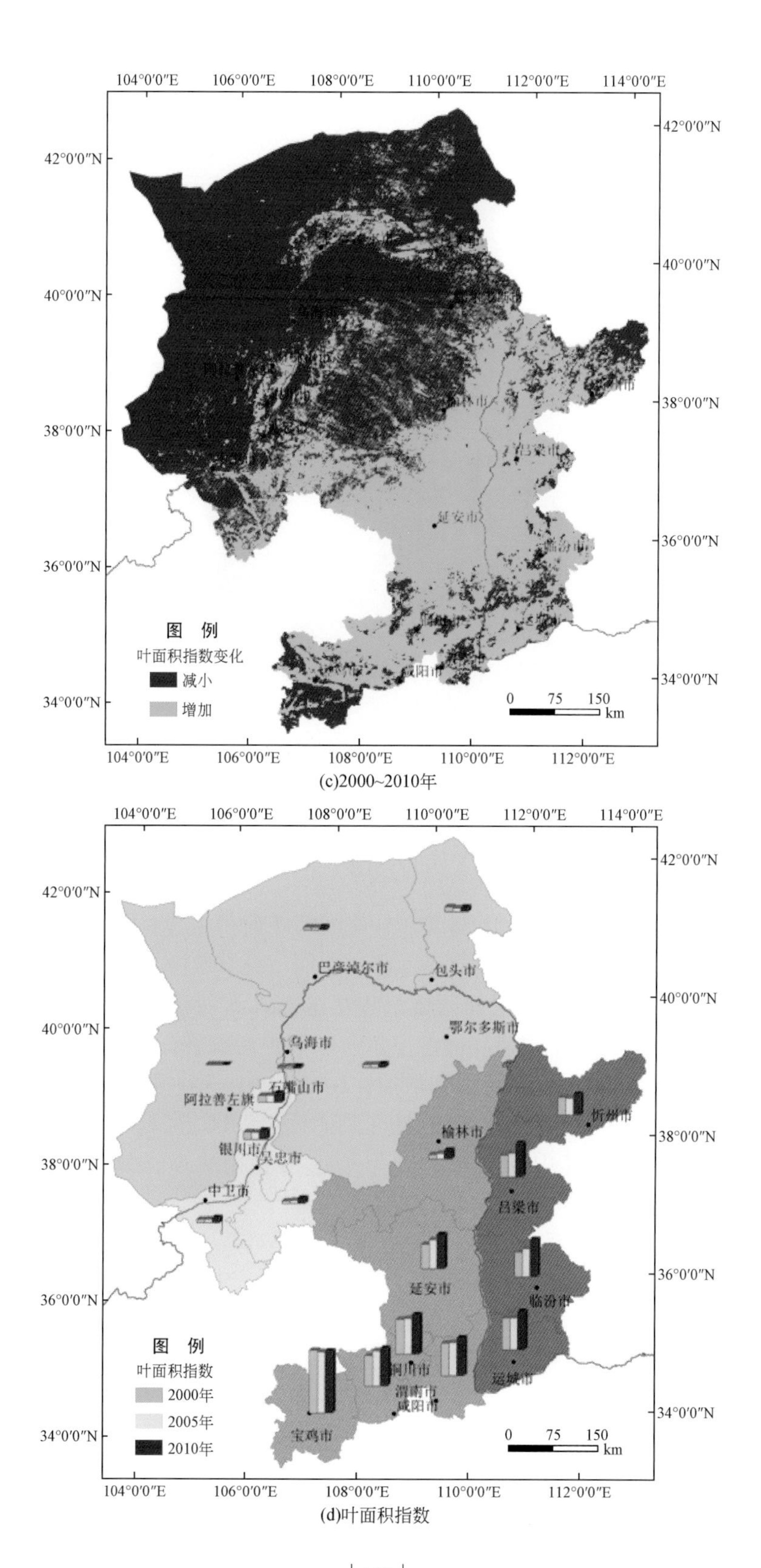

(c)2000~2010年

(d)叶面积指数

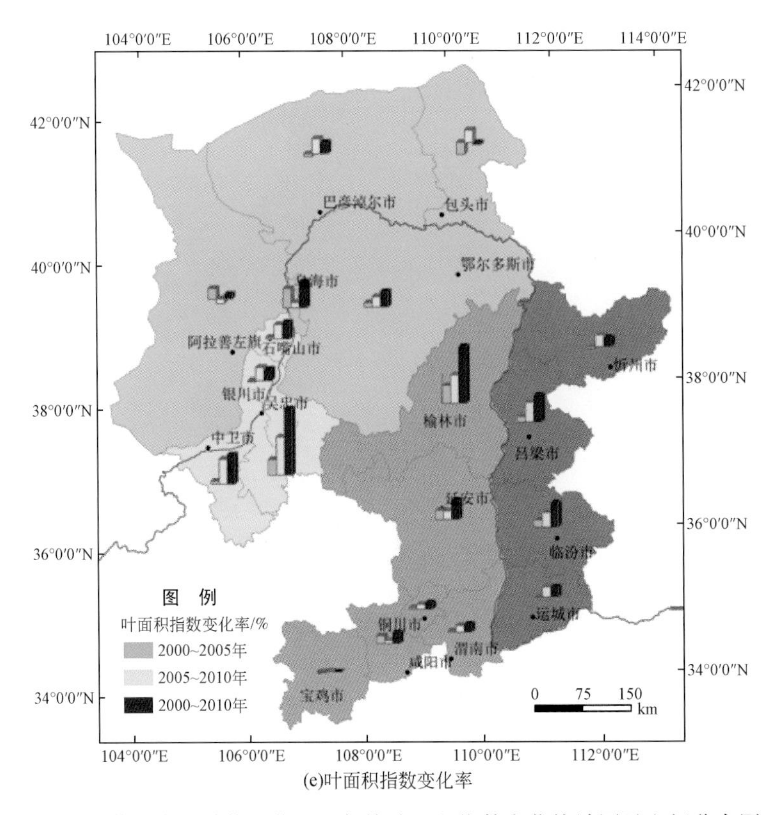

(e)叶面积指数变化率

图 5-9 黄河中上游能源化工区年均叶面积指数变化统计图及空间分布图

从图 5-9 可以看出，研究区中南部大部分地区的叶面积指数一直在增加，而中南部宝鸡市和忻州市的叶面积指数减小也较明显。鄂尔多斯市及其以西大部分地区的叶面积指数一直处于减小状态，叶面积指数增加区域只零星分布在这些地区。就地市而言，2000～2005 年，银川市、忻州市、宝鸡市、巴彦淖尔市叶面积指数略有下降，包头市叶面积指数下降了 24.31%，其他地区叶面积指数均增加；2005～2010 年，除阿拉善左旗的叶面积指数略有下降外，其他地区均在增加。十年期间，除了包头市、宝鸡市的叶面积指数略有下降外，其他地区均增加，其中增加较大的是吴忠市和榆林市，分别增加了 137.9% 和 119.45%，整个研究区十年间增加了 29.12%。

（2）叶面积指数年变异系数

生态系统年均叶面积指数变异系数取值范围为 0～∞。将叶面积指数年变异系数分为小、较小、中、较大、大 5 级，其变异系数取值分别为 0～2、2～4、4～8、8～10、>10。统计 2000～2010 年每级叶面积指数年变异系数面积及比例（表 5-8），将叶面积指数年变异系数绘图（图 5-10）。

从表 5-8 和图 5-10 可以看出，叶面积指数年变异系数位于小和大等级的面积较大，而位于其他等级的面积较小。

表 5-8 黄河中上游能源化工区生态系统叶面积指数年变异系数各等级面积及比例

年份	统计参数	小（0~2）	较小（2~4）	中（4~8）	较大（8~10）	大（>10）
2000	面积/km²	215 236.4	1 466.375	62 678.5	63 072.56	165 900.6
	比例/%	42.34	0.29	12.33	12.41	32.63
2005	面积/km²	209 228.3	756.187 5	39 367.81	69 867.5	189 134.6
	比例/%	41.16	0.15	7.74	13.74	37.21
2010	面积/km²	182 196.1	954.687 5	41 869.06	78 955.13	204 379.5
	比例/%	35.84	0.19	8.24	15.53	40.2

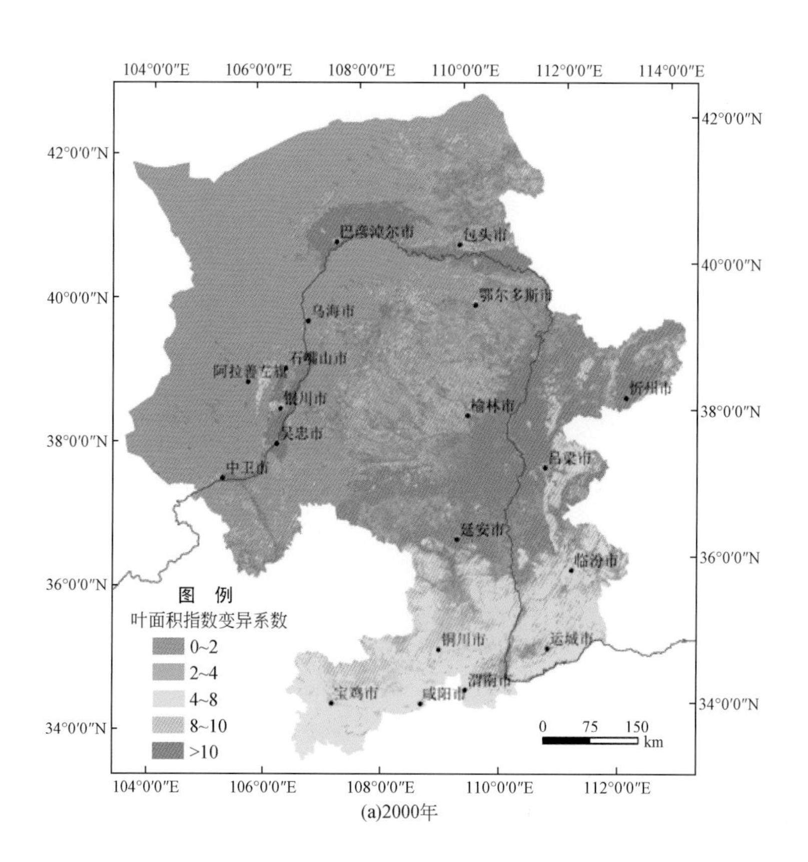

(a)2000年

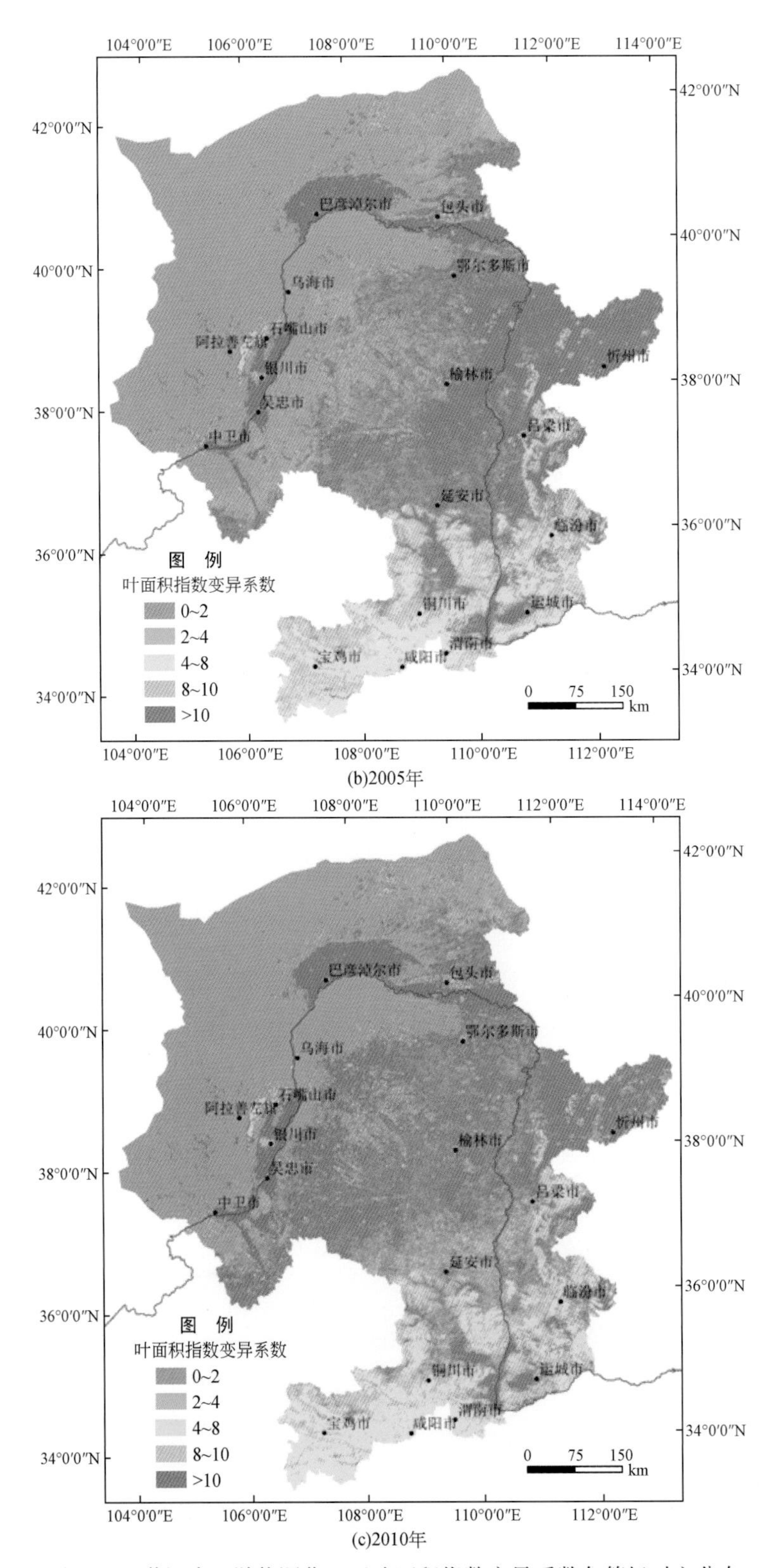

图 5-10 黄河中上游能源化工区叶面积指数变异系数各等级时空分布

5.1.3 净初级生产力

采用年均净初级生产力（AuN_i）、净初级生产力年总量（ZN_i）、净初级生产力年变异系数（CVN_i）、净初级生产力年均变异系数（$ACVN_i$）等指标进行质量评估。

(1) 年均净初级生产力

将年均净初级生产力分为低、较低、中、较高、高五级，每级对应取值为 0 ~ 6t/km²、6 ~ 12t/km²、12 ~ 18t/km²、18 ~ 24t/km²、>24t/km²，统计 2000 ~ 2010 年年均净初级生产力面积与比例（表5-9），并将年均净初级生产力绘图（图 5-11，图 5-12）。

表 5-9 黄河中上游能源化工区年均净初级生产力各等级面积及比例

年份	统计参数	低	较低	中	较高	高
2000	面积/km²	348 290. 38	65 394. 13	47 261. 88	35 055. 75	12 352. 19
	比例/%	68. 51	12. 86	9. 30	6. 90	2. 43
2005	面积/km²	320 500. 56	74 143. 94	42 766. 75	32 241. 75	38 701. 31
	比例/%	63. 05	14. 59	8. 41	6. 34	7. 61
2010	面积/km²	292 760. 50	84 941. 50	61 603. 63	57 762. 00	11 286. 69
	比例/%	57. 59	16. 71	12. 12	11. 36	2. 22

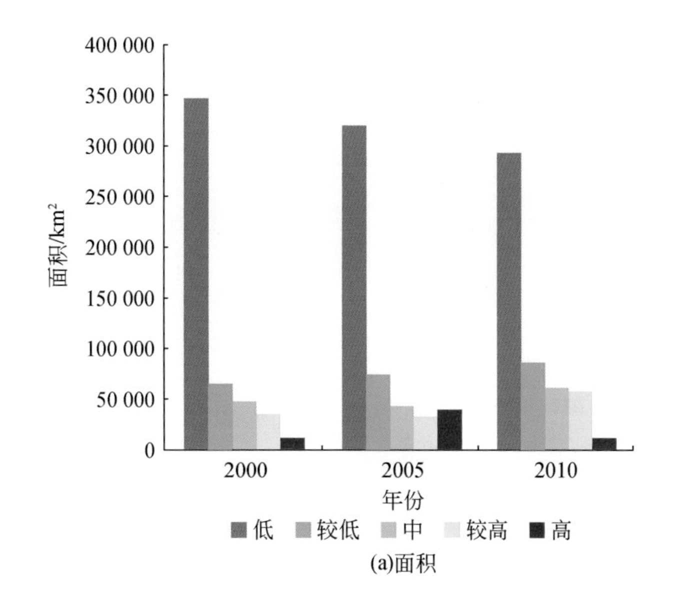

(a)面积

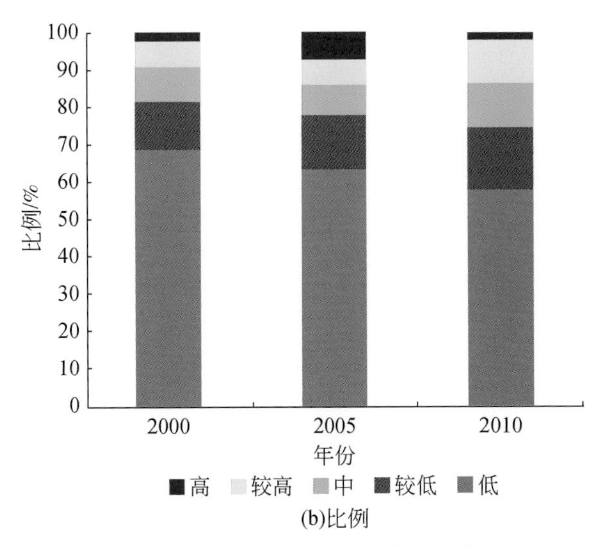

(b)比例

图 5-11　黄河中上游能源化工区年均净初级生产力各等级面积及比例统计图

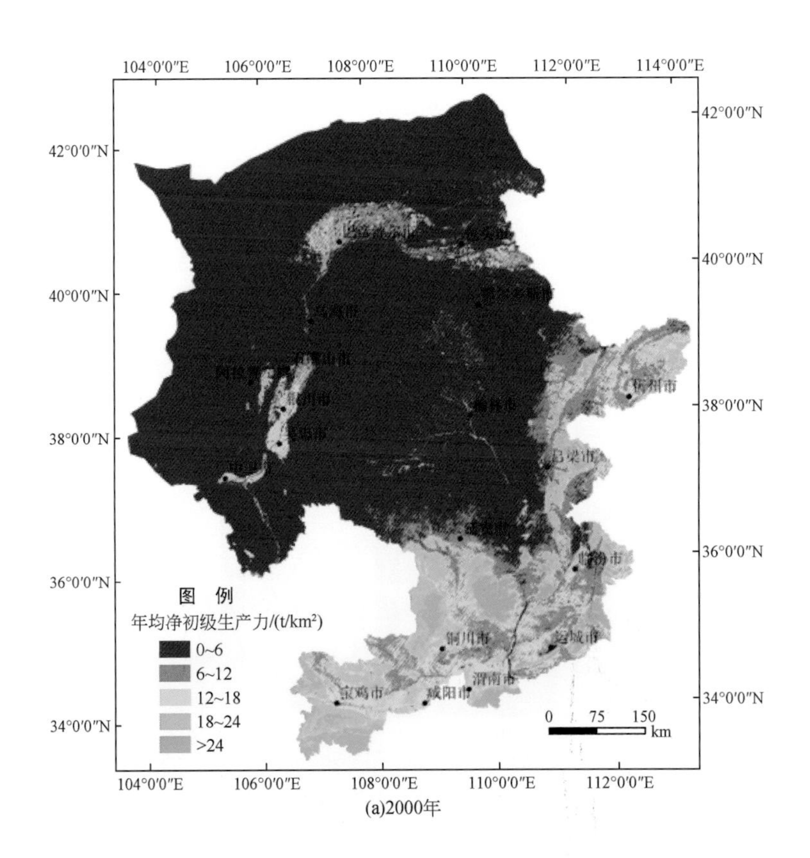

(a)2000年

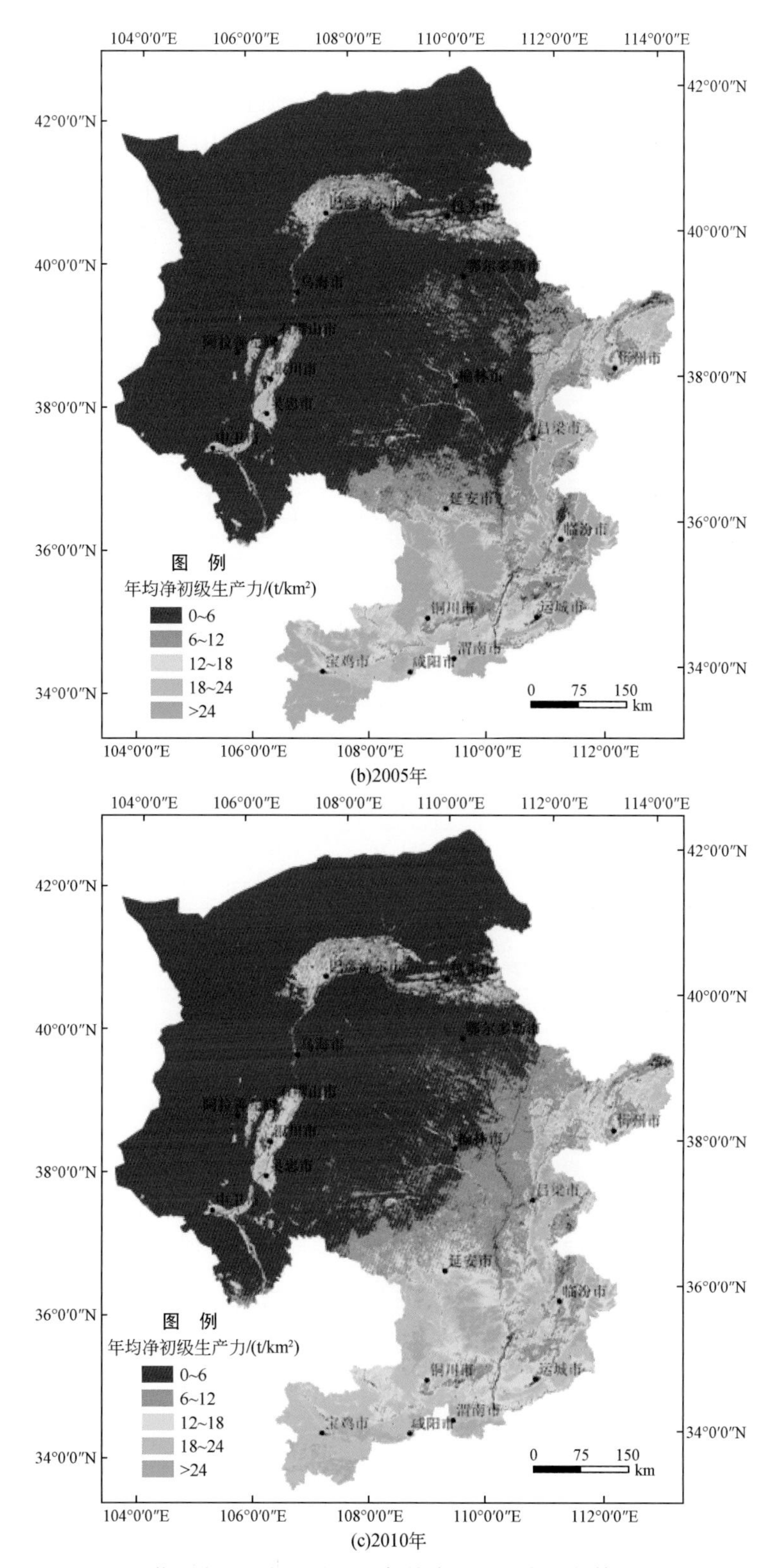

(b)2005年

(c)2010年

图 5-12 黄河中上游能源化工区年均净初级生产力各等级时空分布

(2) 净初级生产力年总量

2000～2005年研究区年均净初级生产力绝大部分地区增加，鄂尔多斯市以西、以北大部分地区减小明显，阿拉善左旗大部分地区增加。2005～2010年，研究区中部和北部地区年均净初级生产力增加明显，而周边大部分地区呈减小趋势。总体来看，年均净初级生产力呈持续增加趋势，从2000年的623.62g/m^{2}增加到2005年的739.33g/m^2，继续增加到2010年的769.03g/m^2；减小的地方集中在包头市和陕西南部部分地区（表5-10～表5-12，图5-13）。

表5-10　2000～2010年黄河中上游能源化工区生态系统净初级生产力统计表

年份	像元最大值/(t/km^2)	像元数	像元均值/(t/km^2)	方差	面积/km^2	NPP年总量/10^{15}t
2000	3 830	5 072 291 007	623.62	662.42	508 354.3	2.578 5
2005	3 864	6 013 498 911	739.33	790.71	508 354.3	3.057
2010	3 440	6 255 006 855	769.03	716.95	508 354.3	3.179 8

注：计算时就用年均净初级生产力乘以像元面积和像元数。年均净初级生产力统计结果数据如表5-11所示。t/km^2=g/m^2。

表5-11　黄河中上游能源化工区各地区净初级生产力及其归一化结果统计表

地区	净初级生产力/(t/km^2)			净初级生产力归一化结果		
	2000年	2005年	2010年	2000年	2005年	2010年
阿拉善左旗	137.01	140.71	141.73	0	0	0
巴彦淖尔市	305.8	320.37	351.16	0.090	0.083	0.105
包头市	393.72	366.5	376	0.137	0.104	0.118
宝鸡市	2008.46	2306.28	2128.74	1	1	1
鄂尔多斯市	283.497	327.27	366.53	0.078	0.086	0.113
临汾市	1257.415	1580.179	1587.47	0.599	0.665	0.728
吕梁市	1057.202	1310.828	1405.4	0.492	0.540	0.636
石嘴山市	558.1	638.25	742.6	0.225	0.230	0.302
铜川市	1812.803	2149.64	1891.99	0.895	0.928	0.881
渭南市	1493.31	1750.45	1696.4	0.725	0.743	0.782
乌海市	205.75	219.83	296.81	0.037	0.037	0.078
吴忠市	307.4	351.8	484.9	0.091	0.097	0.173
咸阳市	1477.79	1948.65	1852.77	0.716	0.835	0.861
忻州市	1119.808	1277.651	1312.701	0.525	0.525	0.589
延安市	1192.18	1584.64	1610.53	0.564	0.667	0.739
银川市	622.2	649.7	736.2	0.259	0.235	0.299
榆林市	349.75	479.992	627.703	0.114	0.157	0.245
运城市	1461.185	1608.12	1620.101	0.708	0.678	0.744
中卫市	333.53	354.47	457.7	0.105	0.099	0.159
总体	623.6166	739.334	769.026	0.260	0.276	0.316

表 5-12　黄河中上游能源化工区各地区年均净初级生产力变化及其变化率统计表

地区	年均净初级生产力变化量/(t/km²)			年均净初级生产力变化率/%		
	2000～2005 年	2005～2010 年	2000～2010 年	2000～2005 年	2005～2010 年	2000～2010 年
阿拉善左旗	3.70	1.02	4.72	2.70	0.72	3.45
巴彦淖尔市	14.57	30.79	45.36	4.76	9.61	14.83
包头市	(27.22)	9.50	(17.72)	(6.91)	2.59	(4.50)
宝鸡市	297.82	(177.54)	120.28	14.83	(7.70)	5.99
鄂尔多斯市	43.77	39.26	83.03	15.44	12.00	29.29
临汾市	322.76	7.29	330.06	25.67	0.46	26.25
吕梁市	253.63	94.57	348.20	23.99	7.21	32.94
石嘴山市	80.15	104.35	184.50	14.36	16.35	33.06
铜川市	336.84	(257.65)	79.19	18.58	(11.99)	4.37
渭南市	257.14	(54.05)	203.09	17.22	(3.09)	13.60
乌海市	14.08	76.98	91.06	6.84	35.02	44.26
吴忠市	44.40	133.10	177.50	14.44	37.83	57.74
咸阳市	470.86	(95.88)	374.98	31.86	(4.92)	25.37
忻州市	157.84	35.05	192.89	14.10	2.74	17.23
延安市	392.46	25.89	418.35	32.92	1.63	35.09
银川市	27.50	86.50	114.00	4.42	13.31	18.32
榆林市	130.24	147.71	277.95	37.24	30.77	79.47
运城市	146.94	11.98	158.92	10.06	0.75	10.88
中卫市	20.94	103.23	124.17	6.28	29.12	37.23
总体	115.72	29.69	145.41	18.56	4.02	23.32

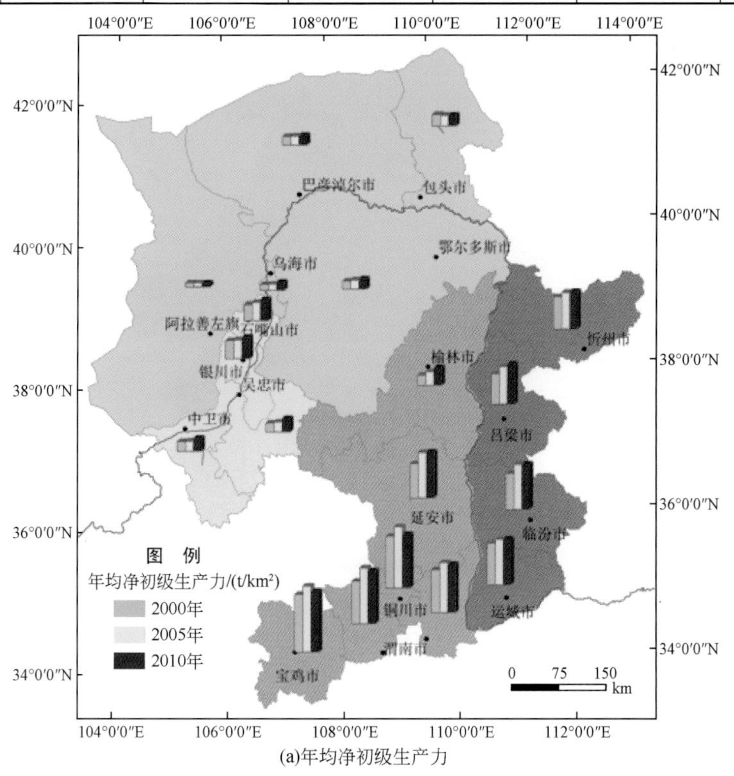

(a)年均净初级生产力

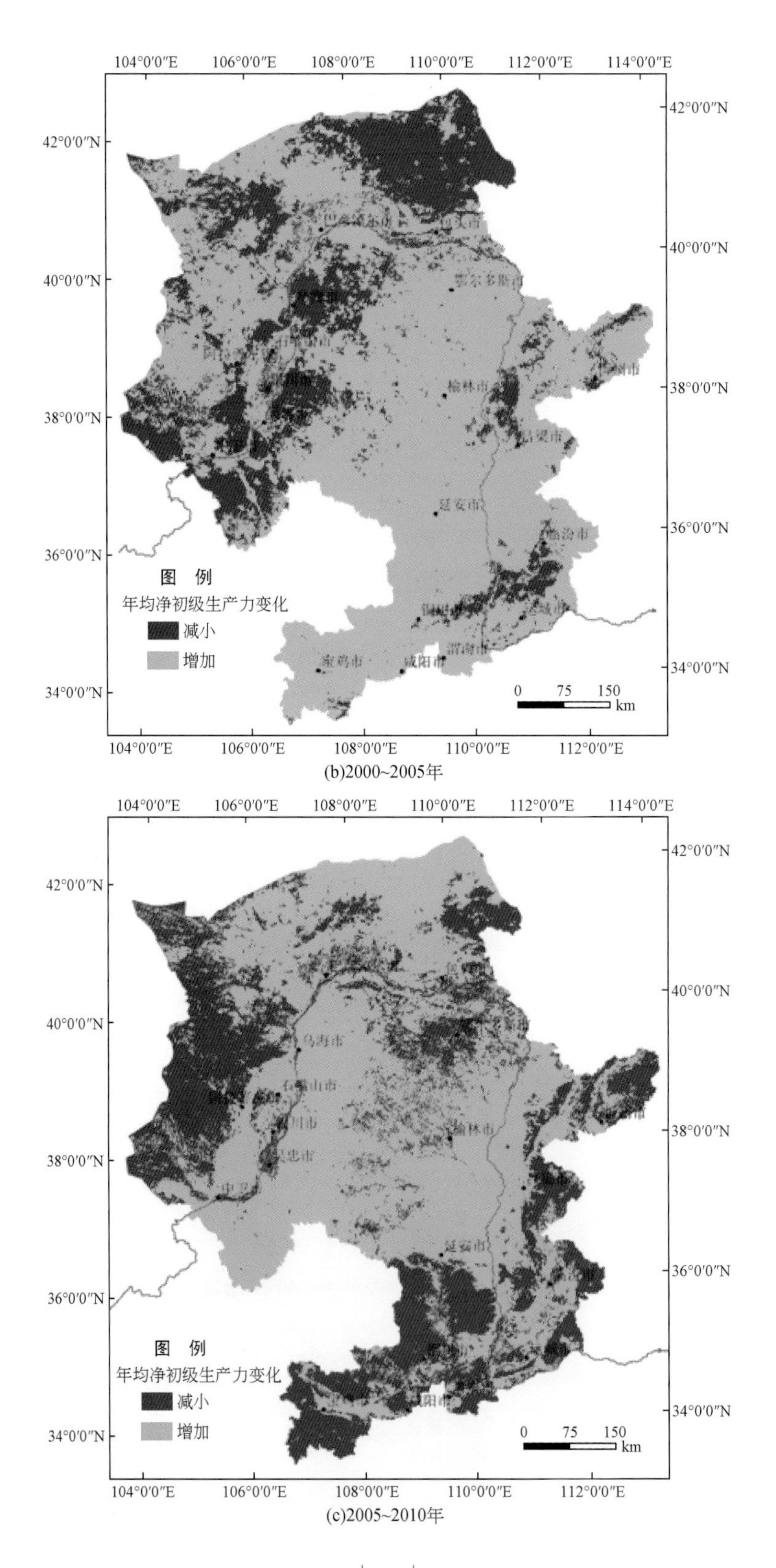

(b)2000~2005年

(c)2005~2010年

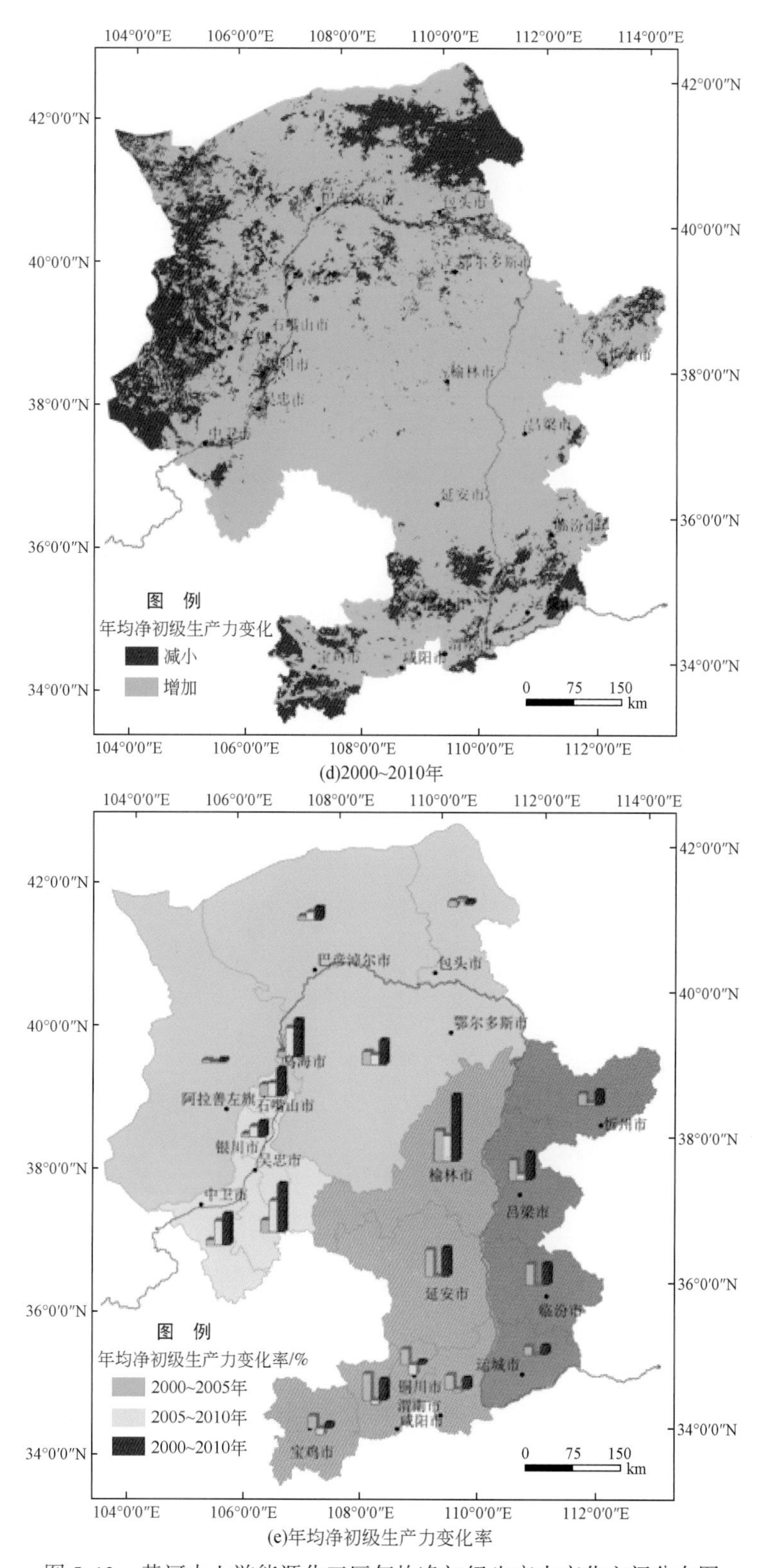

图 5-13 黄河中上游能源化工区年均净初级生产力变化空间分布图

(3) 净初级生产力年变异系数

将净初级生产力年变异系数按取值分为小、较小、中、较大、大五级，各级别对应变异系数取值分别为 0 ~ 0.5、0.5 ~ 1.0、1.0 ~ 1.5、1.5 ~ 2.0、>2.0，统计每级变异系数面积及比例（表 5-13），并对其绘图（图 5-14）。

从表 5-13、图 5-14 可以看出，研究区净初级生产力年变异系数在研究期间（2000 ~ 2010 年）绝大部分处在较小范围内（>72%），即总体变异系数较小；变异系数处在较大和大范围内的地区面积总和不足 1%，且集中在巴彦淖尔市境内。

表 5-13　黄河中上游能源化工区生态系统净初级生产力年变异系数各等级面积及比例

年份	统计参数	小	较小	中	较大	大
2000	面积/km²	12 467.94	372 441	122 203.5	1 153.438	88.437 5
	比例/%	2.45	73.26	24.04	0.23	0.02
2005	面积/km²	48 287.31	383 589.4	73 848.44	2 530.063	99.125
	比例/%	9.50	75.46	14.53	0.50	0.02
2010	面积/km²	13 493.44	367 363.8	123 717.6	3 690.688	88.875
	比例/%	2.65	72.27	24.34	0.73	0.02

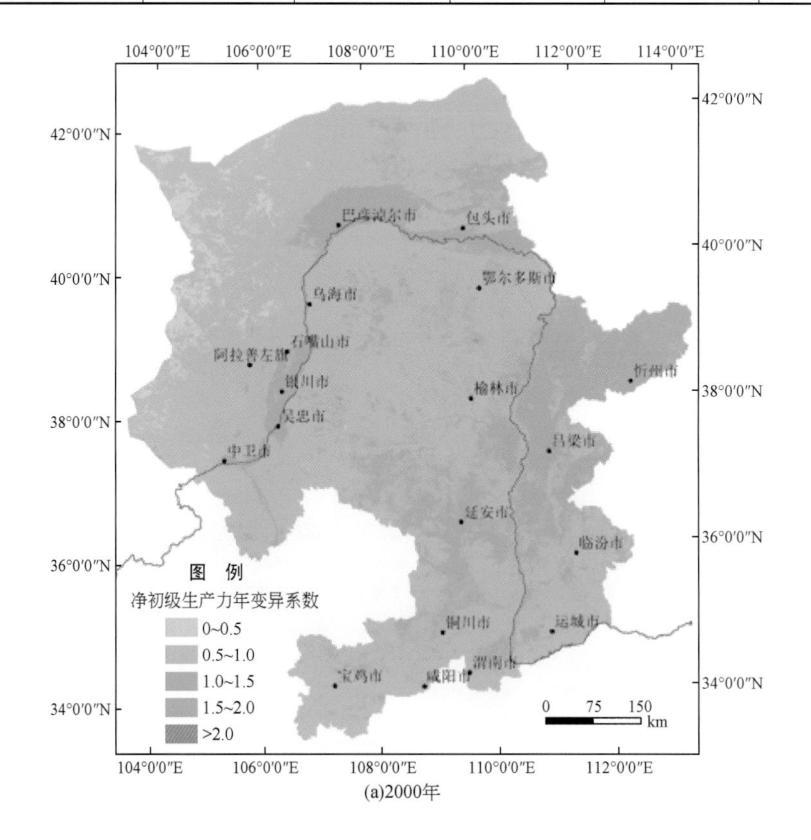

(a)2000年

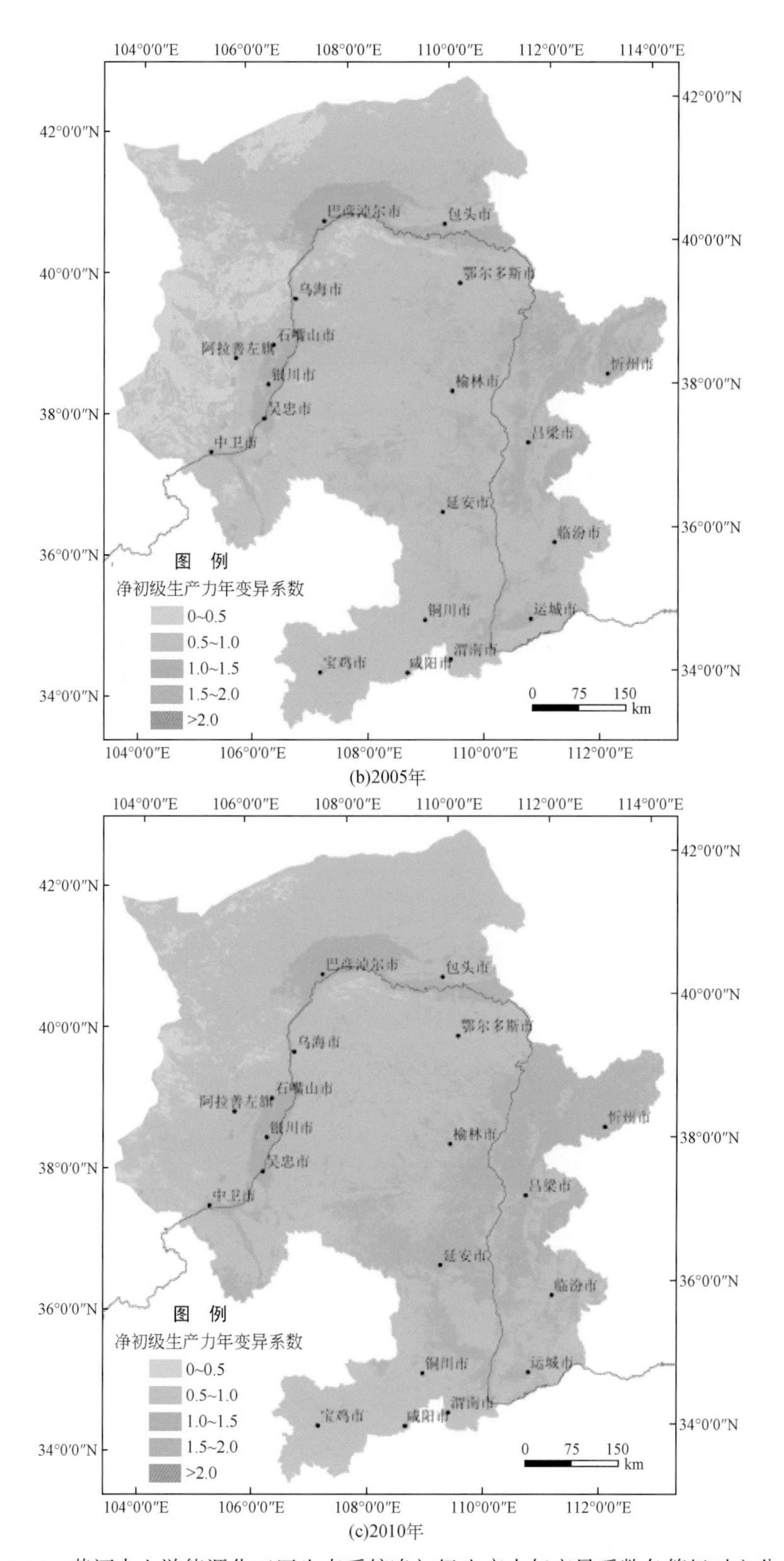

图 5-14　黄河中上游能源化工区生态系统净初级生产力年变异系数各等级时空分布

5.1.4 生物量密度

采用植被单位面积生物量［$gC/(m^2 \cdot a)$］指标来表征黄河中上游能源化工区的生态环境完整性和稳定性。基于遥感影像，计算每年生态系统年生物量（SL_AtB_i），结果统计见表5-14和表5-15。

表5-14 黄河中上游能源化工区生态系统年生物量统计表 （单位：t）

项目	2000年	2005年	2010年
生物量	4 617 971 343	5 297 903 356	5 823 388 393
均值	807. 536 6	929. 063 9	1 023. 244
最大值	19 253	19 383	32 767

注：全国植被地上生物量数据包括森林（含灌木）、农田与草地的地上生物量，其他生态类型，如湿地、人工表面等不包括在内，为无效值。森林为当年的地上生物量，草地为8月上旬的地上植被鲜重，农田为8月的农作物干重，单位为g/m^2或t/km^2。表中的均值计算面积是以上四类生态系统的面积，而非研究区的总面积。

表5-15 黄河中上游能源化工区各地区生态系统年生物量及其变化统计表

地区	面积/km^2	年生物量/t			年生物量变化率/%		
		2000年	2005年	2010年	2000～2005年	2005～2010年	2000～2010年
阿拉善左旗	79 809	8 496 405	11 354 287	12 874 042	33. 6	13. 4	51. 5
巴彦淖尔市	65 092	40 346 053	118 666 210	145 943 097	194. 1	23. 0	261. 7
包头市	27 605	46 372 635	73 716 731	67 705 177	59. 0	(8. 2)	46. 0
宝鸡市	18 126	1 413 771 273	1 186 668 379	1 313 996 029	(16. 1)	10. 7	(7. 1)
鄂尔多斯市	86 691	93 360 571	168 233 849	191 644 783	80. 2	13. 9	105. 3
临汾市	20 260	348 649 159	528 870 235	599 741 634	51. 7	13. 4	72. 0
吕梁市	21 015	403 264 997	433 585 504	478 847 539	7. 5	10. 4	18. 7
石嘴山市	4 095	2 945 776	14 196 780	17 332 239	381. 9	22. 1	488. 4
铜川市	3 910	154 949 098	137 986 378	157 199 435	(10. 9)	13. 9	1. 5
渭南市	13 020	251 176 483	308 032 201	349 304 546	22. 6	13. 4	39. 1
乌海市	1 658	477 204	1 367 118	2 028 372	186. 5	48. 4	325. 1
吴忠市	16 190	12 327 310	31 616 890	40 207 029	156. 5	27. 2	226. 2
咸阳市	10 296	188 600 311	213 093 821	237 107 039	13. 0	11. 3	25. 7
忻州市	25 175	291 202 485	463 038 273	508 551 802	59. 0	9. 8	74. 6
延安市	37 015	1 081 565 416	1 027 717 225	995 172 917	(5. 0)	(3. 2)	(8. 0)

续表

地区	面积/km²	年生物量/t			年生物量变化率/%		
		2000 年	2005 年	2010 年	2000 ~ 2005 年	2005 ~ 2010 年	2000 ~ 2010 年
银川市	7 457	7 721 434	33 716 490	35 228 749	336. 7	4. 5	356. 2
榆林市	43 159	62 600 247	160 757 335	208 416 689	156. 8	29. 6	232. 9
运城市	14 157	196 616 375	357 027 083	427 210 448	81. 6	19. 7	117. 3
中卫市	13 527	13 528 111	28 258 567	34 876 827	108. 9	23. 4	157. 8
总体	508 257	4 617 971 343	5 297 903 356	5 823 388 393	14. 7	9. 9	26. 1

研究区植被生物量空间分布如图 5-15 所示。研究区生物量密度从东南向西北递减，以宝鸡市的最大，2010 年达 72 492. 3g/m²。最小值在阿拉善左旗，2010 年只有 161. 3g/m²。2000 ~ 2010 年，生物量密度变化率较大的是石嘴山市、银川市和乌海市，变化率超过 325%；生物量密度变化率较小的是榆林市以南的陕西省 5 个地区及吕梁市（表 5-16）。总体来看，2000 ~ 2010 年，研究区生物量密度变化率为 26. 1%。

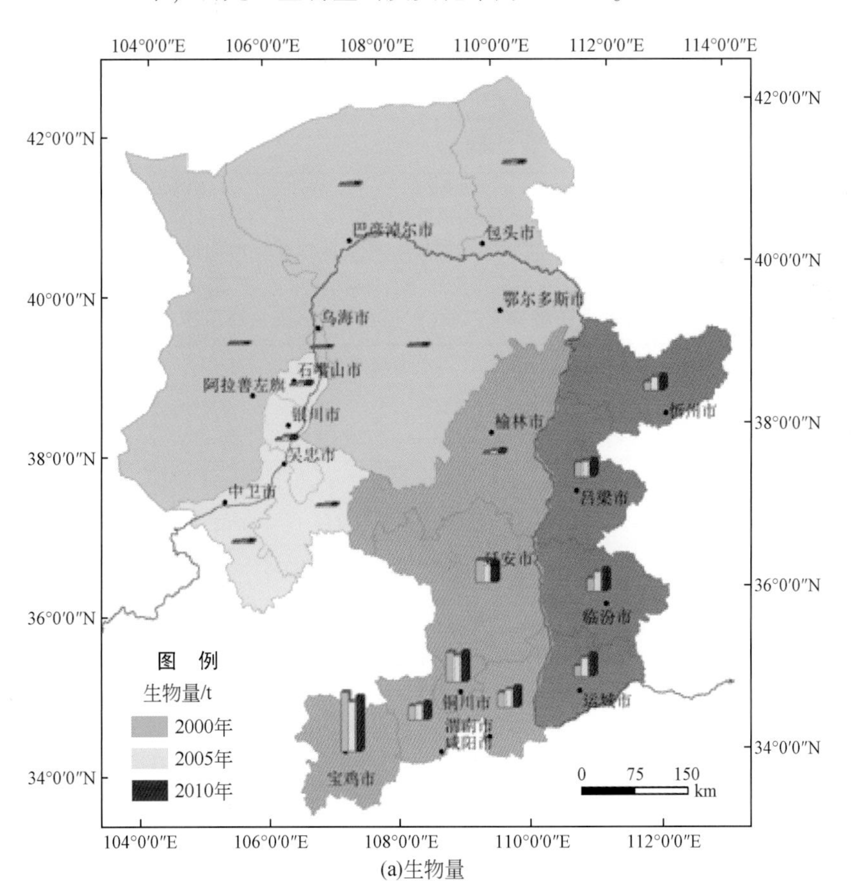

(a)生物量

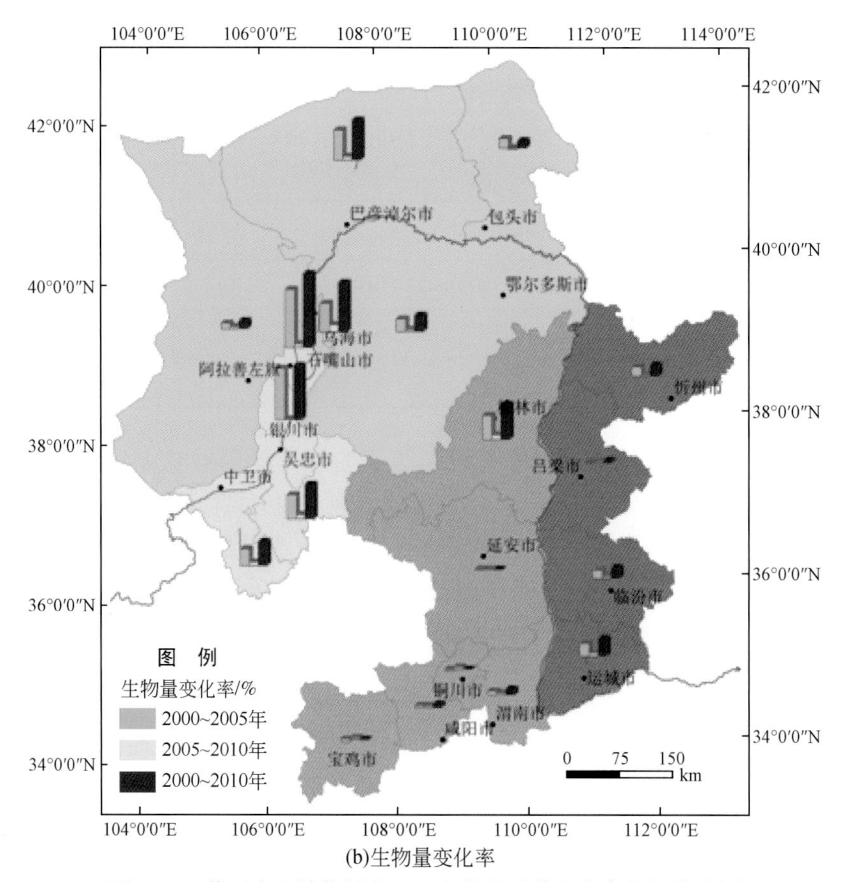

(b)生物量变化率

图 5-15 黄河中上游能源化工区生物量及其变化率空间分布图

表 5-16 黄河中上游能源化工区各地区生态系统生物量密度统计表

地区	生物量密度/（g/m²）			生物量密度变化量/（g/m²）			生物量密度归一化结果		
	2000 年	2005 年	2010 年	2000～2005 年	2005～2010 年	2000～2010 年	2000 年	2005 年	2010 年
阿拉善左旗	106.5	142.3	161.3	35.8	19.0	54.9	0	0	0
巴彦淖尔市	619.8	1 823.1	2 242.1	1 203.2	419.1	1 622.3	0.007	0.026	0.029
包头市	1 679.9	2 670.4	2 452.6	990.6	(217.8)	772.8	0.02	0.039	0.032
宝鸡市	77 996.9	65 467.8	72 492.3	(12 529.1)	7 024.6	(5 504.5)	1	1	1
鄂尔多斯市	1 076.9	1 940.6	2 210.7	863.7	270.1	1 133.7	0.012	0.028	0.028
临汾市	17 208.7	26 104.2	29 602.3	8 895.4	3 498.1	12 393.5	0.22	0.397	0.407
吕梁市	19 189.4	20 632.2	22 786.0	1 442.8	2 153.8	3 596.6	0.245	0.314	0.313
石嘴山市	719.4	3 466.9	4 232.5	2 747.5	765.7	3 513.2	0.008	0.051	0.056
铜川市	39 628.9	35 290.6	40 204.5	(4 338.3)	4 913.8	575.5	0.507	0.538	0.554
渭南市	19 291.6	23 658.4	26 828.3	4 366.8	3 169.9	7 536.7	0.246	0.36	0.369
乌海市	287.8	824.6	1 223.4	536.7	398.8	935.6	0.002	0.01	0.015

续表

地区	生物量密度/（g/m²）			生物量密度变化量/（g/m²）			生物量密度归一化结果		
	2000 年	2005 年	2010 年	2000～2005 年	2005～2010 年	2000～2010 年	2000 年	2005 年	2010 年
吴忠市	761.4	1 952.9	2 483.5	1 191.5	530.6	1 722.0	0.008	0.028	0.032
咸阳市	18 317.8	20 696.8	23 029.0	2 378.9	2 332.3	4 711.2	0.234	0.315	0.316
忻州市	11 567.1	18 392.8	20 200.7	6 825.7	1 807.9	8 633.5	0.147	0.279	0.277
延安市	29 219.7	27 764.9	26 885.7	(1 454.8)	(879.2)	(2 334.0)	0.374	0.423	0.369
银川市	1 035.5	4 521.5	4 724.3	3 486.0	202.8	3 688.8	0.012	0.067	0.063
榆林市	1 450.5	3 724.8	4 829.0	2 274.3	1 104.3	3 378.6	0.017	0.055	0.065
运城市	13 888.3	25 219.1	30 176.6	11 330.8	4 957.5	16 288.3	0.177	0.384	0.415
中卫市	1 000.1	2 089.1	2 578.3	1 089.0	489.3	1 578.2	0.011	0.03	0.033
总体	9 085.9	10 423.7	11 457.6	1 337.8	1 033.9	2 371.7	0.115	0.157	0.156

黄河中上游能源化工区植被生物量密度，2000～2005 年除宝鸡市、延安市和铜川市以外其他地区呈增加趋势，2005～2010 年除包头市和延安市以外其他地区呈增加趋势，2000～2010 年除宝鸡市和延安市外其他地区植被生物量呈上升趋势。总体植被生物量 2000～2010 年一直呈上升趋势。2000～2005 年、2005～2010 年、2000～2010 年的区域植被生物量密度变化如图 5-16 所示。

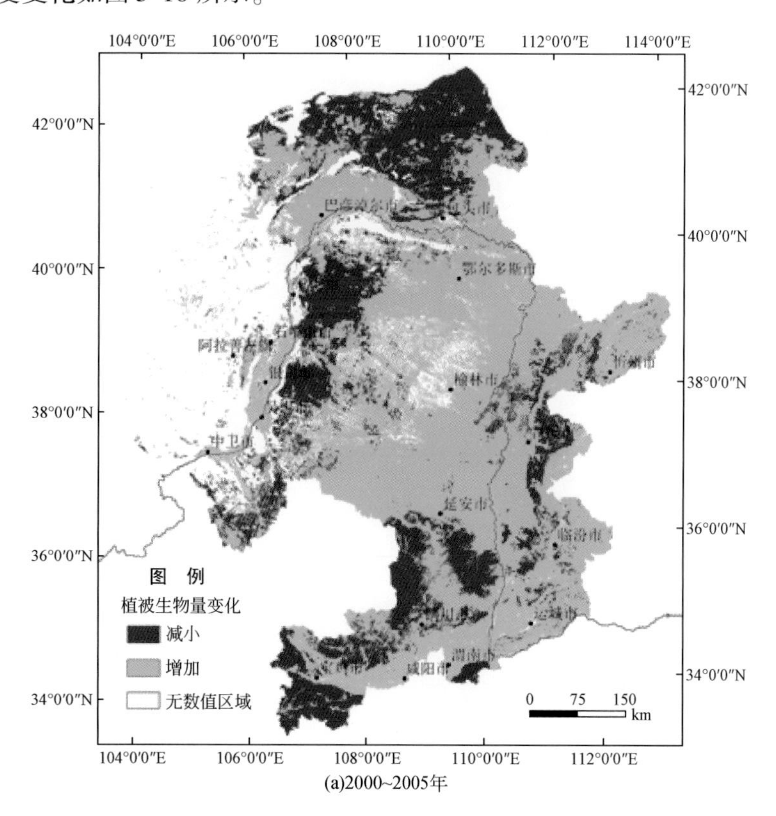

(a)2000~2005年

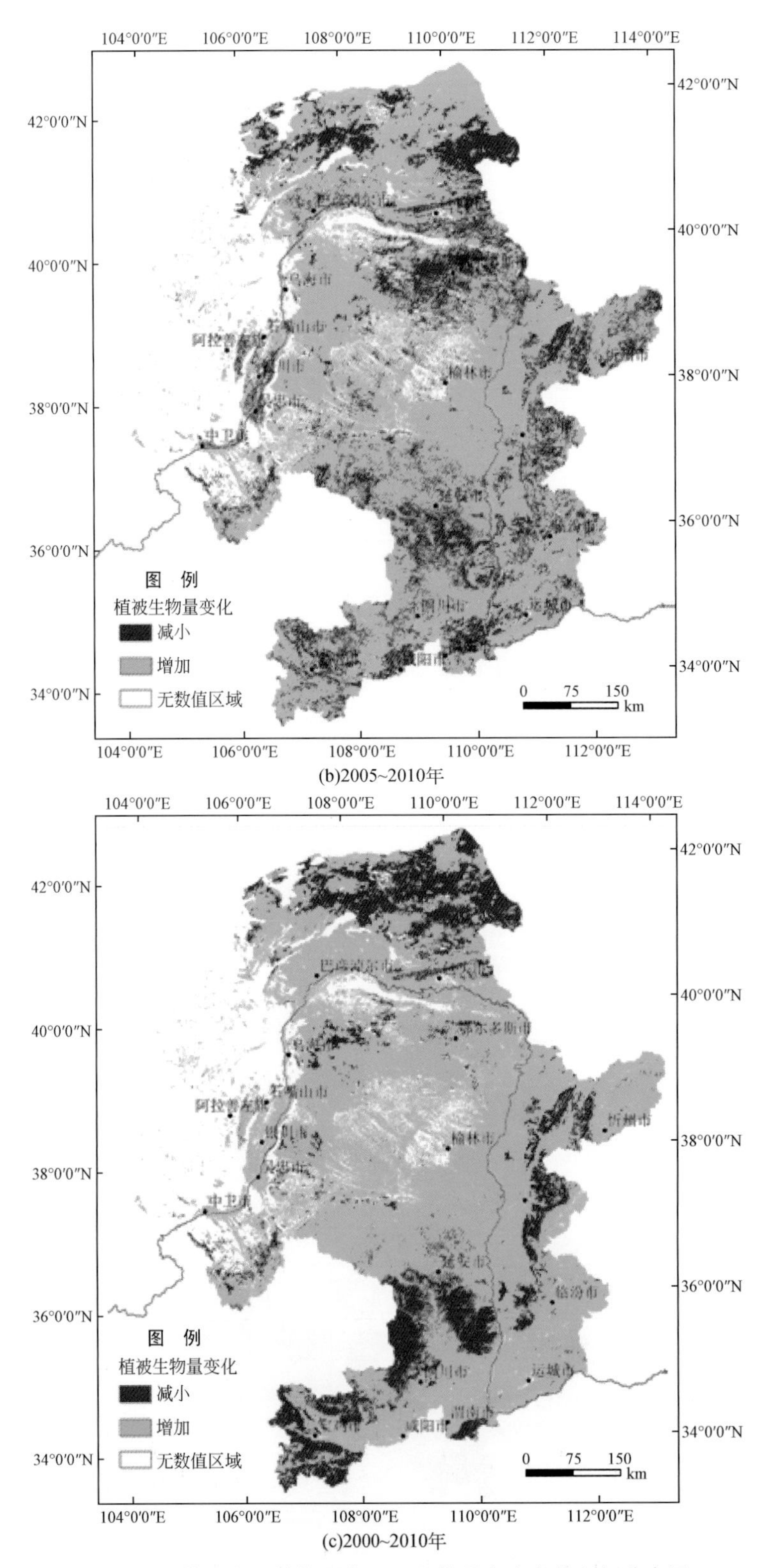

图 5-16　黄河中上游能源化工区生物量密度变化空间分布图

5.2 植被破碎化程度

研究采用植被的斑块密度，即单位面积的植被斑块数目（个/km^2）来定量描述植被的破碎化程度。黄河中上游能源化工区各地区植被破碎化程度计算结果如表 5-17 ~ 表 5-19 和图 5-17 ~ 图 5-19 所示。

表 5-17 黄河中上游能源化工区植被破碎化特征

地区	年份	一级生态系统			二级生态系统		
		景观面积/km^2	斑块数/个	斑块密度/(个/km^2)	景观面积/km^2	斑块数/个	斑块密度/(个/km^2)
阿拉善左旗	2000	79 809.8	12 723	0.159	79 809	53 922	0.676
	2005	79 809.8	12 699	0.159	79 809	53 187	0.666
	2010	79 810.1	12 189	0.153	79 809.5	50 646	0.635
巴彦淖尔市	2000	65 088.1	33 879	0.521	65 087.9	43 737	0.672
	2005	65 089.7	34 547	0.531	65 087.9	44 078	0.677
	2010	65 093.4	34 589	0.531	65 091.6	44 317	0.681
包头市	2000	27 603.7	15 535	0.563	27 604.9	16 875	0.611
	2005	27 604.6	15 590	0.565	27 604.9	17 494	0.634
	2010	27 604.6	15 810	0.573	27 605	17 720	0.642
宝鸡市	2000	18 124.1	52 642	2.905	18 125.5	62 185	3.431
	2005	18 124.1	52 207	2.881	18 125.5	61 775	3.408
	2010	18 124.1	51 742	2.855	18 125.5	61 366	3.386
鄂尔多斯市	2000	86 688.7	126 827	1.463	86 691.1	133 773	1.543
	2005	86 688.6	126 339	1.457	86 691.1	134 013	1.546
	2010	86 688.6	126 845	1.463	86 691.2	134 918	1.556
临汾市	2000	20 259.2	27 627	1.364	20 260.5	31 680	1.564
	2005	20 259.2	27 429	1.354	20 260.5	31 248	1.542
	2010	20 259.3	28 132	1.389	20 260.5	31 253	1.543
吕梁市	2000	21 013.2	36 716	1.747	21 014.5	39 857	1.897
	2005	21 013.2	36 550	1.739	21 014.5	39 324	1.871
	2010	21 012.9	36 647	1.744	21 014.5	39 382	1.874
石嘴山市	2000	4 094.6	10 315	2.519	4 095	14 393	3.515
	2005	4 094.6	10 317	2.52	4 095	14 416	3.52
	2010	4 094.6	9 742	2.379	4 095	13 673	3.339
铜川市	2000	3 910.5	16 730	4.278	3 910.5	18 294	4.678
	2005	3 910.5	16 685	4.267	3 910.5	18 238	4.664
	2010	3 910.5	16 689	4.268	3 910.5	18 223	4.66

续表

地区	一级生态系统				二级生态系统		
	年份	景观面积/km²	斑块数/个	斑块密度/(个/km²)	景观面积/km²	斑块数/个	斑块密度/(个/km²)
渭南市	2000	13 018.9	20 909	1.606	13 019.7	22 957	1.763
	2005	13 018.9	20 810	1.598	13 019.7	22 853	1.755
	2010	13 019.3	20 683	1.589	13 019.9	22 722	1.745
乌海市	2000	1 657.7	1 771	1.068	1 657.9	2 233	1.347
	2005	1 657.7	1 794	1.082	1 657.9	2 248	1.356
	2010	1 658	1 747	1.054	1 658.2	2 168	1.307
吴忠市	2000	16 189.5	31 162	1.925	16 190.5	45 448	2.807
	2005	16 189.5	30 465	1.882	16 190.5	44 496	2.748
	2010	16 189.4	30 094	1.859	16 190.4	44 324	2.738
咸阳市	2000	10 295.5	22 754	2.21	10 296.2	28 023	2.722
	2005	10 295.5	22 178	2.154	10 296.2	27 458	2.667
	2010	10 295.5	21 997	2.137	10 296.2	27 274	2.649
忻州市	2000	25 173.3	38 541	1.531	25 175	39 407	1.565
	2005	25 173.3	38 160	1.516	25 175	38 681	1.536
	2010	25 173.7	38 655	1.536	25 175.1	38 789	1.541
延安市	2000	37 014.3	202 020	5.458	37 014.6	207 526	5.607
	2005	37 014.3	199 928	5.401	37 014.6	205 531	5.553
	2010	37 014.3	200 036	5.404	37 014.7	205 730	5.558
银川市	2000	7 456.6	13 818	1.853	7 457	21 651	2.903
	2005	7 456.6	13 651	1.831	7 457	21 446	2.876
	2010	7 456.6	12 790	1.715	7 457	20 578	2.76
榆林市	2000	43 156.7	142 742	3.308	43 159.5	152 446	3.532
	2005	43 156.7	142 782	3.308	43 159.5	152 520	3.534
	2010	43 156.6	143 093	3.316	43 159.3	152 847	3.541
运城市	2000	14 156.5	11 273	0.796	14 157.3	13 226	0.934
	2005	14 156.5	11 344	0.801	14 157.3	13 166	0.93
	2010	14 156.7	11 133	0.786	14 157.3	13 014	0.919
中卫市	2000	13 525.7	20 516	1.517	13 526.6	33 680	2.49
	2005	13 525.7	20 318	1.502	13 526.6	33 351	2.466
	2010	13 525.6	19 312	1.428	13 526.6	31 414	2.322

表 5-18　黄河中上游能源化工区生态系统植被破碎化特征统计表　（单位：个/km^2）

地区	一级生态系统			二级生态系统		
	2000 年	2005 年	2010 年	2000 年	2005 年	2010 年
阿拉善左旗	0. 159	0. 159	0. 153	0. 676	0. 666	0. 635
巴彦淖尔市	0. 521	0. 531	0. 531	0. 672	0. 677	0. 681
包头市	0. 563	0. 565	0. 573	0. 611	0. 634	0. 642
宝鸡市	2. 905	2. 881	2. 855	3. 431	3. 408	3. 386
鄂尔多斯市	1. 463	1. 457	1. 463	1. 543	1. 546	1. 556
临汾市	1. 364	1. 354	1. 389	1. 564	1. 542	1. 543
吕梁市	1. 747	1. 739	1. 744	1. 897	1. 871	1. 874
石嘴山市	2. 519	2. 52	2. 379	3. 515	3. 52	3. 339
铜川市	4. 278	4. 267	4. 268	4. 678	4. 664	4. 66
渭南市	1. 606	1. 598	1. 589	1. 763	1. 755	1. 745
乌海市	1. 068	1. 082	1. 054	1. 347	1. 356	1. 307
吴忠市	1. 925	1. 882	1. 859	2. 807	2. 748	2. 738
咸阳市	2. 21	2. 154	2. 137	2. 722	2. 667	2. 649
忻州市	1. 531	1. 516	1. 536	1. 565	1. 536	1. 541
延安市	5. 458	5. 401	5. 404	5. 607	5. 553	5. 558
银川市	1. 853	1. 831	1. 715	2. 903	2. 876	2. 76
榆林市	3. 308	3. 308	3. 316	3. 532	3. 534	3. 541
运城市	0. 796	0. 801	0. 786	0. 934	0. 93	0. 919
中卫市	1. 517	1. 502	1. 428	2. 49	2. 466	2. 322

表 5-19　黄河中上游能源化工区生态系统植被破碎化特征归一化结果统计表

地区	一级生态系统			二级生态系统		
	2000 年	2005 年	2010 年	2000 年	2005 年	2010 年
阿拉善左旗	0	0	0	0. 013	0. 007	0
巴彦淖尔市	0. 068	0. 071	0. 072	0. 012	0. 009	0. 009
包头市	0. 076	0. 077	0. 080	0	0	0. 001
宝鸡市	0. 518	0. 519	0. 515	0. 564	0. 564	0. 559
鄂尔多斯市	0. 246	0. 248	0. 249	0. 187	0. 185	0. 187
临汾市	0. 227	0. 228	0. 235	0. 191	0. 185	0. 184
吕梁市	0. 300	0. 301	0. 303	0. 257	0. 251	0. 252
石嘴山市	0. 445	0. 450	0. 424	0. 581	0. 587	0. 549

续表

地区	一级生态系统			二级生态系统		
	2000 年	2005 年	2010 年	2000 年	2005 年	2010 年
铜川市	0.777	0.784	0.784	0.814	0.819	0.818
渭南市	0.273	0.275	0.273	0.231	0.228	0.225
乌海市	0.172	0.176	0.172	0.147	0.147	0.137
吴忠市	0.333	0.329	0.325	0.440	0.430	0.427
咸阳市	0.387	0.381	0.378	0.423	0.413	0.409
忻州市	0.259	0.259	0.263	0.191	0.183	0.184
延安市	1	1	1	1	1	1
银川市	0.320	0.319	0.297	0.459	0.456	0.432
榆林市	0.594	0.601	0.602	0.585	0.590	0.590
运城市	0.120	0.122	0.121	0.065	0.060	0.058
中卫市	0.256	0.256	0.243	0.376	0.372	0.343

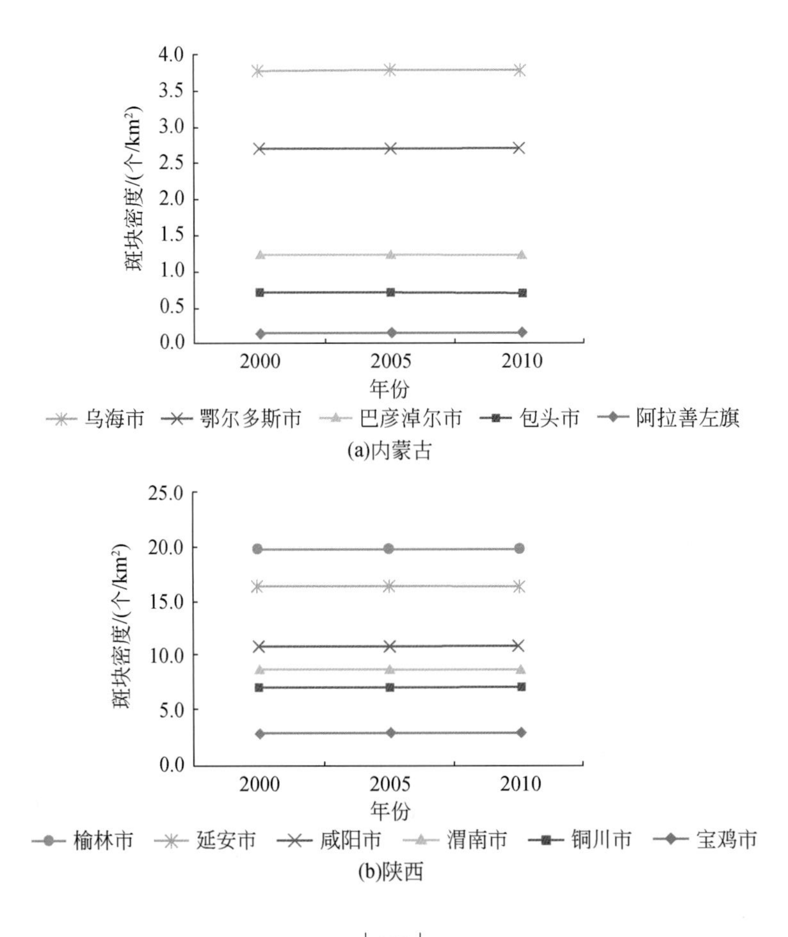

(a)内蒙古

(b)陕西

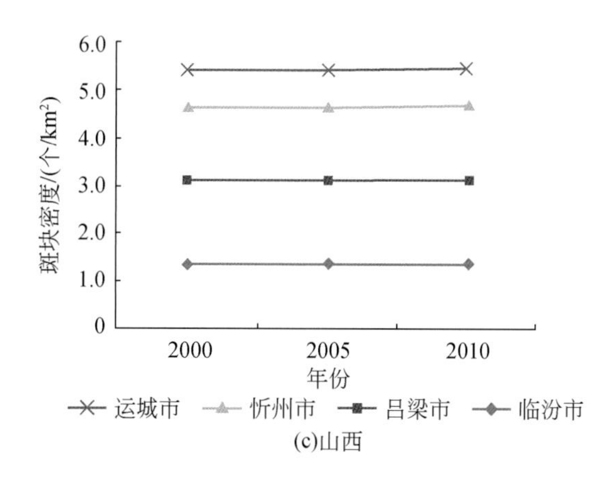

(c)山西

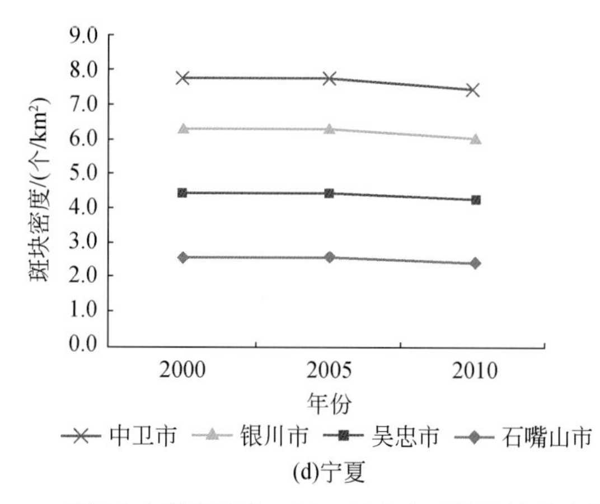

(d)宁夏

图 5-17　黄河中上游能源化工区一级生态系统植被破碎化特征

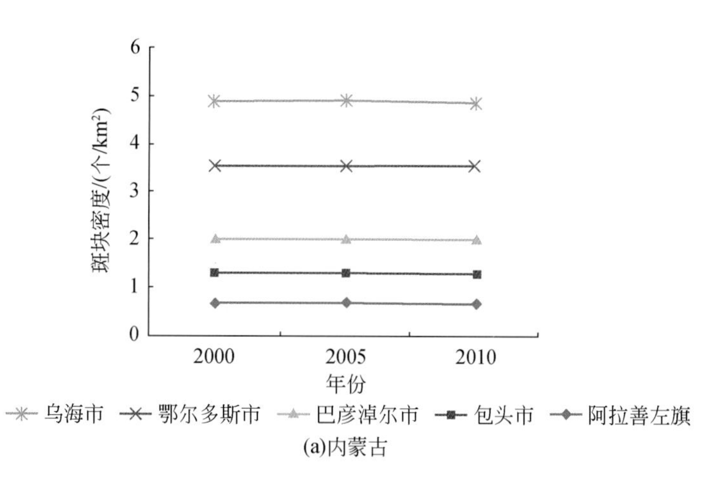

(a)内蒙古

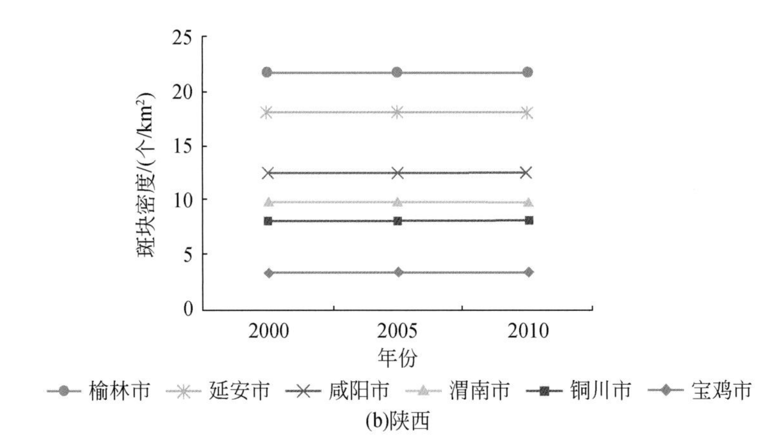

(b)陕西

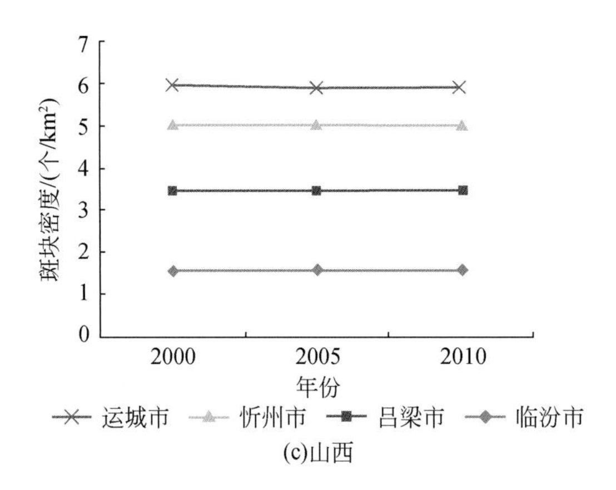

(c)山西

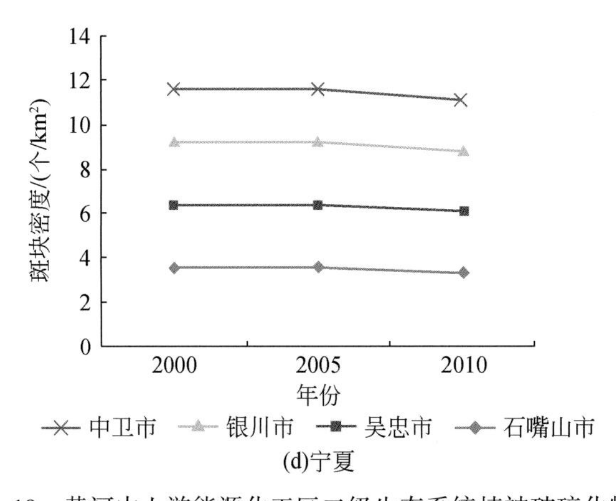

(d)宁夏

图 5-18　黄河中上游能源化工区二级生态系统植被破碎化特征

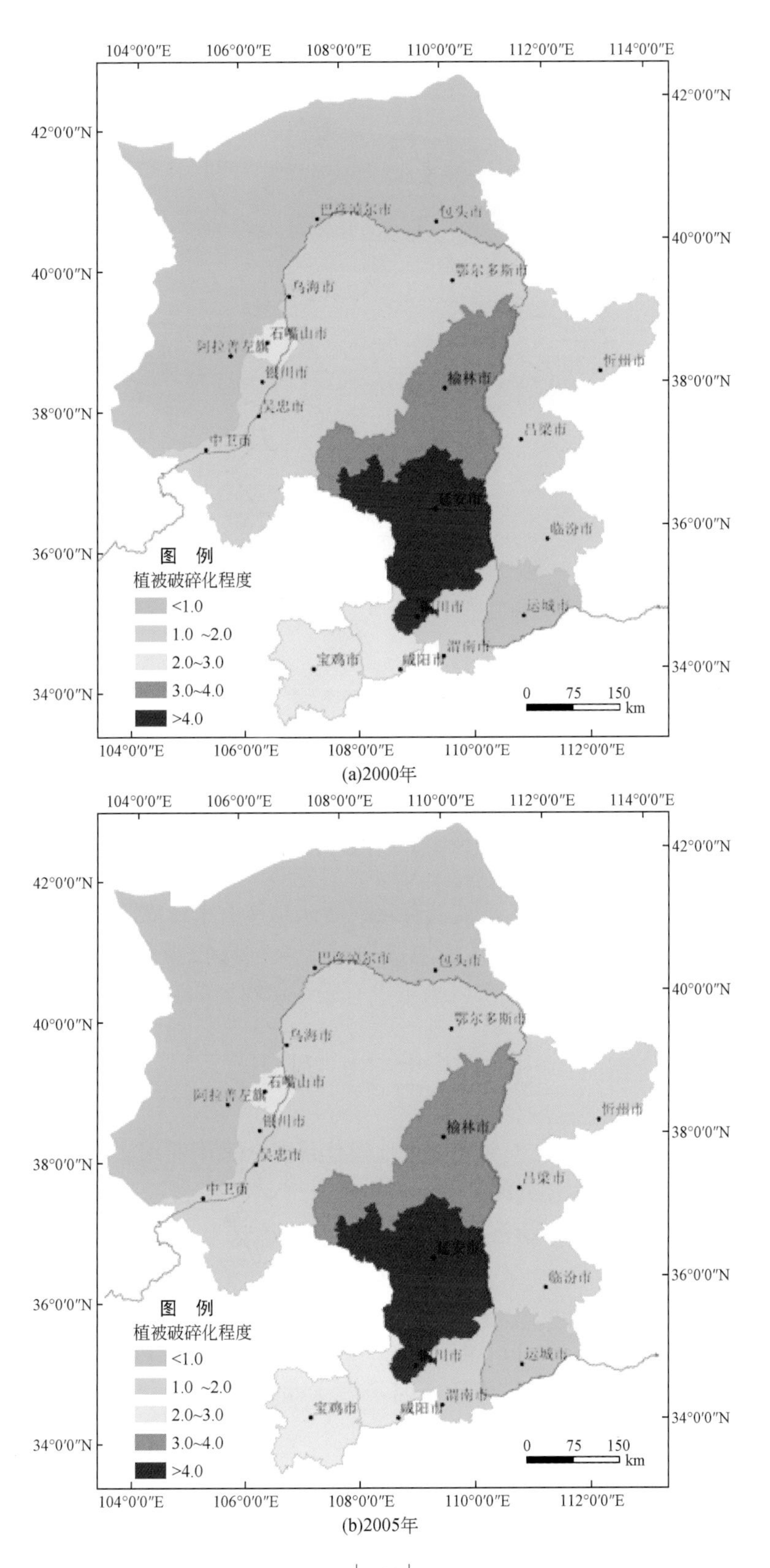

(a)2000年

(b)2005年

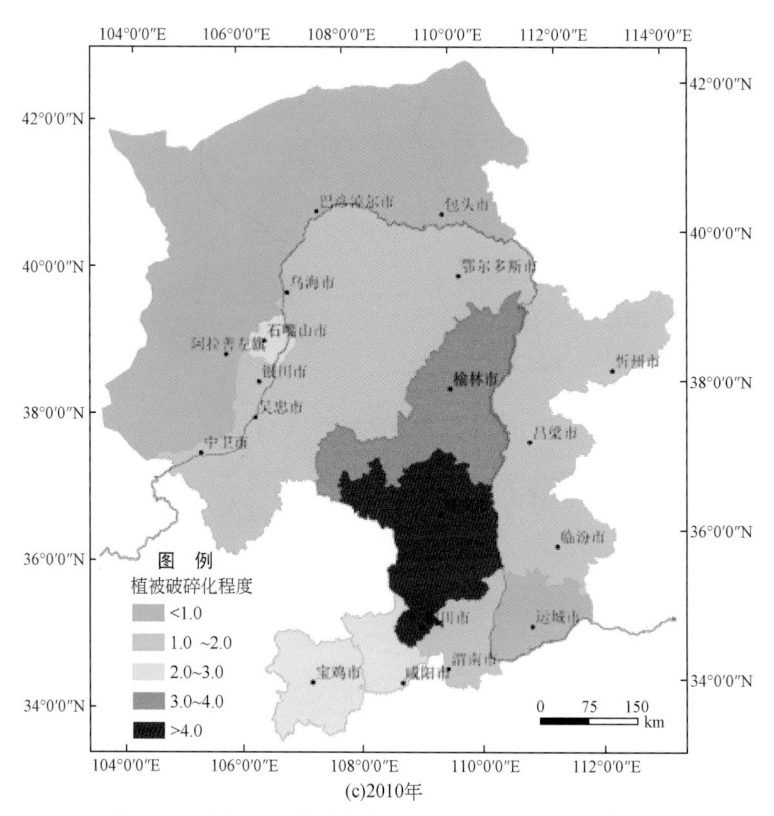

(c)2010年

图 5-19　黄河中上游能源化工区植被破碎化程度分布图

可见，黄河中上游能源化工区植被破碎化程度从总体上来看表现较好，除陕北的延安市和铜川市植被破碎程度较高外，其他地区植被斑块构成较为完整，破碎化程度较低。2000～2010 年，黄河中上游能源化工区植被没有表现出明显的破碎化趋势。

5.3　土地退化

本项工作中以土壤侵蚀平均模数表征土地退化情况。采用通用土壤流失方程（USLE）（Wischmeier and Smith，1978）对黄河中上游能源化工区土壤侵蚀量进行模拟，评估研究区土地退化状况。USLE 的模型结构为 6 个因子连乘的形式。

$$A = R \cdot K \cdot L \cdot S \cdot C \cdot P$$

式中，A 为土壤侵蚀量 [$t/(hm^2 \cdot a)$]；R 为降雨侵蚀力因子 [$MJ \cdot mm/(hm^2 \cdot h \cdot a)$]；$K$ 为土壤可蚀性因子 [$t \cdot hm^2 \cdot h/(MJ \cdot mm \cdot hm^2)$]；$L$ 为坡长因子（无量纲）；S 为坡度因子（无量纲）；C 为植被覆盖与管理因子（无量纲）；P 为水土保持措施因子（无量纲）。

5.3.1 降雨侵蚀力因子分析

降雨侵蚀力反映了降雨引起土壤侵蚀的潜在能力，是导致土壤侵蚀最重要的外部驱动力。由于各个地区的地理条件、降水特征不同，使降雨侵蚀力的计算具有很强的地域性。Wischmeier 在 1958 年首次提出用降雨侵蚀力指数（R）（EI_{30}：雨滴动能与最大 30min 降雨强度的乘积）来表征降雨侵蚀力，这一指数在世界范围内得到了较广泛应用。但由于次降雨过程指标计算繁琐且资料获取困难，限制了降雨侵蚀力指数（EI_{30}）指标在实际中的应用，因此利用气象站常规雨量统计资料估算降雨侵蚀力指数值就具有重要的现实意义。

逐日雨量是目前我国公开发布的气象站最详细的雨量整编资料。鉴于次降雨过程资料很难获取，同时尽可能精确地估算降雨侵蚀力指数值，本项工作利用研究区及其周边附近共 77 个气象台站 2000 年、2005 年和 2010 年的日雨量数据，采用第一次全国水利普查水土保持专项普查使用的日雨量降雨侵蚀力估算方程（国务院第一次全国水利普查领导小组办公室，2010）对研究区的降雨侵蚀力进行了计算（表 5-20），再利用 IDW 插值将降雨侵蚀力指数值生成研究区分辨率为 250m 的降雨侵蚀力分布图（图 5-20）。

$$R = \sum_{i=1}^{24} R_i$$

$$R_i = \alpha \sum_{j=1}^{m} P_j^{\beta}$$

$$\alpha = 21.239\beta^{-7.3967}$$

$$\beta = 0.6243 + \frac{27.346}{\overline{P_d}}$$

式中，R 为年降雨侵蚀力 [$MJ \cdot mm/(hm^2 \cdot h \cdot a)$]；$R_i$ 为第 i 个半月的降雨侵蚀力[$MJ \cdot mm/(hm^2 \cdot h \cdot a)$]；$m$ 为第 i 个半月侵蚀性降雨的次数；P_j 为第 i 个半月第 j 次侵蚀性降雨量（mm），取日降雨量≥12mm 作为侵蚀性降雨；α、β 为模型参数；$\overline{P_d}$ 为侵蚀性降雨的日雨量均值（mm）。

表 5-20 黄河中上游能源化工区各台站坐标及年降雨侵蚀力值统计表

台站名	北纬/°	东经/°	2000 年	2005 年	2010 年
华家岭	35.38	105.00	536.4	1176.9	731.6
环县	36.58	107.30	665.2	1077.3	1419.0
景泰	37.18	104.05	30.1	22.7	0.0
靖远	36.57	104.68	282.7	61.6	168.1
民勤	38.63	103.08	49.3	54.5	44.2
平凉	35.55	106.67	594.8	1307.1	3644.5
天水	34.58	105.75	724.1	—	—
天水北道区	34.57	105.87	—	2319.1	471.1
乌鞘岭	37.20	102.87	339.6	400.4	387.3

续表

台站名	北纬/°	东经/°	2000 年	2005 年	2010 年
武威	37.92	102.67	161.1	0.0	22.3
西峰镇	35.73	107.63	800.5	2309.9	1239.0
石家庄	38.03	114.42	3927.5	979.7	1535.6
蔚县	39.83	114.57	929.5	664.5	1003.0
孟津	34.82	112.43	5774.6	1360.8	1546.5
三门峡	34.80	111.20	943.4	835.4	2478.1
阿拉善左旗	38.83	105.67	195.9	197.4	91.4
巴音毛道	40.17	104.80	44.2	67.0	388.7
包头	40.67	109.85	302.3	171.6	785.6
达尔罕联合旗	41.70	110.43	148.2	140.8	277.6
东胜	39.83	109.98	215.6	99.4	728.7
鄂托克旗	39.10	107.98	190.5	59.3	965.5
海力素	41.40	106.40	50.7	165.5	169.3
呼和浩特	40.82	111.68	706.5	370.4	1397.3
吉兰太	39.78	105.75	0.0	343.3	28.4
临河	40.75	107.42	99.8	37.0	196.3
满都拉	42.53	110.13	43.2	18.9	274.4
四子王旗	41.53	111.68	823.5	263.6	298.7
乌拉特中旗	41.57	108.52	178.2	116.9	130.0
固原	36.00	106.27	972.8	462.3	1409.2
海源	36.57	105.65	590.8	578.1	743.9
惠农	39.22	106.77	51.8	339.5	445.3
陶乐	38.80	106.70	181.6	231.2	332.5
同心	36.97	105.90	240.2	77.9	147.0
西吉	35.97	105.72	351.3	613.5	1362.0
盐池	37.80	107.38	120.4	172.3	158.3
银川	38.48	106.22	211.1	27.5	460.6
中宁	37.48	105.68	447.4	12.0	185.4
中卫	37.53	105.18	—	14.2	86.5
大同	40.10	113.33	487.6	445.3	1053.0
河曲	39.38	111.15	258.2	577.5	662.2
侯马	35.65	111.37	818.9	911.2	910.0
介休	37.03	111.92	627.2	1558.5	1445.7
离石	37.50	111.10	1489.5	571.0	2293.1
临汾	36.07	111.50	1249.7	1600.8	2221.4
太原	37.78	112.55	670.9	798.6	1012.3
五台山	38.95	113.52	3332.0	1808.4	1369.2
五寨	38.92	111.82	882.1	496.2	1949.9
隰县	36.70	110.95	803.6	2851.5	794.6

续表

台站名	北纬/°	东经/°	2000 年	2005 年	2010 年
兴县	38.47	111.13	2901.7	712.4	983.7
阳城	35.48	112.40	1163.7	2305.9	813.5
阳泉	37.85	113.55	2573.0	—	2176.8
右玉	40.00	112.45	1231.7	938.4	973.2
榆社	37.07	112.98	900.3	1954.3	1129.1
原平	38.73	112.72	805.8	610.8	3231.0
运城	35.05	111.05	1464.7	654.1	1670.5
长治	36.05	113.07	1357.1	3267.1	1257.3
宝鸡	34.35	107.13	1992.0	—	—
定边	37.58	107.58	208.0	261.1	501.8
凤翔	34.52	107.38	—	1304.6	2457.5
佛坪	33.52	107.98	3194.6	3154.7	4607.5
汉中	33.07	107.03	3557.8	3061.2	3645.8
横山	37.93	109.23	182.0	304.4	597.0
华山	34.48	110.08	2497.6	4860.9	4248.1
泾河	34.43	108.97	—	—	1064.3
洛川	35.82	109.50	2489.1	2016.2	2668.5
略阳	33.32	106.15	1608.6	3999.0	4212.1
商县	33.87	109.97	2062.6	1953.3	1939.2
石泉	33.05	108.27	5535.4	6653.3	3682.3
绥德	37.50	110.22	197.9	783.2	758.8
吴旗	36.92	108.17	912.1	1080.7	561.2
武功	34.25	108.22	524.0	2656.1	2384.9
西安	34.30	108.93	1012.6	1326.2	—
延安	36.60	109.50	502.7	1290.8	1700.0
耀县	34.93	108.98	822.9	619.4	1681.2
榆林	38.27	109.78	278.1	182.7	786.3
长武	35.20	107.80	1890.2	986.6	2841.7
镇安	33.43	109.15	2758.5	4053.1	2834.8

注："—"表示缺少测量数据。年降雨侵蚀力单位为 MJ·mm/（hm^2·h·a）。

降雨侵蚀力指数值分布呈现出从东南向西北减小的趋势（图 5-20），与该地区降雨分布的趋势一致。2000 年研究区的降雨侵蚀力指数最大值为 2669.8MJ·mm/(hm^2·h·a)，最小值为 49.5MJ·mm/(hm^2·h·a)，均值为 580.5MJ·mm/(hm^2·h·a)。2005 年研究区的降雨侵蚀力指数最大值为 4860.84MJ·mm/(hm^2·h·a)，最小值为 12.02MJ·mm/(hm^2·h·a)，均值为 613.6MJ·mm/(hm^2·h·a)。2010 年研究区的降雨侵蚀力指数最大值为 3463.5MJ·mm/(hm^2·h·a)，最小值为 107.7MJ·mm/(hm^2·h·a)，均值为 868.0MJ·mm/(hm^2·h·a)。

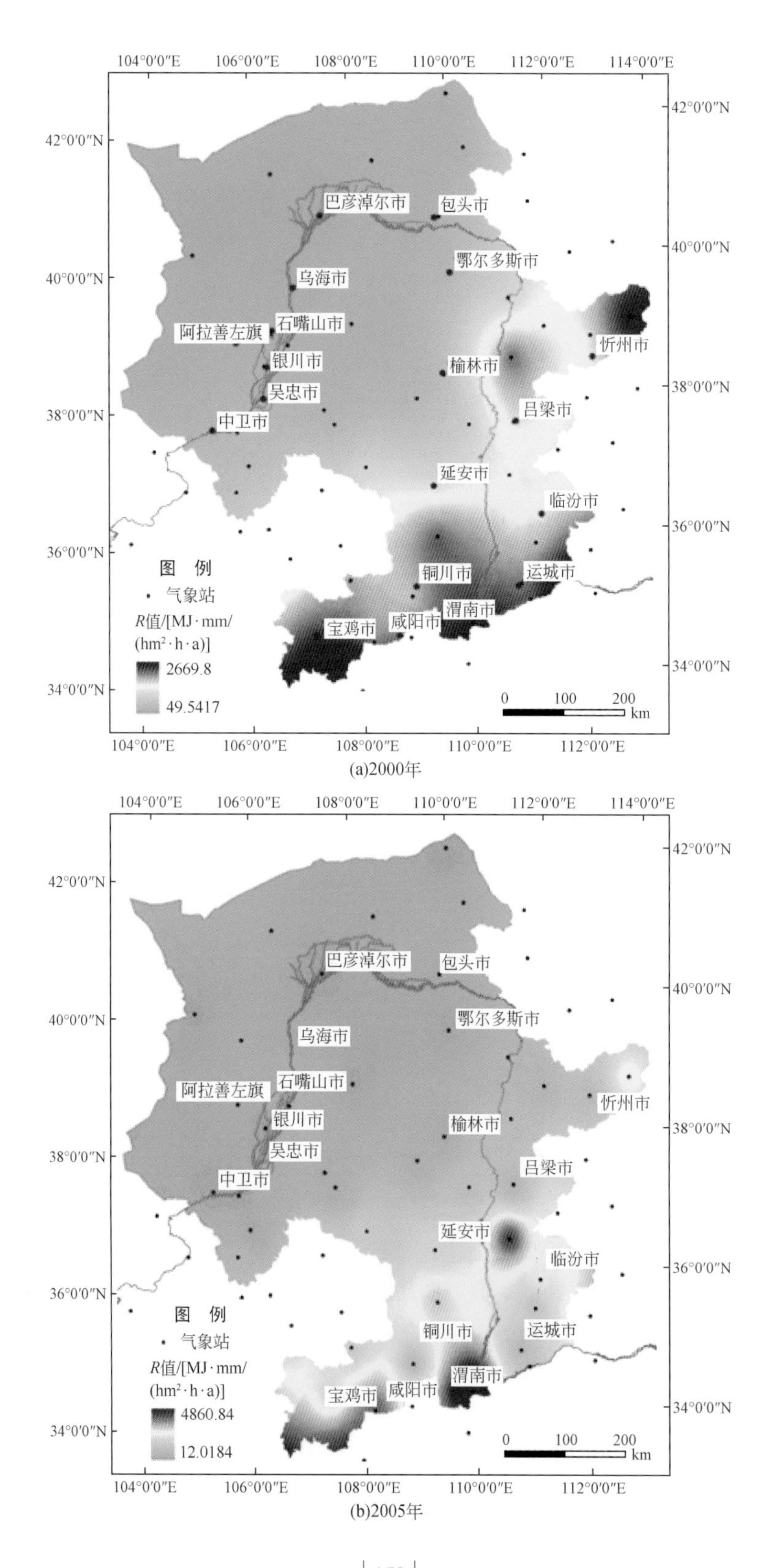

(a)2000年

(b)2005年

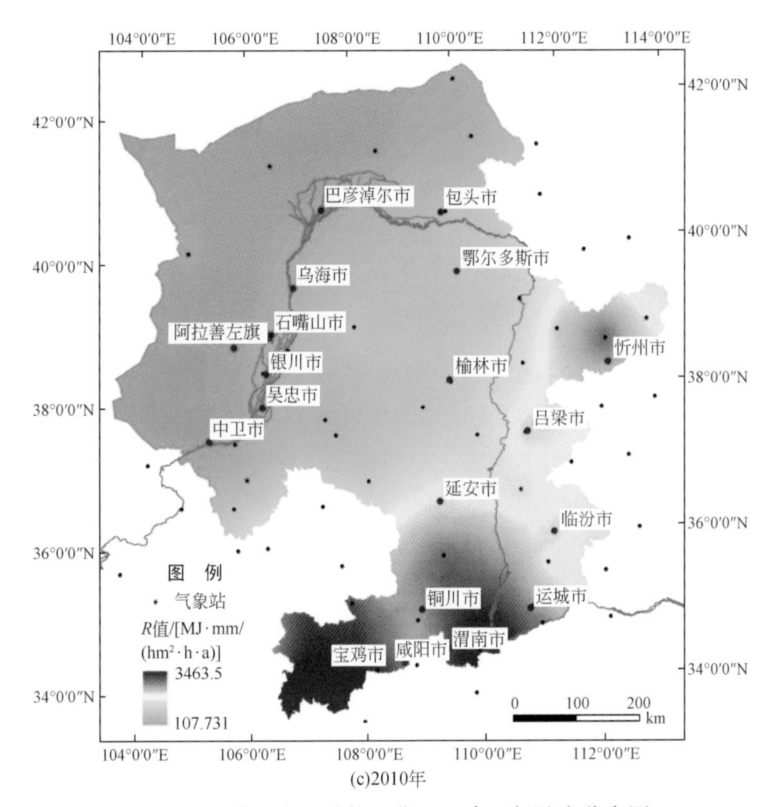

图 5-20 黄河中上游能源化工区降雨侵蚀力分布图

5.3.2 土壤可蚀性因子值分析

土壤侵蚀是侵蚀内、外营力共同作用的结果。在土壤侵蚀过程中，侵蚀外营力（降雨侵蚀力、风力、重力等）只是土壤侵蚀过程的外部因素，而土壤作为被侵蚀的对象，其自身的可侵蚀性是土壤侵蚀发生的内在因素。土壤侵蚀内营力，国际上通常用土壤可蚀性（soil erodibility）衡量，并用土壤可蚀性因子（K）值表示，它是指土壤是否易受侵蚀动力破坏的性能，也就是土壤对侵蚀介质（雨滴或径流）剥蚀和搬运的敏感性（Lal，2001）。土壤可蚀性因子能够反映土壤自身性质与土壤流失量之间的关系，该因子是指在其他影响因子不变的条件下，由于土壤本身性质不同所引起的土壤侵蚀的差异。土壤可蚀性是土壤质地、结构、渗透性、土壤水分、粗糙度、有机质含量和其他性质等多种属性的函数。

土壤可蚀性并不是一个物理的或化学的定量可测定指标，而是一个综合性因子，因此，只能在一定的控制条件下通过测定土壤流失量或土壤性质的某些参数作为土壤可蚀性指标，从而评价土壤可蚀性。目前尚难以从理论上对可蚀性问题做出定量描述，也没有现成的方法估算土壤可蚀性参数，以间接指标和实验手段进行研究是目前广为采用的方法（张晴雯等，2004）。研究区黄绵土、风沙土、粗骨土、灰褐土等面积较大。本研究利用土壤的理化性质数据，采用 EPIC 模型（Sharply and Williams，1990）中的土壤可蚀性值计算模型计算土壤可蚀性因子（K）值。

$$K=\left\{0.2+0.3\exp\left[-0.0256S_d\left(1-\frac{S_i}{100}\right)\right]\right\}\times\left(\frac{S_i}{Cl+S_i}\right)^{0.3}\times$$

$$\left[1.0-\frac{0.25C}{C+\exp(3.72-2.95C)}\right]\times\left[1.0-\frac{0.7SN}{SN+\exp(-5.51+22.9SN)}\right]$$

式中，S_d为砂粒（0.05～2mm）的质量百分数（%）；S_i为粉粒（0.002～0.05mm）的质量百分数（%）；Cl 为黏粒（<0.002mm）的质量百分数（%）；C 为百分数表示的土壤有机碳含量，由有机质含量除以 1.724 得到；$SN=1-S_d/100$。EPIC 模型计算结果的土壤可蚀性因子值单位为（sht · t · ac · h）/（100ft · sht · t · ac · int），需要乘以 0.1318 转换为国际制单位 $t\cdot hm^2\cdot h/(hm^2\cdot MJ\cdot mm)$。

引用中国科学院南京土壤研究所与中国农业部土壤环境处合作，以全国第二次土壤普查数据为基础建立的全国 1∶100 万数字化土壤图。土壤可蚀性因子值计算主要依据《中国土种志》有关资料，根据土壤资料分析土壤类别，得到土壤理化性质（沙粒、粉粒、黏粒、有机碳含量），再利用 EPIC 模型中土壤可蚀性因子值计算模型进行土壤可蚀性因子值计算（孟庆香，2006），而后将土壤可蚀性因子值（表 5-21）作为属性添加到土壤属性表。由于水体地区是侵蚀土壤沉积区，因此将水体的土壤可蚀性赋 0 值。最后以土壤可蚀性因子值为字段进行数据格式转换，将土壤可蚀性矢量数据转换为格网大小为 250m 的 grid 文件后（图 5-21）参与后续运算。

表 5-21　黄河中上游能源化工区不同土壤类型的土壤可蚀性因子值

［单位：$t\cdot hm^2\cdot h/(hm^2\cdot MJ\cdot mm)$］

土壤类型	土壤可蚀性因子值	土壤类型	土壤可蚀性因子值
半固定风沙土	0.012 26	黑垆土	0.044 15
流动风沙土	0.012 52	栗钙土	0.045 47
石灰性新积土	0.021 09	石灰性粗骨土	0.046 00
固定风沙土	0.021 88	红土	0.055 62
盐化新积土	0.024 65	沙黄绵土	0.057 07
潮土	0.039 54	黄绵土	0.058 26
盐渍化潮土	0.041 39	盐土	0.058 52

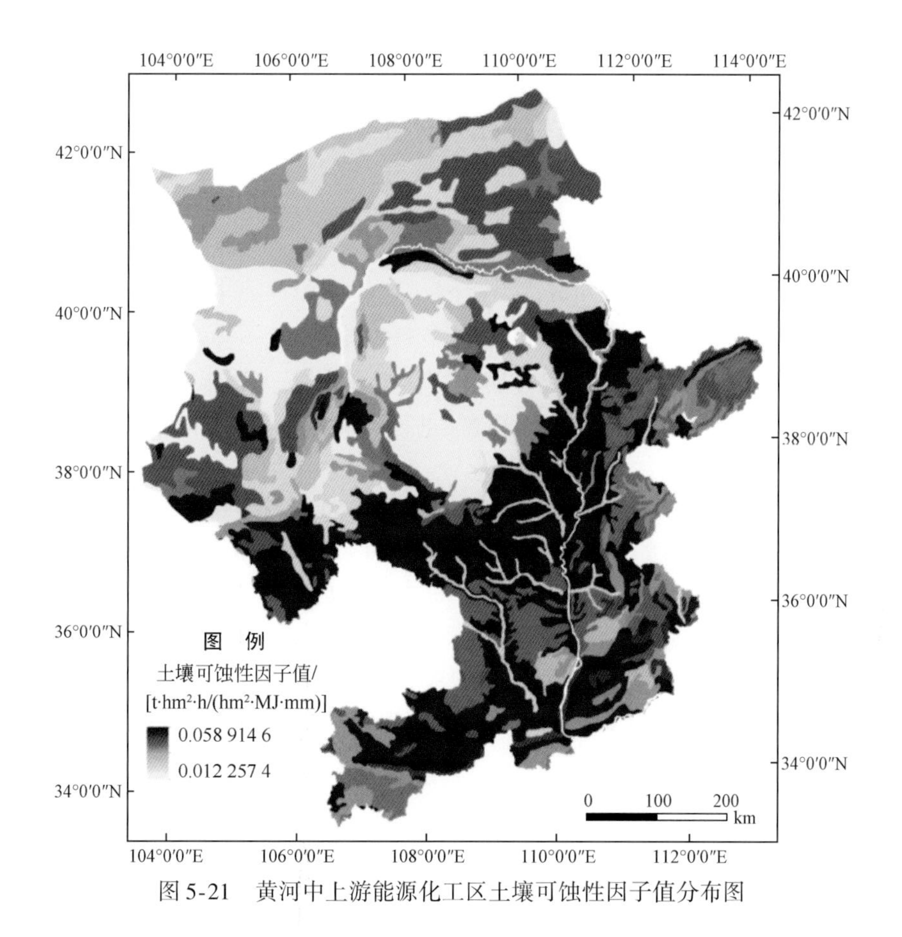

图 5-21　黄河中上游能源化工区土壤可蚀性因子值分布图

研究区土壤可蚀性因子值为 0.0123（水体赋 0 值）~ 0.0589（t · hm^2 · h）/(hm^2 · MJ · mm)，均值为 0.0381（t · hm^2 · h）/(hm^2 · MJ · mm)。

5.3.3　地形因子分析

坡度和坡长（LS）是影响土壤侵蚀的基本地形因素。坡度实际就是地表重力势能分布梯度，是地形固有的总有效能分配到整个景观的媒介。土壤侵蚀对坡度较为敏感，不同地区，坡度对土壤侵蚀的影响效应也有差异。坡度不仅影响土壤侵蚀的程度，而且影响土壤侵蚀的方式。坡度因子（S）是在其他条件相同的情况下，特定坡度的坡地土壤侵蚀量与坡度为 9%（国际标准小区的坡度）的坡地土壤流失量的比值。

坡长通过影响坡面径流的流速和流量影响水流挟沙力，进而影响土壤侵蚀强度，因而是定量计算土壤流失的重要指标，也是土壤侵蚀模型中的必要参数。坡长是指坡面的水平投影长度，而不是指坡面长度。在 USLE 中，坡长被定义为从地表径流源点到坡度减小直至有沉积出现的地方之间的距离，或者到一个明显渠道之间的水平距离（Wischmeier and

Smith, 1978)。坡长的变化影响和决定着坡面水流及泥沙的运移规律和侵蚀形态的演化过程。坡长因子（L）是在其他条件相同的情况下，特定坡长的坡地土壤侵蚀量与标准小区坡长（在USLE中为22.13m）的坡地土壤侵蚀量之比。在实际工作中，将坡度因子和坡长因子结合起来，作为一个复合因子进行综合测算。LS因子反映地形地貌特征对土壤侵蚀的影响，是侵蚀动力的加速因子。

在坡面尺度上，可通过实测坡度和坡长来计算LS因子。但是，在小流域和区域尺度上，对于坡度和坡长等地形指标，只能通过DEM来提取。因为不同比例尺的DEM包含的地形信息不一样（陈楠等，2003），所以从不同比例尺的DEM获取的LS值有很大的差异。因此，应选用较能真实反映实际地形情况的DEM，并选用适合提取研究区地形因子LS值的算法获取LS值，为尺度转化提供基础数据，从而实现利用小尺度上实用的土壤侵蚀预测模型和数据，对区域土壤侵蚀进行定量预测与评价，这具有重要的理论与实践意义。

Hickey等（1994）、Hickey（2000）和Van Remortel等（2001）在流域水文分析方法的基础上提出了非累计流量的直接计算方法，计算每个格网单元到起点的最大累计水流长度来作为该格网到坡顶的坡长。该方法是将LS因子的计算计算机化，首先在ArcGIS里对该区的DEM数据进行填洼，从而可以计算坡度因子S；接着对填洼后的DEM计算每个栅格的水流流向，从而计算出每个栅格的坡长，然后迭代计算每个栅格的最长坡长。把计算出的坡长带入公式，计算出坡长因子L。把坡长因子L和坡度因子S相乘即得到了LS因子值。

本项工作所采用的ASTER GDEM来源于中国科学院计算机网络信息中心的地理空间数据云。运用Hickey和Van Remortel开发的宏语言（Arc Macro Language；AML）程序［下载于Van Remortel的主页（http：//www.onlinegeographer.com/slope/slope.html）］进行运算，其计算程序中所包含的计算公式如下。

$L=(\lambda/22.13)^m$ (Wischmeier and Smith, 1978)

$m=\beta/(1+\beta)$ (Foster et al., 1977)

$\beta=\sin\theta/0.0896/[3.0(\sin\theta)+0.56]$ (Mccool et al., 1989)

$S=10.8\sin\theta+0.3$，$\theta<9\%$，　$S=16.8\sin\theta-0.50$，　$\theta\geq 9\%$ (Mccool et al., 1987)

式中，L为坡长因子；λ为坡长（m）；m为坡长指数；β为细沟侵蚀与细沟间侵蚀的比值；θ为坡度角（%）；S为坡度因子。

使用AML进行LS的提取工作，需要安装ArcInfo Workstation。将从Van Remortel主页下载的ls.aml和DEM文件放到E:\ Workspace里。

1）从ArcInfo Workstation里打开Arc程序（&快捷键：Windows+R&）；

2）color（&输入color之后，鼠标右键就可以动了&）；

3）w workspace（&也可直接将workspace拖入这个位置&）；

4）lg（&listgrid&）；

5）&run ls.aml。

得到图5-22，开始输入参数。

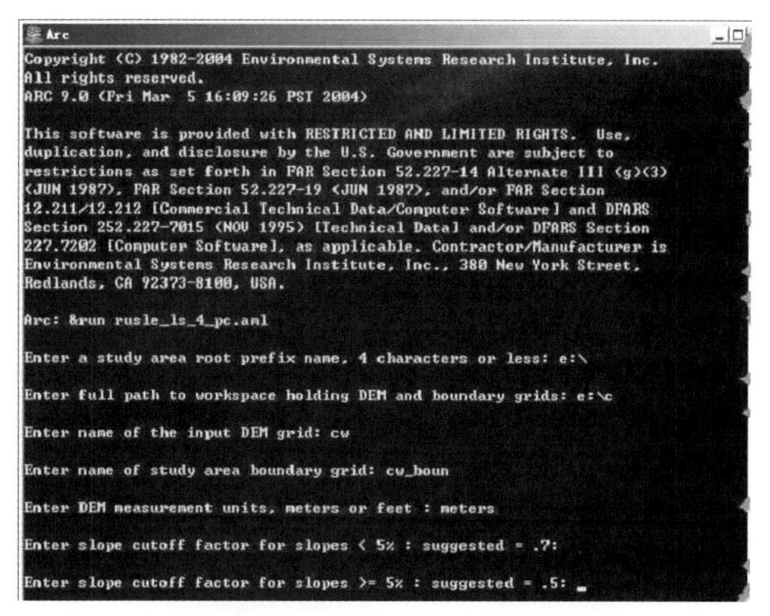

图 5-22　ArcInfo Workstation 运行过程界面图

1）Enter a study area root prefix name, 4 characters or less（& 输入一个工作区域根目录前缀，4 个字母或更少，如输入 E:\ &）；

2）Enter full path to workspace holding DEM and boundary grids（& 输入完整工作路径，其中包括 DEM 和流域边界数据格网 &）；

3）Enter name of the input DEM grid（& 输入 DEM 名称 &）；

4）Enter name of study area boundary grid（& 输入边界数据名称 &）；

5）Enter DEM measurement units, meters or feet（& 输入 DEM 单位，一般用 meters&）；

6）Enter slope cutoff factor for slopes <5%：suggested = .7（& 输入临界坡度值，一般选择默认值 &）；

7）Enter slope cutoff factor for slopes >=5%：suggested = .5（& 一般选择默认值 &）。

按 Enter 键，程序开始自动运行。输出结果文件夹中的 c_ rusles2 = final output grid; calculated grid value is LS factor multiple 100 which retains significant digits within the integer grid and minimizes grid storage requirements (actual ls_ factor value is an additional side attribute in . vat file)，此文件即为 LS 因子的终值乘以 100 后的结果值。通过计算得到研究区的 LS 值分布情况如图 5-23 所示。

计算结果表明，LS 值为 0 ~ 204. 836，均值为 3. 216，趋近于极小值，说明研究区绝大部分区域位于地形平坦的地区。从 LS 值空间分布图（图 5-23）上可以看出，LS 高值区主要位于乌拉山、贺兰山、五台山及宝鸡南部的山地地区，说明这些地区有很大的土壤侵蚀风险。在进行土地资源管理时，确定高 LS 值地区，同时具有高土壤可蚀性因子值区及低植被覆盖区非常重要，因为这样的地区是最容易遭受侵蚀的地区，水土保持工作努力的重点就在这些区域。

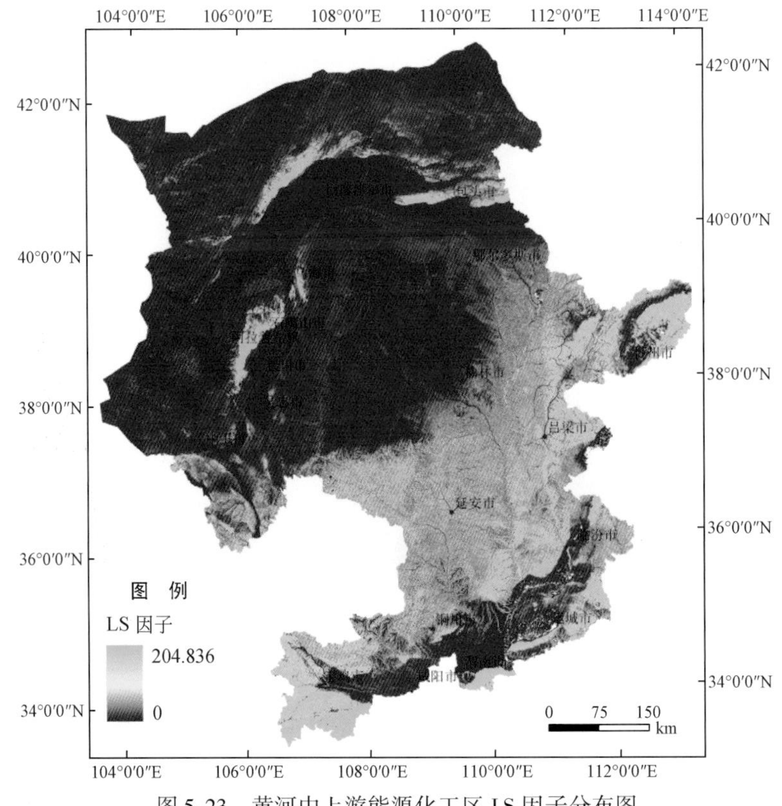

图 5-23　黄河中上游能源化工区 LS 因子分布图

5.3.4　植被覆盖与管理因子值分析

在应用 USLE 计算土壤侵蚀量时，多采用 USLE 指导手册中给出的植被覆盖与管理因子（C）值表或我国其他地区的经验值，即通过 TM 影像获取该地区的土地利用/土地覆盖（land use/land cover，LULC）图，再借鉴其他地区的经验值给不同的 LULC 赋值求取不同 LULC 的 C 值。黄河流域在应用 USLE 计算土壤侵蚀量时，也多采用原 USLE 中给出的 C 值或我国其他地区的经验值（Zhang et al.，2008）。也有利用遥感影像资料提取 NDVI，通过建立线性转换方程，将 NDVI 转换成植被覆盖与管理因子值（Van der Knijff et al.，1999）。本研究也采用这种方法计算植被覆盖与管理因子值。

Van der Knijff 等（1999）在模拟欧洲大陆土壤侵蚀量时开发了一种利用 NOAA AVHRR 的 NDVI 计算植被覆盖与管理因子值的方法。经过多次试验，开发者发现式中的参数 $\alpha=2$、$\beta=1$ 比较合理。Van Leeuwen 和 Sammons（2004）发现在模拟土壤侵蚀量时，如果将 NOAA AVHRR 传感器换成 MODIS，那么 α 和 β 分别赋值 2.5 和 1 比较合适。本研究中，下载 2000 年和 2010 年全年的 MODIS 13Q1 NDVI 250m 分辨率的数据（每年每个地区 12 景），计算 2000 年和 2010 年的 NDVI 均值，然后采用 Van Leeuwen 和 Sammons（2004）的参数赋值方法进行计算（图 5-24）。

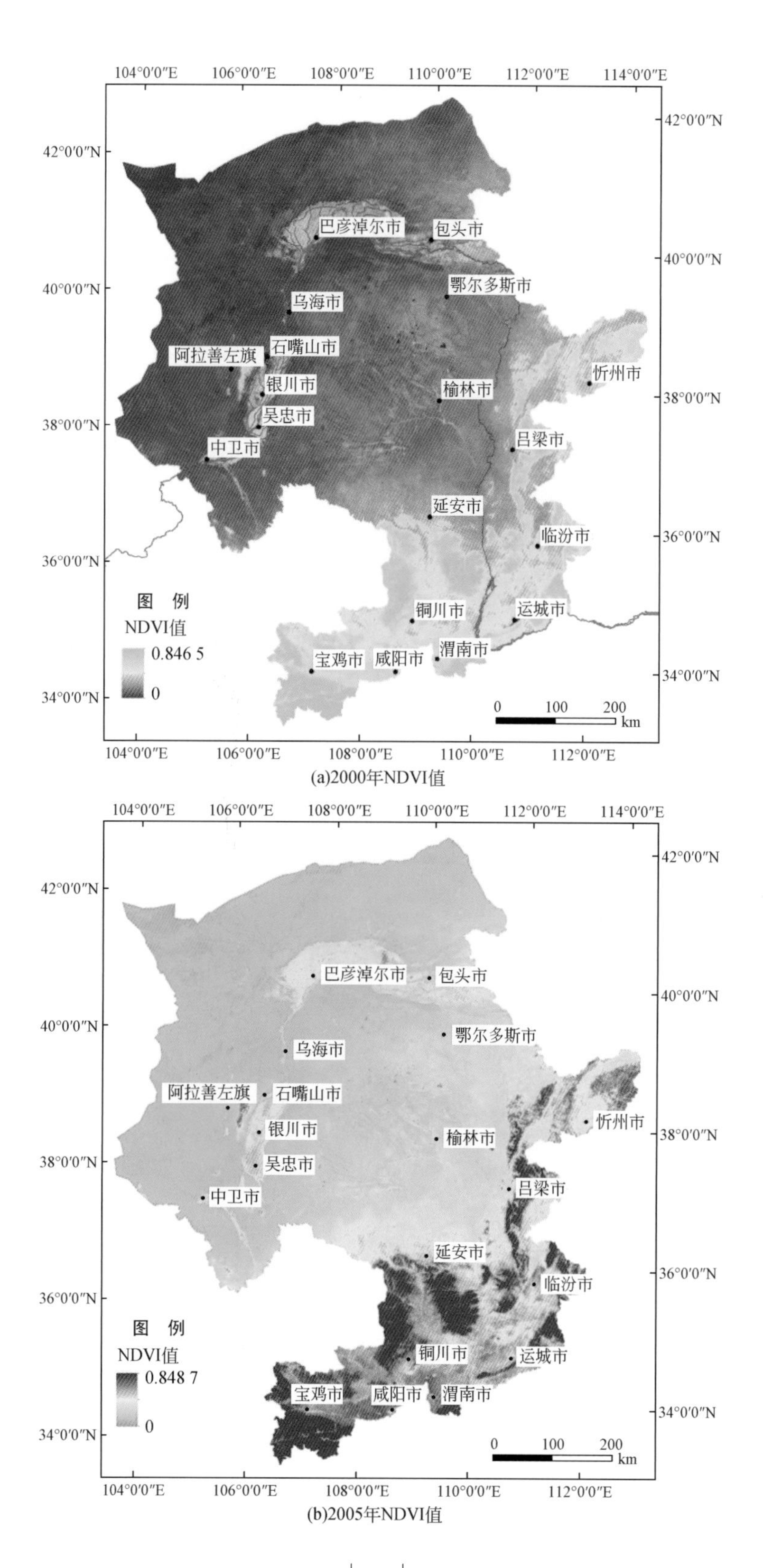

(a)2000年NDVI值

(b)2005年NDVI值

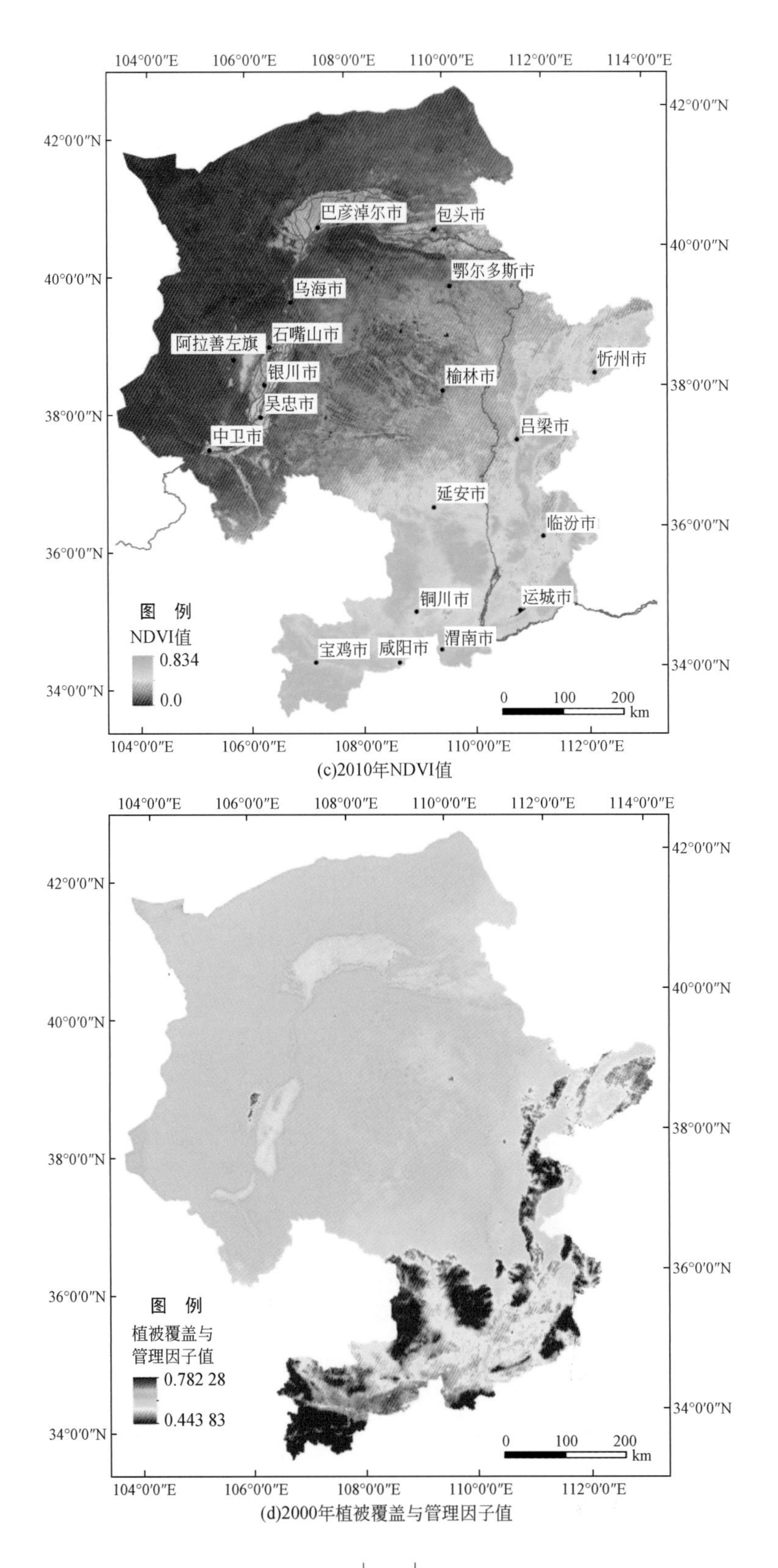

(c)2010年NDVI值

(d)2000年植被覆盖与管理因子值

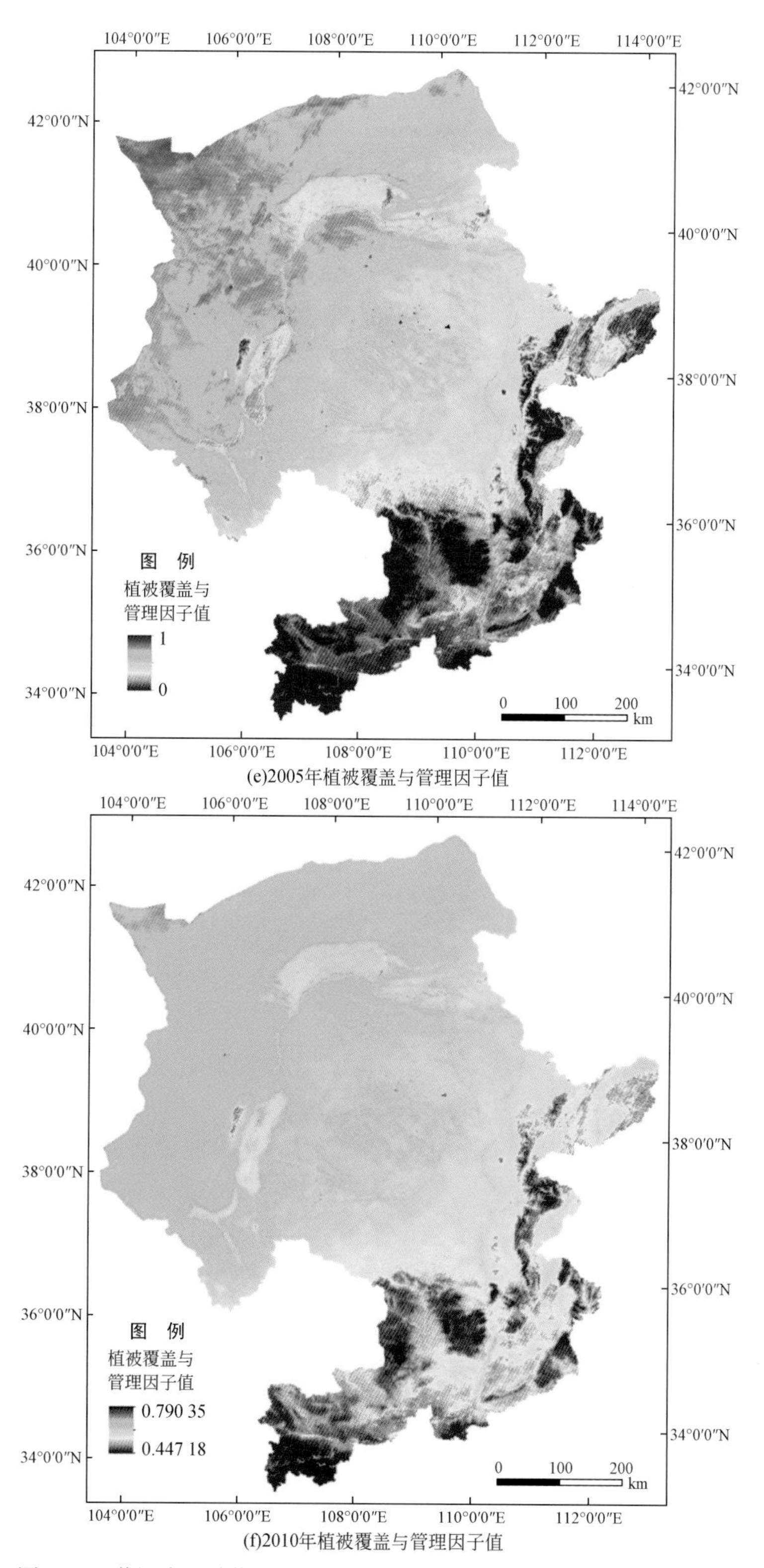

(e)2005年植被覆盖与管理因子值

(f)2010年植被覆盖与管理因子值

图 5-24 黄河中上游能源化工区 NDVI 和植被覆盖与管理因子值分布图

$$C = \exp\left(-\alpha \cdot \frac{\text{NDVI}}{\beta - \text{NDVI}}\right)$$

植被覆盖与管理因子值的均值在2000年、2005年和2010年分别为0.5337、0.4863和0.4550（图5-24），并均表现出从研究区东南部向西北部增加的趋势，体现的是植被覆盖状况从东南向西北逐渐变差的趋势。

5.3.5 水土保持措施因子值分析

水土保持措施因子（P）反映了水土保持措施对土壤流失量的控制作用，其定义为，在其他条件相同的情况下，布设某一水土保持措施的坡耕地土壤流失量与无任何水土保持措施的坡耕地土壤流失量的比值。水土保持措施一般分为工程措施、生物措施和耕作措施三类。

工程措施是指为防治水土流失、保护和合理利用水土资源而修筑的各项工程设施，主要是保持土体稳定和截排水的建筑工程防护措施，包括治坡工程（各类梯田、台地、水平沟、鱼鳞坑等）、治沟工程（如淤地坝、拦沙坝、谷坊、沟头防护等）和小型水利工程（如水池、水窖、排水系统和灌溉系统等）。

生物措施是指为防治水土流失、保护与合理利用水土资源，采取造林种草及管护的方法，增加植被覆盖率，维护和提高土地生产力的一种水土保持措施，又称为植物措施，主要包括造林、种草，封山育林、育草，保土蓄水，改良土壤，增强土壤有机质抗蚀力等措施。

耕作措施是指通过农事耕作以改变微地形、增加地表覆盖、增加土壤入渗等提高土壤抗蚀性能、保水保土、防治土壤侵蚀的方式，如休耕、轮作、地面覆盖、等高耕作、等高带状间作、沟垄耕作、少耕、免耕等。耕作措施可以有效控制土壤侵蚀，评价它们的作用，是水土流失调查和水土保持规划的重要依据。

水土保持措施因子值的实测确定在小范围内是比较精确与适用的，但对于大区域内的测定则既缺乏必要性也几乎是不可能的（Fu et al.，2005），所以大多数研究应用USLE模拟土壤侵蚀量时，都是将水土保持措施因子值设定为1，即假设研究区内没有采取有效的水土保持措施，或者说利用USLE求取区域潜在的土壤侵蚀量。大范围内土壤侵蚀量的模拟也不能利用LULC来确定水土保持措施因子值。本研究利用Wener经验方程（Lufafa et al.，2003）来估算区域水土保持措施因子值，Fu等（2005）也曾将此方法成功应用于黄土高原地区土壤侵蚀量的模拟。

$$P = 0.2 + 0.03 \times S$$

式中，S为百分比坡度（%）。此种方法所获取的水土保持措施因子值是在坡度数据上生成的，因此它依赖于坡度的变化。

研究区水土保持措施因子值为0.2～0.5693，均值为0.2036（图5-25）。由于水土保持措施因子值是基于坡度值估算出的，因此水土保持措施因子值变化体现的实际上是坡度值的变化趋势，也即水土保持措施因子值的高值区主要位于山地地区，尤其是研究区东南部地区的山地一带（汾河、渭河谷地地区除外）。

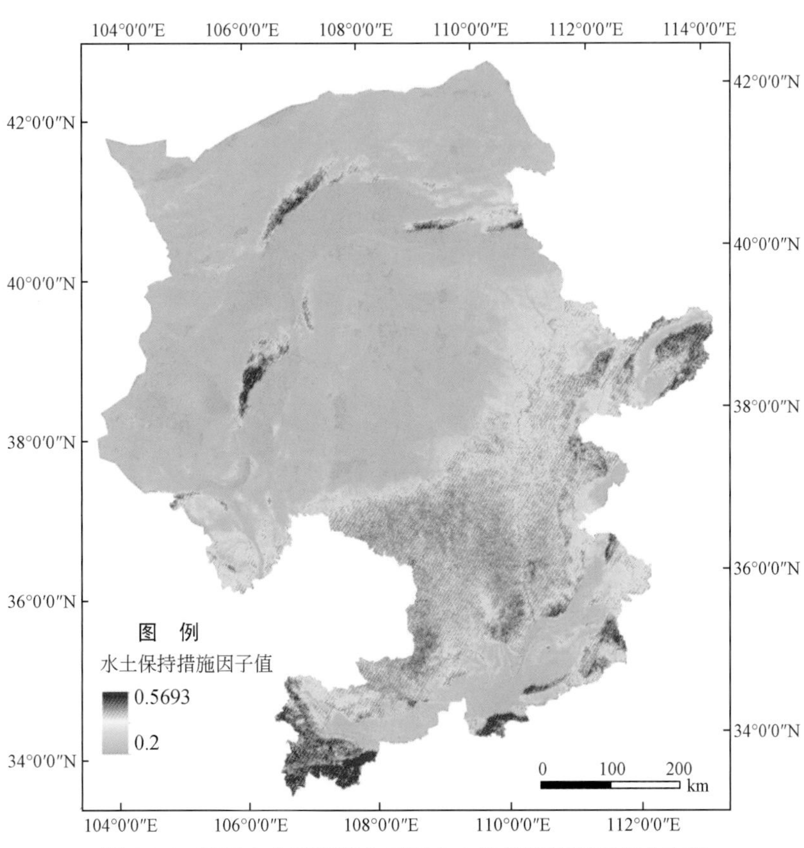

图5-25　黄河中上游能源化工区水土保持措施因子值分布图

在获取上述土壤侵蚀因子栅格数据之后，为方便计算，将栅格数据转换成相同网格大小（250m×250m），然后在ArcGIS10.2软件中借助栅格计算器（raster calculator）分别对2000年、2005年和2010年各因子层进行复合运算，最后得到3个年份的土壤侵蚀量模拟值，其空间分布如图5-26所示。

黄河中上游能源化工区2000年、2005年和2010年的年均土壤侵蚀模数分别为7.47 t/(hm^2·a)、5.43t/(hm^2·a)和6.48t/(hm^2·a)，土壤侵蚀量分别为38 054万t、27 650万t、33 043万t。

严重的土壤侵蚀区主要位于研究区中部地区（黄河中游多沙粗沙区）及一些山地地区（如贺兰山区、乌拉山区等）（图5-26）。水利部发布的水土保持公报（2011年）显示，黄河流域的中游地区2010年在49.15×10^{4}km^{2}的面积上产生的土壤侵蚀量是2.89亿t，相当于该地区2010年的土壤侵蚀模数为5.88t/(hm^2·a)。考虑到水利部在大范围地区调查土壤侵蚀时所使用的数据的分辨率较粗，特别是DEM数据，由于数据平滑的原因，因此一些侵蚀剧烈的地区将得不到很好的反映，从而降低了整体土壤侵蚀强度的均值，故此认为笔者的数据与水利部发布的公报数据大体一致，至于空间分布则更加一致。

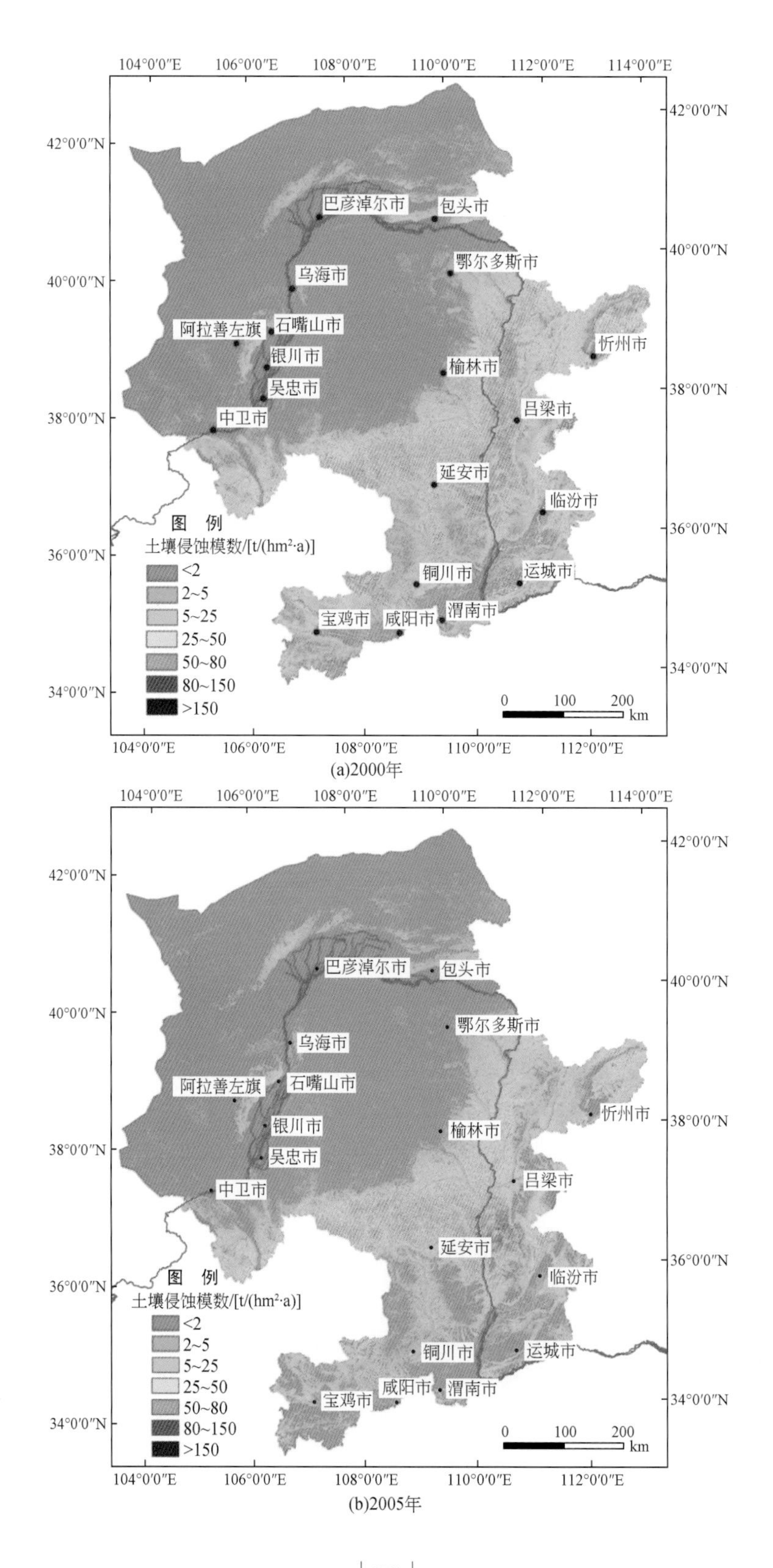

(a)2000年

(b)2005年

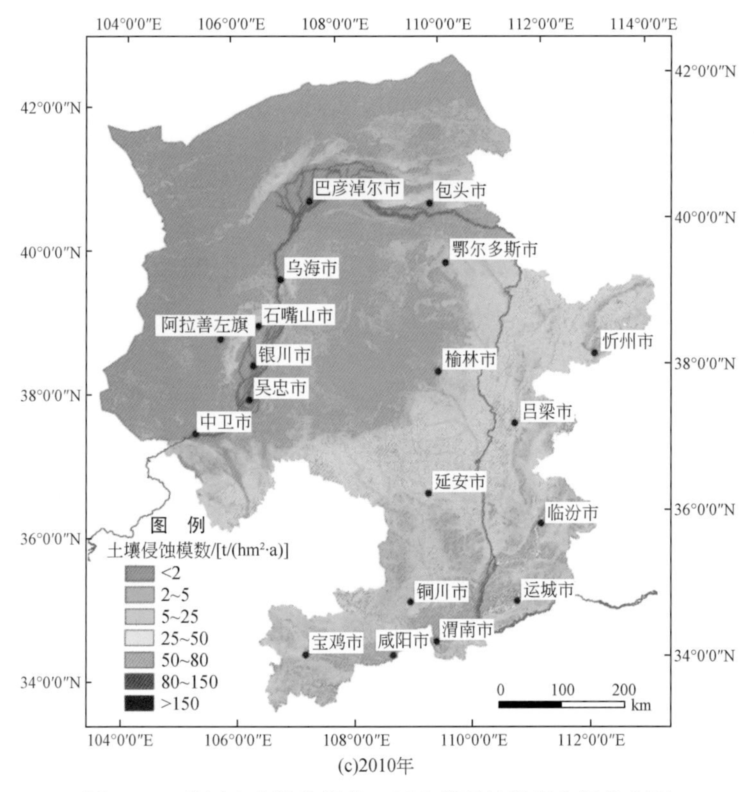

图 5-26 黄河中上游能源化工区土壤侵蚀强度空间分布图

Sun 等（2014）报告黄土高原地区 2000～2010 年土壤侵蚀模数的均值为 15.2t/(hm^2·a)；Fu 等（2011）也模拟了黄土高原地区 2000～2008 年土壤侵蚀的变化，发现由于“退耕还林（还草）”工程的实施，土壤侵蚀率逐年下降。因此就 Sun 等（2014）的研究结果而言，2010 年黄土高原地区的土壤侵蚀率是低于 15.2t/(hm^2·a) 的。通过这些比较，有理由相信能够在黄河中上游能源化工区采用 USLE 及其各因子值模拟该区土壤侵蚀量变化的趋势状况。

但从实际情况来看，研究区 2010 年的土壤侵蚀状况比 2000 年的状况要好很多，也就是说 2010 年与 2000 年土壤侵蚀量的模拟结果相差很小。从已有的黄河泥沙研究结果来看（Miao et al.，2010；高照良等，2013），2010 年的土壤侵蚀强度模拟结果更接近于实际情况，而 2000 年的土壤侵蚀强度模拟结果与实际情况有一定出入。这种情况主要是由于模型的选用造成的。USLE 主要用于面蚀的模拟，而黄土高原地区土壤侵蚀量的主要来源为沟蚀（张信宝等，1989；文安邦等，1998；冯明义等，2003），且研究区北部地区存在较强的风水两相侵蚀（许炯心，2000），因此笔者用 USLE 模拟的结果只代表了研究区面蚀的变化趋势。

即使 USLE 模拟结果只代表了研究区面蚀的变化趋势，从以上结果仍可以看出，黄河中上游能源化工区虽然 2010 年的降雨侵蚀力指数值［868.0MJ·mm/(hm^2·h·a)］比 2000 年的降雨侵蚀力指数值［580.5MJ·mm/(hm^2·h·a)］更高，即 2010 年比 2000 年应产生更大的土壤侵蚀量，而实际上 2010 年的土壤侵蚀强度［6.48t/(hm^2·a)］比 2000 年的土壤侵蚀强度［7.47t/(hm^2·a)］更小。从 USLE 模型的结构可以看出，在土壤可蚀性因子、LS 因子和水土保持措施因子一定的情况下，在 2010 年降雨侵蚀力指数值变大的情况下，却产生了比 2000 年更小的土壤侵蚀强度，这只能是植被覆盖与管理因子值在 2010 年变小的结果。而植被覆盖与管理因子值的降低，直接源于“退耕还林（还草）”所导致的生态系统的恢复。可见，黄河中上游能源化工区“退耕还林（还草）”取得了显著成效，这与该地区已经取得的研究成果均一致（Fu et al.，2011；李双双等，2012；Sun et al.，2014；刘晓燕等，2015；高照良等，2013）。

黄河中上游能源化工区土壤侵蚀已不再如先前那般严重。2000～2010 年年均土壤侵蚀量（2000 年、2005 年和 2010 年 3 年的均值）为 3.29 亿 t（仅 USLE 模拟的面蚀结果），平均侵蚀模数为 6.46t/(hm^2·a)（2000 年、2005 年和 2010 年 3 年面蚀模拟结果的平均值），已在黄土高原地区容许土壤侵蚀量［10t/(hm^2·a)］范围内。至 2010 年，黄河中上游能源化工区绝大部分地区（82.2%）位于侵蚀程度为微度级别区（表 5-22，表 5-23），处于强度至剧烈侵蚀等级的侵蚀面积只占总面积的 2.4% 弱，这些是需要重点进行侵蚀治理的地区。

表 5-22　水利部颁布的最新土壤侵蚀分类分级标准（SL 190—2007）

级别	平均侵蚀模数/［t/(hm^2·a)］
微度	<10
轻度	10～25
中度	25～50
强度	50～80
极强度	80～150
剧烈	>150

表 5-23　黄河中上游能源化工区不同侵蚀强度等级土壤侵蚀面积及其比例

级别	2000 年		2005 年		2010 年	
	面积/km^2	面积比例/%	面积/km^2	面积比例/%	面积/km^2	面积比例/%
微度	411 257	80.71	436 561	85.68	418 849	82.20
轻度	49 690	9.75	40 994	8.05	50 745	9.96
中度	30 621	6.01	21 291	4.18	28 082	5.51
强度	12 419	2.44	7 408	1.45	9 104	1.79
极强度	5 177	1.02	2 956	0.58	2 592	0.51
剧烈	381	0.07	341	0.07	173	0.03

从表 5-24 和图 5-27 可以看出，研究区各地区 2000 ~ 2010 年平均侵蚀强度差异较大，忻州市、吕梁市和延安市经常位于研究区各地市土壤侵蚀强度排名的前三位中，2010 年忻州市侵蚀强度 [19.42t/(hm^2 · a)] 为研究区的最大值。内蒙古自治区和宁夏回族自治区的阿拉善左旗、乌海市、巴彦淖尔市、鄂尔多斯市及银川市侵蚀强度较小，2010 年阿拉善左旗土壤侵蚀强度达到区域最小值，为 0.64t/(hm^2 · a)。

表 5-24　黄河中上游能源化工区平均侵蚀模数相关统计表

地区	平均侵蚀模数/[t/(hm^2 · a)]			平均侵蚀模数变化率/%			平均侵蚀模数归一化结果		
	2000 年	2005 年	2010 年	2000 ~ 2005 年	2005 ~ 2010 年	2000 ~ 2010 年	2000 年	2005 年	2010 年
阿拉善左旗	0.48	0.51	0.64	5.82	26.56	33.92	0.0030	0	0
巴彦淖尔	0.89	0.95	1.74	7.26	82.52	95.78	0.0198	0.0264	0.0583
包头市	2.07	1.18	3.24	(43.28)	175.63	56.33	0.0688	0.0398	0.1385
宝鸡市	7.97	4.07	6.18	(48.87)	51.66	(22.46)	0.3117	0.2119	0.2948
鄂尔多斯	1.23	0.82	1.83	(33.23)	122.75	48.74	0.0339	0.0186	0.0630
临汾市	16.71	16.88	11.76	0.99	(30.35)	(29.66)	0.6721	0.9729	0.5919
吕梁市	24.67	15.56	17.52	(36.93)	12.60	(28.98)	1	0.8944	0.8987
石嘴山市	3.39	4.48	5.97	32.21	33.09	75.97	0.1230	0.2363	0.2836
铜川市	10.35	4.74	9.58	(54.19)	102.05	(7.44)	0.4099	0.2517	0.4760
渭南市	5.81	5.25	5.67	(9.67)	8.04	(2.41)	0.2227	0.2817	0.2677
乌海市	0.41	0.95	1.22	135.26	28.08	201.32	0.0000	0.0265	0.0308
吴忠市	4.53	3.33	5.33	(26.56)	60.04	17.54	0.1701	0.1677	0.2495
咸阳市	11.37	6.29	9.03	(44.70)	43.63	(20.57)	0.4520	0.3436	0.4469
忻州市	22.18	10.65	19.42	(52.01)	82.43	(12.44)	0.8975	0.6025	1
延安市	20.78	17.33	15.22	(16.58)	(12.18)	(26.74)	0.8397	1	0.7765
银川市	1.46	0.86	1.59	(41.49)	85.69	8.65	0.0436	0.0208	0.0506
榆林市	14.59	11.84	12.99	(18.88)	9.72	(10.99)	0.5848	0.6734	0.6576
运城市	8.50	4.60	6.22	(45.86)	35.10	(26.86)	0.3337	0.2434	0.2970
中卫市	8.78	6.58	9.72	(25.02)	47.63	10.69	0.3452	0.3611	0.4834
总体	7.47	5.43	6.48	(27.31)	19.34	(13.25)	0.2912	0.2926	0.3109

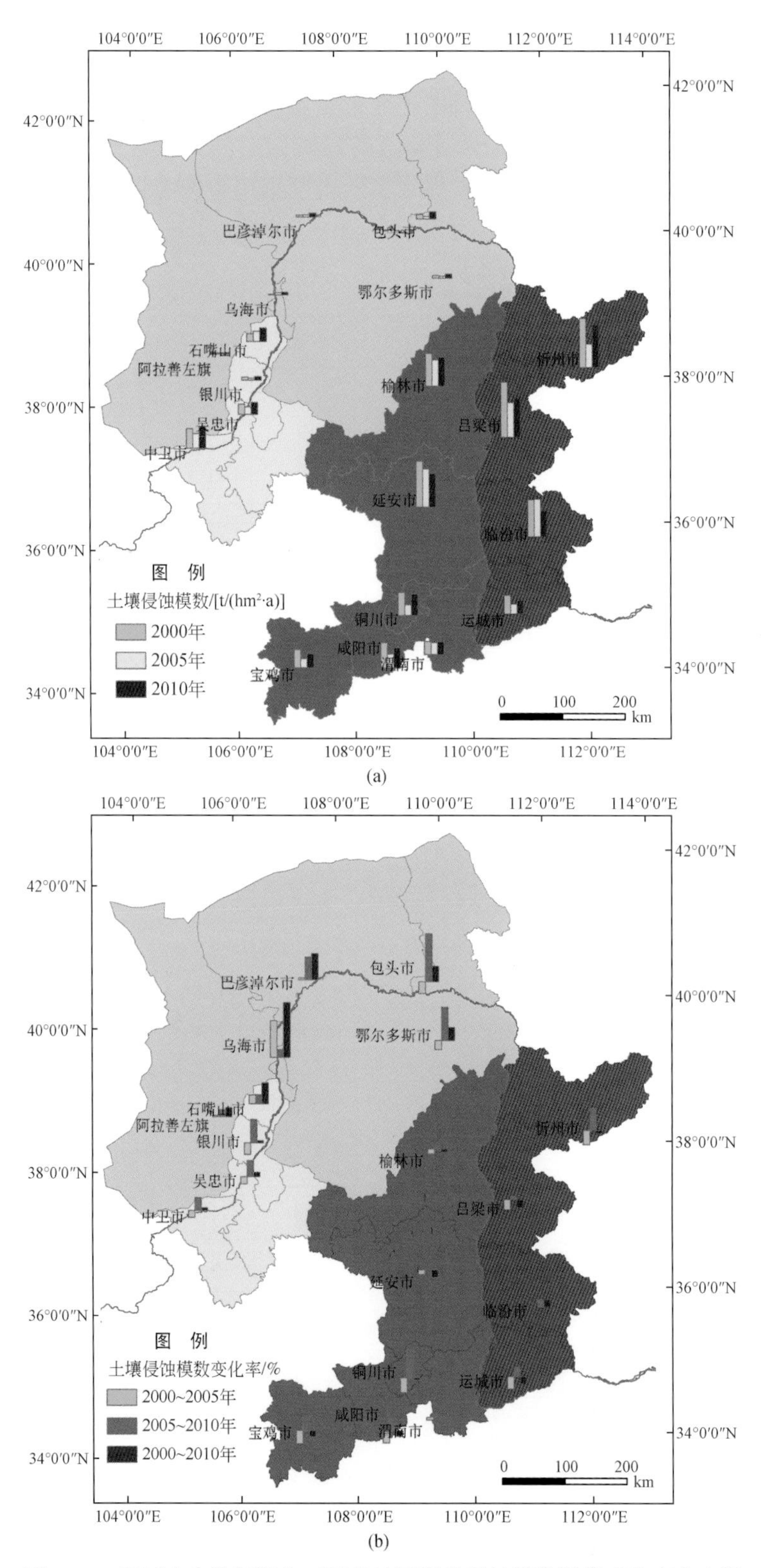

图 5-27 黄河中上游能源化工区各地区平均侵蚀模数及其变化率分布图

2000～2010 年，土壤侵蚀平均模数下降比例最大的是山西省的临汾市、吕梁市和运城市，均下降了 26% 以上。研究区需要注意的是阿拉善左旗和石嘴山市，研究期间土壤侵蚀强度呈持续增加趋势，而乌海市和巴彦淖尔市土壤侵蚀强度呈急剧增大趋势。另外，鄂尔多斯市和包头市十年期间土壤侵蚀强度增加也较大，这些都是需要注意的问题。在进行产业开发过程中，尤其需要注意这些地方的植被保护与建设，不能以增大这些地区的土壤侵蚀强度来换取经济的一时发展。

5.4 湿地退化

总体来看，2000～2010 年，研究区阿拉善左旗、宝鸡市、石嘴山市、吴忠市和中卫市湿地面积在扩大，巴彦淖尔市、鄂尔多斯市、银川市和运城市湿地面积稳定。其他地区出现湿地萎缩，但均为轻度退化。整个研究区湿地处于稳定状态，变化量和变化率都非常小（表5-25，表 5-26，图 5-28）。

表 5-25 黄河中上游能源化工区各地区湿地面积、湿地面积变化比例及其归一化结果统计表

地区	湿地面积/km²			湿地面积比例/%			湿地面积比例归一化结果		
	2000 年	2005 年	2010 年	2000 年	2005 年	2010 年	2000 年	2005 年	2010 年
阿拉善左旗	45.7	59.1	50.5	0.057	0.074	0.063	0	0	0
巴彦淖尔市	869.6	870	878.5	1.336	1.336	1.349	0.418	0.353	0.366
包头市	191.2	140.9	175.6	0.693	0.510	0.636	0.208	0.122	0.163
宝鸡市	67.4	72.4	73.6	0.372	0.399	0.406	0.103	0.091	0.098
鄂尔多斯市	525.9	529.4	500.3	0.607	0.611	0.577	0.180	0.150	0.146
临汾市	30	41	27.4	0.148	0.202	0.135	0.030	0.036	0.020
吕梁市	44.7	40.9	39.9	0.213	0.195	0.190	0.051	0.034	0.036
石嘴山市	127.7	149.3	146.5	3.118	3.646	3.578	1	1	1
铜川市	7	6.9	6.5	0.179	0.176	0.166	0.040	0.029	0.029
渭南市	244.3	225.5	229.4	1.876	1.732	1.762	0.594	0.464	0.483
乌海市	40.4	43.1	37.2	2.437	2.599	2.244	0.778	0.707	0.620
吴忠市	94.2	96.5	119	0.582	0.596	0.735	0.172	0.146	0.191
咸阳市	52.7	45.8	46.2	0.512	0.445	0.449	0.149	0.104	0.110
忻州市	53	47.2	46.4	0.211	0.187	0.184	0.050	0.032	0.034
延安市	89.3	99.2	78.8	0.241	0.268	0.213	0.060	0.054	0.043
银川市	150.6	161.4	155.2	2.020	2.164	2.081	0.641	0.585	0.574
榆林市	228.2	215.2	205.9	0.529	0.499	0.476	0.154	0.119	0.117

续表

地区	湿地面积/km²			湿地面积比例/%			湿地面积比例归一化结果		
	2000 年	2005 年	2010 年	2000 年	2005 年	2010 年	2000 年	2005 年	2010 年
运城市	185.7	208.6	186	1.312	1.473	1.314	0.410	0.392	0.356
中卫市	81.1	88.4	98.5	0.600	0.654	0.728	0.177	0.162	0.189
总体	3128.7	3140.8	3101.4	0.616	0.618	0.610	0.183	0.152	0.156

表 5-26 黄河中上游能源化工区各地区湿地面积变化及变化率统计表

地区	湿地面积变化/km²			湿地面积变化比例/%			退化程度
	2000～2005 年	2005～2010 年	2000～2010 年	2000～2005 年	2005～2010 年	2000～2010 年	2000～2010 年
阿拉善左旗	13.40	(8.60)	4.80	29.32	(14.55)	10.50	扩张湿地
巴彦淖尔市	0.4	8.50	8.90	0.05	0.98	1.02	稳定湿地
包头市	(50.30)	34.70	(15.60)	(26.31)	24.63	(8.16)	轻度萎缩湿地
宝鸡市	5.00	1.20	6.20	7.42	1.66	9.20	扩张湿地
鄂尔多斯市	3.50	(29.10)	(25.60)	0.67	(5.50)	(4.87)	稳定湿地
临汾市	11.00	(13.60)	(2.60)	36.67	(33.17)	(8.67)	轻度萎缩湿地
吕梁市	(3.80)	(1.00)	(4.80)	(8.50)	(2.44)	(10.74)	轻度萎缩湿地
石嘴山市	21.60	(2.80)	18.80	16.91	(1.88)	14.72	扩张湿地
铜川市	(0.10)	(0.40)	(0.50)	(1.43)	(5.80)	(7.14)	轻度萎缩湿地
渭南市	(18.80)	3.90	(14.90)	(7.70)	1.73	(6.10)	轻度萎缩湿地
乌海市	2.70	(5.90)	(3.20)	6.68	(13.69)	(7.92)	轻度萎缩湿地
吴忠市	2.30	22.50	24.80	2.44	23.32	26.33	扩张湿地
咸阳市	(6.90)	0.40	(6.50)	(13.09)	0.87	(12.33)	轻度萎缩湿地
忻州市	(5.80)	(0.80)	(6.60)	(10.94)	(1.69)	(12.45)	轻度萎缩湿地
延安市	9.90	(20.40)	(10.50)	11.09	(20.56)	(11.76)	轻度萎缩湿地
银川市	10.80	(6.20)	4.60	7.17	(3.84)	3.05	稳定湿地
榆林市	(13.00)	(9.30)	(22.30)	(5.70)	(4.32)	(9.77)	轻度萎缩湿地
运城市	22.90	(22.60)	0.30	12.33	(10.83)	0.16	稳定湿地
中卫市	7.30	10.10	17.40	9.00	11.43	21.45	扩张湿地
总体	12.10	(39.40)	(27.30)	0.39	(1.25)	(0.87)	稳定湿地

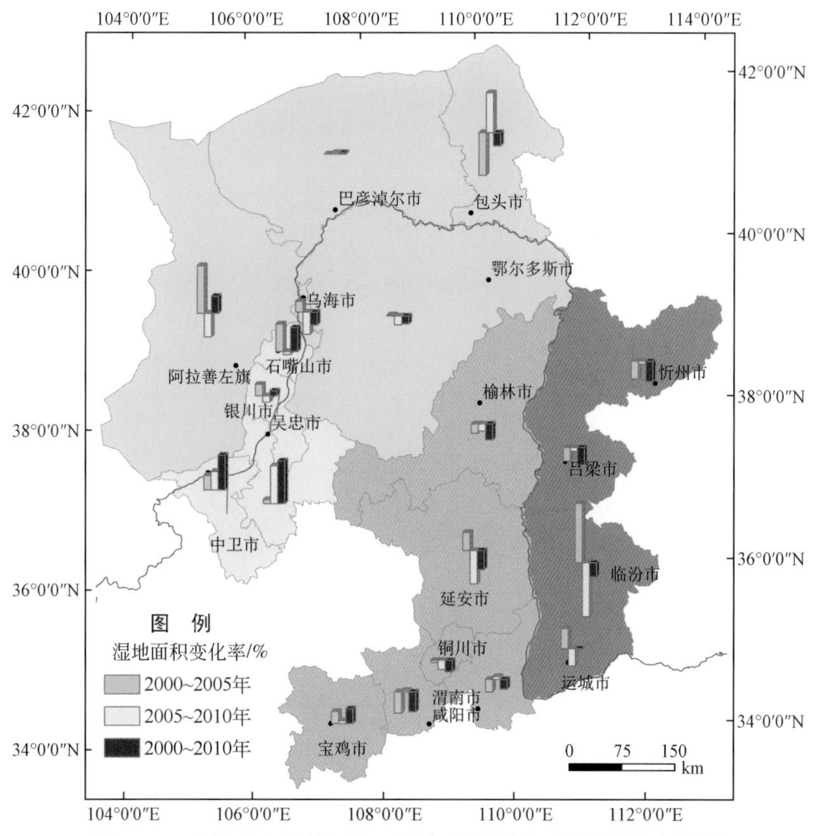

图 5-28 黄河中上游能源化工区各地区湿地面积变化率统计图

5.5 地表水环境

黄河中上游能源化工区一级河流即黄河，二级河流有渭河、汾河、无定河、延河、清水河、秃尾河、窟野河等，三级河流有泾河、北洛河等。区域水系示意图如图 5-29 所示。研究区内黄河干流包括 8 个水环境Ⅰ级功能区、27 个水环境Ⅱ级功能区，地表水环境保护目标为黄河干流及供水水源地。研究区约 170 个集中式饮用水源地中，地下水饮用水源地占 75.3%，主要分布于山西省忻州市、吕梁市、临汾市和运城市四市；地表水饮用水源地占 24.7%，主要分布于内蒙古自治区和陕西省黄河干支流。

2005 年水资源状况公报显示：黄河水系属中度污染。44 个地表水国控监测断面中，Ⅰ~Ⅲ类、Ⅳ~Ⅴ类和劣Ⅴ类水质的断面比例分别为 34%、41% 和 25%。主要污染指标为石油类、氨氮和五日生化需氧量。黄河干流属轻度污染。干流宁夏段、陕西—山西段、内蒙古包头段、内蒙古乌海段为重度污染。黄河支流总体为重度污染。大黑河、灞河为轻度污染；渭河、汾河、涑水河、北洛河为重度污染。黄河国控省界断面水质较差。11 个国控省界监测断面中，Ⅰ~Ⅲ类占 9%，Ⅳ类、Ⅴ类占 55%，劣Ⅴ类占 36%。水质较差的

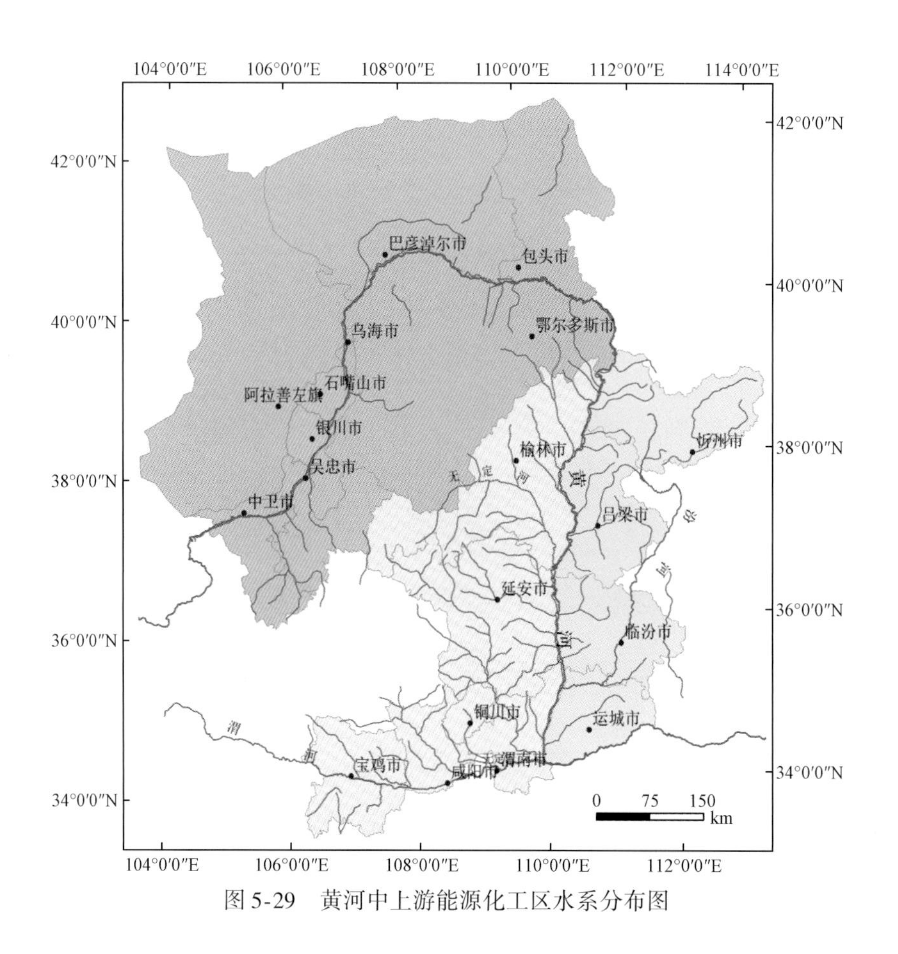

图 5-29 黄河中上游能源化工区水系分布图

省界断面为黄河干流宁—蒙交界的拉僧庙断面（劣Ⅴ类），渭河陕—豫、晋交界的潼关吊桥断面（劣Ⅴ类），汾河晋—陕、晋交界的河津大桥断面（劣Ⅴ类），涑水河晋—陕、晋交界的张留庄断面（劣Ⅴ类），其余省界断面水质达到或优于Ⅳ类水质。

另据《黄河中上游能源化工区重点产业发展战略环境评价研究》结果，2007 年研究区地表水环境状况如下所述。

1）干流水质整体良好。黄河下河沿断面至三门峡断面 1958km 干流河段中，下河沿至吴堡河段年均值满足《地表水环境质量标准（GB 3838—2002）》Ⅲ类标准要求，潼关断面及三门峡断面水质超标，其中潼关为劣Ⅴ类、三门峡断面为Ⅴ类、叶盛公路桥断面为Ⅳ类，达标河长所占比例为 83.7%。叶盛公路桥断面超标污染物为 COD，潼关断面为氨氮、COD 及高锰酸盐指数，三门峡断面为氨氮、COD 及汞。从年内过程来看，丰水期水质优于平水期、枯水期，枯水期水质最差，各水期达标河长所占比例分别为 86.7%、68.5%、47.8%，枯水期银古公路桥至麻黄沟河段为Ⅳ类，银古公路桥超标因子为氨氮，陶乐渡口及麻黄沟为挥发酚；昭君坟为Ⅳ类，画匠营子和磴口为Ⅴ类，超标因子均为氨氮；吴堡为Ⅳ类，超标因子为氨氮；潼关、三门峡均为劣Ⅴ类，超标因子为氨氮和 COD。另据宁夏、内蒙古、陕西、山西 4 省（自治区）的 2009 年监测数据，黄河干流水质改善最为明显，其中黄河干流宁夏回族自治区、内蒙古自治区段所有监测断面均可达标，昭君坟断面水质甚至达到Ⅱ类水质要求，其余断面水质与2007年基本保持一致。

2）支流水质超标现状严重。黄河中上游主要支流2007年大多数超标，仅无定河水质可满足Ⅳ类水质标准要求。延河柳树店断面五日生化需氧量全年超标，COD在枯水期也不满足Ⅳ类水质标准；柳树店上、下游断面水质状况较好，可满足水功能区目标水质要求。汾河除源头区雷鸣寺断面外，其余断面水质状况均较差，位于上游区的东寨桥、静乐桥断面COD、五日生化需氧量超标，其余断面水质均为劣Ⅴ类，溶解氧、COD、化学需氧量、五日生化需氧量、氨氮、高锰酸盐指数、挥发酚、石油类等指标超标严重。北洛河2007年水质也为劣Ⅴ类，COD、五日生化需氧量、氨氮、高锰酸盐指数等指标超标严重。渭河上游断面林家村、卧龙寺桥、蔡家坡桥和常兴桥断面可满足Ⅲ类水质要求，之下的5个断面水质均为劣Ⅴ类，COD、五日生化需氧量、氨氮全年超标，部分断面高锰酸盐指数、挥发酚、石油类超标。

3）排污沟水质较差。鄂尔多斯市总干排COD排放超标，丰水期较重，枯水期满足排放标准。包头市各排污口除昆都仑河枯水期氨氮排放超标外，其余三个排污口COD、氨氮排放均超标，COD枯水期超标较重。氨氮超标状况与水期相关不明显，四道沙河平水期超标最严重，超标倍数达到14.19；西河枯水期超标最严重，超标倍数为11.37；东河氨氮超标状况相对较轻，最大超标倍数仅为2.3。

4）集中式水源地水质总体良好，局部恶化。根据2007年研究区内120个集中式饮用水源地监测结果，研究区水源地水质达标率为79%，其中达标地下水源占所监测地下水源的83%、达标地表水源仅占所监测地表水源总数的55%，水源地水质总体良好，局部恶化。包头市、鄂尔多斯市地表水源地中的高锰酸盐指数、COD、氨氮、石油类超标，山西省地下水源中的六价铬、氟化物、细菌总数和大肠杆菌超标。另据陕西省及内蒙古自治区提供的2009年水源地水质监测资料，陕西省重点城市地表水集中式饮用水源地水质达标率达100%；内蒙古自治区重点城市地表水集中式饮用水源地水质达标率达95%（超标点位为包头市地表水源3次、巴彦淖尔市地下水源1次）。

2010年研究区地表水环境质量状况如下所述。

1）研究区宁夏回族自治区境内地表水环境状况。据《2010年宁夏环境状况公报》，黄河干流宁夏回族自治区段保持Ⅲ类良好水质，其中Ⅱ类优水质断面占16.7%、Ⅲ类良好水质断面占83.3%，主要污染物高锰酸盐指数和氨氮平均浓度同比（2009年）下降0.68%和6.98%，同比水质综合评分值下降2.84%，水质达标率达95.6%，水质状况稳中有升。

黄河支流水质状况基本稳定。清水河上游掩配厂断面达到Ⅱ类优水质；中游皮革厂断面为劣Ⅴ类重度污染水质，同比水质类别无变化，但BOD和氨氮浓度同比下降70.9%和96.7%；下游沈家河水库断面为Ⅴ类中度污染水质，同比提高一个水质类别，五日生化需氧量和氨氮浓度同比下降18.3%和64.3%，水质有所好转。茹河上游古城断面达到Ⅱ类优水质，同比提高一个水质类别；下游水文站断面为Ⅴ类中度污染水质，同比提高一个水质类别，氨氮、高锰酸盐指数和五日生化需氧量浓度同比分别下降86.8%、56.7%和

30.1%，水质有所好转。

沙湖保持Ⅲ类良好水质，处于轻度富营养状态，同比水质综合评分值下降4.83%，综合营养状态指数上升2.18%。西湖保持Ⅳ类轻度污染水质，处于轻度富营养状态，同比水质综合评分值下降2.82%，综合营养状态指数上升1.53%。

银川市四二干沟入黄口断面为Ⅳ类轻度污染水质，同比提高一个水质类别，水质明显好转。灵武市东沟，银川市银新干沟，吴忠市南干沟、清水沟，以及石嘴山市第三、五排水沟入黄口断面均为劣Ⅴ类重度污染水质，水质类别无变化。

银川市和石嘴山市的10个城市集中式饮用水源地水质为良好水质，23个监测项目均符合《地下水质量标准（GB/T 14848—1993）》Ⅲ类标准，水质保持稳定安全；吴忠市和中卫市的3个城市集中式饮用水源地水质为良好水质，23个监测项目均符合《地下水质量标准（GB/T 14848—1993）》Ⅲ类标准，水质保持稳定安全，除吴忠市小坝水源地23个监测项目，因自然地理环境因素造成铁、锰略有超标外，其他监测项目均符合《地下水质量标准（GB/T 14848—1993）》Ⅲ类标准，水质无明显变化。

2）研究区陕西省境内地表水环境状况。2010年研究区陕西省水系中，延河、无定河水质轻度污染，渭河水质重度污染。11条支流中，金陵河水质良好；黑河、沣河、涝河、榆溪河属轻度污染；沋河属中度污染；皂河、临河、灞河、漆水河和北洛河属重度污染。在陕西省六大水系56个断面中，符合相应功能水质标准的有30个断面，Ⅰ类、Ⅱ类、Ⅲ类、Ⅳ类、Ⅴ类和劣Ⅴ类水质断面分别占7.1%、23.2%、16.1%、25.0%、3.6%和25.0%。按污染分担率大小排序，河流的主要污染因子是石油类、氨氮、五日生化需氧量、化学需氧量和高锰酸盐指数，污染分担率分别为33.42%、18.72%、10.74%、9.96%和8.01%。

渭河干流水质属重度污染，以劣Ⅴ类水质为主。渭河干流13个断面，符合Ⅱ类水质断面1个、符合Ⅲ类水质断面2个、符合Ⅳ类水质断面1个、符合劣Ⅴ类水质断面9个。渭河干流水质从咸阳市的兴平断面至渭南市的潼关吊桥断面，共9个断面均为劣Ⅴ类水质，69.2%断面超过水域功能标准，主要污染物为石油类、氨氮、化学需氧量、高锰酸盐指数和五日生化需氧量，与2009年同期相比，水质类别无明显变化，但主要污染物浓度均有不同程度下降。延河水质轻度污染，5个监测断面均为Ⅳ类水质，20%断面超过水域功能标准，主要污染物为石油类、化学需氧量、五日生化需氧量和高锰酸盐指数，与2009年相比，水质无明显变化。无定河水质轻度污染，2个监测断面均为Ⅳ类水质，符合水域功能标准，主要污染物为石油类、五日生化需氧量、化学需氧量和氨氮，与2009年相比，水质无明显变化。2010年陕西省集中式饮用水源地水质总体良好，达标率为100%。

3）研究区内蒙古自治区境内地表水环境状况。2010年，黄河水系干流水质良好，支流中50%的河流水质为重度污染，“十一五”期间，干、支流水质均有好转。监测的11个干流断面全部满足Ⅲ类水质要求，总体评价为良好。“十一五”期间，黄河干流消除了劣Ⅴ类断面，水质达到或优于Ⅲ类标准的断面比例由2005年的33.3%上升至100%，上升66.7个百分点，水质有明显好转（图5-30）。

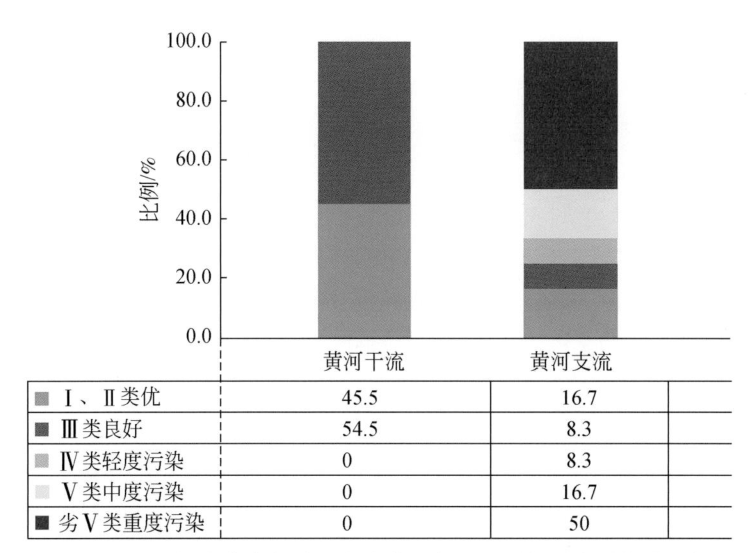

	黄河干流	黄河支流
Ⅰ、Ⅱ类优	45.5	16.7
Ⅲ类良好	54.5	8.3
Ⅳ类轻度污染	0	8.3
Ⅴ类中度污染	0	16.7
劣Ⅴ类重度污染	0	50

图 5-30　2010 年内蒙古自治区境内黄河水系监测断面水质类别分布图

支流情况：浑河、乌兰木伦河水质优，龙王沟水质良好，总排干、大黑河为中度污染，昆都仑河、四道沙河、西河槽、东河槽、小黑河水质均为重度污染。主要污染指标为氨氮、COD、五日生化需氧量、石油类和挥发酚，其中氨氮超标较为严重。“十一五”期间，黄河支流可比河流的 COD 和氨氮污染均明显减轻。但由于流经城镇的四道沙河、西河槽、东河槽、昆都仑河、小黑河、总排干、大黑河等河流多年污染严重，目前水质仍以劣Ⅴ类为主，COD 和氨氮在这几条河流仍平均超Ⅲ类标准 5.1 倍和 36.9 倍。乌梁素海水质超标，为劣Ⅴ类水质，主要超标指标是高锰酸盐指数、总磷和总氮，主要由农灌退水和工业与生活污水污染所致（图 5-31）。昆都仑水库达到《地表水环境质量标准（GB 3838—2002)》Ⅲ类标准要求。乌兰木伦水库水质为优，为Ⅱ类水质；札萨克水库水质良好，为Ⅲ类水质。

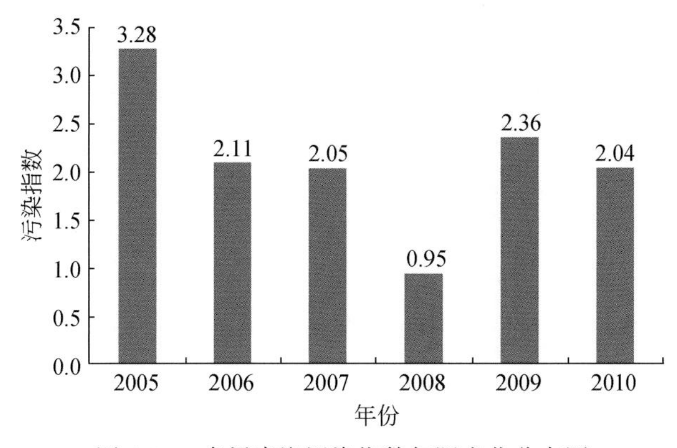

图 5-31　乌梁素海污染指数年际变化分布图

4）研究区山西省境内地表水环境状况。吕梁市2010年10个省控主要河流断面地表水水质全部好转，其中文峪河的岔口、野则河、北峪口断面从Ⅳ类水质改善为Ⅱ类水质；三川河的沙会则断面从劣Ⅴ类水质改善为Ⅴ类水质，其余6个断面化学需氧量、五日生化需氧量等主要污染指标年平均浓度均大幅度下降。饮用水水源地水质达标率一直保持在100%。二氧化硫排放总量由2005年的9.18万t降至8.181万t，减排比例为10.9%；化学需氧量排放总量由2005年的3.497万t降至3.072万t，减排比例为12.2%。

综上所述，研究区流域水环境质量存在以下演变趋势。

1）干流水质持续改善。2001～2007年黄河干流水质持续改善，水质监测达标断面由2001年的0增至2007年的73.3%，超标项目由2003年的12项降至2007年的7项。与2001年的水质数据相比较，2007年干流监测断面水质普遍提高一个类别，宁夏回族自治区段水质改善显著，下河沿断面水质提高两个类别；内蒙古自治区段的水质也有一定改善，黑柳子至昭君坟段水质普遍由2003年的Ⅳ类提高到2007年的Ⅲ类；潼关至三门峡河段水质有所改善，但改善状况仍不稳定。根据2009年各省（自治区）提供的最新监测结果显示，黄河干流水质改善明显，尤其是下海勃湾断面、三盛公断面和昭君坟断面水质提高一个类别。

2）支流水质改善幅度较小。研究区黄河的主要支流有渭河、汾河、无定河、窟野河和延河等。2001～2007年黄河支流水质改善幅度较小。2001～2007年水质达标监测断面在17.5%～38.9%波动，55%监测断面连续7年为劣Ⅴ类水质，支流水质持续严重超标，大多数无法满足功能区水质目标要求，其中渭河和汾河污染尤其严重。2001～2007年渭河和汾河的水质评价结果见表5-27。但2007～2009年黄河个别支流水质有较大改善，如渭河、无定河、延河水质略有好转；内蒙古自治区河套灌区总排干、鄂尔多斯龙王沟等支流水质改善提高一个类别。

表5-27 研究区黄河主要支流2001～2007年水质评价

所属水体	断面名称	水质类别	2001年	2002年	2003年	2004年	2005年	2006年	2007年
渭河	林家村	Ⅱ	Ⅳ	Ⅲ	Ⅲ	Ⅱ	Ⅱ	Ⅱ	Ⅱ
	卧龙寺桥	Ⅲ	劣Ⅴ	劣Ⅴ	Ⅳ	Ⅲ	Ⅲ	Ⅲ	Ⅳ
	虢镇桥	Ⅳ	劣Ⅴ	劣Ⅴ	Ⅴ	Ⅳ	Ⅳ	Ⅳ	Ⅳ
	常兴桥	Ⅲ	Ⅴ	劣Ⅴ	Ⅳ	Ⅳ	Ⅳ	Ⅴ	Ⅲ
	兴平	Ⅲ	劣Ⅴ	劣Ⅴ	劣Ⅴ	劣Ⅴ	劣Ⅴ	劣Ⅴ	劣Ⅴ
	南营	Ⅳ	劣Ⅴ	劣Ⅴ	劣Ⅴ	劣Ⅴ	劣Ⅴ	劣Ⅴ	劣Ⅴ
	沙王	Ⅳ	劣Ⅴ	劣Ⅴ	劣Ⅴ	劣Ⅴ	劣Ⅴ	劣Ⅴ	劣Ⅴ
	树园	Ⅳ	劣Ⅴ	劣Ⅴ	劣Ⅴ	劣Ⅴ	劣Ⅴ	劣Ⅴ	劣Ⅴ
	潼关吊桥	Ⅳ	劣Ⅴ	劣Ⅴ	劣Ⅴ	劣Ⅴ	劣Ⅴ	劣Ⅴ	劣Ⅴ

续表

所属水体	断面名称	水质类别	2001 年	2002 年	2003 年	2004 年	2005 年	2006 年	2007 年
汾河	雷鸣寺	Ⅱ	Ⅱ	Ⅱ	Ⅲ	Ⅱ	Ⅱ	Ⅰ	Ⅰ
	东寨桥	Ⅱ	Ⅳ	Ⅳ	劣Ⅴ	Ⅲ	Ⅳ	Ⅱ	Ⅳ
	静乐桥	Ⅱ	劣Ⅴ	劣Ⅴ	劣Ⅴ	Ⅴ	劣Ⅴ	Ⅲ	Ⅳ
	石滩	Ⅳ	劣Ⅴ	劣Ⅴ	劣Ⅴ	劣Ⅴ	劣Ⅴ	劣Ⅴ	劣Ⅴ
	甘亭	Ⅳ	劣Ⅴ	劣Ⅴ	劣Ⅴ	劣Ⅴ	劣Ⅴ	劣Ⅴ	劣Ⅴ
	临汾	Ⅳ	劣Ⅴ	劣Ⅴ	劣Ⅴ	劣Ⅴ	劣Ⅴ	劣Ⅴ	劣Ⅴ
	柴庄	Ⅳ	劣Ⅴ	劣Ⅴ	劣Ⅴ	劣Ⅴ	劣Ⅴ	劣Ⅴ	劣Ⅴ
	新绛站	Ⅴ	劣Ⅴ	劣Ⅴ	劣Ⅴ	劣Ⅴ	劣Ⅴ	劣Ⅴ	劣Ⅴ
	河津大桥	Ⅴ	劣Ⅴ	劣Ⅴ	劣Ⅴ	劣Ⅴ	劣Ⅴ	劣Ⅴ	劣Ⅴ

根据《陕西省渭河流域综合治理五年规划》（2008～2012 年），渭河水质除宝鸡市河段有所改善外，中下游干流普遍为劣Ⅴ类；汾河除上游断面有所改善外，中下游干流普遍为劣Ⅴ类。据可获得资料，2011 年宝鸡市境内河流断面主要污染指标年均值情况如表5-28所示。

表 5-28　2011 年宝鸡市境内河流断面主要污染指标年平均值统计汇总表

河流	断面名称	水质类别	五日生化需氧量	化学需氧量	高锰酸盐指数	氟化物	氨氮	总磷	总氮	评价结果
渭河	林家村	Ⅱ	2.2	13	2.6	0.46	0.209	0.035	0.357	达标
	胜利桥	Ⅲ	3.2	17	4.1	0.52	0.559	0.129	0.658	达标
	卧龙寺桥	Ⅲ	3.3	18	4.9	0.74	0.641	0.140	0.784	达标
	虢镇桥	Ⅳ	4.4	22	6.3	0.92	0.795	0.184	0.846	达标
	蔡家坡桥	Ⅳ	5.2	23	6.8	0.96	0.842	0.196	1.021	达标
	常兴桥	Ⅲ	3.3	17	4.1	0.65	0.616	0.149	0.789	达标
嘉陵江	黄牛铺	Ⅱ	1.5	12	2.3	0.35	0.254	0.030	0.356	达标
	凤州	Ⅲ	1.7	14	2.2	0.37	0.311	0.038	0.448	达标
	灶火庵	Ⅲ	2.0	15	2.1	0.37	0.306	0.054	0.433	达标
清姜河	益门桥	Ⅱ	1.6	12	2.5	0.40	0.187	0.020	0.348	达标
	玻璃厂前	Ⅲ	2.4	15	3.1	0.49	0.477	0.091	0.601	达标
石坝河	公路桥	Ⅲ	2.8	17	3.3	0.50	0.550	0.100	0.620	达标
金陵河	金乡河	Ⅲ	2.7	15	3.2	0.37	0.410	0.100	0.527	达标
	皮革厂前	Ⅲ	2.9	16	3.4	0.39	0.446	0.112	0.617	达标
	金陵桥	Ⅲ	3.3	18	4.0	0.50	0.606	0.133	0.758	达标
GB 3838—2002		Ⅱ类	3	15	4	1.00	0.5	0.1	0.5	
		Ⅲ类	4	20	6	1.00	1	0.2	1	
		Ⅳ类	6	30	10	1.50	1.5	0.3	1.5	

注：污染物指标单位为 mg/L。

5.6 空气环境

研究区空气质量优良天数整体上 2005 ~ 2010 年有大的增加，表明研究区空气质量整体转好（表 5-29）。

表 5-29 黄河中上游能源化工区空气质量优良天数统计表 （单位：天）

省（自治区）	地区	2005 年	2009 年	2010 年	2011 年
宁夏	银川市	—	325	332	333
	石嘴山市	—	319	321	322
	吴忠市	—	329	325	325
	中卫市	—	—	317	316
陕西	铜川市	229	334	330	328
	宝鸡市	298	312	317	317
	咸阳市	295	315	318	318
	渭南市	230	300	313	314
	延安市	—	313	315	316
	榆林市	—	336	333	334
内蒙古	包头市	256	309	316	—
	鄂尔多斯市	328	354	337	344
	巴彦淖尔市	—	351	350	—
	乌海市	91	290	295	—
	阿拉善左旗	—	338	348	—
山西	运城市	—	—	—	—
	忻州市	—	—	—	356
	临汾市	—	328	332	—
	吕梁市	—	—	327	328

2010 年影响宁夏回族自治区城市空气质量的首要污染物是可吸入颗粒物（PM_{10}），其污染天数占总污染天数的 77.4%；二氧化硫（SO_2）占 22.6%。

宁夏回族自治区全区 PM_{10} 年均值为 0.090mg/m^3，同比下降 0.006mg/m^3；全区 SO_2 年均值为 0.046mg/m^3，同比上升 0.006mg/m^3；全区 NO_2 年均值为 0.022mg/m^3，同比下降 0.002mg/m^3。三项指标均达到国家环境空气质量二级标准。全区共采集单个降水样品 182 个，pH5.32 ~ 8.86，酸雨样品出现在石嘴山市大武口区，频率为 2.5%，同比下降 2.5 个百分点。全区出现大规模沙尘天气 7 次，其中浮尘 1 次、扬沙 4 次、沙尘暴 2 次；沙尘天气出现地区 PM_{10}，小时浓度值 0.199 ~ 12.7mg/m^3，均值 0.36 ~ 2.86mg/m^3，最大浓度超标 84 倍。同比首次沙尘天气出现时间提前，次数增加一次，污染程度有所加重。

2010 年陕西省 6 个地市环境空气污染仍属 PM_{10} 和 SO_2 为主要污染物的煤烟型污染，环境空气质量总体与 2009 年持平。2010 年宝鸡市、铜川市、咸阳市和榆林市达到国家环境空气质量二级年均值标准（居住区标准）；渭南市、延安市达到国家环境空气质量三级年均值标准（特定工业区标准）。与 2009 年相比，空气中的主要污染物 SO_2、NO_2 浓度略有下降，PM_{10} 和自然降尘污染略有上升。环境空气中主要污染物为 PM_{10}，占污染负荷的 46.44%；其次为 SO_2 和 NO_2，分别占 35.31% 和 18.25%。影响城市空气质量的主要污染物仍是 PM_{10}。空气质量日报显示，铜川市和榆林市城市空气质量日报优良率达到 90% 以上；渭南市、咸阳市、宝鸡市、延安市城市空气质量日报优良率达到 80% 以上。

宝鸡市、铜川市、咸阳市、渭南市、延安市和榆林市 SO_2 含量达到国家二级年均值标准（0.06 mg/m^3），NO_2 含量年均浓度值达到国家一级年均值标准（0.04mg/m^3）。2010 年陕西省 12 个监测 PM_{10} 的城市年均浓度值为 0.049 ~ 0.126mg/m^3，全陕西省平均值为 0.095mg/m^3，符合国家二级年均值标准（0.10mg/m^3），较 2009 年上升了 0.003mg/m^3。宝鸡市、铜川市、咸阳市和榆林市 PM_{10} 年均浓度达到国家二级年均值标准（0.10mg/m^3），渭南市和延安市超过国家二级年均值标准。铜川市、延安市和榆林市降尘超过省控标准[18t/(km^2·月)]，其他地区年均值均符合省控标准，污染较轻。与 2009 年相比，自然降尘污染略有上升。2010 年渭南市出现酸雨。2010 年榆林市监测到沙尘天气 13 次，其中受沙尘影响天气 2 次、浮尘天气 5 次、扬沙天气 3 次、沙尘暴 3 次；延安市监测到 3 次，其中浮尘天气 2 次、扬沙天气 1 次；铜川市监测到 8 次，其中受沙尘影响天气 6 次、浮尘天气 2 次。与 2009 年相比沙尘天气发生次数明显增加，强度有所增强，但沙尘天气等级依然较低，持续时间不长。

2010 年，研究区内蒙古自治区境内包头、鄂尔多斯、巴彦淖尔的空气质量符合国家二级标准，为良好。乌海市（海勃湾区）的空气质量达到三级标准，为轻污染。2010 年，5 座城市均未检测出酸雨。自 2002 年开始，内蒙古自治区降水的酸雨检出率连续 9 年为零（表 5-30）。

表 5-30　内蒙古自治区城市空气污染情况统计表

地区	2010 年				2005 年城市空气综合污染指数
	SO_2	NO_2	PM_{10}	城市空气综合污染指数	
包头市	0.057	0.039	0.097	2.4	3.0
巴彦淖尔市	0.032	0.016	0.071	1.2	2.7
乌海市				2.62	4.5
鄂尔多斯市	0.046	0.043	0.058	1.8	2.0

注：表中 SO_2、NO_2、PM_{10} 单位均为 mg/m^3。

2010 年山西省临汾、运城、忻州、吕梁 4 座城市达到国家环境空气质量二级标准。4 座城市环境空气污染仍属以 PM_{10} 和 SO_2 为主要污染物的煤烟型污染（表 5-31，图 5-32）。三项主要污染物污染负荷最大的为 PM_{10}，占 45.0%；其次为 SO_2，占 40.0%；再次为 NO_2，占 15.0%。2010 年，4 座城市均无酸雨出现。2005 ~ 2010 年，4 座城市中，运城市和临汾市出现过酸雨，酸雨频率为1.2%～47.1%，酸雨出现频率呈现逐年下降的趋势。

表5-31　山西省4座城市2010年与2009年环境空气污染指数对比统计表

城市	2009年				2010年				2010年与2009年比变化率/%
	SO_2污染指数	NO_2污染指数	PM_{10}污染指数	综合污染指数	SO_2污染指数	NO_2污染指数	PM_{10}污染指数	综合污染指数	
运城市	0.73	0.23	0.72	1.68	0.58	0.21	0.75	1.55	-7.7
忻州市	0.62	0.24	0.62	1.47	0.60	0.23	0.61	1.44	-2.0
临汾市	0.63	0.24	0.85	1.72	0.63	0.24	0.84	1.71	-0.6
吕梁市	0.88	0.25	0.73	1.86	0.62	0.18	0.67	1.46	-21.5

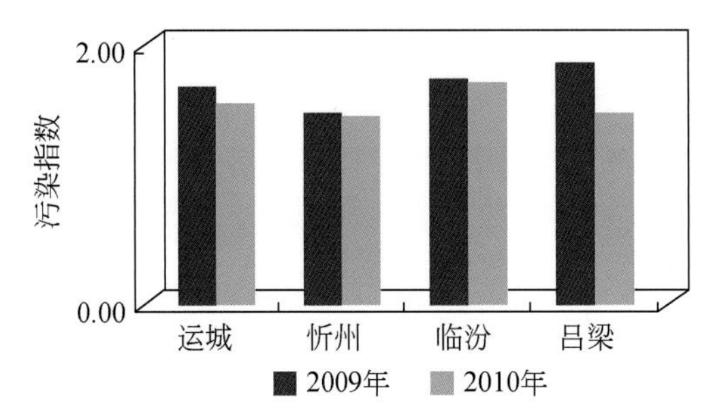

图5-32　4座城市2009年与2010年环境空气综合污染指数对比图

综合来看，研究区环境空气质量以煤烟型污染为主要特征，且区域内空气质量差异较大，整体低于全国平均水平。研究区未来环境空气质量演变趋势，总体上来看，常规大气污染物浓度将呈下降趋势，但超标现象依然普遍；具体来看，SO_2浓度整体呈下降趋势，NO_2浓度保持较优状态，PM_{10}浓度呈较明显下降趋势，但超标依然会很普遍。

5.7　综合评价

选取研究区评价指标体系中生态质量主题中的植被覆盖度（VC）、叶面积指数（LAI）、净初级生产力（NPP）、生物量（biomass）密度、土地退化、湿地面积占土地面积的百分比指标和各指标在该主题中的相对权重，利用主成分分析法构建生态质量指数（ecosystem quality index，EQI），以反映研究区生态质量状况。这几个指标中，笔者认为植被覆盖度（VC）、叶面积指数（LAI）、净初级生产力（NPP）、生物量密度和湿地面积占土地面积百分比的数值越大，生态环境越好，而土地退化（土壤侵蚀强度）数值越小，生态环境越好。因此为保证数值大小所代表生态环境意义的一致性（各指标值越大，生态环境越好），将土地退化（土壤侵蚀强度）的数值权重取其反向值。具体操作为用其标准化值的最大值（1）去减各个值，所得的差即为其权重。

$$\mathrm{EQI}_i = \sum_{j=1}^{n} \mathrm{EQw}_j \cdot \mathrm{EQr}_{i\,j}$$

式中，EQI_i为第 i 地区生态质量指数；EQw_j 为各指标相对权重；EQr_{ij} 为第 i 地区各指标的标准化值。

主成分分析法的原理及其在 SPSS16.0 中的实现见第 8 章开发强度变化及其分析部分。

2000 年黄河中上游能源化工区生态质量指数计算过程如下。

将用于提取生态质量指数的各变量进行标准化，结果如表 5-32 所示。

表 5-32　标准化以后的变量列表（2000 年）

地区	VC	LAI	NPP	Biomass	Landdeg	Wetland
阿拉善左旗	0	0	0	0	0.997	0
巴彦淖尔市	0.089	0.035	0.09	0.007	0.9802	0.418
包头市	0.171	0.071	0.137	0.02	0.9312	0.208
宝鸡市	1	1	1	1	0.6883	0.103
鄂尔多斯市	0.104	0.04	0.078	0.012	0.9661	0.18
临汾市	0.609	0.388	0.599	0.22	0.3279	0.03
吕梁市	0.493	0.342	0.492	0.245	0	0.051
石嘴山市	0.215	0.108	0.225	0.008	0.877	1
铜川市	0.831	0.55	0.895	0.507	0.5901	0.04
渭南市	0.719	0.518	0.725	0.246	0.7773	0.594
乌海市	0.027	0.018	0.037	0.002	1	0.778
吴忠市	0.108	0.032	0.091	0.008	0.8299	0.172
咸阳市	0.747	0.488	0.716	0.234	0.548	0.149
忻州市	0.508	0.28	0.525	0.147	0.1025	0.05
延安市	0.547	0.388	0.564	0.374	0.1603	0.06
银川市	0.229	0.113	0.259	0.012	0.9564	0.641
榆林市	0.16	0.062	0.114	0.017	0.4152	0.154
运城市	0.715	0.504	0.708	0.177	0.6663	0.41
中卫市	0.129	0.045	0.105	0.011	0.6548	0.177
总体	0.269	0.174	0.26	0.115	0.7088	0.183

注：变量 VC、LAI、NPP、Biomass、Landdeg、Wetland 分别对应植被覆盖度、叶面积指数、净初级生产力、生物量密度、土地退化、湿地面积占土地面积的百分比指标，下同。

提取各变量因子的共同度如表 5-33 所示。

表 5-33　各因子指标的共同度（2000 年）

变量	初始值	提取值
VC	1.000	0.966
LAI	1.000	0.988
NPP	1.000	0.965

续表

变量	初始值	提取值
Biomass	1.000	0.854
Landdeg	1.000	0.742
Wetland	1.000	0.809

注：各因子指标的共同度表示各变量中所含信息能被提取的程度。

通过表5-34可知，可提取前两个主成分（累计贡献率88.759%）来进行分析。

表5-34　方差分解主成分提取分析表（2000年）

主成分	初始特征值			被提取的载荷平方和		
	Total	% of Variance	Cumulative %	Total	% of Variance	Cumulative %
1	4.146	69.096	69.096	4.146	69.096	69.096
2	1.180	19.663	88.759	1.180	19.663	88.759
3	0.507	8.455	97.214			
4	0.153	2.542	99.756			
5	0.014	0.227	99.983			
6	0.001	0.017	100.000			

注：Total，特征值；% of Variance，各主成分贡献率（%）；Cumulative %，累计贡献率（%）。下同。

从表5-35可知，VC、LAI、NPP和Biomass在第一主成分上有较高载荷，说明第一主成分反映了这些指标的信息。而Landdeg和Wetland在第二主成分上有较高载荷，说明第二主成分基本上反映了土地退化和湿地面积比例这两个指标的信息。所以提取2个主成分基本可以反映全部指标的信息，故而决定用2个新变量来代替原来的6个变量。但这2个新变量的表达还不能从输出窗口中直接得到，因为“Component Matrix”是指初始因子载荷矩阵，每一个载荷量表示主成分与对应变量的相关系数。

表5-35　初始因子载荷矩阵（2000年）

变量	主成分	
	1	2
VC	0.970	0.161
LAI	0.965	0.237
NPP	0.966	0.180
Biomass	0.910	0.160
Landdeg	-0.578	0.639
Wetland	-0.423	0.794

用表 5-35（初始因子载荷矩阵）中的因子载荷系数除以相对应的主成分特征值的开平方根便得到 2 个主成分中每个指标所对应的系数（表 5-36）。主成分系数表示主成分和相应的原先变量的相关系数，相关系数（绝对值）越大，主成分对该变量的代表性也越大。

表 5-36　主成分系数计算结果（2000 年）

变量	初始因子载荷矩阵 因子载荷系数		特征值开方结果值		计算的主成分系数值 a	
	1	2	1	2	a_{j1}	a_{j2}
VC	0.969 950 4	0.160 969 7	2.035 028	1.087 171	0.476 627	0.148 063
LAI	0.965 792 4	0.234 858 3	2.035 028	1.087 171	0.474 584	0.216 027
NPP	0.966 022 6	0.179 327 2	2.035 028	1.087 171	0.474 697	0.164 949
Biomass	0.910 604	0.156 495 6	2.035 028	1.087 171	0.447 465	0.143 948
Landdeg	-0.578 039	0.636 294 3	2.035 028	1.087 171	-0.284 04	0.585 275
Wetland	-0.413 827 1	0.799 594	2.035 028	1.087 171	-0.203 35	0.735 482

所提取的前两个主成分的特征值分别为 4.141 339 8（第一主成分）和 1.181 939 8（第二主成分），所对应的开方结果值分别为 2.035 028 和 1.087 171。

则 2 个主成分的表达式分别为

$$\begin{cases} F_1 = a_{11}Z_1 + a_{21}Z_2 + a_{31}Z_3 + a_{41}Z_4 + a_{51}Z_5 + a_{61}Z_6 \\ F_2 = a_{12}Z_1 + a_{22}Z_2 + a_{32}Z_3 + a_{42}Z_4 + a_{52}Z_5 + a_{62}Z_6 \end{cases}$$

以每个主成分所对应的特征值占所提取主成分总的特征值之和的比例作为权重计算主成分综合模型：$F = \frac{\lambda_1}{\lambda_1 + \lambda_2}F_1 + \frac{\lambda_2}{\lambda_1 + \lambda_2}F_2$

设 $R_1 = \frac{\lambda_1}{\lambda_1 + \lambda_2}F_1 = \frac{4.141\ 339\ 8}{4.141\ 339\ 8 + 1.181\ 939\ 8}F_1 = 0.777\ 968F_1$,

$$R_2 = \frac{\lambda_2}{\lambda_1 + \lambda_2}F_2 = \frac{1.181\ 939\ 8}{4.141\ 339\ 8 + 1.181\ 939\ 8}F_2 = 0.222\ 032F_2$$

$$\begin{aligned} F &= \frac{\lambda_1}{\lambda_1 + \lambda_2}F_1 + \frac{\lambda_2}{\lambda_1 + \lambda_2}F_2 \\ &= R_1F_1 + R_2F_2 \\ &= R_1(a_{11}Z_1 + a_{21}Z_2 + a_{31}Z_3 + a_{41}Z_4 + a_{51}Z_5 + a_{61}Z_6) + R_2(a_{12}Z_1 + a_{22}Z_2 + a_{32}Z_3 + a_{42}Z_4 + a_{52}Z_5 + a_{62}Z_6) \\ &= Z_1(R_1a_{11} + R_2a_{12}) + Z_2(R_1a_{21} + R_2a_{22}) + Z_3(R_1a_{31} + R_2a_{32}) + Z_4(R_1a_{41} + R_2a_{42}) + Z_5(R_1a_{51} + R_2a_{52}) + Z_6(R_1a_{61} + R_2a_{62}) \end{aligned}$$

表 5-37 为分析计算过程数据，表 5-38 为计算结果值及综合排名。

表 5-37　主成分分析计算过程数据（2000 年）

变量 Z	计算的主成分系数值		特征值比例		$a_{j1}\times R_1$	$a_{j2}\times R_2$	$a_{j1}\times R_1+a_{j2}\times R_2$
	a_{j1}	a_{j2}	R_1	R_2			
VC	0. 476 627	0. 148 063	0. 777 968	0. 222 032	0. 370 801	0. 032 875	0. 403 676
LAI	0. 474 584	0. 216 027	0. 777 968	0. 222 032	0. 369 211	0. 047 965	0. 417 176
NPP	0. 474 697	0. 164 949	0. 777 968	0. 222 032	0. 369 299	0. 036 624	0. 405 923
Biomass	0. 447 465	0. 143 948	0. 777 968	0. 222 032	0. 348 113	0. 031 961	0. 380 074
Landdeg	-0. 284 04	0. 585 275	0. 777 968	0. 222 032	-0. 220 98	0. 129 95	-0. 091 03
Wetland	-0. 203 35	0. 735 482	0. 777 968	0. 222 032	-0. 158 2	0. 163 301	0. 005 099

表 5-38　2000 年各项变量得分及综合得分和综合排名表

地区	综合得分	综合排名
阿拉善左旗	-0. 090 8	20
巴彦淖尔	0. 002 63	18
包头市	0. 078 16	14
宝鸡市	1. 544 72	1
鄂尔多斯市	0. 007 87	17
临汾市	0. 704 77	7
吕梁市	0. 634 78	8
石嘴山市	0. 151 49	12
铜川市	1. 067 39	2
渭南市	0. 826 41	4
乌海市	-0. 052 9	19
吴忠市	0. 022 26	16
咸阳市	0. 835 58	3
忻州市	0. 581 78	9
延安市	0. 739 48	6
银川市	0. 165 49	11
榆林市	0. 106 18	13
运城市	0. 794 99	5
中卫市	0. 058 95	15
总体	0. 266 84	10

2005 年黄河中上游能源化工区生态质量指数计算过程如下。变量标准化结果如表5-39 所示。因子共同度如表 5-40 所示。

表 5-39 标准化以后的变量列表（2005 年）

地区	VC	LAI	NPP	Biomass	Landdeg	Wetland
阿拉善左旗	0	0	0	0	1	0
巴彦淖尔市	0. 061	0. 033	0. 083	0. 026	0. 9736	0. 353
包头市	0. 074	0. 053	0. 104	0. 039	0. 9602	0. 122
宝鸡市	1	1	1	1	0. 7881	0. 091
鄂尔多斯市	0. 071	0. 044	0. 086	0. 028	0. 9814	0. 15
临汾市	0. 653	0. 459	0. 665	0. 397	0. 0271	0. 036
吕梁市	0. 499	0. 389	0. 54	0. 314	0. 1056	0. 034
石嘴山市	0. 146	0. 114	0. 23	0. 051	0. 7637	1
铜川市	0. 83	0. 582	0. 928	0. 538	0. 7483	0. 029
渭南市	0. 712	0. 544	0. 743	0. 36	0. 7183	0. 464
乌海市	0. 005	0. 027	0. 037	0. 01	0. 9735	0. 707
吴忠市	0. 04	0. 045	0. 097	0. 028	0. 8323	0. 146
咸阳市	0. 818	0. 581	0. 835	0. 315	0. 6564	0. 104
忻州市	0. 472	0. 275	0. 525	0. 279	0. 3975	0. 032
延安市	0. 629	0. 473	0. 667	0. 423	0	0. 054
银川市	0. 146	0. 112	0. 235	0. 067	0. 9792	0. 585
榆林市	0. 167	0. 088	0. 157	0. 055	0. 3266	0. 119
运城市	0. 684	0. 518	0. 678	0. 384	0. 7566	0. 392
中卫市	0. 047	0. 049	0. 099	0. 03	0. 6389	0. 162
总体	0. 256	0. 19	0. 276	0. 157	0. 7074	0. 152

表 5-40 各因子指标的共同度（2005 年）

变量	初始值	提取值
VC	1. 000	0. 980
LAI	1. 000	0. 989
NPP	1. 000	0. 972
Biomass	1. 000	0. 930
Landdeg	1. 000	0. 662
Wetland	1. 000	0. 747

注：各因子指标的共同度表示各变量中所含信息能被提取的程度。

通过表 5-41 可知，可提取前两个主成分（累计贡献率 88.029%）来进行分析。

表 5-41 方差分解主成分提取分析表（2005 年）

主成分	初始特征值			被提取的载荷平方和		
	Total	% of Variance	Cumulative %	Total	% of Variance	Cumulative %
1	4.191	69.847	69.847	4.191	69.847	69.847
2	1.091	18.182	88.029	1.091	18.182	88.029
3	0.604	10.059	98.088			
4	0.101	1.690	99.778			
5	0.011	0.190	99.968			
6	0.002	0.032	100.000			

从表 5-42 可知，VC、LAI、NPP 和 Biomass 在第一主成分上有较高载荷，说明第一主成分反映了这些指标的信息。而 Landdeg 和 Wetland 在第二主成分上有较高载荷，说明第二主成分基本上反映了土地退化和湿地面积比例这两个指标的信息。所以提取 2 个主成分基本可以反映全部指标的信息，故而决定用 2 个新变量来代替原来的 6 个变量。

表 5-42 初始因子载荷矩阵（2005 年）

变量	主成分	
	1	2
VC	0.982	0.131
LAI	0.972	0.209
NPP	0.974	0.153
Biomass	0.951	0.160
Landdeg	-0.516	0.629
Wetland	-0.403	0.765

用表 5-42（初始因子载荷矩阵）中的因子载荷系数除以相对应的主成分特征值的开平方根便得到 2 个主成分中每个指标所对应的系数（表 5-43）。主成分系数表示主成分和相应的原先变量的相关系数，相关系数（绝对值）越大，主成分对该变量的代表性也越大。

表 5-43　主成分系数计算结果（2005 年）

变量	初始因子载荷矩阵 因子载荷系数		特征值开方结果值		计算的主成分系数值 a	
	1	2	1	2	a_{j1}	a_{j2}
VC	0. 981 542 6	0. 130 644 3	2. 047 146 36	1. 044 477	0. 479 469	0. 125 081
LAI	0. 972 328 9	0. 209 059 2	2. 047 146 36	1. 044 477	0. 474 968	0. 200 157
NPP	0. 974 143 1	0. 153 003 4	2. 047 146 36	1. 044 477	0. 475 854	0. 146 488
Biomass	0. 950 868	0. 160 248 9	2. 047 146 36	1. 044 477	0. 464 485	0. 153 425
Landdeg	−0. 516 488 2	0. 629 050 8	2. 047 146 36	1. 044 477	−0. 252 3	0. 602 264
Wetland	−0. 402 609 2	0. 765 090 7	2. 047 146 36	1. 044 477	−0. 196 67	0. 732 511

所提取的前两个主成分的特征值分别为 4. 190 808 2（第一主成分）和 1. 090 932 1（第二主成分），所对应的开方结果值分别为 2. 047 146 36 和 1. 044 477。

则 2 个主成分的表达式分别为

$$\begin{cases} F_1 = a_{11}Z_1 + a_{21}Z_2 + a_{31}Z_3 + a_{41}Z_4 + a_{51}Z_5 + a_{61}Z_6 \\ F_2 = a_{12}Z_1 + a_{22}Z_2 + a_{32}Z_3 + a_{42}Z_4 + a_{52}Z_5 + a_{62}Z_6 \end{cases}$$

以每个主成分所对应的特征值占所提取主成分总的特征值之和的比例作为权重计算主成分综合模型：$F = \frac{\lambda_1}{\lambda_1 + \lambda_2}F_1 + \frac{\lambda_2}{\lambda_1 + \lambda_2}F_2$

设 $R_1 = \frac{\lambda_1}{\lambda_1 + \lambda_2}F_1 = \frac{4.1908082}{4.1908082 + 1.0909321}F_1 = 0.793452F_1$，

$$R_2 = \frac{\lambda_2}{\lambda_1 + \lambda_2}F_2 = \frac{1.0909321}{4.1908082 + 1.0909321}F_2 = 0.206548F_2$$

$$\begin{aligned} F &= \frac{\lambda_1}{\lambda_1 + \lambda_2}F_1 + \frac{\lambda_2}{\lambda_1 + \lambda_2}F_2 \\ &= R_1F_1 + R_2F_2 \\ &= R_1(a_{11}Z_1 + a_{21}Z_2 + a_{31}Z_3 + a_{41}Z_4 + a_{51}Z_5 + a_{61}Z_6) + R_2(a_{12}Z_1 + a_{22}Z_2 + a_{32}Z_3 + a_{42}Z_4 + a_{52}Z_5 + a_{62}Z_6) \\ &= Z_1(R_1a_{11} + R_2a_{12}) + Z_2(R_1a_{21} + R_2a_{22}) + Z_3(R_1a_{31} + R_2a_{32}) + Z_4(R_1a_{41} + R_2a_{42}) + Z_5(R_1a_{51} + R_2a_{52}) + Z_6(R_1a_{61} + R_2a_{62}) \end{aligned}$$

表 5-44 为分析计算过程数据，表 5-45 为计算结果值及综合排名。

表 5-44　主成分分析计算过程数据（2005 年）

变量 Z	计算的主成分系数值		特征值比例		$a_{j1} \times R_1$	$a_{j2} \times R_2$	$a_{j1} \times R_1 + a_{j2} \times R_2$
	a_{j1}	a_{j2}	R_1	R_2			
VC	0. 479 469	0. 125 081	0. 793 452	0. 206 548	0. 380 435	0. 025 835	0. 406 271
LAI	0. 474 968	0. 200 157	0. 793 452	0. 206 548	0. 376 864	0. 041 342	0. 418 206
NPP	0. 475 854	0. 146 488	0. 793 452	0. 206 548	0. 377 567	0. 030 257	0. 407 824
Biomass	0. 464 485	0. 153 425	0. 793 452	0. 206 548	0. 368 546	0. 031 69	0. 400 236
Landdeg	−0. 252 3	0. 602 264	0. 793 452	0. 206 548	−0. 200 19	0. 124 396	−0. 075 79
Wetland	−0. 196 67	0. 732 511	0. 793 452	0. 206 548	−0. 156 05	0. 151 299	−0. 004 75

表 5-45　2005 年各项变量得分及综合得分和综合排名表

地区	综合得分	综合排名
阿拉善左旗	-0. 075 789 013	20
巴彦淖尔市	0. 007 374 456	18
包头市	0. 036 899 96	15
宝鸡市	1. 572 375 739	1
鄂尔多斯市	0. 018 434 173	17
临汾市	0. 885 123 422	6
吕梁市	0. 703 145 739	8
石嘴山市	0. 158 574 059	12
铜川市	1. 117 537 961	2
渭南市	0. 907 224 757	4
乌海市	-0. 044 723 03	19
吴忠市	0. 022 063 191	16
咸阳市	0. 991 673 109	3
忻州市	0. 602 261 976	9
延安市	0. 894 418 005	5
银川市	0. 151 818 649	13
榆林市	0. 165 372 979	11
运城市	0. 865 512 073	7
中卫市	0. 042 777 651	14
总体	0. 304 526 108	10

2010 年黄河中上游能源化工区生态质量指数计算过程如下。变量标准化结果如表5-46 所示。因子共同度如表 5-47 所示。

表 5-46　标准化以后的变量列表（2010 年）

地区	VC	LAI	NPP	Biomass	Landdeg	Wetland
阿拉善左旗	0	0	0	0	1	0
巴彦淖尔市	0. 09	0. 045	0. 105	0. 029	0. 9417	0. 366
包头市	0. 094	0. 068	0. 118	0. 032	0. 8615	0. 163
宝鸡市	1	1	1	1	0. 7052	0. 098
鄂尔多斯市	0. 118	0. 054	0. 113	0. 028	0. 937	0. 146
临汾市	0. 678	0. 598	0. 728	0. 407	0. 4081	0. 02
吕梁市	0. 575	0. 543	0. 636	0. 313	0. 1013	0. 036
石嘴山市	0. 199	0. 148	0. 302	0. 056	0. 7164	1
铜川市	0. 812	0. 635	0. 881	0. 554	0. 524	0. 029
渭南市	0. 7	0. 613	0. 782	0. 369	0. 7323	0. 483

续表

地区	VC	LAI	NPP	Biomass	Landdeg	Wetland
乌海市	0. 103	0. 03	0. 078	0. 015	0. 9692	0. 62
吴忠市	0. 128	0. 083	0. 173	0. 032	0. 7505	0. 191
咸阳市	0. 798	0. 61	0. 861	0. 316	0. 5531	0. 11
忻州市	0. 517	0. 339	0. 589	0. 277	0	0. 034
延安市	0. 687	0. 551	0. 739	0. 369	0. 2235	0. 043
银川市	0. 211	0. 143	0. 299	0. 063	0. 9494	0. 574
榆林市	0. 255	0. 141	0. 245	0. 065	0. 3424	0. 117
运城市	0. 697	0. 62	0. 744	0. 415	0. 703	0. 356
中卫市	0. 111	0. 076	0. 159	0. 033	0. 5166	0. 189
总体	0. 292	0. 228	0. 316	0. 156	0. 6891	0. 156

表 5-47　各因子指标的共同度（2010 年）

变量	初始值	提取值
VC	1. 000	0. 988
LAI	1. 000	0. 990
NPP	1. 000	0. 974
Biomass	1. 000	0. 914
Landdeg	1. 000	0. 691
Wetland	1. 000	0. 789

注：各因子指标的共同度表示各变量中所含信息能被提取的程度。

通过表 5-48 可知，可提取前两个主成分（累计贡献率 89. 104%）来进行分析。

表 5-48　方差分解主成分提取分析表（2010 年）

主成分	初始特征值			被提取的载荷平方和		
	Total	% of Variance	Cumulative %	Total	% of Variance	Cumulative %
1	4. 265	71. 080	71. 080	4. 265	71. 080	71. 080
2	1. 081	18. 024	89. 104	1. 081	18. 024	89. 104
3	0. 557	9. 288	98. 392			
4	0. 083	1. 386	99. 778			
5	0. 011	0. 176	99. 954			
6	0. 003	0. 046	100. 000			

从表 5-49 可知，VC、LAI、NPP 和 Biomass 在第一主成分上有较高载荷，说明第一主成分反映了这些指标的信息。而 Landdeg 和 Wetland 在第二主成分上有较高载荷，说明第

二主成分基本上反映了土地退化和湿地面积比例这两个指标的信息。所以提取 2 个主成分基本可以反映全部指标的信息，故而决定用 2 个新变量来代替原来的 6 个变量。

表 5-49　初始因子载荷矩阵（2010 年）

变量	主成分	
	1	2
VC	0.983	0.144
LAI	0.976	0.192
NPP	0.974	0.160
Biomass	0.934	0.205
Landdeg	-0.588	0.588
Wetland	-0.423	0.781

用表 5-49（初始因子载荷矩阵）中的因子载荷系数除以相对应的主成分特征值的开平方根便得到 2 个主成分中每个指标所对应的系数（表 5-50）。主成分系数表示主成分和相应的原先变量的相关系数，相关系数（绝对值）越大，主成分对该变量的代表性也越大。

表 5-50　主成分系数计算结果（2010 年）

变量	初始因子载荷矩阵		特征值开方结果值		计算的主成分系数值 a	
	因子载荷系数					
	1	2	1	2	a_{j1}	a_{j2}
VC	0.983 389 4	0.144 006 5	2.065 139	1.039 928	0.476 186	0.138 477
LAI	0.976 145 5	0.191 896 3	2.065 139	1.039 928	0.472 678	0.184 529
NPP	0.974 113 5	0.159 855 1	2.065 139	1.039 928	0.471 694	0.153 718
Biomass	0.933 620 6	0.204 955 3	2.065 139	1.039 928	0.452 086	0.197 086
Landdeg	-0.587 879 4	0.587 899 4	2.065 139	1.039 928	-0.284 67	0.565 327
Wetland	-0.422 773 8	0.781 474 1	2.065 139	1.039 928	-0.204 72	0.751 47

所提取的前两个主成分的特征值分别为 4.264 799 3（第一主成分）和 1.081 449 8（第二主成分），所对应的开方结果值分别为 2.065 139 和 1.039 928。

则 2 个主成分的表达式分别为

$$\begin{cases} F_1 = a_{11}Z_1 + a_{21}Z_2 + a_{31}Z_3 + a_{41}Z_4 + a_{51}Z_5 + a_{61}Z_6 \\ F_2 = a_{12}Z_1 + a_{22}Z_2 + a_{32}Z_3 + a_{42}Z_4 + a_{52}Z_5 + a_{62}Z_6 \end{cases}$$

以每个主成分所对应的特征值占所提取主成分总的特征值之和的比例作为权重计算主成分综合模型：$F = \frac{\lambda_1}{\lambda_1 + \lambda_2}F_1 + \frac{\lambda_2}{\lambda_1 + \lambda_2}F_2$

设 $R_1 = \frac{\lambda_1}{\lambda_1 + \lambda_2}F_1 = \frac{4.2647993}{4.2647993 + 1.0814498}F_1 = 0.797718F_1$，

$$R_2 = \frac{\lambda_2}{\lambda_1 + \lambda_2}F_2 = \frac{1.0814498}{4.2647993 + 1.0814498}F_2 = 0.202282F_2$$

$$F = \frac{\lambda_1}{\lambda_1 + \lambda_2}F_1 + \frac{\lambda_2}{\lambda_1 + \lambda_2}F_2$$

$$= R_1F_1 + R_2F_2$$

$$= R_1(a_{11}Z_1 + a_{21}Z_2 + a_{31}Z_3 + a_{41}Z_4 + a_{51}Z_5 + a_{61}Z_6) + R_2(a_{12}Z_1 + a_{22}Z_2 + a_{32}Z_3 + a_{42}Z_4 + a_{52}Z_5 + a_{62}Z_6)$$

$$= Z_1(R_1a_{11} + R_2a_{12}) + Z_2(R_1a_{21} + R_2a_{22}) + Z_3(R_1a_{31} + R_2a_{32}) + Z_4(R_1a_{41} + R_2a_{42}) + Z_5(R_1a_{51} + R_2a_{52}) + Z_6(R_1a_{61} + R_2a_{62})$$

表 5-51 为分析计算过程数据，表 5-52 为计算结果值及综合排名。

表 5-51　主成分分析计算过程数据（2010 年）

变量 Z	计算的主成分系数值		特征值比例		$a_{j1} \times R_1$	$a_{j2} \times R_2$	$a_{j1} \times R_1 + a_{j2} \times R_2$
	a_{j1}	a_{j2}	R_1	R_2			
VC	0.476 186	0.138 477	0.797 718	0.202 282	0.379 862	0.028 011	0.407 87
LAI	0.472 678	0.184 529	0.797 718	0.202 282	0.377 064	0.037 327	0.414 39
NPP	0.471 694	0.153 718	0.797 718	0.202 282	0.376 279	0.031 094	0.407 37
Biomass	0.452 086	0.197 086	0.797 718	0.202 282	0.360 637	0.039 867	0.400 5
Landdeg	−0.284 67	0.565 327	0.797 718	0.202 282	−0.227 08	0.114 355	−0.112 7
Wetland	−0.204 72	0.751 47	0.797 718	0.202 282	−0.163 31	0.152 009	−0.011 3

表 5-52　2010 年各项变量得分及综合得分和综合排名表

地区	综合得分	综合排名
阿拉善左旗	−0.112 729	20
巴彦淖尔市	−0.000 548	18
包头市	0.028 446 5	16
宝鸡市	1.549 536 7	1
鄂尔多斯市	0.020 476 1	17
临汾市	0.937 685 4	4
吕梁市	0.832 161 9	8
石嘴山市	0.195 892 5	12
铜川市	1.115 708 1	2
渭南市	0.917 874 9	7
乌海市	−0.024 038	19
吴忠市	0.083 132 2	15
咸阳市	0.991 974 9	3
忻州市	0.701 847	9
延安市	0.931 691 9	5

续表

地区	综合得分	综合排名
银川市	0.178 844 1	13
榆林市	0.248 355 3	11
运城市	0.927 233 1	6
中卫市	0.094 384 9	14
总体	0.325 343 9	10

将2000年、2005年和2010年的生态质量指数及其综合排名一并列入表5-53。

表5-53　黄河中上游能源化工区生态质量指数及其排名统计表

地区	主成分分析综合得分值			综合得分值排名		
	2000年	2005年	2010年	2000年	2005年	2010年
阿拉善左旗	-0.091	-0.076	-0.113	20	20	20
巴彦淖尔市	0.003	0.007	-0.001	18	18	18
包头市	0.078	0.037	0.028	14	15	16
宝鸡市	1.545	1.572	1.550	1	1	1
鄂尔多斯市	0.008	0.018	0.020	17	17	17
临汾市	0.705	0.885	0.938	7	6	4
吕梁市	0.635	0.703	0.832	8	8	8
石嘴山市	0.151	0.159	0.196	12	12	12
铜川市	1.067	1.118	1.116	2	2	2
渭南市	0.826	0.907	0.918	4	4	7
乌海市	-0.053	-0.045	-0.024	19	19	19
吴忠市	0.022	0.022	0.083	16	16	15
咸阳市	0.836	0.992	0.992	3	3	3
忻州市	0.582	0.602	0.702	9	9	9
延安市	0.739	0.894	0.932	6	5	5
银川市	0.165	0.152	0.179	11	13	13
榆林市	0.106	0.165	0.248	13	11	11
运城市	0.795	0.866	0.927	5	7	6
中卫市	0.059	0.043	0.094	15	14	14
总体	0.267	0.305	0.325	10	10	10

由表5-53可知，黄河中上游能源化工区生态质量指数由2000年的0.267上升到2005年的0.305，再上升到2010年的0.325，生态环境质量持续好转。

由表5-53和图5-33可见，研究期间内，研究区生态质量最好的3个地区依次是宝鸡市、铜川市和咸阳市，且这种排序没有发生变化；而研究区生态质量最差的4个地区是阿拉善左旗、乌海市、巴彦淖尔市和鄂尔多斯市，生态质量指数排序也没有发生变化。研究期间，临汾市生态质量转好较明显，延安市、吴忠市和榆林市生态质量呈现出缓慢转好态势，其余地区没有表现出生态质量排序位次的较大变化。

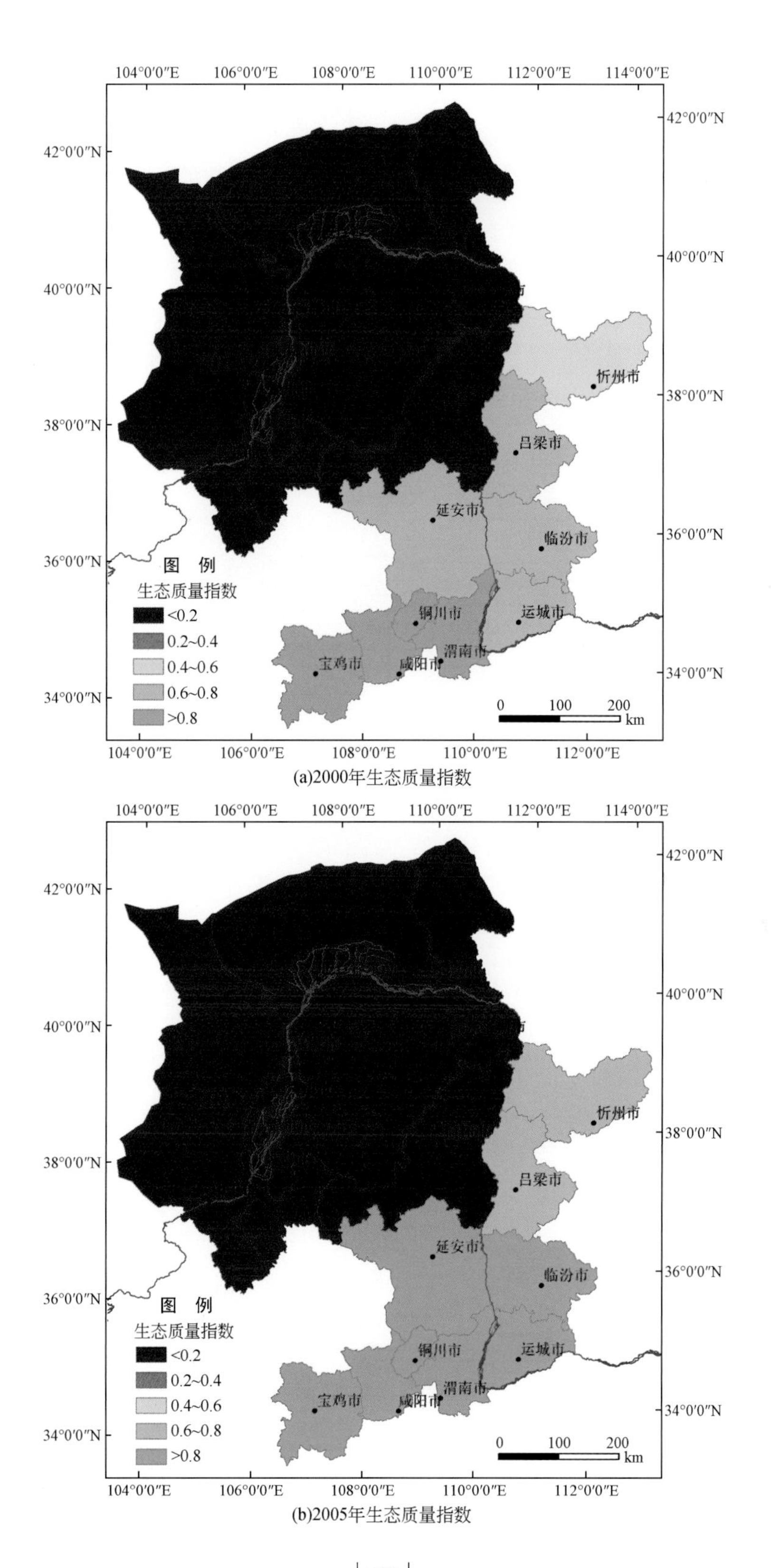

(a)2000年生态质量指数

(b)2005年生态质量指数

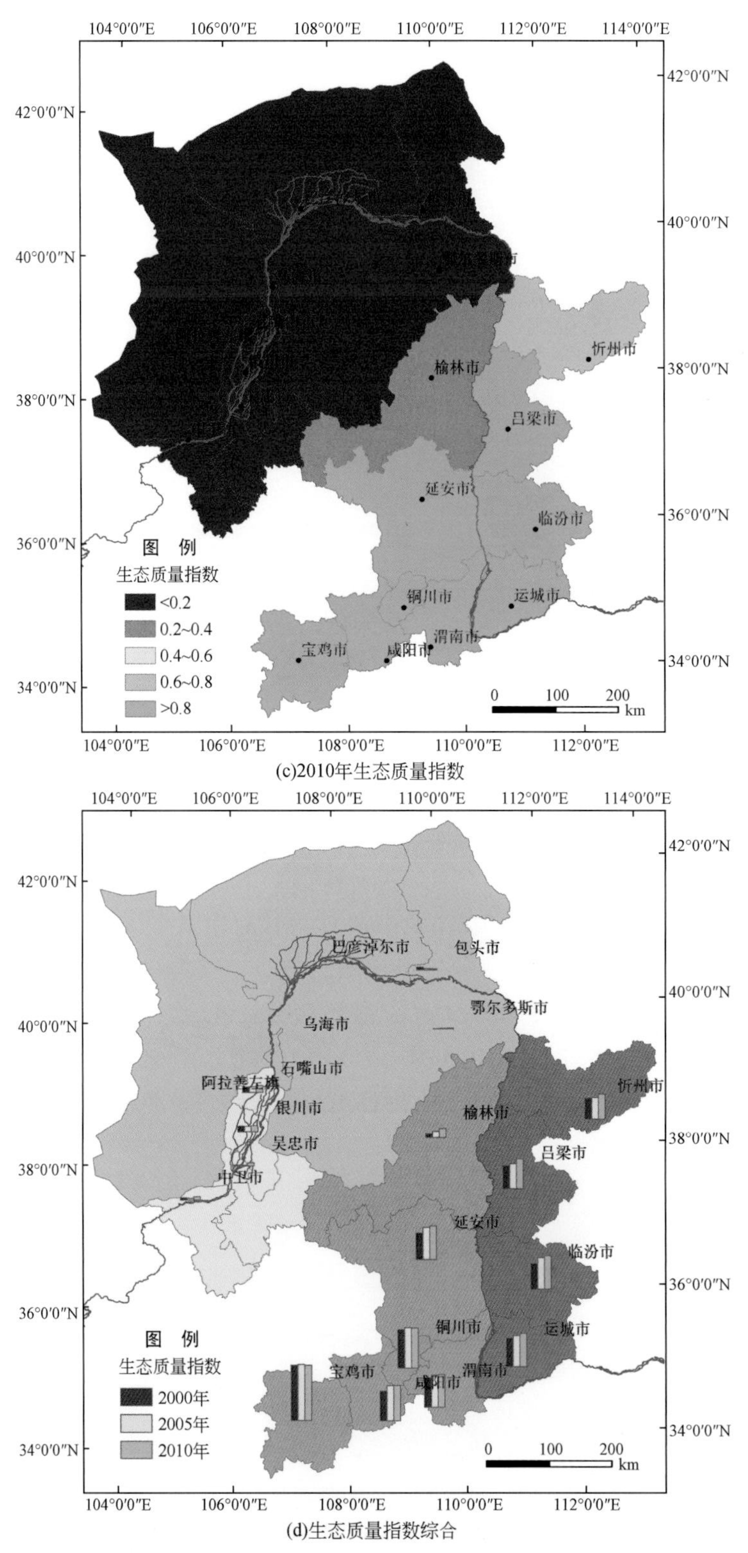

(c)2010年生态质量指数

(d)生态质量指数综合

图 5-33　黄河中上游能源化工区生态质量指数空间分布图

整体来说，内蒙古自治区生态质量一直较差，其次是宁夏回族自治区，以陕西省为最优。这与各地区所在的位置密切相关。由于生态质量指数测定的各指标值主要与植被活动相关，而内蒙古自治区和宁夏回族自治区在研究区的最北方和最西北方，降雨相对少，导致植被活动弱，因此其生态质量指数低。

2000 ~ 2010 年，相对而言，值得注意的是阿拉善左旗、乌海市、巴彦淖尔市和鄂尔多斯市生态环境质量一直较差，而巴彦淖尔市的生态环境质量在 2000 ~ 2010 年有朝差的方向变化的趋势，需引起注意。

第 6 章　环境胁迫及其变化分析

农业文明时期，人们生活的自然环境受人类活动影响小，但生产力水平极为低下；工业文明时期，人们改造自然、高强度地开发和利用自然资源，经济得到了大的发展，但环境质量却逐步下降。目前的生态文明建设立足于解决经济增长而资源环境代价过大的矛盾，目标是建立人与人、人与自然相和谐的社会。只有建设生态文明，才能实现“在发展中保护，在保护中发展”两个目标的统一。

黄河中上游能源化工区煤炭、天然气、矿产资源富集，是横跨我国中西部的国家级重要能源原材料基地，也是我国西北典型资源型城市及“三高”（高污染、高耗能、高耗水）产业的集聚区域之一。近十几年来受高强度的能矿资源开发驱动和资源型产业快速发展的影响，水资源短缺、水土流失、土地沙化、环境污染、生态环境失衡等问题十分突出。与其他资源型产业密集区相比，该区域位于黄河流域中上游的特殊地理位置，使其必须协调好产业结构演进与资源环境刚性约束之间的关系。然而，随着黄河中上游能源化工区产业不断发展和大型化工企业不断引进，很多地区的生态环境变得更为脆弱，经济发展与资源环境之间的矛盾更为突出，已严重影响区域生态功能和环境质量。区域发展过程中面临着资源开发利用低效、生态环境破坏等资源环境问题，如果一味注重经济发展而忽略生态环境影响，区域将会面临更加严峻的生态环境问题，生态风险加剧，威胁区域社会经济的可持续发展。

黄河中上游能源化工区前期经济基础薄弱，为我国后发展地区。以能源化工产业为发展主导的区域经济发展将会对区域大气环境、水环境等产生较大压力，同时也受水资源和生态环境的制约。生态环境胁迫过程即是指人类活动对自然资源和生态环境构成的压力。人类的生存和发展依赖于自然环境，同时又极大地影响和改变着自然环境。人类活动对生态环境的胁迫反映了人类社会子系统对自然环境子系统的作用过程，包括两个方面的含义：一是资源胁迫，即人类对自然资源的过度开发导致资源耗竭；二是环境胁迫，由于人类生活和生产而输出的污染物破坏了环境的自然净化过程，造成生态环境恶化（苗鸿等，2001）。生态环境胁迫是指对维持生态系统稳定和良好演变不利的各种因素，主要包括自然变化和人类活动两类。人类活动类的生态环境胁迫因素主要包括人口增长、社会经济发展和环境污染物排放等。与此相关的是另外两个概念：环境破坏和环境污染。环境破坏是指由于自然或人为原因，导致生物的生存环境恶化的现象。在其潜伏期往往不易被察觉，如森林减少、草原退化、水土流失、沙漠扩大、水源枯竭、气候异常、生态平衡失调等。一旦形成，则几年、几十年，甚至上百年都难以恢复。环境污染是指由于自然或人类原因产生有害成分（化学及放射性物质、病原体、噪声、废气、废水、废渣等），引起环境质量下降，危害人类健康，影响生物正常生存发展的现象。按环境要素可分为大气污染、水污染、土壤污染等；按污染物的性质可分为生物污染、化学污染、物理污染；按污染物形态可分为废气污染、废水污染、废物污染、噪声污染、辐射污染等。

“胁迫”原本是逆境生理学中的概念，是指生物所处的不利环境的总称。生态学家对“胁迫”有着不同的理解。Odum 等（1979）认为，胁迫是生态系统正常状态的偏移或改变；Barrett 等（1976）视胁迫与“响应”（response）意义相近；Knight 和 Swaney（1981）则把胁迫定义为“作用于生态系统并且使系统产生相应反应的刺激”。可见，生态学家的胁迫概念即为引起生态系统发生变化、产生反应的因子。

生态学中普遍接受中度干扰理论，Connell（1978）认为，在经受某些中度干扰水平的群落中，物种丰富度最大。例如，温带森林中周期性的火烧（Sprugel and Bormann，1981）对冷杉林的正常演替是不可或缺的，潮间带底栖藻类群落的分布受控于海浪冲刷的强度（Paine，1979），等等。这里的干扰可理解为生态系统所受到的胁迫。可见，并非所有的胁迫都影响生态系统的生存力和可持续性。然而，一般所说的胁迫是指给生态系统造成负面效应（退化或转化）的“逆向胁迫”，如资源开采、污染物排放、人为物理重建（如大坝建设）、外来物种的引入、偶然事件（如地震、火山喷发、洪水、战争等）等（孙刚和周道玮，1999）。

生态环境胁迫研究开始主要是逆境生理学中的研究，即植物对于干旱胁迫、水分胁迫、热（温度）胁迫、重金属胁迫、盐酸碱胁迫等条件下的响应与适应研究。例如，关于高等植物对环境胁迫的适应与其胁迫信号的转导研究（邵宏波等，2005），辣椒的热胁迫及耐热性研究（逯明辉等，2009），饶本强等（2010）关于稀土元素 Ce 对爪哇伪枝藻盐胁迫耐受性的影响研究，黄溦溦等（2011）对高温胁迫对不同种源希蒙得木叶片生理特性影响的研究，水蓼对水淹胁迫的响应（陈芳清等，2008），等等。还有一些关于胁迫诊断的研究，主要是在宏观上通过遥感方法确定植物对环境胁迫的诊断，如关丽和刘湘南（2009）通过遥感方法对水稻镉污染胁迫的诊断与试验研究，王芳等（2007）利用 Hyperion 高光谱数据对城市的植被胁迫进行评价等。

这些研究没有体现出宏观的生态环境胁迫状况。这之后一部分研究将逆境生理学中的“胁迫”概念应用于对生态环境胁迫状况宏观定性的研究中，如水资源胁迫、人口胁迫、水利工程建设、工业发展等对生态系统（或生态环境）和社会、经济发展的影响。孙广友等（2004）研究认为，人类活动的强胁迫作用会导致脆弱的生态环境发生突变，如松辽平原的荒漠化过程。毛留喜等（2000）利用人口承载能力胁迫理论对处于农牧交错带的陕西省安塞县的人口承载能力进行了研究，结果表明，只有保持人口承载能力胁迫力为负值，才能真正实现退耕还林（草）和改善生态环境；不能既实现本地区粮食自给，又要求退耕还林（草）和改善生态环境。文琦等（2008）、文琦和丁金梅（2011）研究了水资源胁迫下的生态系统健康与区域产业结构优化问题。翟红娟等（2007）和施炜纲等（2009）研究了水利工程建设对生态系统或渔业发展的影响。凌虹等（2010）研究了化工发展胁迫下的连云港市生态风险。这些研究多体现的是单向胁迫对宏观生态环境（或生态系统）的影响，且多无法定量表达出胁迫的程度。

对于大多数胁迫而言，即使是单独作用，当达到一定强度时也将引发症候群的其他特点（至少是部分），而人们经常把生态系统的变化简单地归咎于某种单一胁迫。这样做的后果是，针对单项胁迫的管理和调节往往不起作用或效率很低（孙刚和周道玮，1999）。生态系统受胁反应或症状的出现有一个发展进程，从对应于某种胁迫的特殊反应（多数在个体和种群水平）过渡到更加一般化反应（生态系统水平），受胁症状和症候群为生态系统的诊断提供了有效的指标，同时也表明，很难将单个指标与某种特定胁迫一一对应。要想实现健康生态系统的维持和受损生态系统的重建，必须对胁迫的影响及相应的症状进行判断和评价。因此需要建立一个综合性和实用性强的翔实框架作为理论基础，以此来判断生态系统的状态和受胁程度，为相应的生态系统管理、生态系统恢复和重建提供理论指导。

当前的胁迫研究侧重于人类活动（苗鸿等，2001；乔标等，2005；刘艳艳和王少剑，2015）、自然灾害（欧阳志云等，2008；刘斌涛等，2012）或人类活动与自然灾害二者联合（柏超等，2014）对生态环境构成的压力。例如，苗鸿等（2001）选择了四大类（社会经济、污染胁迫过程、资源胁迫过程、胁迫效应）12 项指标，运用数量分区的方法制订了我国生态环境胁迫过程区划方案，并分别探讨了各区的特点。这些研究在指标的构建及评价的方法方面还有可以改进的地方。

指标的选取既要客观地反映事物的本质，所选指标要能如实地反映研究区人类活动状况及结果，并能够对其结果进行定量化研究，又要以尽可能少的数量涵盖尽可能多的信息。选择不同的评价指标，往往会形成不同的评价结果。在黄河中上游能源化工区环境胁迫研究中，笔者从人类活动对生态环境的胁迫机制入手，选取人口密度，SO_2 排放强度，烟粉尘排放强度，废气排放强度，污水废水排放强度，COD 排放强度，工业固体废物产生强度共 7 项指标，利用主成分分析法来构建环境胁迫综合指数，评估 2000 ~ 2010 年各种人类活动对黄河中上游能源化工区生态环境的胁迫及其空间格局和十年变化，分析研究区环境胁迫特征，这对于该区域工业结构的调整优化，制定区域生态环境保护决策，理顺资源与环境、资源与产业之间的关系，协调环境保护与经济发展从而建设生态文明具有现实意义。

6.1 人口密度

人口密度是指单位国土面积年末总人口数量，是在宏观层面评估人口因素给生态环境带来的压力。

研究区各地市中，人口总量最多的是渭南市，2010 年达到 560.06 万人；其次是咸阳市，539.13 万人；再次是运城市，为 513.92 万人；最少的是阿拉善左旗，只有 14.21 万人（表 6-1）。研究区各地区人口密度变化情况见表 6-2。

表 6-1 黄河中上游能源化工区人口密度统计表

地区	面积/km²	总人口/万人			人口密度/(人/km²)		
		2000 年	2005 年	2010 年	2000 年	2005 年	2010 年
阿拉善左旗	79 809	14. 87	13. 99	14. 21	1. 86	1. 75	1. 78
巴彦淖尔市	65 092	168. 27	175. 87	186. 34	25. 85	27. 02	28. 63
包头市	27 605	225. 44	236. 47	219. 8	81. 67	85. 66	79. 62
宝鸡市	18 126	359. 42	369. 53	381. 09	198. 29	203. 87	210. 24
鄂尔多斯市	86 691	136. 98	137. 86	152. 38	15. 8	15. 9	17. 58
临汾市	20 260	395. 08	412. 05	432. 07	195	203. 38	213. 26
吕梁市	21 015	338. 23	353. 08	373. 05	160. 95	168. 01	177. 52
石嘴山市	4 095	67. 54	72. 28	74. 82	164. 93	176. 51	182. 71
铜川市	3 910	79. 26	84. 4	85. 44	202. 71	215. 86	218. 52
渭南市	13 020	529. 22	537. 06	560. 06	406. 47	412. 49	430. 15
乌海市	1 658	42. 76	46. 5	44. 34	257. 9	280. 46	267. 43
吴忠市	16 190	108. 64	124. 12	138. 35	67. 1	76. 66	85. 45
咸阳市	10 296	488. 6	509. 01	539. 13	474. 55	494. 38	523. 63
忻州市	25 175	293. 83	303. 88	306. 99	116. 71	120. 71	121. 94
延安市	37 015	201. 68	210. 7	230. 22	54. 49	56. 92	62. 2
银川市	7 457	142. 75	140. 6	158. 8	191. 43	188. 55	212. 95
榆林市	43 159	313. 8	338. 38	364. 5	72. 71	78. 4	84. 46
运城市	14 157	481. 24	498. 48	513. 92	339. 93	352. 11	363. 01
中卫市	13 527	91. 37	102. 84	118. 12	67. 55	76. 03	87. 32
总体	508 258	4 478. 98	4 667. 1	4 893. 63	88. 12	91. 83	96. 28

表 6-2 黄河中上游能源化工区人口密度变化及其归一化结果统计表

地区	人口密度变化率/%			人口密度归一化结果		
	2000 ~ 2005 年	2005 ~ 2010 年	2000 ~ 2010 年	2000 年	2005 年	2010 年
阿拉善左旗	(5. 91)	1. 71	(4. 30)	0	0	0
巴彦淖尔市	4. 53	5. 96	10. 75	0. 051	0. 051	0. 051
包头市	4. 89	(7. 05)	(2. 51)	0. 169	0. 17	0. 149
宝鸡市	2. 81	3. 12	6. 03	0. 416	0. 41	0. 399
鄂尔多斯市	0. 63	10. 57	11. 27	0. 029	0. 029	0. 03
临汾市	4. 30	4. 86	9. 36	0. 409	0. 409	0. 405
吕梁市	4. 39	5. 66	10. 30	0. 337	0. 337	0. 337
石嘴山市	7. 02	3. 51	10. 78	0. 345	0. 355	0. 347
铜川市	6. 49	1. 23	7. 80	0. 425	0. 435	0. 415
渭南市	1. 48	4. 28	5. 83	0. 856	0. 834	0. 821
乌海市	8. 75	(4. 65)	3. 70	0. 542	0. 566	0. 509
吴忠市	14. 25	11. 47	27. 35	0. 138	0. 152	0. 16
咸阳市	4. 18	5. 92	10. 34	1	1	1
忻州市	3. 43	1. 02	4. 48	0. 243	0. 241	0. 23

续表

地区	人口密度变化率/%			人口密度归一化结果		
	2000～2005 年	2005～2010 年	2000～2010 年	2000 年	2005 年	2010 年
延安市	4.46	9.28	14.15	0.111	0.112	0.116
银川市	(1.50)	12.94	11.24	0.401	0.379	0.405
榆林市	7.83	7.73	16.16	0.15	0.156	0.158
运城市	3.58	3.10	6.79	0.715	0.711	0.692
中卫市	12.55	14.85	29.27	0.139	0.151	0.164
总体	4.21	4.85	9.26	0.182	0.183	0.181

从人口密度分布图（图6-1）上可以看出，区域人口高密度区主要位于陕西省南部和山西省南部的运城市、宁夏回族自治区沿黄河城市带和乌海市。其他地区人口密度较低，尤其是阿拉善左旗，每平方公里不足 15 人。人口密度最大的前三位地市分别是咸阳市、渭南市和运城市，2010 年分别达到 523.63 人/km^2、430.15 人/km^2 和 363.01 人/km^2，人口密度较低的是阿拉善左旗、鄂尔多斯市和延安市（表6-1）。研究区 2000～2010 年人口密度一直呈增长趋势，从平均 88.12 人/km^2增长到 2005 年的 91.83 人/km^2，再到 2010 年的 96.28 人/km^2，2005～2010 年增速大于 2000～2005 年。各地区人口密度基本都呈增长趋势，但阿拉善左旗和包头市人口密度 2010 年低于 2000 年，尤其是包头市在 2005～2010 年人口密度下降。

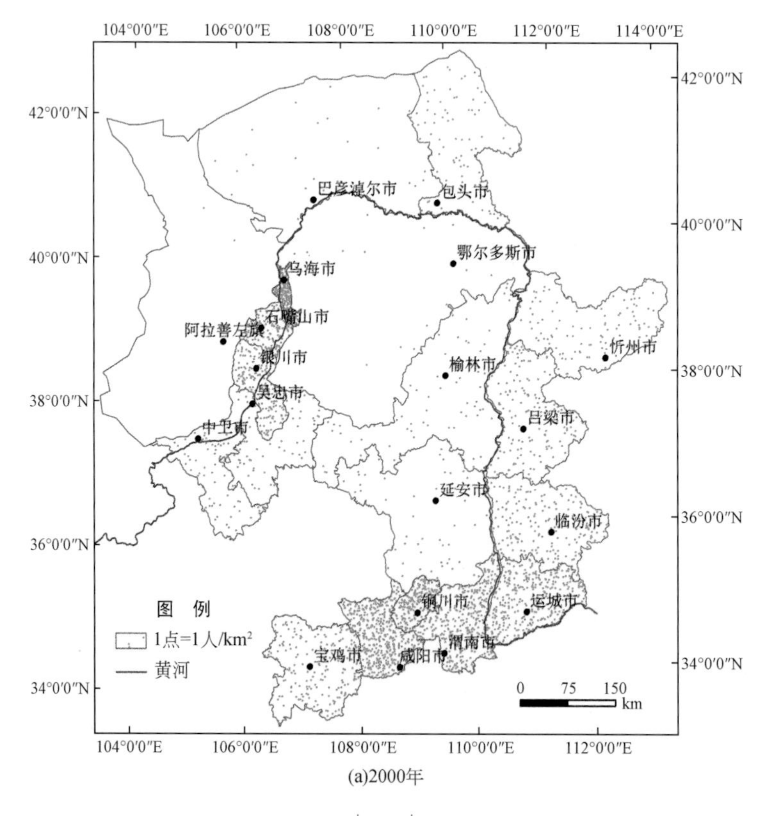

(a)2000年

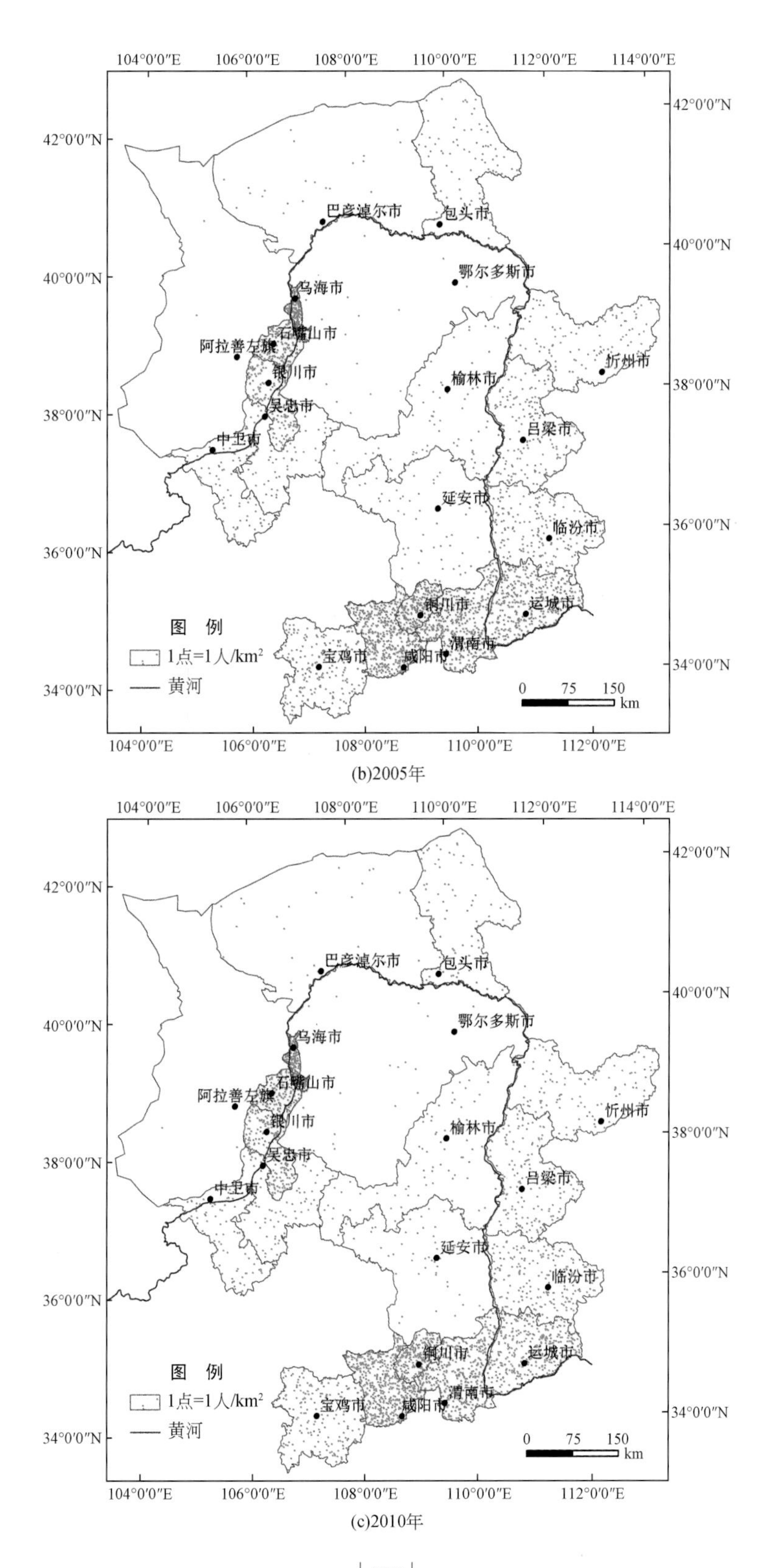

(b)2005年

(c)2010年

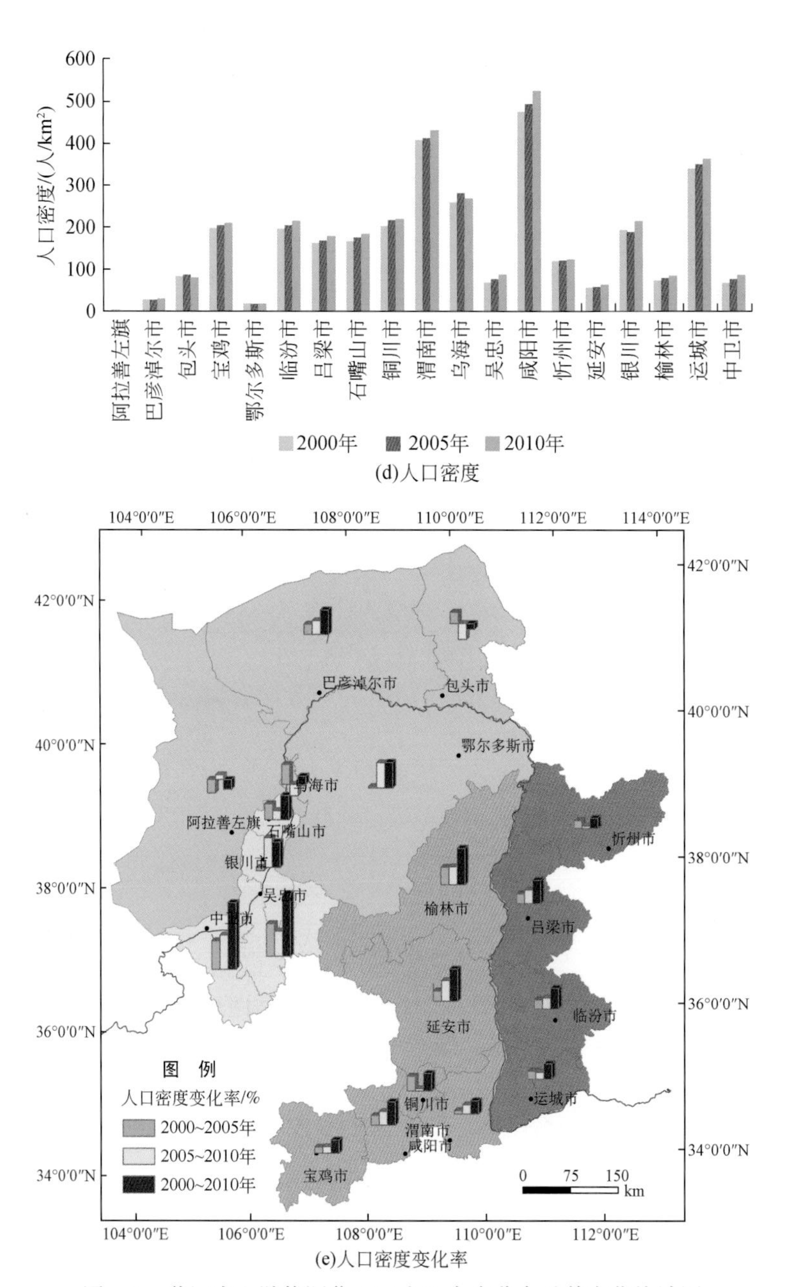

(d)人口密度

(e)人口密度变化率

图 6-1　黄河中上游能源化工区人口密度分布及其变化统计图

6.2 大气污染

大气污染物是指由于人类活动或自然过程排入大气的并对环境或人产生有害影响的那些物质。大气污染物按其存在状态可分为两大类，一类是气溶胶状态污染物，另一类是气体状态污染物；如果按形成过程分类则可分为一次污染物和二次污染物。一次污染物是指直接从污染源排放的污染物质；二次污染物则是由一次污染物经过化学反应或光化学反应形成的与一次污染物的物理化学性质完全不同的新的污染物，其毒性比一次污染物强。

大气污染源的形成因素有两种：自然因素（如森林火灾、火山爆发等）和人为因素（如工业废气、生活燃煤、汽车尾气等）。其中以人为因素为主，主要是工业生产和交通运输所造成的。主要过程由污染源排放、大气传播、人与物受害这三个环节构成。通常所说的大气污染源是指由人类活动向大气输送污染物的发生源。大气的人为污染源可以概括为以下 4 个方面。

燃料燃烧：燃料（煤、石油、天然气等）的燃烧过程是向大气输送污染物的重要发生源；煤炭的主要成分是碳，并含氢、氧、氮、硫及金属化合物；燃料燃烧时除产生大量烟尘外，在燃烧过程中还会形成一氧化碳、二氧化碳、二氧化硫、氮氧化物、有机化合物及烟尘等物质。

工业生产过程的排放：例如石化企业排放的硫化氢、二氧化碳、二氧化硫、氮氧化物；有色金属冶炼工业排放的二氧化硫、氮氧化物及含重金属元素的烟尘；磷肥厂排放的氟化物；酸碱盐化工业排出的二氧化硫、氮氧化物、氯化氢及各种酸性气体；钢铁工业在炼铁、炼钢、炼焦过程中排出的粉尘、硫氧化物、氰化物、一氧化碳、硫化氢、酚、苯类、烃类等。污染物组成与工业企业性质密切相关。

交通运输过程的排放：汽车、船舶、飞机等排放的尾气是造成大气污染的主要来源。内燃机燃烧排放的废气中含有一氧化碳、氮氧化物、碳氢化合物、含氧有机化合物、硫氧化物和铅的化合物等物质。

农业活动排放：田间施用农药时，一部分农药会以粉尘等颗粒物形式逸散到大气中，残留在作物体上或黏附在作物表面的农药仍可挥发到大气中。进入大气的农药可以被悬浮的颗粒物吸收，并随气流向各地输送，造成大气农药污染。此外还有秸秆焚烧等。

影响大气污染范围和强度的因素有污染物的性质（物理的和化学的）、污染源的性质（源强、源高、源内温度、排气速率等）、气象条件（风向、风速、温度层结等）、地表性质（地形起伏、粗糙度、地面覆盖物等）等。大气中有害物质的浓度越高，污染就越重，危害也就越大。污染物在大气中的浓度，除了取决于排放的总量外，还与排放源高度、气象和地形等因素有关。污染物一进入大气，就会稀释扩散。风越大，大气湍流越强，大气越不稳定，污染物的稀释扩散就越快；反之，则污染物的稀释扩散就慢。在后一种情况下，特别是在出现逆温层时，污染物往往可积聚到很高浓度，造成严重的大气污染事件。降水虽可对大气起净化作用，但因污染物随雨雪降落，大气污染会转变为水体污染和土壤污染。地形或地面状况复杂的地区会形成局部地区的热力环流，如山区的山谷风、滨海地区的海陆风，以及城市的热岛效应等，都会对该地区的大气污染状况产生影响。烟气运行时，碰到高的丘陵和山地，在迎风面会发生下沉作用，引起附近地区的污染。烟气如果越过丘陵，在背风面出现涡流，污染物聚集，也会形成严重污染。在山间谷地和盆地地区，烟气不易扩散，常在谷地和坡地上回旋。特别是在背风坡，气流螺旋运动，污染物最易聚集，浓度就更高。夜间，由于谷底平静，冷空气下沉，暖空气上升，易出现逆温，整个谷地在逆温层覆盖下，烟云弥漫，经久不散，易形成严重污染。位于沿海和沿湖的城市，白天烟气随着海风和湖风运行，在陆地上易形成“污染带”。早期的大气污染一般发生在城市、工业区等局部地区，在一个较短的时间内大气中污染物浓度显著增高，使人或动物、植物受到伤害。20 世纪 60 年代以来，一些国家采取了控制措施，减少污染物排放或采用高烟囱使污染物扩散，大气的污染情况有所减轻。高烟囱排放虽可降低污染物近地面的浓度，但是也能把污染物扩散到更大的区域，从而造成远离污染源的广大区域的大气污染。大气层核试验的放射性降落物和火山喷发的火山灰可广泛分布在大气层中，造成全球性的大气污染。

人类体验到的大气污染的危害，最初主要是对人体健康的危害，随后逐步发现了对工农业生产的各种危害，以及对天气和气候产生的不良影响。人们对大气污染物造成危害的机制、分布和规模等问题的深入研究，为控制和防治大气污染提供了必要的依据。大气污染后，由于污染物质的来源、性质、浓度和持续时间的不同，污染地区的气象条件、地理环境等因素的差别，甚至人的年龄、健康状况的不同，对人会产生不同的危害。

6.2.1 二氧化硫排放强度

硫氧化合物主要指二氧化硫（SO_2）和三氧化硫（SO_3）。SO_2 是无色、有刺激性气味的气体，其本身毒性不大，动物连续接触 30ppm① 的 SO_2 无明显的生理学影响。但是在大气中，尤其是在污染大气中 SO_2 易被氧化成 SO_3，再与水分子结合形成硫酸分子，经过均相或非均相成核作用，形成硫酸气溶胶，并同时发生化学反应形成硫酸盐。硫酸和硫酸盐可以形成硫酸烟雾和酸雨，造成较大危害。大气中的 SO_2 主要源于含硫燃料的燃烧过程，以及硫化矿物石的焙烧、冶炼过程。火力发电厂、有色金属冶炼厂、硫酸厂、炼油厂，以及所有烧煤或油的工业锅炉、炉灶等都排放 SO_2 烟气。

SO_2 排放强度是指单位国土面积工业和生活 SO_2 排放量，反映大气污染物排放对酸雨形成及各类生态系统的影响。因资料所限，收集各地区 2002 年（下文同理）、2005 年和 2010 年生活及工业源 SO_2 排放量数据，计算各地区历年单位国土面积 SO_2 排放量。

$$\mathrm{SDOI}_{i,\ t} = \frac{\mathrm{SDO}_{i,\ t}}{A_i} \times 100\%$$

式中，$\mathrm{SDOI}_{i,t}$ 为第 i 个地区第 t 年单位国土面积 SO_2 排放量（t/km^2）；$\mathrm{SDO}_{i,t}$ 为第 i 个地区第 t 年工业和生活 SO_2 排放总量（t）；A_i 为第 i 个地区国土面积（km^2）。

从表 6-3 和图 6-2 可以看出，研究区 2002 年 SO_2 排放量最大的前四位地区分别是渭南市、包头市、咸阳市和石嘴山市，排在后几位的地区依次是延安市、阿拉善左旗、铜川市和银川市。就排放强度而言，2002 年研究区 SO_2 排放强度最大的前几位地区分别是乌海市、石嘴山市、渭南市和咸阳市，而排在后几位的地区依次是阿拉善左旗、延安市、榆林

① $1\mathrm{ppm}=1\times10^{-6}$，下同。

市和鄂尔多斯市。

表 6-3　黄河中上游能源化工区 2002 年 SO_2 排放情况统计表

地区	面积/km^2	工业 SO_2 排放量/t	城镇生活 SO_2 排放量/t	SO_2 总排放量/t	排放强度/(t/km^2)	排放强度归一化结果
阿拉善左旗	79 809	6 648. 677	2 976	9 624. 68	120. 60	0
巴彦淖尔市	65 092	42 062. 996	22 812	64 875. 00	996. 67	0. 023
包头市	27 605	117 205. 212	40 279	157 484. 21	5 704. 92	0. 149
宝鸡市	18 126	42 081. 638	6 746	48 827. 64	2 693. 79	0. 069
鄂尔多斯市	86 691	77 241. 117	4 886	82 127. 12	947. 35	0. 022
临汾市	20 260	69 480. 06	21 175	90 655. 06	4 474. 58	0. 116
吕梁市	21 015	58 731. 811	27 823	86 554. 81	4 118. 72	0. 106
石嘴山市	4 095	110 289. 112	3 081	113 370. 11	27 685. 01	0. 734
铜川市	3 910	7 610. 375	3 286	10 896. 38	2 786. 80	0. 071
渭南市	13 020	218 619. 957	17 071	235 690. 96	18 102. 22	0. 479
乌海市	1 658	50 594. 789	11 862	62 456. 79	37 669. 96	1
吴忠市	16 190	95 531. 781	6 469	102 000. 78	6 300. 23	0. 165
咸阳市	10 296	123 958. 285	2 997	126 955. 29	12 330. 54	0. 325
忻州市	25 175	34 552. 012	40 300	74 852. 01	2 973. 27	0. 076
延安市	37 015	4 975. 961	731	5 706. 96	154. 18	0. 001
银川市	7 457	14 554. 528	9 590	24 144. 53	3 237. 83	0. 083
榆林市	43 159	22 844. 946	14 394	37 238. 95	862. 83	0. 020
运城市	14 157	85 820. 216	14 316	100 136. 22	7 073. 27	0. 185
中卫市	13 527	16 822. 541	9 857	26 679. 54	1 972. 32	0. 049
总体	508 257	1 199 626. 014	260 651	1 460 277. 01	2 873. 108	0. 073

注：内蒙古自治区 5 个地区用的是 2001 年的数据，宁夏回族自治区 4 个地区用的是 2003 年的数据。

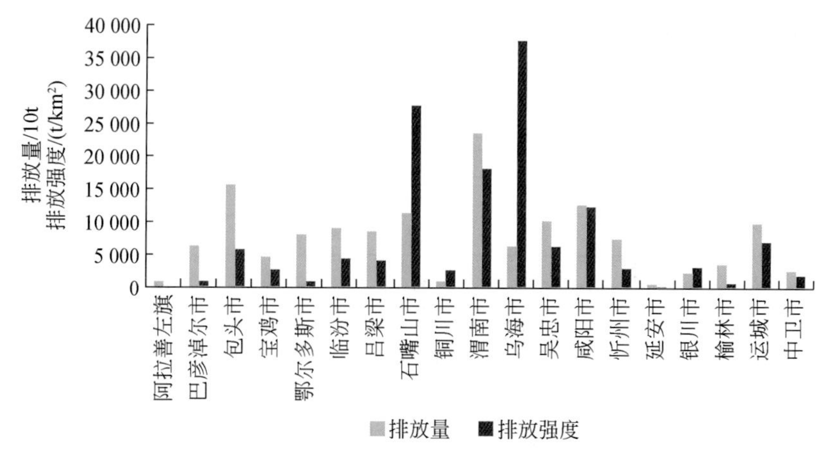

图 6-2　黄河中上游能源化工区各地区 2002 年 SO_2 排放总量统计图

从表 6-4 和图 6-3 可以看出，研究区 2005 年 SO_2 排放量最大的前四位地区分别是渭南市、鄂尔多斯市、包头市和石嘴山市，排在后几位的地区依次是铜川市、延安市、银川市和阿拉善左旗。就排放强度而言，2005 年研究区 SO_2 排放强度最大的前几位地区分别是乌海市、石嘴山市、渭南市和咸阳市，而排在后几位的地区依次是阿拉善左旗、延安市、巴彦淖尔市和榆林市。

表 6-4 黄河中上游能源化工区 2005 年 SO_2 排放情况统计表

地区	面积/km^2	工业 SO_2 排放量/t	城镇生活 SO_2 排放量/t	SO_2 总排放量/t	排放强度 /(t/km^2)	排放强度归一化结果
阿拉善左旗	79 809	24 648.963	1 420	26 068.96	326.64	0
巴彦淖尔市	65 092	68 508.626	26 060	94 568.63	1 452.85	0.016
包头市	27 605	169 337.187	22 768	192 105.2	6 959.07	0.092
宝鸡市	18 126	84 274	5 623	89 897	4 959.56	0.064
鄂尔多斯市	86 691	275 487.235	6 004	281 491.2	3 247.06	0.040
临汾市	20 260	84 130.296	26 980	111 110.3	5 484.22	0.071
吕梁市	21 015	69 108.746	22 746	91 854.75	4 370.91	0.056
石嘴山市	4 095	156 232.78	2 570	158 802.8	38 779.68	0.531
铜川市	3 910	8 412	3 273	11 685	2 988.49	0.037
渭南市	13 020	326 766	22 064	348 830	26 791.86	0.366
乌海市	1 658	108 115.255	12 442	120 557.3	72 712.46	1
吴忠市	16 190	102 859.48	7 455	110 314.5	6 813.74	0.090
咸阳市	10 296	128 769	2 178	130 947	12 718.24	0.171
忻州市	25 175	87 909.14	42 069	129 978.1	5 162.98	0.067
延安市	37 015	12 182	8 487	20 669	558.40	0.003
银川市	7 457	15 541.27	5 792	21 333.27	2 860.84	0.035
榆林市	43 159	84 374	38 724	123 098	2 852.20	0.035
运城市	14 157	108 679.403	37 482	146 161.4	10 324.32	0.138 117
中卫市	13 527	54 360.89	7 827	62 187.89	4 597.316	0.058 999
总体	508 257	1 969 696.27	301 964	2 271 660	4 469.51	0.057

注：宁夏 4 个地区用的是 2007 年的数据。

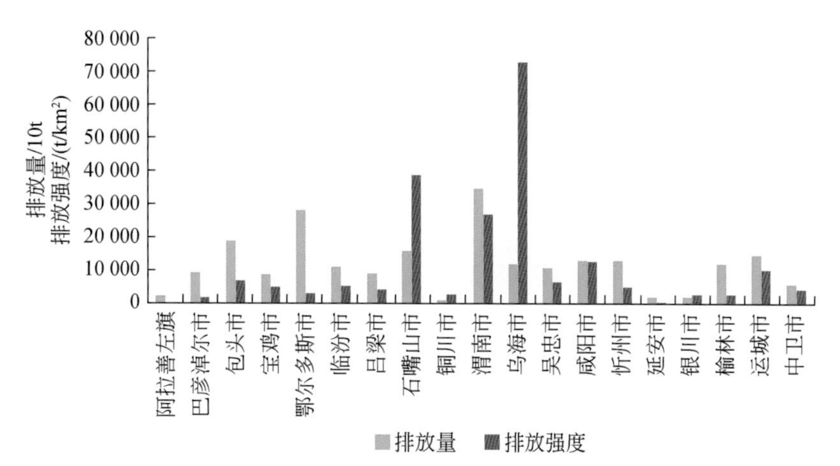

图 6-3　黄河中上游能源化工区各地区 2005 年 SO_2 排放总量统计图

从表 6-5 和图 6-4 可以看出，研究区 2010 年 SO_2 排放量最大的前四位地区分别是渭南市、包头市、巴彦淖尔市和鄂尔多斯市，排在后几位的地区依次是阿拉善左旗、铜川市、延安市和银川市。就排放强度而言，2010 年研究区 SO_2 排放强度最大的前几位地区分别是乌海市、石嘴山市、渭南市和包头市，而排在后几位的地区依次是阿拉善左旗、延安市、鄂尔多斯市和榆林市。

表 6-5　黄河中上游能源化工区 2010 年 SO_2 排放情况统计表

地区	面积/km²	工业 SO_2 排放量/t	城镇生活 SO_2 排放量/t	SO_2 总排放量/t	排放强度/(t/km²)	排放强度归一化结果
阿拉善左旗	79 809	683	145	828	10. 37	0
巴彦淖尔市	65 092	165 475	28 630	194 105	2 982. 01	0. 071
包头市	27 605	249 124	20 592	269 716	9 770. 55	0. 234
宝鸡市	18 126	57 851	13 588	71 439	3 941. 24	0. 094
鄂尔多斯市	86 691	122 351	9 964	132 315	1 526. 28	0. 036
临汾市	20 260	91 210	2 540	93 750. 04	4 627. 35	0. 111
吕梁市	21 015	74 126	7 680	81 806	3 892. 74	0. 093
石嘴山市	4 095	112 839. 4	3 393	116 232. 4	28 383. 99	0. 681
铜川市	3 910	16 343	1 147	17 490	4 473. 15	0. 107
渭南市	13 020	287 814	2 888	290 702	22 327. 34	0. 536
乌海市	1 658	66 438	2 633	69 071	41 659. 23	1
吴忠市	16 190	77 043. 12	12 252	89 295. 12	5 515. 45	0. 132
咸阳市	10 296	86 305	10 024	96 329	9 355. 96	0. 224
忻州市	25 175	78 831	38 374	117 204. 9	4 655. 61	0. 112

续表

地区	面积/km^2	工业 SO_2 排放量/t	城镇生活 SO_2 排放量/t	SO_2 总排放量/t	排放强度 /(t/km^2)	排放强度归一化结果
延安市	37 015	11 196	7 288	18 484	499. 37	0. 012
银川市	7 457	24 149. 94	6 794	30 943. 94	4 149. 65	0. 099
榆林市	43 159	110 499. 5	8 784	119 283. 5	2 763. 81	0. 066
运城市	14 157	121 407	6 324	127 731	9 022. 46	0. 216
中卫市	13 527	46 213. 53	3 633	49 846. 53	3 684. 97	0. 088
总体	508 257	1 799 899	186 673	1 986 572	3 908. 60	0. 094

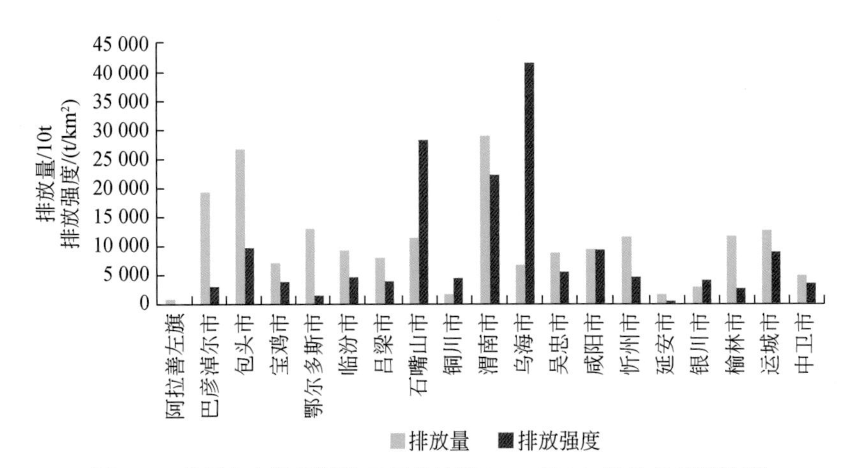

图 6-4　黄河中上游能源化工区各地区 2010 年 SO_2 排放总量统计图

研究期间，区域 SO_2 排放强度的前几位地区几乎一直是乌海市、石嘴山市、渭南市、包头市和咸阳市，而后几位地区几乎一直是阿拉善左旗、延安市、鄂尔多斯市、榆林市和巴彦淖尔市。研究区 SO_2 总体排放强度 2002 年是 2873. 108t/km^2，2005 年上升为 4469. 51t/km^2，到 2010 年降为 3908. 6t/km^2（表 6-6，图 6-5）。

表 6-6　黄河中上游能源化工区 SO_2 排放强度及其变化率统计表

地区	SO_2 排放强度/(t/km^2)			SO_2 排放强度变化率/%		
	2002 年	2005 年	2010 年	2002～2005 年	2005～2010 年	2002～2010 年
阿拉善左旗	120. 6	326. 64	10. 37	170. 8	(96. 8)	(91. 4)
巴彦淖尔市	996. 67	1 452. 85	2 982. 01	45. 8	105. 3	199. 2
包头市	5 704. 92	6 959. 07	9 770. 55	22. 0	40. 4	71. 3
宝鸡市	2 693. 79	4 959. 56	3 941. 24	84. 1	(20. 5)	46. 3
鄂尔多斯市	947. 35	3 247. 06	1 526. 28	242. 8	(53. 0)	61. 1
临汾市	4 474. 58	5 484. 22	4 627. 35	22. 6	(15. 6)	3. 4

续表

地区	SO_2 排放强度/(t/km^2)			SO_2 排放强度变化率/%		
	2002 年	2005 年	2010 年	2002～2005 年	2005～2010 年	2002～2010 年
吕梁市	4 118. 72	4 370. 91	3 892. 74	6. 1	(10. 9)	(5. 5)
石嘴山市	27 685. 01	38 779. 68	28 383. 99	40. 1	(26. 8)	2. 5
铜川市	2 786. 8	2 988. 49	4 473. 15	7. 2	49. 7	60. 5
渭南市	18 102. 22	26 791. 86	22 327. 34	48. 0	(16. 7)	23. 3
乌海市	37 669. 96	72 712. 46	41 659. 23	93. 0	(42. 7)	10. 6
吴忠市	6 300. 23	6 813. 74	5 515. 45	8. 2	(19. 1)	(12. 5)
咸阳市	12 330. 54	12 718. 24	9 355. 96	3. 1	(26. 4)	(24. 1)
忻州市	2 973. 27	5 162. 98	4 655. 61	73. 6	(9. 8)	56. 6
延安市	154. 18	558. 4	499. 37	262. 2	(10. 6)	223. 9
银川市	3 237. 83	2 860. 84	4 149. 65	(11. 6)	45. 1	28. 2
榆林市	862. 83	2 852. 2	2 763. 81	230. 6	(3. 1)	220. 3
运城市	7 073. 27	10 324. 32	9 022. 46	46. 0	(12. 6)	27. 6
中卫市	1 972. 32	4 597. 316	3 684. 97	133. 1	(19. 8)	86. 8
总体	2 873. 108	4 469. 51	3 908. 6	55. 6	(12. 5)	36. 0

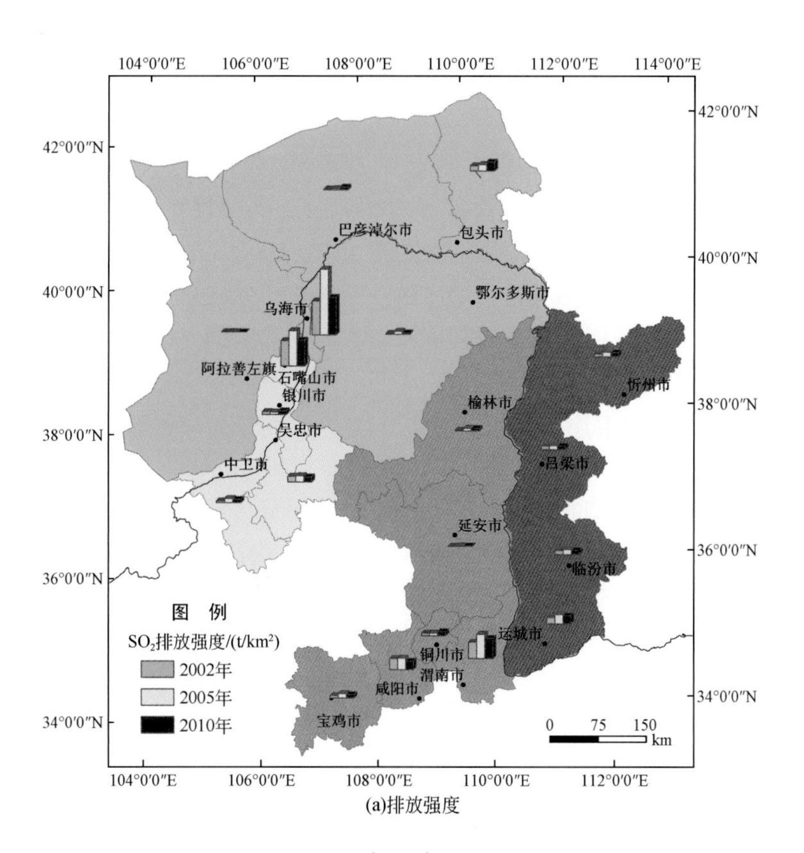

(a)排放强度

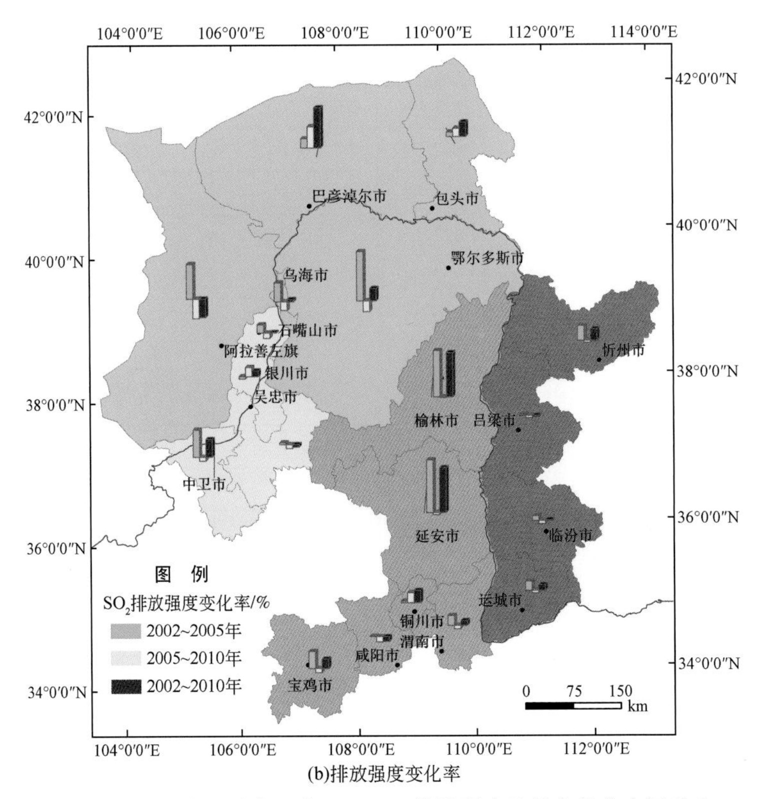

图 6-5 黄河中上游能源化工区 SO_2 排放强度及其变化率空间分布

2002 ~ 2005 年，除了银川市以外，其他地区的 SO_2 排放强度均为增强；2005 ~ 2010 年，除了银川市、铜川市、包头市和巴彦淖尔市以外，其他地区 SO_2 排放强度均为减弱。总体来看，2002 ~ 2005 年，SO_2 排放强度增强 55. 6% ；2005 ~ 2010 年降低 12. 5% ；2002 ~ 2010 年，SO_2 排放强度增加了 36. 0% （表 6-6，图 6-5）。从 2005 ~ 2010 年排放的趋势来看，随着技术的进步，区域污染物排放强度有较大的下降空间。

6. 2. 2 烟粉尘排放强度

大气污染分为颗粒污染物和气体污染物两部分，颗粒污染为最明显而且影响最突出的大气污染。颗粒污染从成因分类上讲分为自然因素和人为因素两种，自然因素包括沙尘、火山灰、森林大火产生的灰尘等，而人为因素则主要包括化石燃料在燃烧过程中产生的煤烟和灰尘、工业生产过程的排放、汽车尾气中的含铅化合物等。我国目前的大气粉尘污染最主要的来源有三个，分别是工业排放、汽车尾气和沙土扬尘。煤炭等化石燃料燃烧带来的粉尘污染加上我国近年来大兴土木等，致使我国空气中的细颗粒物越来越多，产生的问题也越来越严重。全面有效地预防和治理颗粒物污染是当务之急。

大气中的烟粉尘污染对人类社会的影响是非常巨大的，最主要的影响体现在人体健康和交通方面。大气中的细颗粒物，尤其是一些有毒颗粒物对人体的伤害是非常大的。有关资料显示，我国近几年大气中的细颗粒物（$PM_{2.5}$）浓度增大，肺病尤其是肺癌发病率大幅度提升，每年都有几十万人死于肺病。另外，由大气细颗粒物引起的雾霾天气也会导致非常多的社会问题。例如，在雾霾天，空气能见度变得很差，在很大程度上影响交通并提升事故发生的概率，特别是高速公路，近些年因为天气原因封闭高速公路早就屡见不鲜了。

烟粉尘排放强度是指单位国土面积烟粉尘排放量（kg/km^2），反映大气污染物对生态环境的胁迫。收集各地区 2002 年、2005 年和 2010 年烟粉尘排放量数据，计算各地区历年单位国土面积烟粉尘排放量。

$$\mathrm{SDEI}_{i,\ t} = \frac{\mathrm{SDE}_{i,\ t}}{A_i} \times 100\%$$

式中，$\mathrm{SDEI}_{i,t}$为第 i 个地区第 t 年单位国土面积烟粉尘排放量（kg/km^2）；$\mathrm{SDE}_{i,t}$为第 i 个地区第 t 年烟粉尘排放总量（t）；A_i为第 i 个地区国土面积（km^2）。

从表 6-7 和图 6-6 可以看出，研究区 2002 年烟粉尘排放量最大的前四位地区分别是临汾市、包头市、石嘴山市和运城市，排在后几位的地区依次是延安市、银川市、阿拉善左旗和巴彦淖尔市。就排放强度而言，2002 年研究区烟粉尘排放强度最大的前几位地区分别是乌海市、石嘴山市、铜川市和渭南市，而排在后几位的地区依次是阿拉善左旗、延安市、鄂尔多斯市和巴彦淖尔市。

表 6-7　黄河中上游能源化工区 2002 年烟粉尘排放情况统计表

地区	面积/km²	工业烟尘排放量/t	工业粉尘排放量/t	城镇生活烟尘排放量/t	总排放量/t	排放强度/(kg/km²)	排放强度归一化结果
阿拉善左旗	79 809	3 313.6	8 042.335	558	11 914.0	149.3	0
巴彦淖尔市	65 092	15 429.3	8 210.136	5 703	29 342.4	450.8	0.005
包头市	27 605	84 141.8	39 636.374	56 706	180 484.2	6 538.1	0.116
宝鸡市	18 126	25 317.0	63 294	7 199	95 810.0	5 285.8	0.093
鄂尔多斯市	86 691	25 408.5	411.651	11 453	37 273.2	430.0	0.005
临汾市	20 260	111 207.9	63 783.162	22 355	197 346.0	9 740.7	0.174
吕梁市	21 015	64 687.2	70 904.398	13 532	149 123.6	7 096.1	0.126
石嘴山市	4 095	76 320.3	102 534.217	1 529	180 383.5	44 049.7	0.795
铜川市	3 910	2 427.2	66 035.117	1 896	70 358.3	17 994.5	0.323
渭南市	13 020	93 430.7	56 402.034	20 655	170 487.8	13 094.3	0.235
乌海市	1 658	40 316.4	40 894.634	10 548	91 759.0	55 343.2	1
吴忠市	16 190	12 921.0	15 908.64	4 678	33 507.7	2 069.7	0.035
咸阳市	10 296	29 298.5	30 532.425	1 498	61 328.9	5 956.6	0.105
忻州市	25 175	40 535.4	15 200.536	19 190	74 925.9	2 976.2	0.051

续表

地区	面积/km²	工业烟尘排放量/t	工业粉尘排放量/t	城镇生活烟尘排放量/t	总排放量/t	排放强度/(kg/km²)	排放强度归一化结果
延安市	37 015	7 242.0	1 989.63	1 912	11 143.7	301.1	0.003
银川市	7 457	4 787.0	4 351.392	2 220	11 358.4	1 523.2	0.025
榆林市	43 159	16 636.7	11 706.463	15 436	43 779.2	1 014.4	0.016
运城市	14 157	114 759.1	48 395.363	15 247	178 401.4	12 601.6	0.226
中卫市	13 527	13 565.8	11 575.425	5 153	30 294.2	2 239.5	0.038
总体	508 257	781 745.3	659 807.932	217 468	1 659 021.3	3 264.1	0.056

注：内蒙古自治区 5 个地区用的是 2001 年的数据，宁夏回族自治区 4 个地区用的是 2003 年的数据。

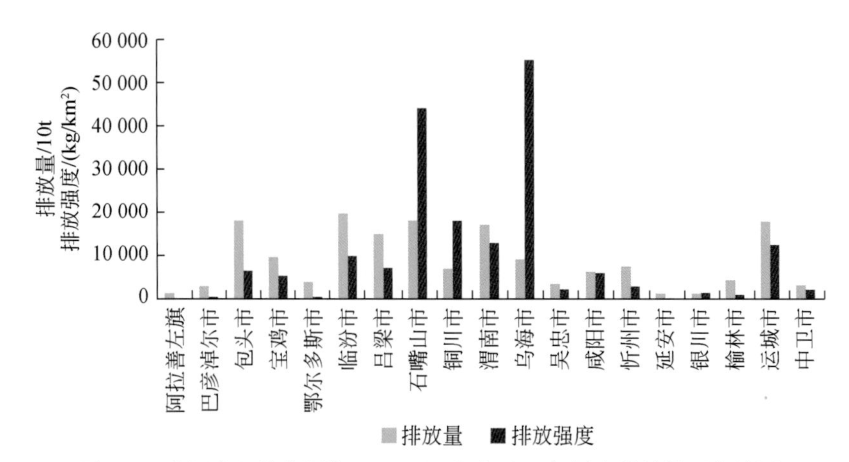

图 6-6　黄河中上游能源化工区 2002 年各地区烟粉尘排放情况统计图

从表 6-8 和图 6-7 可以看出，研究区 2005 年烟粉尘排放量最大的前四位地区分别是临汾市、鄂尔多斯市、乌海市和吕梁市，排在后几位的地区依次是银川市、延安市、阿拉善左旗和中卫市。就排放强度而言，2005 年研究区烟粉尘排放强度最大的前几位地区分别是乌海市、铜川市、石嘴山市和临汾市，而排在后几位的地区依次是延安市、阿拉善左旗、巴彦淖尔市和银川市。值得一提的是，乌海市的烟粉尘排放强度“一枝独秀”，比研究区内的其他地区高 1 ~ 2 个数量级。

表 6-8　黄河中上游能源化工区 2005 年烟粉尘排放情况统计表

地区	面积/km²	工业烟尘排放量/t	工业粉尘排放量/t	城镇生活烟尘排放量/t	总排放量/t	排放强度/(kg/km²)	排放强度归一化结果
阿拉善左旗	79 809	14 162.33	12 692.74	450	27 305.07	342.13	0
巴彦淖尔市	65 092	21 699.00	34 591.42	6 818	63 108.42	969.53	0.004
包头市	27 605	74 098.22	63 983.40	40 033	178 114.6	6 452.26	0.039

续表

地区	面积/km²	工业烟尘排放量/t	工业粉尘排放量/t	城镇生活烟尘排放量/t	总排放量/t	排放强度/(kg/km²)	排放强度归一化结果
宝鸡市	18 126	15 308.00	71 294.84	7 794	94 396.84	5 207.81	0.031
鄂尔多斯市	86 691	213 678.13	60 900.00	15 523	290 101.1	3 346.38	0.019
临汾市	20 260	139 591.01	136 802.59	29 950	306 343.6	15 120.61	0.093
吕梁市	21 015	80 270.29	107 944.15	12 899	201 113.4	9 569.99	0.058
石嘴山市	4 095	39 315.87	30 238.32	1 347	70 901.2	17 314.09	0.107
铜川市	3 910	2 620.00	67 533.26	1 761	71 914.26	18 392.39	0.114
渭南市	13 020	90 720.00	54 286.70	21 012	166 018.7	12 751.05	0.078
乌海市	1 658	48 528.73	203 304.44	12 476	264 309.2	159 414.45	1
吴忠市	16 190	28 063.07	19 590.30	6 184	53 837.37	3 325.35	0.019
咸阳市	10 296	35 900.00	28 596.54	2 247	66 743.54	6 482.47	0.039
忻州市	25 175	115 360.74	24 750.50	19 326	159 437.2	6 333.16	0.038
延安市	37 015	6 436.00	995.00	3 266	10 697.0	288.99	0.000
银川市	7 457	5 213.50	2 206.35	1 509	8 928.85	1 197.38	0.006
榆林市	43 159	56 882.00	40 930.04	34 491	132 303.0	3 065.48	0.017
运城市	14 157	76 447.66	58 563.58	22 831	157 842.2	11 149.41	0.068
中卫市	13 527	25 980.34	11 496.94	3 420	40 897.3	3 023.38	0.017
总体	508 257	1 090 274.89	1 030 701.11	243 337	2 364 313	4 651.81	0.027

注：宁夏回族自治区 4 个地区用的是 2007 年的数据。

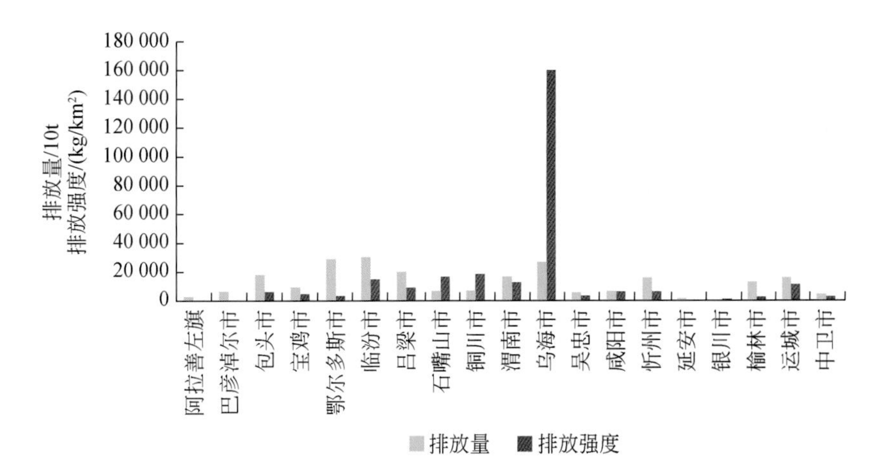

图 6-7 黄河中上游能源化工区 2005 年各地区烟粉尘排放情况统计图

从表6-9和图6-8可以看出，研究区2010年烟粉尘排放量最大的前四位地区分别是临汾市、包头市、巴彦淖尔市和榆林市，排在后几位的地区依次是阿拉善左旗、延安市、银川市和咸阳市。就排放强度而言，2010年研究区烟粉尘排放强度最大的前几位地区分别是乌海市、石嘴山市、铜川市和临汾市，而排在后几位的地区依次是阿拉善左旗、延安市、鄂尔多斯市和吴忠市。

表6-9　黄河中上游能源化工区2010年烟粉尘排放情况统计表

地区	面积/km^2	工业烟尘排放量/t	工业粉尘排放量/t	城镇生活烟尘排放量/t	总排放量/t	排放强度/(kg/km^2)	排放强度归一化结果
阿拉善左旗	79 809	858	297	147	1 302.0	16.3	0.000
巴彦淖尔市	65 092	31 376.0	70 811.0	34 707	136 894.0	2 103.1	0.060
包头市	27 605	100 592.0	40 144.0	16 967	157 703.0	5 712.8	0.164
宝鸡市	18 126	8 714.5	11 433.8	7 484	27 632.3	1 524.5	0.043
鄂尔多斯市	86 691	27 126.0	14 874.0	2 685	44 685.0	515.5	0.014
临汾市	20 260	57 345.7	82 260.7	34 874	174 480.3	8 612.1	0.247
吕梁市	21 015	32 423.9	36 386.8	28 479	97 289.7	4 629.5	0.133
石嘴山市	4 095	72 070.8	37 653.1	5 492	115 215.9	28 135.7	0.809
铜川市	3 910	3 336.0	37 424.3	1 412	42 172.2	10 785.7	0.310
渭南市	13 020	19 223.8	16 042.0	3 476	38 741.8	2 975.6	0.085
乌海市	1 658	44 046.0	10 459.0	3 181	57 686.0	34 792.5	1.000
吴忠市	16 190	14 200.3	3 148.2	7 329	24 677.5	1 524.2	0.043
咸阳市	10 296	11 757.4	6 154.8	2 651	20 563.2	1 997.2	0.057
忻州市	25 175	15 162.8	7 301.6	21 595	44 059.4	1 750.1	0.050
延安市	37 015	7 018.0	31.0	6 191	13 240.0	357.7	0.010
银川市	7 457	8 328.9	2 133.3	4 737	15 199.2	2 038.3	0.058
榆林市	43 159	22 168.3	90 067.0	8 092	120 327.3	2 788.0	0.080
运城市	14 157	48 997.2	20 373.1	14 190	83 560.3	5 902.4	0.169
中卫市	13 527	27 832.6	15 598.8	14 391	57 822.4	4 274.6	0.122
总体	508 257	552 577.937	502 593.56	218 080	1 273 251.5	2 505.1	0.072

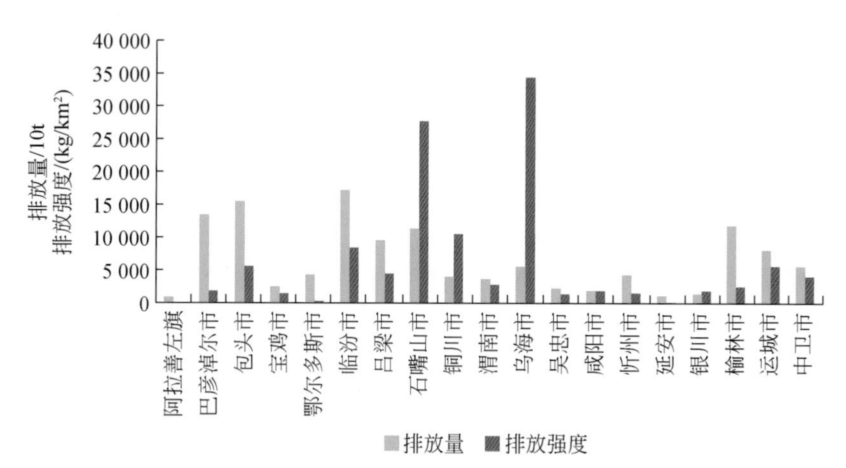

图 6-8　黄河中上游能源化工区 2010 年各地区烟粉尘排放情况统计图

2002～2005 年，有 7 个地市烟粉尘排放强度下降，另外的地市烟粉尘排放强度均增加，增加速率最快的是鄂尔多斯市，增长率为 678%。2005～2010 年，只有 5 个地市的烟粉尘排放强度增强，增强最快的是巴彦淖尔市，增长率为 116.9%，而其中的包头市、宝鸡市、渭南市和运城市在研究期间烟粉尘排放强度呈持续下降趋势。区域总体烟粉尘排放强度在 2002～2005 年呈上升趋势，而 2005～2010 年呈下降趋势。总体来看，研究期间区域烟粉尘排放强度呈下降趋势，2010 年比 2002 年烟粉尘排放强度下降了 23.3%，随着技术的进步，区域烟粉尘排放强度应该还会有下降空间（表 6-10，图 6-9）。

表 6-10　黄河中上游能源化工区烟粉尘排放强度及其变化率统计表

地区	烟粉尘排放强度/(kg/km²)			烟粉尘排放强度变化率/%		
	2002 年	2005 年	2010 年	2002～2005 年	2005～2010 年	2002～2010 年
阿拉善左旗	149.3	342.13	16.3	129.2	(95.2)	(89.1)
巴彦淖尔市	450.8	969.53	2 103.1	115.1	116.9	366.5
包头市	6 538.1	6 452.26	5 712.8	(1.3)	(11.5)	(12.6)
宝鸡市	5 285.8	5 207.81	1 524.5	(1.5)	(70.7)	(71.2)
鄂尔多斯市	430	3 346.38	515.5	678.2	(84.6)	19.9
临汾市	9 740.7	15 120.61	8 612.1	55.2	(43.0)	(11.6)
吕梁市	7 096.1	9 569.99	4 629.5	34.9	(51.6)	(34.8)
石嘴山市	44 049.7	17 314.09	28 135.7	(60.7)	62.5	(36.1)
铜川市	17 994.5	18 392.39	10 785.7	2.2	(41.4)	(40.1)
渭南市	13 094.3	12 751.05	2 975.6	(2.6)	(76.7)	(77.3)

续表

地区	烟粉尘排放强度/(kg/km²)			烟粉尘排放强度变化率/%		
	2002 年	2005 年	2010 年	2002～2005 年	2005～2010 年	2002～2010 年
乌海市	55 343.2	159 414.45	34 792.5	188.0	(78.2)	(37.1)
吴忠市	2 069.7	3 325.35	1 524.2	60.7	(54.2)	(26.4)
咸阳市	5 956.6	6 482.47	1 997.2	8.8	(69.2)	(66.5)
忻州市	2 976.2	6 333.16	1 750.1	112.8	(72.4)	(41.2)
延安市	301.1	288.99	357.7	(4.0)	23.8	18.8
银川市	1 523.2	1 197.38	2 038.3	(21.4)	70.2	33.8
榆林市	1 014.4	3 065.48	2 788	202.2	(9.1)	174.8
运城市	12 601.6	11 149.41	5 902.4	(11.5)	(47.1)	(53.2)
中卫市	2 239.5	3 023.38	4 274.6	35.0	41.4	90.9
总体	3 264.1	4 651.81	2 505.1	42.5	(46.1)	(23.3)

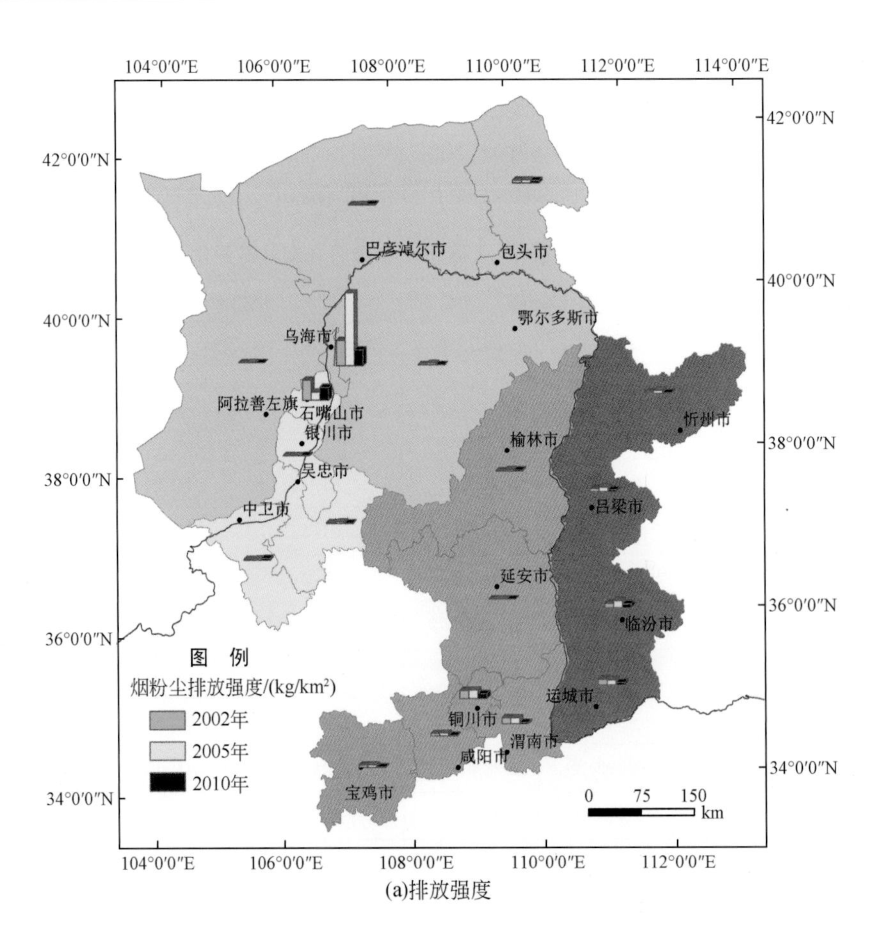

(a)排放强度

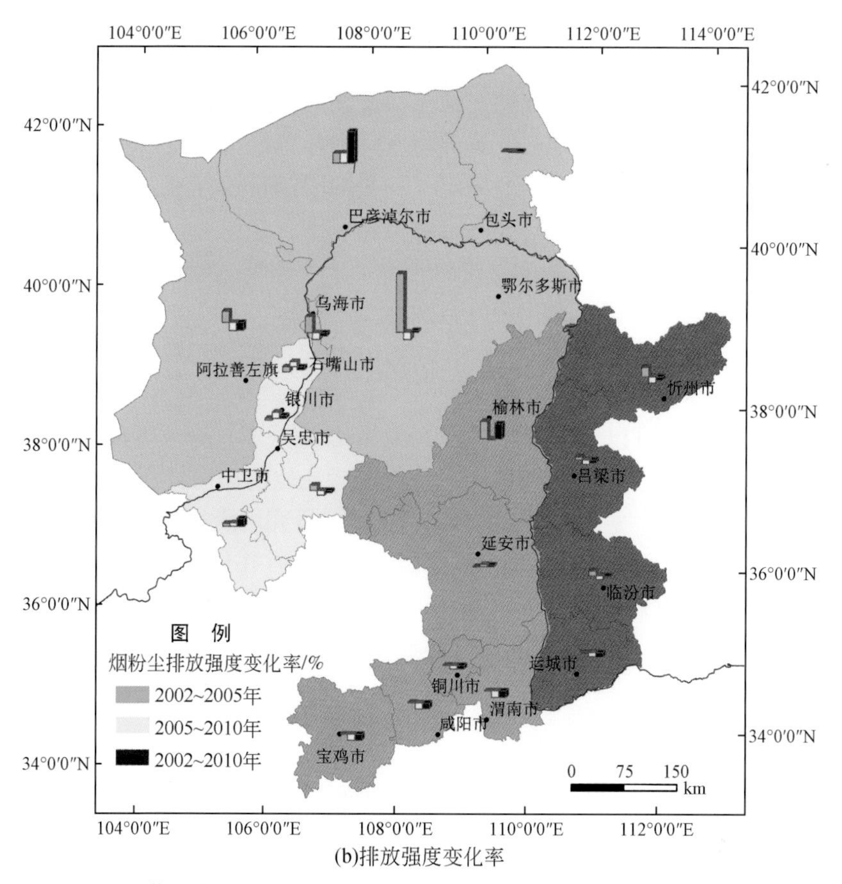

(b)排放强度变化率

图 6-9　黄河中上游能源化工区烟粉尘排放强度及其变化率空间分布图

6.2.3　废气排放强度

废气是指人类在生产和生活过程中排出的有毒有害气体，反映废气排放给生态系统带来的胁迫，特别是化工厂、钢铁厂、制药厂排放的废气气味大，严重污染环境和影响人体健康。各类生产企业排放的工业废气是大气污染物的重要来源。大量工业废气如果未经处理达标后排入大气，必然使大气环境质量下降，给人体健康带来严重危害，给国民经济造成巨大损失。工业废气中有毒有害物质通过呼吸道和皮肤进入人体后，经长期低浓度或短期高浓度接触造成人体呼吸、血液、肝脏等系统或器官暂时性或永久性病变，尤其是苯并芘类多环芳烃能使人体直接致癌。

工业废气包括有机废气和无机废气。有机废气主要包括各种烃类、醇类、醛类、酸类、酮类和胺类等，无机废气主要包括硫氧化物、氮氧化物、碳氧化物、卤素及其化合物等。我国针对大气污染采取污染物排放控制制度。

废气监测方法包括现场采样方法和实验室检测方法，也可以使用污染源连续在线监测系统实现废气参数的自动监测。随着检测技术、仪器设备等的不断发展，废气监测的发展趋势从无机污染物（SO_2、氮氧化物等）的监测趋向于有机污染物的监测，从总体状况分析趋向于单体因子的量化分析，从普通、常见污染物监测趋向于低含量、高危害性污染物监测。越来越多的废气污染物，如二噁英类物质、多环芳烃类物质以及挥发性有机物等受到关注。我国针对大部分废气污染企业制定了相关的限制排放标准，涉及大部分常见污染物的监测，并随着技术发展，不断扩充污染物监测范围，企业可以委托环境保护部门或第三方检测机构，如 SGS 进行空气和废气监测。

废气排放强度是指单位国土面积废气排放量（万 Nm^3/km^2），反映气态污染物对生态环境的胁迫。收集各地区 2002 年、2005 年和 2010 年废气排放量数据，计算各地区历年单位国土面积废气排放量。

从表 6-11 和图 6-10 可以看出，研究区 2002 年各地区废气排放量最大的前四位地区分别是包头市、鄂尔多斯市、运城市和渭南市，排在后几位的地区依次是延安市、阿拉善左旗、中卫市和巴彦淖尔市。就排放强度而言，2002 年研究区废气排放强度最大的前几位地区分别是乌海市、石嘴山市、铜川市和运城市，而排在后几位的地区依次是阿拉善左旗、延安市、巴彦淖尔市和忻州市。

表 6-11　黄河中上游能源化工区 2002 年废气排放情况统计表

地区	面积/km^2	排放量/万 Nm^3	排放强度/(万 Nm^3/km^2)	排放强度归一化结果
阿拉善左旗	79 809	672 093	8.421 268 278	0
巴彦淖尔市	65 092	1 486 886	22.842 837 83	0.006
包头市	27 605	18 530 090	671.258 467 7	0.263
宝鸡市	18 126	3 586 310	197.854 463 2	0.075
鄂尔多斯市	86 691	16 505 237	190.391 586 2	0.072
临汾市	20 260	8 630 303	425.977 443 2	0.166
吕梁市	21 015	2 976 289	141.626 885 6	0.053
石嘴山市	4 095	6 035 622	1 473.900 366	0.582
铜川市	3 910	4 143 150	1 059.629 156	0.417
渭南市	13 020	11 489 343	882.438 018 4	0.347
乌海市	1 658	4 191 637	2 528.128 468	1
吴忠市	16 190	7 464 499	461.056 145 8	0.180
咸阳市	10 296	3 990 513	387.578 962 7	0.150
忻州市	25 175	1 566 765	62.234 955 31	0.021

续表

地区	面积/km²	排放量/万 Nm³	排放强度/(万 Nm³/km²)	排放强度归一化结果
延安市	37 015	491 703	13. 283 884 91	0. 002
银川市	7 457	2 779 920	372. 793 348 5	0. 145
榆林市	43 159	2 972 544	68. 874 255 66	0. 024
运城市	14 157	13 576 508	958. 996 115	0. 377
中卫市	13 527	929 817	68. 737 857 62	0. 024
总体	508 257	112 019 229	220. 399	0. 084

注：内蒙古自治区 5 个地区用的是 2001 年的数据，宁夏回族自治区 4 个地区用的是 2003 年的数据。

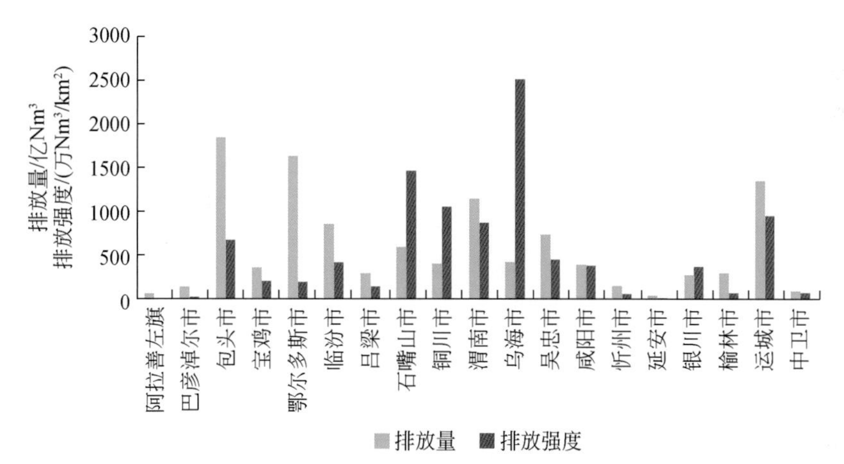

图 6-10　黄河中上游能源化工区 2002 年各地区废气排放情况统计图

从表 6-12 和图 6-11 可以看出，研究区 2005 年各地区废气排放量最大的前四位地区分别是包头市、运城市、乌海市和鄂尔多斯市，排在后几位的地区依次是延安市、阿拉善左旗、巴彦淖尔市和银川市。就排放强度而言，2005 年研究区废气排放强度最大的前几位地区分别是乌海市、石嘴山市、运城市和铜川市，而排在后几位的地区依次是阿拉善左旗、延安市、巴彦淖尔市和榆林市。

表 6-12　黄河中上游能源化工区 2005 年废气排放情况统计表

地区	面积/km²	排放量/万 Nm³	排放强度/(万 Nm³/km²)	排放强度归一化结果
阿拉善左旗	79 809	1 351 752	16. 937	0
巴彦淖尔市	65 092	2 057 255	31. 605	0. 001
包头市	27 605	27 996 156	1 014. 170	0. 084
宝鸡市	18 126	8 219 294	453. 453	0. 037

续表

地区	面积/km²	排放量/万 Nm³	排放强度/(万 Nm³/km²)	排放强度归一化结果
鄂尔多斯市	86 691	18 186 112	209. 781	0. 016
临汾市	20 260	11 019 716	543. 915	0. 044
吕梁市	21 015	6 559 450	312. 132	0. 025
石嘴山市	4 095	15 337 263	3 745. 363	0. 313
铜川市	3 910	4 453 131	1 138. 908	0. 094
渭南市	13 020	14 524 534	1 115. 556	0. 092
乌海市	1 658	19 780 507	11 930. 342	1
吴忠市	16 190	10 142 114	626. 443	0. 051
咸阳市	10 296	4 407 458	428. 075	0. 035
忻州市	25 175	4 843 538	192. 395	0. 015
延安市	37 015	978 303	26. 430	0. 001
银川市	7 457	4 291 252	575. 466	0. 047
榆林市	43 159	7 825 575	181. 320	0. 014
运城市	14 157	21 568 417	1 523. 516	0. 126
中卫市	13 527	5 622 433	415. 645	0. 033
总体	508 257	189 164 260	372. 182	0. 030

注：宁夏回族自治区 4 个地区用的是 2007 年的数据。

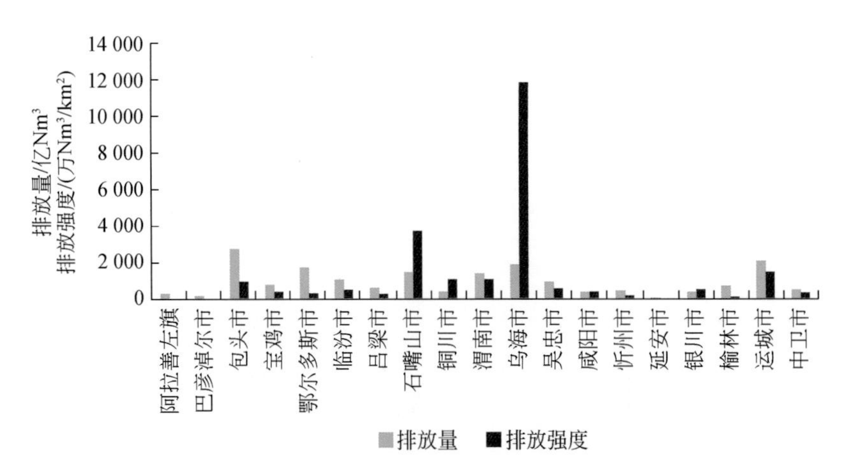

图 6-11　黄河中上游能源化工区 2005 年各地区废气排放情况统计图

从表6-13和图6-12可以看出，研究区2010年各地区废气排放量最大的前四位地区分别是巴彦淖尔市、包头市、鄂尔多斯市和运城市，排在后几位的地区依次是阿拉善左旗、延安市、乌海市和铜川市。就排放强度而言，2010年研究区烟粉尘排放强度最大的前几位地区分别是石嘴山市、乌海市、渭南市和运城市，而排在后几位的地区依次是阿拉善左旗、延安市、忻州市和鄂尔多斯市。

表6-13　黄河中上游能源化工区2010年废气排放情况统计表

地区	面积/km^2	排放量/万 Nm^3	排放强度/(万 Nm^3/km^2)	排放强度归一化结果
阿拉善左旗	79 809	78 813	0.988	0
巴彦淖尔市	65 092	58 253 748	894.945	0.214
包头市	27 605	53 526 037	1 938.998	0.464
宝鸡市	18 126	28 917 921	1 595.383	0.382
鄂尔多斯市	86 691	45 240 716	521.862	0.125
临汾市	20 260	17 562 074	866.835	0.207
吕梁市	21 015	22 412 675	1 066.508	0.255
石嘴山市	4 095	17 115 319	4 179.565	1
铜川市	3 910	10 524 556	2 691.702	0.644
渭南市	13 020	36 999 603	2 841.751	0.680
乌海市	1 658	6 466 558	3 900.216	0.933
吴忠市	16 190	24 840 159	1 534.290	0.367
咸阳市	10 296	12 721 155	1 235.543	0.295
忻州市	25 175	10 672 042	423.914	0.101
延安市	37 015	1 340 693	36.220	0.008
银川市	7 457	15 622 403	2 094.998	0.501
榆林市	43 159	25 698 327	595.434	0.142
运城市	14 157	40 070 860	2 830.463	0.677
中卫市	13 527	10 529 204	778.384	0.186
总体	508 257	438 592 863	862.935	0.206

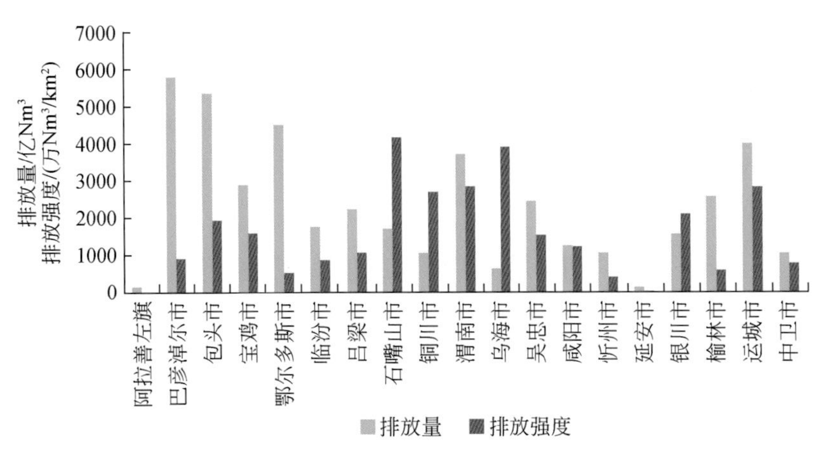

图 6-12　黄河中上游能源化工区 2010 年各地区废气排放情况统计图

表 6-14 和图 6-13 体现了废气排放强度及其变化率的空间分布情况。研究期间内，研究区废气排放强度的前五位地市一直是铜川市、运城市、渭南市、乌海市和石嘴山市，而后两位地市一直是阿拉善左旗和延安市。

表 6-14　黄河中上游能源化工区废气排放强度及其变化率统计表

地区	废气排放强度/(万 Nm^3/km^2)			废气排放强度变化率/%		
	2002 年	2005 年	2010 年	2002 ~ 2005 年	2005 ~ 2010 年	2002 ~ 2010 年
阿拉善左旗	8.42	16.94	0.99	101.1	(94.2)	(88.3)
巴彦淖尔市	22.84	31.61	894.95	38.4	2 731.7	3 817.8
包头市	671.26	1 014.17	1 939	51.1	91.2	188.9
宝鸡市	197.85	453.45	1 595.38	129.2	251.8	706.3
鄂尔多斯市	190.39	209.78	521.86	10.2	148.8	174.1
临汾市	425.98	543.92	866.84	27.7	59.4	103.5
吕梁市	141.63	312.13	1 066.51	120.4	241.7	653
石嘴山市	1 473.90	3 745.36	4 179.57	154.1	11.6	183.6
铜川市	1 059.63	1 138.91	2 691.70	7.5	136.3	154
渭南市	882.44	1 115.56	2 841.75	26.4	154.7	222
乌海市	2 528.13	11 930.34	3 900.22	371.9	(67.3)	54.3
吴忠市	461.06	626.44	1 534.29	35.9	144.9	232.8
咸阳市	387.58	428.08	1 235.54	10.4	188.6	218.8
忻州市	62.23	192.40	423.91	209.1	120.3	581.2
延安市	13.28	26.43	36.22	99	37	172.7
银川市	372.79	575.47	2 095.00	54.4	264.1	462
榆林市	68.87	181.32	595.43	163.3	228.4	764.5
运城市	959.00	1 523.52	2 830.46	58.9	85.8	195.1
中卫市	68.74	415.65	778.38	504.7	87.3	1 032.4
总体	220.40	372.18	862.94	68.9	131.9	291.5

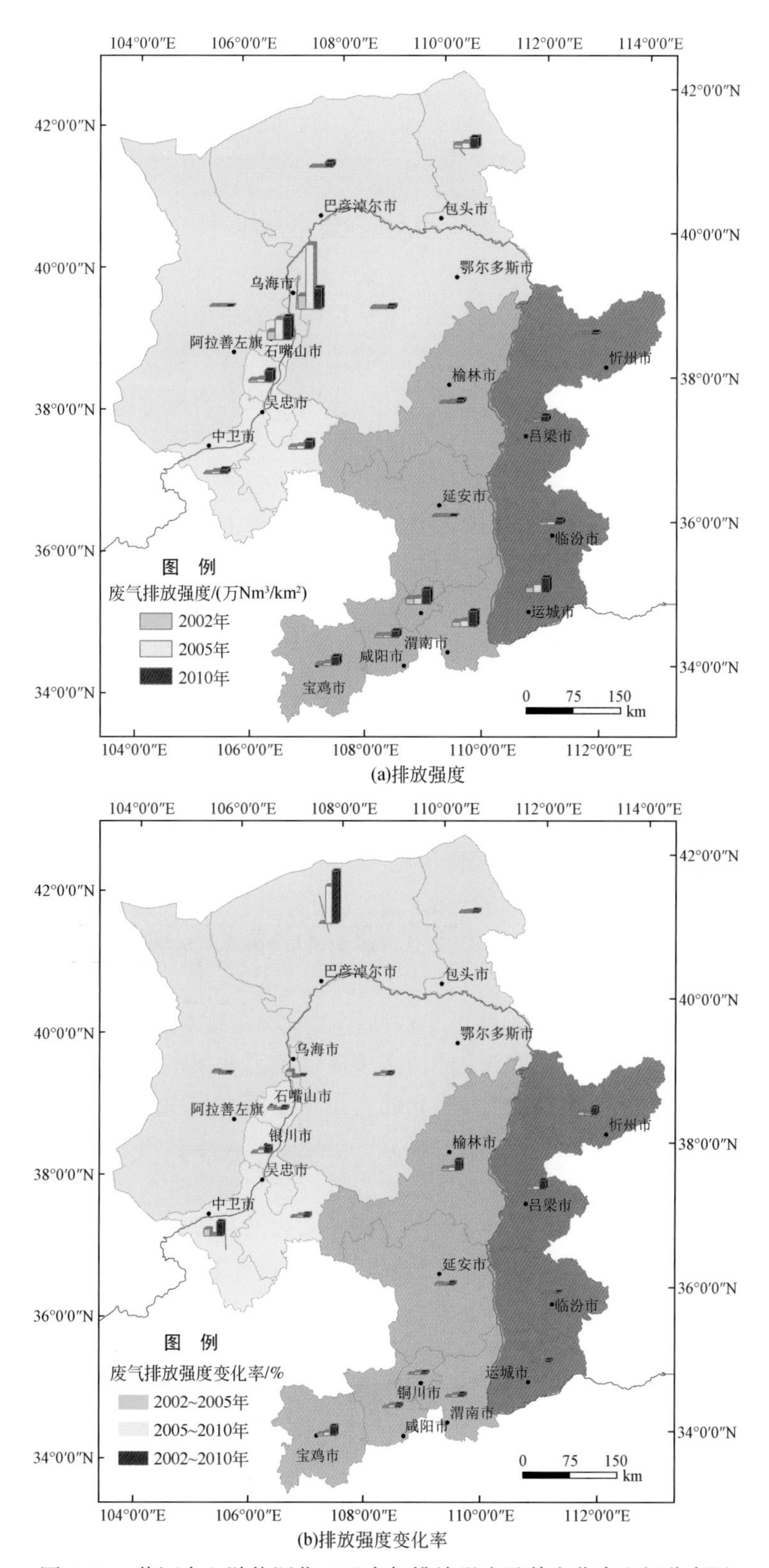

图 6-13　黄河中上游能源化工区废气排放强度及其变化率空间分布图

除阿拉善左旗和乌海市在2005～2010年废气排放强度表现为下降以外，其他地区在研究期间内废气排放强度均持续增强，增强最快的是巴彦淖尔市，2010年的排放强度是2002年的39倍。从变化趋势来看，未来研究区废气排放压力会进一步增大，值得关注。

6.3 水 污 染

水污染是由于有害化学物质污染环境的水，造成水的使用价值降低或丧失。污水中的酸、碱、氧化剂，铜、镉、汞、砷等化合物，以及苯、二氯乙烷、乙二醇等有机毒物，会毒死水生生物，影响饮用水源、风景区景观。污水中的有机物被微生物分解时消耗水中的氧，影响水生生物的生命，水中溶解氧耗尽后，有机物进行厌氧分解，产生硫化氢、硫醇等难闻气体，使水质进一步恶化。

人类活动产生的污染物是水污染的主要来源，它包括工业污染源、农业污染源和生活污染源三大部分。工业废水是水域的重要污染源，具有量大、面积广、成分复杂、毒性大、不易净化、难处理等特点。

6.3.1 污水、废水排放强度

污水、废水通常是指受到一定污染的、来自生活和生产的排出水，主要有生活污水、工业废水和初期雨水。污水、废水的主要污染物有病原体污染物、耗氧污染物、植物营养物和有毒污染物等。污水、废水有许多类别，相应地减少污水、废水对环境的影响也有许多技术和工艺。

污水、废水按照来源可以分为4类。第一类：工业废水，是指制造、采矿和工业生产活动的污水，包括来自工业或商业储藏、加工的径流活渗沥液，以及其他不是生活污水的废水。第二类：生活污水，是指来自住宅、写字楼、机关或相类似地区的污水，卫生污水，下水道污水，包括下水道系统中生活污水中混合的工业废水。第三类：商业污水，是指来自商业设施而且某些成分超过生活污水的污水，如餐饮污水、洗衣房污水、动物饲养污水、发廊产生的污水等。第四类：表面径流，是指来自雨水、雪水、高速公路下水，以及城市和工业地区的水等，没有渗进土壤的水，沿街道和陆地进入地下水。

污水、废水排放强度是指单位国土面积生活污水和工业废水排放量，反映污水、废水排放给生态系统带来的胁迫。收集各地区2002年、2005年和2010年生活污水和工业废水排放量数据，计算各地区历年单位国土面积污水、废水排放量。

$$\mathrm{WWDI}_{i,\ t}=\frac{\mathrm{WWD}_{i,\ t}}{A_i}\times 100\%$$

式中，$\mathrm{WWDI}_{i,t}$为第i个地区第t年单位国土面积污水、废水排放量（t/km^2）；$\mathrm{WWD}_{i,t}$为第i个地区第t年生活污水和工业废水排放总量（t）；A_i为第i个地区国土面积（km^2）。

从表6-15和图6-14可以看出，2002年，研究区城镇生活污水及工业废水排放量大的地区为包头市、运城市、银川市和临汾市，但排放强度最大的前三位地市分别是乌海市、银川市和石嘴山市。阿拉善左旗和铜川市的排放量比较小，同时阿拉善左旗、巴彦淖尔市、鄂尔多斯市、延安市和榆林市的污水、废水排放强度较小。

表 6-15　黄河中上游能源化工区 2002 年污水、废水排放情况统计表

地区	面积/km²	工业废水排放总量/万 t	城镇生活污水排放量/万 t	总排放量/万 t	排放强度/(t/km²)	排放强度归一化结果
阿拉善左旗	79 809	311. 229	186	497. 23	62. 30	0
巴彦淖尔市	65 092	2 145. 230 7	1 262	3 407. 23	523. 45	0. 029
包头市	27 605	7 960. 586 8	5 016	12 976. 59	4 700. 81	0. 289
宝鸡市	18 126	5 842. 098 1	3 704	9 546. 10	5 266. 52	0. 324
鄂尔多斯市	86 691	1 794. 553 1	1 133	2 927. 55	337. 70	0. 017
临汾市	20 260	4 142. 907 8	6 258	10 400. 91	5 133. 72	0. 316
吕梁市	21 015	743. 496 7	3 534	4 277. 50	2 035. 45	0. 123
石嘴山市	4 095	2 208. 434 3	2 878	5 086. 43	12 421. 08	0. 769
铜川市	3 910	314. 930 1	832	1 146. 93	2 933. 33	0. 179
渭南市	13 020	3 958. 370 5	2 983	6 941. 37	5 331. 31	0. 328
乌海市	1 658	1 614. 608 5	1 059	2 673. 61	16 125. 50	1
吴忠市	16 190	3 220. 856 7	856	4 076. 86	2 518. 13	0. 153
咸阳市	10 296	4 780. 603 4	3 383	8 163. 60	7 928. 91	0. 490
忻州市	25 175	691. 988 7	4 158	4 849. 99	1 926. 51	0. 116
延安市	37 015	386. 042 5	1 862	2 248. 04	607. 33	0. 034
银川市	7 457	2 671. 082 8	8 182	10 853. 08	14 554. 22	0. 902
榆林市	43 159	729. 116 2	1 643	2 372. 12	549. 62	0. 030
运城市	14 157	5 576. 086 1	5 699	11 275. 09	7 964. 32	0. 492
中卫市	13 527	2 328. 869 8	517	2 845. 87	2 103. 84	0. 127
总体	508 257	51 421. 091 8	55 145	106 566. 09	2 096. 70	0. 127

注：内蒙古自治区 5 个地区用的是 2001 年的数据，宁夏回族自治区 4 个地区用的是 2003 年的数据。

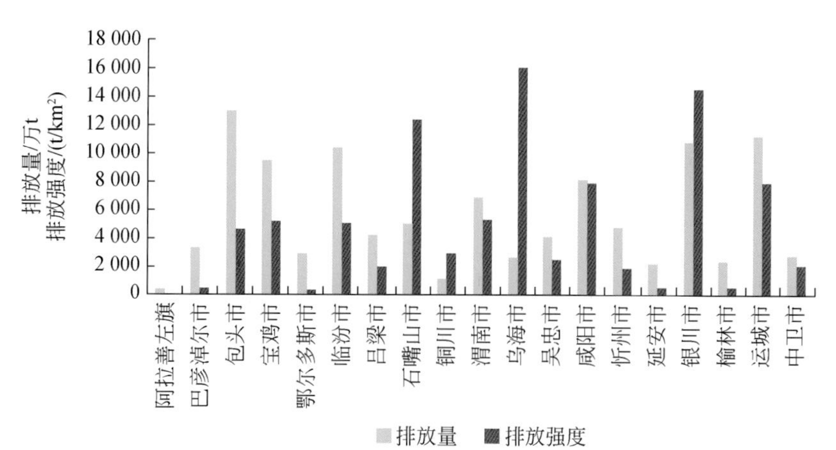

图 6-14　黄河中上游能源化工区各地区 2002 年污水、废水排放情况统计图

从表 6-16 和图 6-15 可以看出，2005 年，研究区污水、废水排放量最大的前几位地区分别是银川市、临汾市、宝鸡市和包头市，而排放强度最大的前三位地区分别是银川市、石嘴山市和乌海市。阿拉善左旗、铜川市和乌海市污水、废水的排放量比较小。与 2002 年相比，研究区仍然是阿拉善左旗、巴彦淖尔市、鄂尔多斯市、延安市和榆林市污水、废水的排放强度排位较靠后。

表 6-16　黄河中上游能源化工区 2005 年污水、废水排放情况统计表

地区	面积/km^2	工业废水排放总量/万 t	城镇生活污水排放量/万 t	总排放量/万 t	排放强度/(t/km^2)	排放强度归一化结果
阿拉善左旗	79 809	205. 54	193	398. 54	49. 94	0
巴彦淖尔市	65 092	3 189. 420 658	1 252	4 441. 42	682. 33	0. 033
包头市	27 605	5 158. 580 9	6 150	11 308. 58	4 096. 57	0. 209
宝鸡市	18 126	7 199	4 121	11 320	6 245. 17	0. 319
鄂尔多斯市	86 691	3 786. 053 984	2 042	5 828. 05	672. 28	0. 032
临汾市	20 260	5 459. 226 4	6 341	11 800. 23	5 824. 40	0. 298
吕梁市	21 015	680. 136 7	5 235	5 915. 14	2 814. 72	0. 143
石嘴山市	4 095	3 273. 32	2 942. 24	6 215. 56	15 178. 4	0. 780
铜川市	3 910	322	877	1 199	3 066. 50	0. 155
渭南市	13 020	4 789	3 678	8 467	6 503. 07	0. 333
乌海市	1 658	726. 346 330 7	1 667	2 393. 346	14 435. 1	0. 741
吴忠市	16 190	6 592. 59	2 336. 29	8 928. 88	5 515. 06	0. 282
咸阳市	10 296	8 120	3 068	11 188	10 866. 4	0. 558
忻州市	25 175	1 665. 722	4 435	6 100. 722	2 423. 33	0. 122
延安市	37 015	887	2 380	3 267	882. 62	0. 043
银川市	7 457	5 187. 49	9 316. 73	14 504. 22	19 450. 5	1
榆林市	43 159	1 208	2 096	3 304	765. 54	0. 037
运城市	14 157	4 301. 612 4	6 363	10 664. 6	7 533. 1	0. 386
中卫市	13 527	5 476. 1	1 031. 2	6 507. 3	4 810. 6	0. 245
总体	508 257	68 227. 139 37	65 524. 46	133 751. 6	2 631. 57	0. 133

注：宁夏回族自治区 4 个地区用的是 2007 年的数据。

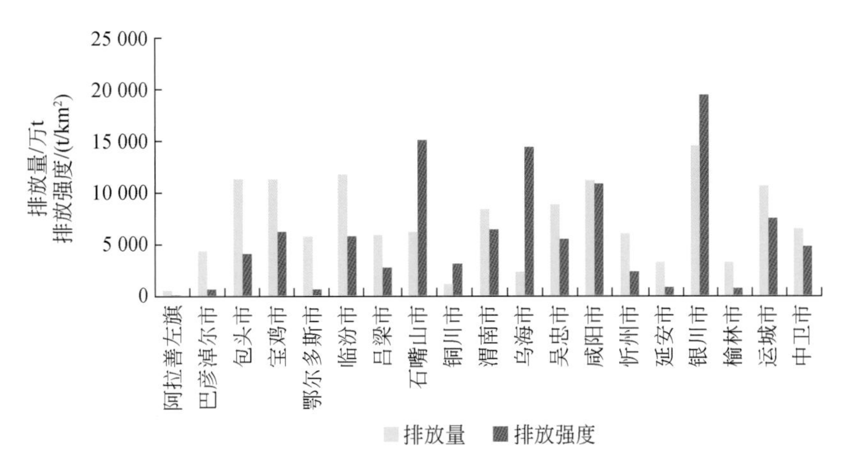

图 6-15 黄河中上游能源化工区各地区 2005 年污水、废水排放情况统计图

从表 6-17 和图 6-16 可以看出，2010 年，研究区污水、废水排放量最大的前几位地区分别是宝鸡市、银川市、咸阳市和运城市，而排放强度最大的前三位地区分别是银川市、乌海市和咸阳市。阿拉善左旗、铜川市和乌海市污水、废水的排放量依然比较小。与 2002 年相比，研究区仍然是阿拉善左旗、鄂尔多斯市、延安市污水、废水的排放强度排位较靠后。研究区污水、废水排放强度由 2002 年的 2096. 7t/km^2，增加为 2005 年的 2631. 57t/km^2，再增加到 2010 年的 3435. 26t/km^2（表 6-18，图 6-17）。

表 6-17 黄河中上游能源化工区 2010 年污水、废水排放情况统计表

地区	面积/km^2	工业废水排放总量/万 t	城镇生活污水排放量/万 t	总排放量/万 t	排放强度/(t/km^2)	排放强度归一化结果
阿拉善左旗	79 809	75. 00	84. 00	159	19. 92	0
巴彦淖尔市	65 092	4 726. 00	7 691. 00	12 417	1 907. 61	0. 086
包头市	27 605	6 487. 00	5 126. 00	11 613	4 206. 85	0. 190
宝鸡市	18 126	11 520. 88	6 831. 00	18 351. 88	10 124. 61	0. 459
鄂尔多斯市	86 691	5 017. 00	4 282. 00	9 299	1 072. 66	0. 048
临汾市	20 260	3 068. 30	7 165. 71	10 234. 01	5 051. 34	0. 229
吕梁市	21 015	6 052. 14	5 026. 34	11 078. 48	5 271. 70	0. 239
石嘴山市	4 095	1 864. 18	3 356. 10	5 220. 28	12 747. 95	0. 579
铜川市	3 910	328. 47	910. 00	1 238. 47	3 167. 43	0. 143
渭南市	13 020	3 245. 17	7 414. 00	10 659. 17	8 186. 77	0. 371
乌海市	1 658	1 735. 00	1 046. 00	2 781	16 773. 22	0. 762
吴忠市	16 190	6 943. 60	2 522. 26	9 465. 86	5 846. 73	0. 265
咸阳市	10 296	8 140. 42	7 878. 00	16 018. 42	15 557. 90	0. 706

续表

地区	面积 /km²	工业废水排放总量/万 t	城镇生活污水排放量/万 t	总排放量 /万 t	排放强度 /(t/km²)	排放强度归一化结果
忻州市	25 175	1 452.08	5 402.89	6 854.97	2 722.93	0.123
延安市	37 015	1 389.87	2 870.00	4 259.87	1 150.85	0.051
银川市	7 457	5 893.70	10 523.90	16 417.6	22 016.36	1
榆林市	43 159	4 798.75	3 565.00	8 363.75	1 937.89	0.087
运城市	14 157	8 161.00	5 148.30	13 309.3	9 401.22	0.426
中卫市	13 527	5 300.14	1 558.45	6 858.59	5 070.30	0.230
总体	508 257	86 198.69	88 400.96	174 599.65	3 435.26	0.155

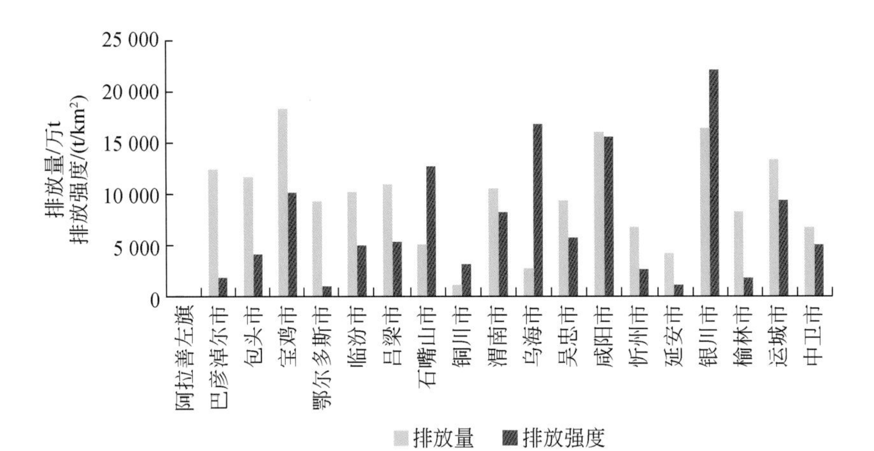

图 6-16 黄河中上游能源化工区各地区 2010 年污水、废水排放情况统计图

表 6-18 黄河中上游能源化工区污水、废水排放强度及其变化率统计表

地区	污水、废水排放强度/(t/km²)			污水、废水排放强度变化率/%		
	2002 年	2005 年	2010 年	2002～2005 年	2005～2010 年	2002～2010 年
阿拉善左旗	62.3	49.94	19.92	(19.8)	(60.1)	(68.0)
巴彦淖尔市	523.45	682.33	1 907.61	30.4	179.6	264.4
包头市	4 700.81	4 096.57	4 206.85	(12.9)	2.7	(10.5)
宝鸡市	5 266.52	6 245.17	10 124.61	18.6	62.1	92.2
鄂尔多斯市	337.7	672.28	1 072.66	99.1	59.6	217.6
临汾市	5 133.72	5 824.4	5 051.34	13.5	(13.3)	(1.6)
吕梁市	2 035.45	2 814.72	5 271.7	38.3	87.3	159.0
石嘴山市	12 421.08	15 178.4	12 747.95	22.2	(16.0)	2.6
铜川市	2 933.33	3 066.5	3 167.43	4.5	3.3	8.0

续表

地区	污水、废水排放强度/(t/km²)			污水、废水排放强度变化率/%		
	2002 年	2005 年	2010 年	2002 ~ 2005 年	2005 ~ 2010 年	2002 ~ 2010 年
渭南市	5 331. 31	6 503. 07	8 186. 77	22. 0	25. 9	53. 6
乌海市	16 125. 5	14 435. 1	16 773. 22	(10. 5)	16. 2	4. 0
吴忠市	2 518. 13	5 515. 06	5 846. 73	119. 0	6. 0	132. 2
咸阳市	7 928. 91	10 866. 4	15 557. 9	37. 0	43. 2	96. 2
忻州市	1 926. 51	2 423. 33	2 722. 93	25. 8	12. 4	41. 3
延安市	607. 33	882. 62	1 150. 85	45. 3	30. 4	89. 5
银川市	14 554. 22	19 450. 5	22 016. 36	33. 6	13. 2	51. 3
榆林市	549. 62	765. 54	1 937. 89	39. 3	153. 1	252. 6
运城市	7 964. 32	7 533. 1	9 401. 22	(5. 4)	24. 8	18. 0
中卫市	2 103. 84	4 810. 6	5 070. 3	128. 7	5. 4	141. 0
总体	2 096. 7	2 631. 57	3 435. 26	25. 5	30. 5	63. 8

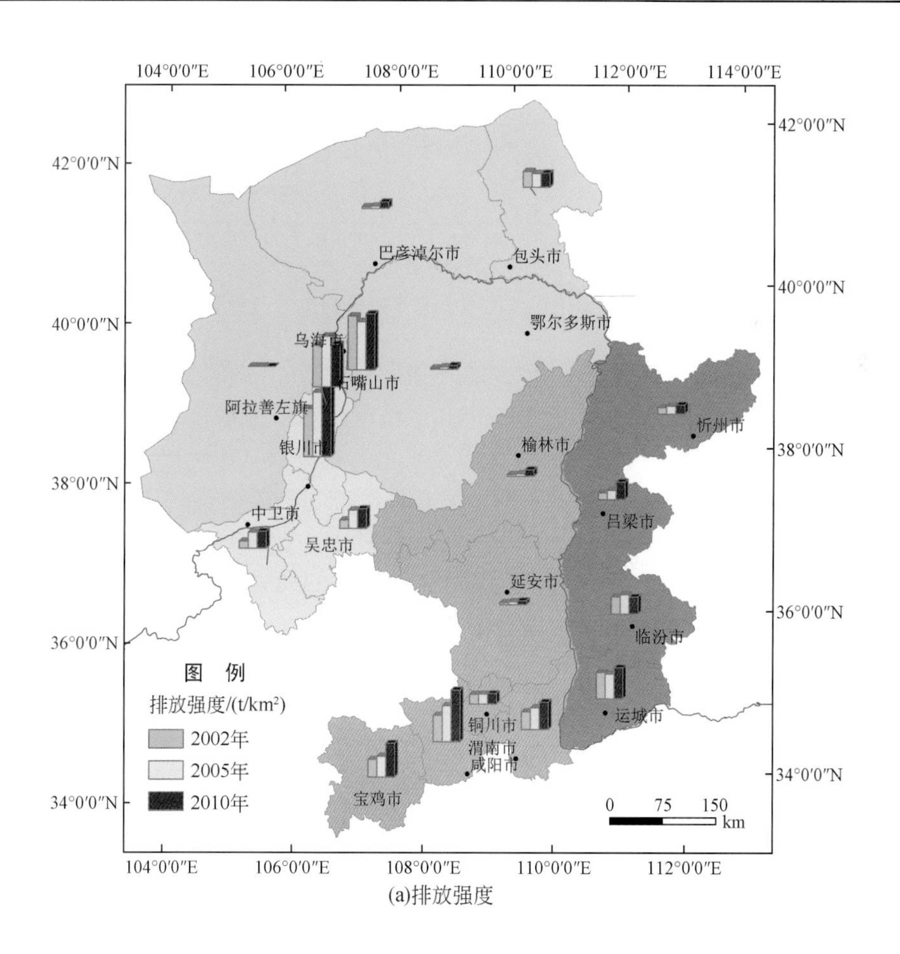

(a)排放强度

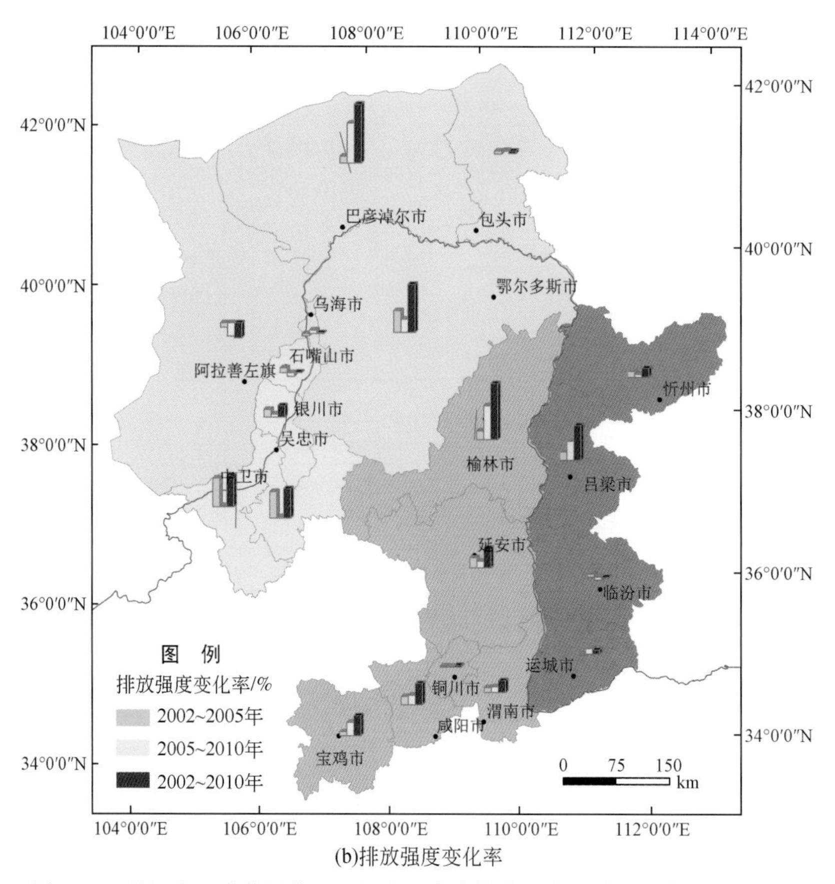

(b)排放强度变化率

图 6-17 黄河中上游能源化工区污水、废水排放强度及其变化率空间分布图

图 6-17 显示的是研究区污水、废水排放强度及其变化率的空间分布情况。2002 ~ 2005 年，只有阿拉善左旗、乌海市、包头市和运城市污水、废水排放强度有所下降，其余地区均表现为增强，增强最快的是中卫市和吴忠市，速率达 119% 以上。2005 ~ 2010 年，阿拉善左旗污水、废水排放强度持续下降，另有临汾市和石嘴山市表现为略有下降，其余地区均表现为增强，增强最快的是巴彦淖尔市和榆林市，速率均超过 153% 。区域总体污水、废水排放强度持续增加，2010 年比 2002 年增加了 63. 8% ，体现为区域污水、废水排放的压力很大，且目前这种压力没有减轻的趋势。

6. 3. 2 化学需氧量排放强度

化学需氧量（chemical oxygen demand，COD）是指用强化学氧化剂（中国法定用重铬酸钾 $K_2Cr_2O_7$）在酸性条件下将有机物氧化成 CO_2 和 H_2O 所消耗的氧量（mg/L），用 COD_{Cr}表示，简写为 COD。COD 越高，表示水中有机污染物越多，污染越严重。COD 的测定方法：随着测定水样中还原性物质及测定方法的不同，其测定值也有不同。应用最普遍的是酸性高锰酸钾氧化法（$KMnO_4$法）与重铬酸钾氧化法（$K_2Cr_2O_7$ 法）。$KMnO_4$法：氧化率较低，但比较简便，在测定水样中有机物含量的相对比较值时可以采用。$K_2Cr_2O_7$法：氧化率高，再现性好，适用于测定水样中有机物的总量。

有机物对工业水系统的危害很大。含有大量有机物的水在通过除盐系统时会污染离子交换树脂，特别容易污染阴离子交换树脂，使树脂交换能力降低。有机物经过预处理（混凝、澄清和过滤）约可减少 50%，但在除盐系统中无法除去，故常通过补给水带入锅炉，使炉水 pH 降低。有时有机物还可能带入蒸汽系统和凝结水中，使 pH 降低，造成系统腐蚀。在循环水系统中有机物含量高会促进微生物繁殖。因此，不管是对除盐、炉水还是对循环水系统，COD 都是越低越好，但并没有统一的限制指标。在循环冷却水系统中 COD（$KMnO_4$法）大于 5mg/L 时，水质已开始变差。

COD 排放强度是指单位国土面积生活污水和工业废水中的 COD 排放量，反映污水排放给水体生态系统带来的胁迫。收集各地区 2002 年、2005 年和 2010 年生活污水和工业废水中的 COD 排放量数据，计算各地区历年单位国土面积 COD 排放量。

$$\mathrm{CODI}_{i,\ t} = \frac{\mathrm{COD}_{i,\ t}}{A_i} \times 100\%$$

式中，$\mathrm{CODI}_{i,t}$为第 i 个地区第 t 个年份单位国土面积 COD 排放量（t/km^2）；$\mathrm{COD}_{i,t}$为第 i 个地区第 t 个年份生活污水和工业废水中 COD 排放总量（t）；A_i为第 i 个地区国土面积（km^2）。

从表 6-19 和图 6-18 可以看出，研究区 2002 年 COD 排放量最大的前四位地区分别是运城市、巴彦淖尔市、咸阳市和渭南市，排在后几位的地区依次是石嘴山市、阿拉善左旗、鄂尔多斯市和铜川市。就排放强度而言，2002 年研究区 COD 排放强度最大的前几位地区分别是乌海市、运城市、咸阳市和渭南市，而排在后几位的地区依次是阿拉善左旗、鄂尔多斯市、榆林市和延安市。

表 6-19　黄河中上游能源化工区 2002 年 COD 排放情况统计表

地区	面积/km^2	城镇生活污水 COD 排放量/t	工业 COD 排放量/t	COD 排放总量/t	COD 排放强度/(kg/km^2)	排放强度归一化结果
阿拉善左旗	79 809	1 861.5	3 300	5 161.50	64.67	0
巴彦淖尔市	65 092	8 824	47 359.77	56 183.77	863.14	0.131
包头市	27 605	20 655.2	16 962.73	37 617.93	1 362.72	0.213
宝鸡市	18 126	20 477.1	24 920.54	45 397.64	2 504.56	0.401
鄂尔多斯市	86 691	5 813.7	770.262 9	6 583.96	75.95	0.002
临汾市	20 260	16 565.9	10 000.24	26 566.14	1 311.26	0.205
吕梁市	21 015	9 185.4	24 780.51	33 965.91	1 616.27	0.255
石嘴山市	4 095	2 726.6	2 051.56	4 778.16	1 166.83	0.181
铜川市	3 910	8 322	226.279	8 548.28	2 186.26	0.349
渭南市	13 020	21 708	25 734.41	47 442.41	3 643.81	0.589
乌海市	1 658	6 351	3 837.995	10 189.00	6 145.35	1

续表

地区	面积/km^2	城镇生活污水COD排放量/t	工业COD排放量/t	COD排放总量/t	COD排放强度/(kg/km^2)	排放强度归一化结果
吴忠市	16 190	6 354.5	36 745.99	43 100.49	2 662.17	0.427
咸阳市	10 296	19 461.9	34 349.31	53 811.21	5 226.42	0.849
忻州市	25 175	11 522.4	1 246.541	12 768.94	507.21	0.073
延安市	37 015	9 307.5	1 742.873	11 050.37	298.54	0.038
银川市	7 457	4 427	12 736.93	17 163.93	2 301.72	0.368
榆林市	43 159	9 857.2	393.268 7	10 250.47	237.50	0.028
运城市	14 157	15 328.6	65 494.08	80 822.68	5 709.03	0.928
中卫市	13 527	4 183.8	17 117.06	21 300.86	1 574.69	0.248
总体	508 257	202 933.3	329 770.34	532 703.64	1 048.1	0.16

注：内蒙古自治区5个地区用的是2001年的数据，宁夏回族自治区4个地区用的是2003年的数据。

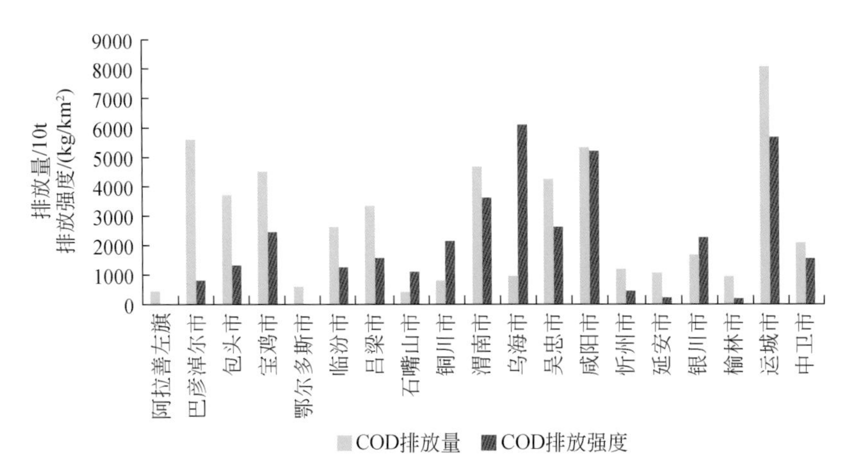

图6-18　黄河中上游能源化工区各地区2002年COD排放情况统计表

从表6-20和图6-19可以看出，研究区2005年COD排放量最大的前四位地区分别是运城市、巴彦淖尔市、渭南市和吴忠市，排在后几位的地区依次是阿拉善左旗、铜川市、乌海市和石嘴山市。就排放强度而言，2005年研究区COD排放强度最大的前几位地区分别是乌海市、运城市、渭南市和银川市，而排在后几位的地区依次是阿拉善左旗、鄂尔多斯市、榆林市和延安市。

表6-20　黄河中上游能源化工区2005年COD排放情况统计表

地区	面积/km^2	城镇生活污水COD排放量/t	工业COD排放量/t	COD排放总量/t	COD排放强度/(kg/km^2)	排放强度归一化结果
阿拉善左旗	79 809	1 927.2	4 184.05	6 111.25	76.57	0
巴彦淖尔市	65 092	8 837.8	71 387.35	80 225.15	1 232.49	0.186

续表

地区	面积/km²	城镇生活污水COD排放量/t	工业COD排放量/t	COD排放总量/t	COD排放强度/(kg/km²)	排放强度归一化结果
包头市	27 605	23 068.5	6 326.61	29 395.11	1 064.85	0.159
宝鸡市	18 126	14 750	30 877.15	45 627.55	2 517.24	0.393
鄂尔多斯市	86 691	18 635.8	4 400.02	23 035.82	265.72	0.030
临汾市	20 260	26 544.2	11 782.44	38 326.64	1 891.74	0.293
吕梁市	21 015	21 159.9	13 813.90	34 973.80	1 664.23	0.256
石嘴山市	4 095	5 072.43	8 042.77	13 115.20	3 202.74	0.504
铜川市	3 910	8 229	198.31	8 426.81	2 155.19	0.335
渭南市	13 020	22 482	35 692.87	58 175.27	4 468.15	0.708
乌海市	1 658	8 528.1	1 882.96	10 411.06	6 279.29	1
吴忠市	16 190	4 253.21	47 343.19	51 596.40	3 186.93	0.501
咸阳市	10 296	15 353	27 942.50	43 295.80	4 205.11	0.666
忻州市	25 175	19 064.2	24 898.02	43 962.22	1 746.26	0.269
延安市	37 015	12 881	2 521.39	15 401.99	416.10	0.055
银川市	7 457	14 477.82	17 372.46	31 850.28	4 271.19	0.676
榆林市	43 159	12 571	808.46	13 379.16	310.00	0.038
运城市	14 157	29 618.6	57 381.75	87 000.35	6 145.39	0.978
中卫市	13 527	883.89	26 725.03	27 608.92	2 041.02	0.317
总体	508 257	268 337.6	393 581.225	661 918.8	1 302.33	0.198

注：宁夏回族自治区 4 个地区用的是 2007 年的数据。

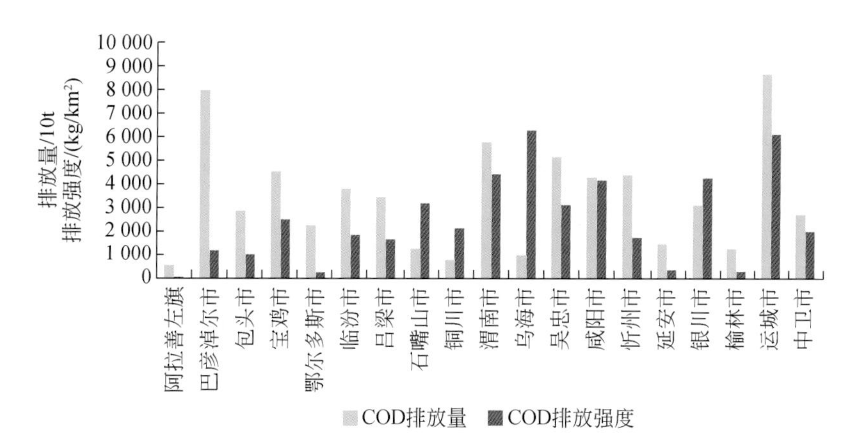

图 6-19　黄河中上游能源化工区各地区 2005 年 COD 排放情况统计表

从表 6-21 和图 6-20 可以看出，研究区 2010 年 COD 排放量最大的前四位地区分别是运城市、渭南市、吴忠市和宝鸡市，排在后几位的地区依次是阿拉善左旗、铜川市、石嘴山市和延安市。就排放强度而言，2010 年研究区 COD 排放强度最大的前几位地区分别是乌海市、运城市、咸阳市和渭南市，而排在后几位的地区依次是阿拉善左旗、鄂尔多斯市、延安市和巴彦淖尔市。

表 6-21　黄河中上游能源化工区 2010 年 COD 排放情况统计表

地区	面积/km^2	城镇生活污水 COD 排放量/t	工业 COD 排放量/t	COD 排放总量/t	COD 排放强度/(kg/km^2)	排放强度归一化结果
阿拉善左旗	79 809	605	15	620	7.769	0
巴彦淖尔市	65 092	21 581	4 539	26 120	401.278	0.042
包头市	27 605	24 227	12 241	36 468	1 321.065	0.139
宝鸡市	18 126	19 509	21 067	40 576	2 238.552	0.237
鄂尔多斯市	86 691	17 943	13 325	31 268	360.683	0.037
临汾市	20 260	26 052.8	7 203	33 255.8	1 641.451	0.173
吕梁市	21 015	19 211.7	11 508	30 719.7	1 461.799	0.154
石嘴山市	4 095	4 702.8	7 042.8	11 745.6	2 868.278	0.303
铜川市	3 910	6 949	726	7 675	1 962.916	0.207
渭南市	13 020	26 093	18 530	44 623	3 427.266	0.363
乌海市	1 658	5 867	9 783	15 650	9 439.083	1
吴忠市	16 190	5 481.4	37 701	43 182.4	2 667.227	0.282
咸阳市	10 296	19 868	16 207	36 075	3 503.788	0.371
忻州市	25 175	20 677	17 264	37 941	1 507.090	0.159
延安市	37 015	11 115	3 527	14 642	395.569	0.041
银川市	7 457	9 308.8	14 670	23 978.8	3 215.609	0.340
榆林市	43 159	10 696	16 910	27 606	639.635	0.067
运城市	14 157	29 443.6	45 824	75 267.6	5 316.635	0.563
中卫市	13 527	4 296.1	27 643	31 939.1	2 361.137	0.250
总体	508 257	283 627.3	285 725.8	569 353.1	1 120.207	0.118

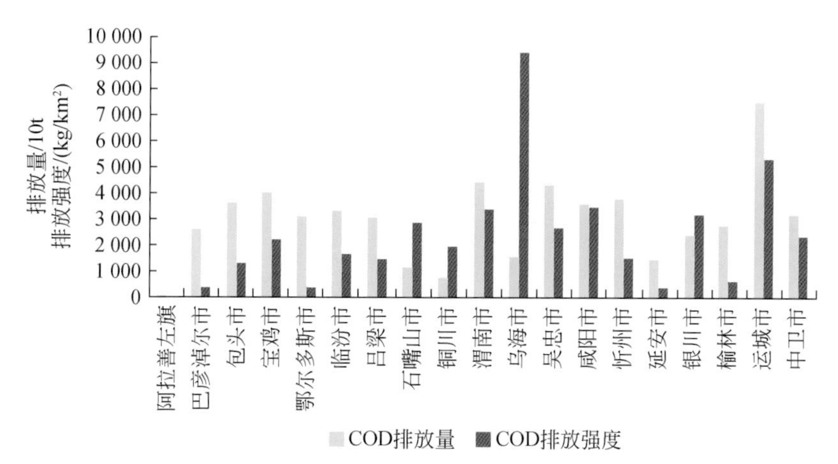

图 6-20 黄河中上游能源化工区各地区 2010 年 COD 排放情况统计表

区域 COD 排放强度最强的前几个地区分别是乌海市、运城市、咸阳市、渭南市和银川市，后几位是阿拉善左旗、鄂尔多斯市和延安市，这种排序研究期间内没有大的变动。区域总体 COD 的排放强度 2002 年是 1048. 1t/km^2，2005 年增加到 1302. 33t/km^2，2010 年又降为 1120. 207t/km^2（表 6-22，图 6-21）。

表 6-22 黄河中上游能源化工区 COD 排放强度及其变化率统计表

地区	COD 排放强度/(t/km^2)			COD 排放强度变化率/%		
	2002 年	2005 年	2010 年	2002～2005 年	2005～2010 年	2002～2010 年
阿拉善左旗	64. 67	76. 57	7. 769	18. 4	(89. 9)	(88. 0)
巴彦淖尔市	863. 14	1 232. 49	401. 278	42. 8	(67. 4)	(53. 5)
包头市	1 362. 72	1 064. 85	1 321. 065	(21. 9)	24. 1	(3. 1)
宝鸡市	2 504. 56	2 517. 24	2 238. 552	0. 5	(11. 1)	(10. 6)
鄂尔多斯市	75. 95	265. 72	360. 683	249. 9	35. 7	374. 9
临汾市	1 311. 26	1 891. 74	1 641. 451	44. 3	(13. 2)	25. 2
吕梁市	1 616. 27	1 664. 23	1 461. 799	3. 0	(12. 2)	(9. 6)
石嘴山市	1 166. 83	3 202. 74	2 868. 278	174. 5	(10. 4)	145. 8
铜川市	2 186. 26	2 155. 19	1 962. 916	(1. 4)	(8. 9)	(10. 2)
渭南市	3 643. 81	4 468. 15	3 427. 266	22. 6	(23. 3)	(5. 9)
乌海市	6 145. 35	6 279. 29	9 439. 083	2. 2	50. 3	53. 6
吴忠市	2 662. 17	3 186. 93	2 667. 227	19. 7	(16. 3)	0. 2
咸阳市	5 226. 42	4 205. 11	3 503. 788	(19. 5)	(16. 7)	(33. 0)
忻州市	507. 21	1 746. 26	1 507. 09	244. 3	(13. 7)	197. 1
延安市	298. 54	416. 1	395. 569	39. 4	(4. 9)	32. 5
银川市	2 301. 72	4 271. 19	3 215. 609	85. 6	(24. 7)	39. 7
榆林市	237. 5	310	639. 635	30. 5	106. 3	169. 3
运城市	5 709. 03	6 145. 39	5 316. 635	7. 6	(13. 5)	(6. 9)
中卫市	1 574. 69	2 041. 02	2 361. 137	29. 6	15. 7	49. 9
总体	1 048. 1	1 302. 33	1 120. 207	24. 3	(14. 0)	6. 9

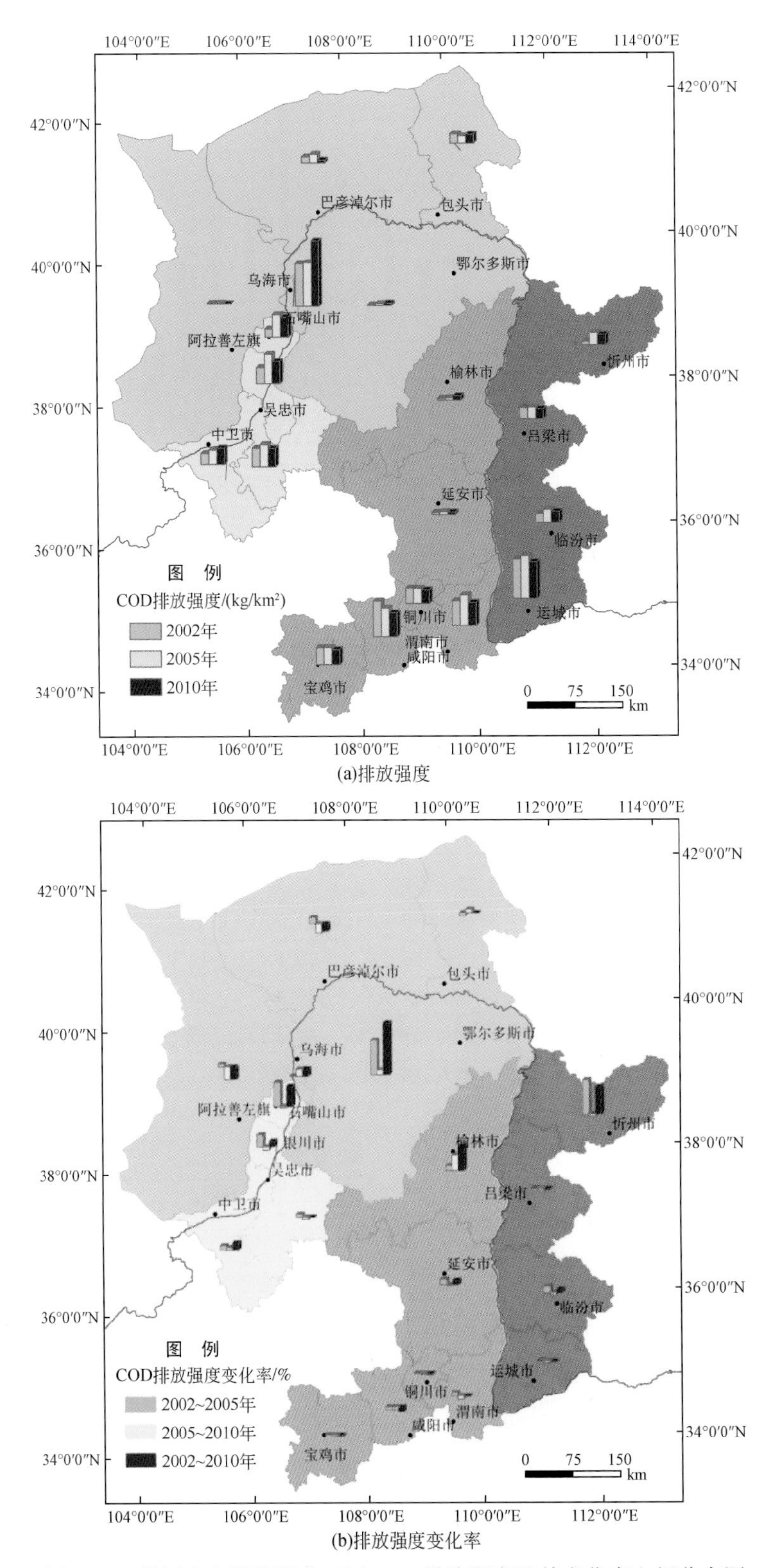

图 6-21 黄河中上游能源化工区 COD 排放强度及其变化率空间分布图

图 6-21 显示了研究区 COD 的排放强度及其变化的空间分布情况。

2002 ~ 2005 年，只有包头市、咸阳市和铜川市 COD 排放强度下降，其余地区均表现为上升，上升最快的是鄂尔多斯市和忻州市，上升速率均超过 240%。2005 ~ 2010 年只有 5 个地市 COD 排放强度表现为上升，其余的均下降，下降最快的是阿拉善左旗和巴彦淖尔市，下降速率均超过 67%。区域总体 COD 排放强度 2002 ~ 2005 年上升，2005 ~ 2010 年下降，但变化速率不大。从 2005 ~ 2010 年各地区 COD 排放强度的变化趋势来看，未来 COD 减排的空间较大。

6.4 工业固体废物

工业固体废物是指在工业生产活动中产生的固体废弃物，简称为工业废物，是工业生产过程中排入环境的各种废渣、粉尘及其他废物。可分为一般工业废物（如高炉渣、钢渣、赤泥、有色金属渣、粉煤灰、煤渣、硫酸渣、废石膏、脱硫灰、电石渣、盐泥等）和工业有害固体废物，即危险固体废物。工业废物消极堆存不仅占用大量土地，造成人力、物力的浪费，而且许多工业废渣含有易溶于水的物质，通过淋溶污染土壤和水体。粉状的工业废物随风飞扬，污染大气，有的还散发臭气和毒气。有的废物甚至淤塞河道，污染水系，影响生物生长，危害人体健康。

从表 6-23 和图 6-22 可以看出，研究区 2002 年工业固体废物产生量最大的前四位地区分别是渭南市、运城市、包头市和临汾市，排在后几位的地区依次是延安市、阿拉善左旗、中卫市和银川市。就排放强度而言，2002 年研究区工业固体废物产生强度最大的前几位地区分别是乌海市、渭南市、运城市和石嘴山市，而排在后几位的地区依次是阿拉善左旗、延安市、巴彦淖尔市和中卫市。

表 6-23 黄河中上游能源化工区 2002 年工业固体废物产生情况统计表

地区	面积/km^2	工业固体废物产生量/万 t	产生强度/(t/km^2)	产生强度归一化结果
阿拉善左旗	79 809	24. 5	3. 1	0
巴彦淖尔市	65 092	130. 8	20. 1	0. 010
包头市	27 605	1 384. 1	501. 4	0. 306
宝鸡市	18 126	191. 5	105. 6	0. 063
鄂尔多斯市	86 691	358. 1	41. 3	0. 023
临汾市	20 260	920. 4	454. 3	0. 277
吕梁市	21 015	217. 7	103. 6	0. 062
石嘴山市	4 095	364. 3	889. 6	0. 544
铜川市	3 910	79. 7	204. 0	0. 123
渭南市	13 020	1 587. 2	1 219. 1	0. 746
乌海市	1 658	270. 6	1 632. 1	1
吴忠市	16 190	132. 8	82. 0	0. 048
咸阳市	10 296	124. 7	121. 1	0. 072

续表

地区	面积/km²	工业固体废物产生量/万 t	产生强度/(t/km²)	产生强度归一化结果
忻州市	25 175	128. 3	51. 0	0. 029
延安市	37 015	15. 2	4. 1	0. 001
银川市	7 457	50. 0	67. 0	0. 039
榆林市	43 159	256. 0	59. 3	0. 035
运城市	14 157	1 463. 2	1 033. 6	0. 633
中卫市	13 527	32. 0	23. 7	0. 013
总体	508 257	7 731. 2	152. 1	0. 091

注：内蒙古自治区 5 个地区用的是 2001 年的数据，宁夏回族自治区 4 个地区用的是 2003 年的数据。

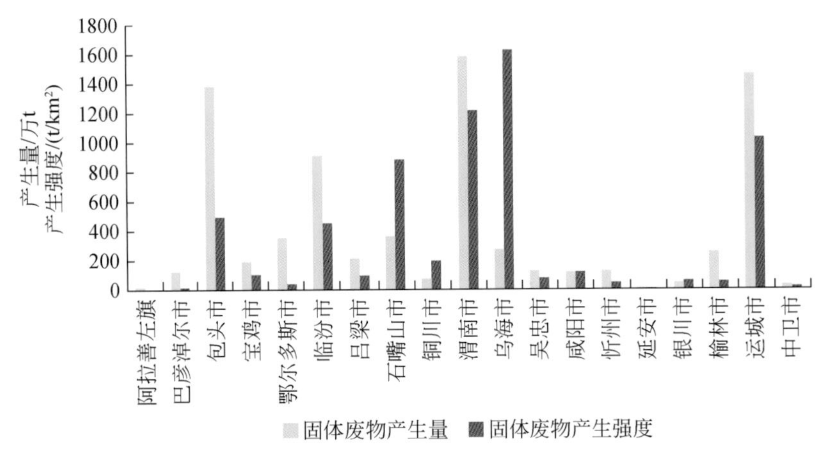

图 6-22　黄河中上游能源化工区各地区 2002 年工业固体废物产生情况统计图

从表 6-24 和图 6-23 可以看出，研究区 2005 年工业固体废物产生量最大的前四位地区分别是渭南市、鄂尔多斯市、包头市和运城市，排在后几位的地区依次是延安市、铜川、中卫市和银川市。就排放强度而言，2005 年研究区工业固体废物产生强度最大的前几位地区分别是乌海市、渭南市、石嘴山市和运城市，而排在后几位的地区依次是延安市、阿拉善左旗、巴彦淖尔市和中卫市。

表 6-24　黄河中上游能源化工区 2005 年工业固体废物产生情况统计表

地区	面积/km²	工业固体废物产生量/万 t	产生强度/(t/km²)	产生强度归一化结果
阿拉善左旗	79 809	146. 54	18. 36	0. 003
巴彦淖尔市	65 092	403. 29	61. 96	0. 016
包头市	27 605	2 273. 27	823. 50	0. 242
宝鸡市	18 126	279	153. 92	0. 043
鄂尔多斯市	86 691	2 410. 99	278. 11	0. 080

续表

地区	面积/km²	工业固体废物产生量/万 t	产生强度/(t/km²)	产生强度归一化结果
临汾市	20 260	1 525. 05	752. 74	0. 221
吕梁市	21 015	214. 09	101. 87	0. 028
石嘴山市	4 095	546. 16	1 333. 72	0. 394
铜川市	3 910	83	212. 28	0. 060
渭南市	13 020	2 500	1 920. 12	0. 569
乌海市	1 658	558. 65	3 369. 45	1
吴忠市	16 190	177. 33	109. 53	0. 030
咸阳市	10 296	150	145. 69	0. 041
忻州市	25 175	246. 33	97. 85	0. 026
延安市	37 015	34. 00	9. 19	0
银川市	7 457	106. 44	142. 74	0. 040
榆林市	43 159	700	162. 19	0. 046
运城市	14 157	1 765. 91	1 247. 38	0. 368
中卫市	13 527	88. 12	65. 14	0. 017
总体	508 257	14 208. 16	279. 55	0. 080

注：宁夏回族自治区 4 个地区用的是 2007 年的数据。

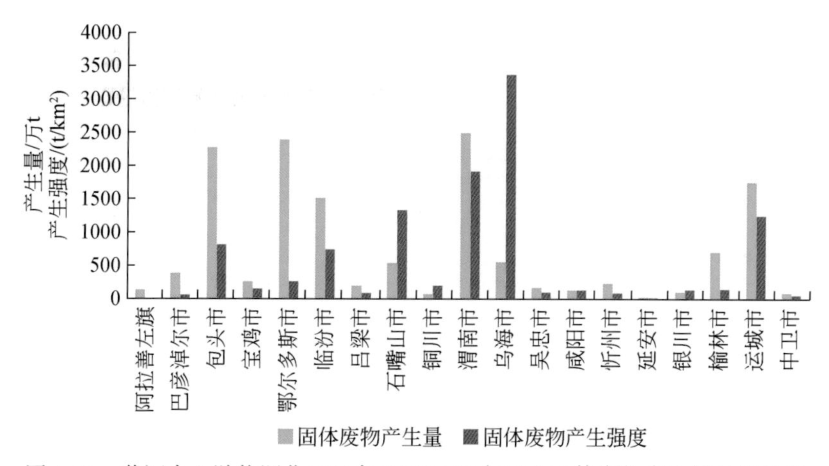

图 6-23　黄河中上游能源化工区各地区 2005 年工业固体废物产生情况统计图

从表 6-25 和图 6-24 可以看出，研究区 2010 年工业固体废物产生量最大的前四位地区分别是鄂尔多斯市、包头市、渭南市和巴彦淖尔市，而运城市和巴彦淖尔市的排放量相当，排在后几位的地区依次是阿拉善左旗、延安市、铜川市和银川市。就排放强度而言，2010 年研究区工业固体废物产生强度最大的前几位地区分别是乌海市、渭南市、石嘴山市和运城市，而排在后几位的地区依次是阿拉善左旗、延安市、中卫市和吴忠市。

表 6-25 黄河中上游能源化工区 2010 年工业固体废物产生情况统计表

地区	面积/km^2	工业固体废物产生量/万 t	产生强度/(t/km^2)	产生强度归一化结果
阿拉善左旗	79 809	1	0.13	0
巴彦淖尔市	65 092	2 217	340.59	0.122
包头市	27 605	3 178	1 151.24	0.413
宝鸡市	18 126	544.82	300.57	0.108
鄂尔多斯市	86 691	5 176	597.06	0.214
临汾市	20 260	1 465.92	723.55	0.260
吕梁市	21 015	1 767.08	840.87	0.302
石嘴山市	4 095	695.01	1 697.22	0.609
铜川市	3 910	195.78	500.71	0.180
渭南市	13 020	2 646.79	2 032.86	0.730
乌海市	1 658	462	2 786.49	1
吴忠市	16 190	388.64	240.05	0.086
咸阳市	10 296	506.96	492.38	0.177
忻州市	25 175	722.77	287.10	0.103
延安市	37 015	62.66	16.93	0.006
银川市	7 457	197.74	265.17	0.095
榆林市	43 159	1 338.26	310.08	0.111
运城市	14 157	2 108.62	1 489.45	0.535
中卫市	13 527	269.51	199.24	0.071
总体	508 257	23 944.54	471.11	0.169

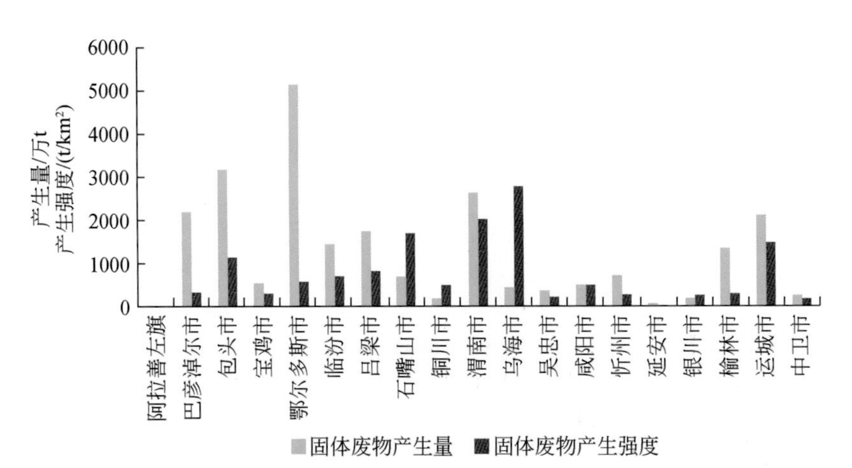

图 6-24 黄河中上游能源化工区各地区 2010 年工业固体废物产生情况统计图

区域工业固体废物产生强度最大的前五位地区是乌海市、渭南市、石嘴山市、运城市和包头市，后三位地区是阿拉善左旗、延安市和中卫市，并且这种排序在研究期间内没有大的变动。研究区工业固体废物产生强度从 2002 年的 152.1t/km^2 增加到 2005 年的 279.55t/km^2，再增加到 2010 年的 471.11 t/km^2（表 6-26）。图 6-25 显示的是研究区工业固体废物的产生强度及其变化情况。2002～2005 年，区域工业固体废物产生强度除吕梁市略微下降外，其余地区均增强，增强最快的是鄂尔多斯市和阿拉善左旗，增长速率分别达到 573.4% 和 492.3%。2005～2010 年，阿拉善左旗、临汾市和乌海市工业固体废物产生强度下降，其余地区持续增强，这一期间增强最快的是吕梁市和巴彦淖尔市，增长速率分别是 725.4% 和 449.7%。区域总体工业固体废物产生强度持续增长，2010 年比 2002 年增长了 209.7%（表 6-26）。

表 6-26　黄河中上游能源化工区工业固体废物产生强度及其变化率统计表

地区	工业固体废物产生强度/(t/km^2)			工业固体废物产生强度变化率/%		
	2002 年	2005 年	2010 年	2002～2005 年	2005～2010 年	2002～2010 年
阿拉善左旗	3.1	18.36	0.13	492.3	(99.3)	(95.8)
巴彦淖尔市	20.1	61.96	340.59	208.3	449.7	1594.5
包头市	501.4	823.5	1151.24	64.2	39.8	129.6
宝鸡市	105.6	153.92	300.57	45.8	95.3	184.6
鄂尔多斯市	41.3	278.11	597.06	573.4	114.7	1345.7
临汾市	454.3	752.74	723.55	65.7	(3.9)	59.3
吕梁市	103.6	101.87	840.87	(1.7)	725.4	711.7
石嘴山市	889.6	1333.72	1697.22	49.9	27.3	90.8
铜川市	204	212.28	500.71	4.1	135.9	145.4
渭南市	1219.1	1920.12	2032.86	57.5	5.9	66.8
乌海市	1632.1	3369.45	2786.49	106.4	(17.3)	70.7
吴忠市	82	109.53	240.05	33.6	119.2	192.7
咸阳市	121.1	145.69	492.38	20.3	238	306.6
忻州市	51	97.85	287.1	91.9	193.4	462.9
延安市	4.1	9.19	16.93	124.1	84.2	312.9
银川市	67	142.74	265.17	113.0	85.8	295.8
榆林市	59.3	162.19	310.08	173.5	91.2	422.9
运城市	1033.6	1247.38	1489.45	20.7	19.4	44.1
中卫市	23.7	65.14	199.24	174.9	205.9	740.7
总体	152.1	279.55	471.11	83.8	68.5	209.7

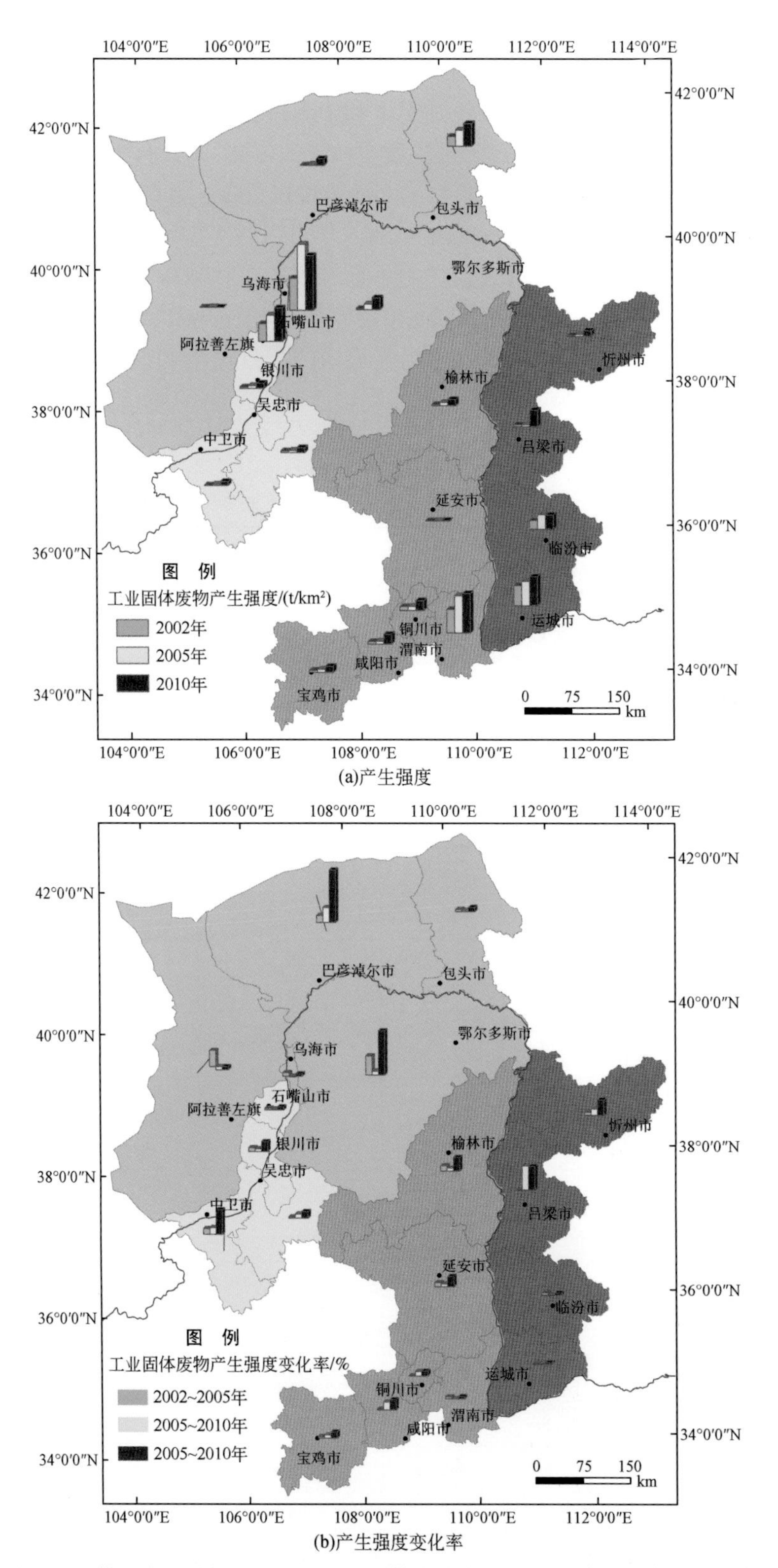

图 6-25 黄河中上游能源化工区工业固体废物产生强度及其变化率空间分布图

6.5 综合评价

选取人口密度，SO_2排放强度，烟粉尘排放强度，废气排放强度，污水、废水排放强度，COD 排放强度，工业固体废物产生强度 7 个指标（表 6-27），利用主成分分析法构建环境胁迫综合指数，对黄河中上游能源化工区的环境胁迫进行综合评价。各因子指标的共同度提取结果见表 6-28。主成分分析的原理与步骤见第 8 章开发强度及其变化分析部分。

表 6-27　各环境因子标准化值统计表（2002 年）

地区	人口密度	SO_2	烟粉尘	废气	污水、废水	COD	工业固体废物
阿拉善左旗	0	0	0	0	0	0	0
巴彦淖尔市	0. 051	0. 023	0. 005	0. 006	0. 029	0. 131	0. 01
包头市	0. 169	0. 149	0. 116	0. 263	0. 289	0. 213	0. 306
宝鸡市	0. 416	0. 069	0. 093	0. 075	0. 324	0. 401	0. 063
鄂尔多斯市	0. 029	0. 022	0. 005	0. 072	0. 017	0. 002	0. 023
临汾市	0. 409	0. 116	0. 174	0. 166	0. 316	0. 205	0. 277
吕梁市	0. 337	0. 106	0. 126	0. 053	0. 123	0. 255	0. 062
石嘴山市	0. 345	0. 734	0. 795	0. 582	0. 769	0. 181	0. 544
铜川市	0. 425	0. 071	0. 323	0. 417	0. 179	0. 349	0. 123
渭南市	0. 856	0. 479	0. 235	0. 347	0. 328	0. 589	0. 746
乌海市	0. 542	1	1	1	1	1	1
吴忠市	0. 138	0. 165	0. 035	0. 18	0. 153	0. 427	0. 048
咸阳市	1	0. 325	0. 105	0. 15	0. 49	0. 849	0. 072
忻州市	0. 243	0. 076	0. 051	0. 021	0. 116	0. 073	0. 029
延安市	0. 111	0. 001	0. 003	0. 002	0. 034	0. 038	0. 001
银川市	0. 401	0. 083	0. 025	0. 145	0. 902	0. 368	0. 039
榆林市	0. 15	0. 02	0. 016	0. 024	0. 03	0. 028	0. 035
运城市	0. 715	0. 185	0. 226	0. 377	0. 492	0. 928	0. 633
中卫市	0. 139	0. 049	0. 038	0. 024	0. 127	0. 248	0. 013
总体	0. 182	0. 073	0. 056	0. 084	0. 127	0. 16	0. 091

表 6-28　各环境因子指标的共同度（2002 年）

因子	初始值	提取值
人口密度	1. 000	0. 925
SO_2排放强度	1. 000	0. 924
烟粉尘排放强度	1. 000	0. 956
废气排放强度	1. 000	0. 950

续表

因子	初始值	提取值
污水、废水排放强度	1.000	0.724
COD 排放强度	1.000	0.902
工业固体废物产生强度	1.000	0.838

注：各因子指标的共同度表示各变量中所含信息能被提取的程度。

通过表 6-29 可知，可提取前两个主成分（累计贡献率 88.843%）来进行分析。

表 6-29 方差分解主成分提取分析表（2002 年）

主成分	初始特征值			被提取的载荷平方和		
	Total	% of Variance	Cumulative %	Total	% of Variance	Cumulative %
1	5.199	74.272	74.272	5.199	74.272	74.272
2	1.020	14.571	88.843	1.020	14.571	88.843
3	0.352	5.035	93.877			
4	0.184	2.624	96.502			
5	0.139	1.983	98.484			
6	0.084	1.205	99.689			
7	0.022	0.311	100.000			

从表 6-30 可知，几乎每个因子在第一主成分上都有较高载荷，说明第一主成分反映了所有这些指标的信息。而人口密度和 COD 排放强度在第二主成分上有较高载荷，说明第二主成分基本上反映了人口密度和 COD 排放强度这两个指标的信息。所以提取 2 个主成分基本可以反映全部指标的信息，故而决定用 2 个新变量来代替原来的 7 个变量。

表 6-30 初始因子载荷矩阵（2002 年）

因子	主成分	
	1	2
人口密度	0.677	0.683
SO_2 排放强度	0.933	-0.230
烟粉尘排放强度	0.893	-0.400
废气排放强度	0.941	-0.255
污水、废水排放强度	0.850	0.036
COD 排放强度	0.798	0.514
工业固体废物产生强度	0.910	-0.102

用表 6-30（初始因子载荷矩阵）中的因子载荷系数除以相对应的主成分特征值的开平方根便得到两个主成分中每个指标所对应的系数（表 6-31）。主成分系数表示主成分和相应的原先变量的相关系数，相关系数（绝对值）越大，主成分对该变量的代表性也越大。

表 6-31　主成分系数计算结果（2002 年）

因子	初始因子载荷矩阵		特征值开方结果值		计算的主成分系数值 a	
	因子载荷系数					
	1	2	1	2	a_{j1}	a_{j2}
人口密度	0.677 213 8	0.682 914 1	2.280 138	1.009 932	0.297 006	0.676 198
SO_2 排放强度	0.933 123	-0.230 376 9	2.280 138	1.009 932	0.409 24	-0.228 11
烟粉尘排放强度	0.892 517 5	-0.399 615 8	2.280 138	1.009 932	0.391 431	-0.395 69
废气排放强度	0.940 783 6	-0.254 536 7	2.280 138	1.009 932	0.412 6	-0.252 03
污水、废水排放强度	0.850 155 4	0.036 334 8	2.280 138	1.009 932	0.372 853	0.035 977
COD 排放强度	0.798 295 5	0.514 136 8	2.280 138	1.009 932	0.350 108	0.509 08
工业固体废物产生强度	0.909 938 9	-0.101 879 5	2.280 138	1.009 932	0.399 072	-0.100 88

所提取的前两个主成分的特征值分别为 5.199 027 3（第一主成分）和 1.019 963 3（第二主成分），所对应的开方值分别为 2.280 138 和 1.009 932。

则前两个主成分的表达式分别为

$$\begin{cases} F_1 = a_{11}Z_1 + a_{21}Z_2 + a_{31}Z_3 + a_{41}Z_4 + a_{51}Z_5 + a_{61}Z_6 + a_{71}Z_7 \\ F_2 = a_{12}Z_1 + a_{22}Z_2 + a_{32}Z_3 + a_{42}Z_4 + a_{52}Z_5 + a_{62}Z_6 + a_{72}Z_7 \end{cases}$$

以每个主成分所对应的特征值占所提取主成分总的特征值之和的比例作为权重计算主成分综合模型及环境胁迫综合指数：$F = \frac{\lambda_1}{\lambda_1 + \lambda_2}F_1 + \frac{\lambda_2}{\lambda_1 + \lambda_2}F_2$

设 $R_1 = \frac{\lambda_1}{\lambda_1 + \lambda_2}F_1 = \frac{5.199\ 027\ 3}{5.199\ 027\ 3 + 1.019\ 963\ 3}F_1 = 0.835\ 992F_1$，

$$R_2 = \frac{\lambda_2}{\lambda_1 + \lambda_2}F_2 = \frac{1.019\ 963\ 3}{5.199\ 027\ 3 + 1.019\ 963\ 3}F_2 = 0.164\ 008F_2$$

$$\begin{aligned} F &= \frac{\lambda_1}{\lambda_1 + \lambda_2}F_1 + \frac{\lambda_2}{\lambda_1 + \lambda_2}F_2 \\ &= R_1F_1 + R_2F_2 \\ &= R_1(a_{11}Z_1 + a_{21}Z_2 + a_{31}Z_3 + a_{41}Z_4 + a_{51}Z_5 + a_{61}Z_6 + a_{71}Z_7) + R_2(a_{12}Z_1 + a_{22}Z_2 + a_{32}Z_3 + a_{42}Z_4 + a_{52}Z_5 + a_{62}Z_6 + a_{72}Z_7) \\ &= Z_1(R_1a_{11} + R_2a_{12}) + Z_2(R_1a_{21} + R_2a_{22}) + Z_3(R_1a_{31} + R_2a_{32}) + Z_4(R_1a_{41} + R_2a_{42}) + Z_5(R_1a_{51} + R_2a_{52}) + Z_6(R_1a_{61} + R_2a_{62}) + Z_7(R_1a_{71} + R_2a_{72}) \end{aligned}$$

主成分分析计算过程数据如表 6-32 所示。

表 6-32　主成分分析计算过程数据（2002 年）

变量 Z	计算的主成分系数值		特征值比例		$a_{j1}\times R_1$	$a_{j2}\times R_2$	$a_{j1}\times R_1+a_{j2}\times R_2$
	a_{j1}	a_{j2}	R_1	R_2			
人口密度	0. 297 01	0. 676 198	0. 835 992	0. 164 008	0. 248 294	0. 110 902	0. 359 2
SO_2排放强度	0. 409 24	−0. 228 11	0. 835 992	0. 164 008	0. 342 121	−0. 037 41	0. 304 71
烟粉尘排放强度	0. 391 43	−0. 395 69	0. 835 992	0. 164 008	0. 327 234	−0. 064 9	0. 262 34
废气排放强度	0. 412 6	−0. 252 03	0. 835 992	0. 164 008	0. 344 93	−0. 041 34	0. 303 59
污水、废水排放强度	0. 372 85	0. 035 977	0. 835 992	0. 164 008	0. 311 702	0. 005 901	0. 317 6
COD 排放强度	0. 350 11	0. 509 08	0. 835 992	0. 164 008	0. 292 688	0. 083 493	0. 376 18
工业固体废物产生强度	0. 399 07	−0. 100 88	0. 835 992	0. 164 008	0. 333 621	−0. 016 54	0. 317 08

2005 年黄河中上游能源化工区环境胁迫综合指数计算过程如下。

各因子标准化值见表 6-33，共同度见表 6-34。

表 6-33　各环境因子标准化值统计表（2005 年）

地区	人口密度	SO_2	烟粉尘	废气	污水、废水	COD	工业固体废物
阿拉善左旗	0	0	0	0	0	0	0. 003
巴彦淖尔市	0. 051	0. 016	0. 004	0. 001	0. 033	0. 186	0. 016
包头市	0. 17	0. 092	0. 039	0. 084	0. 209	0. 159	0. 242
宝鸡市	0. 41	0. 064	0. 031	0. 037	0. 319	0. 393	0. 043
鄂尔多斯市	0. 029	0. 04	0. 019	0. 016	0. 032	0. 03	0. 08
临汾市	0. 409	0. 071	0. 093	0. 044	0. 298	0. 293	0. 221
吕梁市	0. 337	0. 056	0. 058	0. 025	0. 143	0. 256	0. 028
石嘴山市	0. 355	0. 531	0. 107	0. 313	0. 78	0. 504	0. 394
铜川市	0. 435	0. 037	0. 114	0. 094	0. 155	0. 335	0. 06
渭南市	0. 834	0. 366	0. 078	0. 092	0. 333	0. 708	0. 569
乌海市	0. 566	1	1	1	0. 741	1	1
吴忠市	0. 152	0. 09	0. 019	0. 051	0. 282	0. 501	0. 03
咸阳市	1	0. 171	0. 039	0. 035	0. 558	0. 666	0. 041
忻州市	0. 241	0. 067	0. 038	0. 015	0. 122	0. 269	0. 026
延安市	0. 112	0. 003	0	0. 001	0. 043	0. 055	0
银川市	0. 379	0. 035	0. 006	0. 047	1	0. 676	0. 04
榆林市	0. 156	0. 035	0. 017	0. 014	0. 037	0. 038	0. 046
运城市	0. 711	0. 138 117	0. 068	0. 126	0. 386	0. 978	0. 368
中卫市	0. 151	0. 058 999	0. 017	0. 033	0. 245	0. 317	0. 017
总体	0. 183	0. 057	0. 027	0. 03	0. 133	0. 198	0. 08

表 6-34 各环境因子指标的共同度（2005 年）

因子	初始值	提取值
人口密度	1.000	0.828
SO_2排放强度	1.000	0.948
烟粉尘排放强度	1.000	0.935
废气排放强度	1.000	0.982
污水、废水排放强度	1.000	0.702
COD 排放强度	1.000	0.914
工业固体废物产生强度	1.000	0.882

注：各因子指标的共同度表示各变量中所含信息能被提取的程度。

通过表 6-35 可知，可提取前两个主成分（累计贡献率 88.451%）来进行分析。

表 6-35 方差分解主成分提取分析表（2005 年）

主成分	初始特征值			被提取的载荷平方和		
	Total	% of Variance	Cumulative %	Total	% of Variance	Cumulative %
1	4.920	70.288	70.288	4.920	70.288	70.288
2	1.271	18.163	88.451	1.271	18.163	88.451
3	0.466	6.651	95.102			
4	0.161	2.293	97.395			
5	0.130	1.857	99.252			
6	0.046	0.658	99.910			
7	0.006	0.090	100.000			

从表 6-36 可知，几乎每个因子在第一主成分上都有较高载荷，说明第一主成分反映了所有这些指标的信息。而人口密度，COD 排放强度，污水、废水排放强度及烟粉尘排放强度在第二主成分上有较高载荷，说明第二主成分基本上反映了这几个指标的信息。所以提取 2 个主成分基本可以反映全部指标的信息，故而决定用 2 个新变量来代替原来的 7 个变量。

表 6-36 初始因子载荷矩阵（2005 年）

因子	主成分	
	1	2
人口密度	0.611	0.674
SO_2排放强度	0.945	-0.235

续表

因子	主成分	
	1	2
烟粉尘排放强度	0.870	-0.422
废气排放强度	0.916	-0.377
污水、废水排放强度	0.718	0.433
COD 排放强度	0.835	0.466
工业固体废物产生强度	0.919	-0.193

用表6-36（初始因子载荷矩阵）中的因子载荷系数除以相对应的主成分特征值的开平方根便得到两个主成分中每个指标所对应的系数（表6-37）。

表6-37　主成分系数计算结果（2005年）

因子	初始因子载荷矩阵		特征值开方结果值		计算的主成分系数值 a	
	因子载荷系数					
	1	2	1	2	a_{j1}	a_{j2}
人口密度	0.611 050 6	0.673 963	2.218 148	1.127 557	0.275 478	0.597 719
SO_2排放强度	0.944 929	-0.234 545 7	2.218 148	1.127 557	0.425 999	-0.208 01
烟粉尘排放强度	0.870 203 1	-0.421 835 6	2.218 148	1.127 557	0.392 311	-0.374 11
废气排放强度	0.916 242 6	-0.377 384 4	2.218 148	1.127 557	0.413 066	-0.334 69
污水、废水排放强度	0.717 582	0.432 666 8	2.218 148	1.127 557	0.323 505	0.383 72
COD 排放强度	0.834 773 3	0.466 347 3	2.218 148	1.127 557	0.376 338	0.413 591
工业固体废物产生强度	0.919 447 5	-0.192 622 6	2.218 148	1.127 557	0.414 511	-0.170 83

所提取的前两个主成分的特征值分别为4.920 181 8（第一主成分）和1.271 385 8（第二主成分），所对应的开方值分别为2.218 148和1.127 557。

则前两个主成分的表达式分别为

$$\begin{cases} F_1 = a_{11}Z_1 + a_{21}Z_2 + a_{31}Z_3 + a_{41}Z_4 + a_{51}Z_5 + a_{61}Z_6 + a_{71}Z_7 \\ F_2 = a_{12}Z_1 + a_{22}Z_2 + a_{32}Z_3 + a_{42}Z_4 + a_{52}Z_5 + a_{62}Z_6 + a_{72}Z_7 \end{cases}$$

以每个主成分所对应的特征值占所提取主成分总的特征值之和的比例作为权重计算主成分综合模型及环境胁迫综合指数：

$$F = \frac{\lambda_1}{\lambda_1 + \lambda_2}F_1 + \frac{\lambda_2}{\lambda_1 + \lambda_2}F_2$$

设 $R_1 = \frac{\lambda_1}{\lambda_1 + \lambda_2}F_1 = \frac{4.920\ 181\ 8}{4.920\ 181\ 8 + 1.271\ 385\ 8}F_1 = 0.794\ 658F_1$，

$$R_2 = \frac{\lambda_2}{\lambda_1 + \lambda_2}F_2 = \frac{1.271\ 385\ 8}{4.920\ 181\ 8 + 1.271\ 385\ 8}F_2 = 0.205\ 342F_2$$

$$F=\frac{\lambda_1}{\lambda_1+\lambda_2}F_1+\frac{\lambda_2}{\lambda_1+\lambda_2}F_2$$

$$=R_1F_1+R_2F_2$$

$$=R_1(a_{11}Z_1+a_{21}Z_2+a_{31}Z_3+a_{41}Z_4+a_{51}Z_5+a_{61}Z_6+a_{71}Z_7)+R_2(a_{12}Z_1+a_{22}Z_2+a_{32}Z_3+a_{42}Z_4+a_{52}Z_5+a_{62}Z_6+a_{72}Z_7)$$

$$=Z_1(R_1a_{11}+R_2a_{12})+Z_2(R_1a_{21}+R_2a_{22})+Z_3(R_1a_{31}+R_2a_{32})+Z_4(R_1a_{41}+R_2a_{42})+Z_5(R_1a_{51}+R_2a_{52})+Z_6(R_1a_{61}+R_2a_{62})+Z_7(R_1a_{71}+R_2a_{72})$$

主成分分析计算过程数据见表 6-38。

表 6-38　主成分分析计算过程数据（2005 年）

变量 Z	计算的主成分系数值		特征值比例		$a_{j1}\times R_1$	$a_{j2}\times R_2$	$a_{j1}\times R_1+a_{j2}\times R_2$
	a_{j1}	a_{j2}	R_1	R_2			
人口密度	0. 275 48	0. 597 719	0. 794 658	0. 205 342	0. 218 911	0. 122 737	0. 341 65
SO_2 排放强度	0. 426 00	-0. 208 01	0. 794 658	0. 205 342	0. 338 524	-0. 042 71	0. 295 81
烟粉尘排放强度	0. 392 31	-0. 374 11	0. 794 658	0. 205 342	0. 311 753	-0. 076 82	0. 234 93
废气排放强度	0. 413 07	-0. 334 69	0. 794 658	0. 205 342	0. 328 247	-0. 068 73	0. 259 52
污水、废水排放强度	0. 323 51	0. 383 72	0. 794 658	0. 205 342	0. 257 076	0. 078 794	0. 335 87
COD 排放强度	0. 376 34	0. 413 591	0. 794 658	0. 205 342	0. 299 06	0. 084 927	0. 383 99
工业固体废物产生强度	0. 414 51	-0. 170 83	0. 794 658	0. 205 342	0. 329 395	-0. 035 08	0. 294 32

2010 年黄河中上游能源化工区环境胁迫综合指数计算过程如下。

各因子标准化值见表 6-39，共同度见表 6-40。

表 6-39　各环境因子标准化值统计表（2010 年）

地区	人口密度	SO_2	烟粉尘	废气	污水、废水	COD	工业固体废物
阿拉善左旗	0	0	0	0	0	0	0
巴彦淖尔市	0. 051	0. 071	0. 06	0. 214	0. 086	0. 042	0. 122
包头市	0. 149	0. 234	0. 164	0. 464	0. 19	0. 139	0. 413
宝鸡市	0. 399	0. 094	0. 043	0. 382	0. 459	0. 237	0. 108
鄂尔多斯市	0. 03	0. 036	0. 014	0. 125	0. 048	0. 037	0. 214
临汾市	0. 405	0. 111	0. 247	0. 207	0. 229	0. 173	0. 26
吕梁市	0. 337	0. 093	0. 133	0. 255	0. 239	0. 154	0. 302
石嘴山市	0. 347	0. 681	0. 809	1	0. 579	0. 303	0. 609
铜川市	0. 415	0. 107	0. 31	0. 644	0. 143	0. 207	0. 18

续表

地区	人口密度	SO_2	烟粉尘	废气	污水、废水	COD	工业固体废物
渭南市	0. 821	0. 536	0. 085	0. 68	0. 371	0. 363	0. 73
乌海市	0. 509	1	1	0. 933	0. 762	1	1
吴忠市	0. 16	0. 132	0. 043	0. 367	0. 265	0. 282	0. 086
咸阳市	1	0. 224	0. 057	0. 295	0. 706	0. 371	0. 177
忻州市	0. 23	0. 112	0. 05	0. 101	0. 123	0. 159	0. 103
延安市	0. 116	0. 012	0. 01	0. 008	0. 051	0. 041	0. 006
银川市	0. 405	0. 099	0. 058	0. 501	1	0. 34	0. 095
榆林市	0. 158	0. 066	0. 08	0. 142	0. 087	0. 067	0. 111
运城市	0. 692	0. 216	0. 169	0. 677	0. 426	0. 563	0. 535
中卫市	0. 164	0. 088	0. 122	0. 186	0. 23	0. 25	0. 071
总体	0. 181	0. 094	0. 072	0. 206	0. 155	0. 118	0. 169

表 6-40　各环境因子指标的共同度（2010 年）

因子	初始值	提取值
人口密度	1. 000	0. 851
SO_2排放强度	1. 000	0. 942
烟粉尘排放强度	1. 000	0. 898
废气排放强度	1. 000	0. 838
污水、废水排放强度	1. 000	0. 787
COD 排放强度	1. 000	0. 842
工业固体废物产生强度	1. 000	0. 861

注：各因子指标的共同度表示各变量中所含信息能被提取的程度。

通过表 6-41 可知，可提取前两个主成分（累计贡献率 85. 987%）来进行分析。

表 6-41　方差分解主成分提取分析表（2010 年）

主成分	初始特征值			被提取的载荷平方和		
	Total	% of Variance	Cumulative %	Total	% of Variance	Cumulative %
1	4. 982	71. 175	71. 175	4. 982	71. 175	71. 175
2	1. 037	14. 812	85. 987	1. 037	14. 812	85. 987
3	0. 435	6. 214	92. 201			

续表

主成分	初始特征值			被提取的载荷平方和		
	Total	% of Variance	Cumulative %	Total	% of Variance	Cumulative %
4	0. 241	3. 446	95. 646			
5	0. 140	2. 002	97. 648			
6	0. 123	1. 758	99. 406			
7	0. 042	0. 594	100. 000			

从表 6-42 可知，几乎每个因子在第一主成分上都有较高载荷，说明第一主成分反映了所有这些指标的信息。而人口密度，污水、废水排放强度及烟粉尘排放强度在第二主成分上有较高载荷，说明第二主成分基本上反映了这 3 个指标的信息。所以提取 2 个主成分基本可以反映全部指标的信息，故而决定用 2 个新变量来代替原来的 7 个变量。

表 6-42　初始因子载荷矩阵（2010 年）

因子	主成分	
	1	2
人口密度	0. 640	0. 665
SO_2 排放强度	0. 936	-0. 256
烟粉尘排放强度	0. 829	-0. 459
废气排放强度	0. 912	-0. 077
污水、废水排放强度	0. 737	0. 494
COD 排放强度	0. 909	0. 121
工业固体废物产生强度	0. 898	-0. 232

用表 6-42（初始因子载荷矩阵）中的因子载荷系数除以相对应的主成分特征值的开平方根便得到两个主成分中每个指标所对应的系数（表 6-43）。

表 6-43　主成分系数计算结果（2010 年）

因子	初始因子载荷矩阵 因子载荷系数		特征值开方结果值		计算的主成分系数值 a	
	1	2	1	2	a_{j1}	a_{j2}
人口密度	0. 639 943 67	0. 664 659 035	2. 232 092	1. 018 254	0. 286 701	0. 652 744
SO_2 排放强度	0. 936 059 12	-0. 256 125 223	2. 232 092	1. 018 254	0. 419 364	-0. 251 53
烟粉尘排放强度	0. 829 180 81	-0. 459 120 978	2. 232 092	1. 018 254	0. 371 481	-0. 450 89
废气排放强度	0. 912 320 43	-0. 077 104 754	2. 232 092	1. 018 254	0. 408 729	-0. 075 72
污水、废水排放强度	0. 736 910 21	0. 494 158 802	2. 232 092	1. 018 254	0. 330 143	0. 485 3

续表

因子	初始因子载荷矩阵		特征值开方结果值		计算的主成分系数值 a	
	因子载荷系数					
	1	2	1	2	a_{j1}	a_{j2}
COD 排放强度	0.909 364 18	0.120 833 61	2.232 092	1.018 254	0.407 404	0.118 667
工业固体废物产生强度	0.898 138 5	-0.232 247	2.232 092	1.018 254	0.402 375	-0.228 08

所提取的前两个主成分的特征值分别为 4.982 236 556（第一主成分）和 1.036 841 276（第二主成分），所对应的开方值分别为 2.232 092 和 1.018 254。

则前两个主成分的表达式分别为

$$\begin{cases} F_1 = a_{11}Z_1 + a_{21}Z_2 + a_{31}Z_3 + a_{41}Z_4 + a_{51}Z_5 + a_{61}Z_6 + a_{71}Z_7 \\ F_2 = a_{12}Z_1 + a_{22}Z_2 + a_{32}Z_3 + a_{42}Z_4 + a_{52}Z_5 + a_{62}Z_6 + a_{72}Z_7 \end{cases}$$

以每个主成分所对应的特征值占所提取主成分总的特征值之和的比例作为权重计算主成分综合模型及环境胁迫综合指数：

$$F = \frac{\lambda_1}{\lambda_1 + \lambda_2}F_1 + \frac{\lambda_2}{\lambda_1 + \lambda_2}F_2$$

设 $R_1 = \frac{\lambda_1}{\lambda_1 + \lambda_2}F_1 = \frac{4.982\,236\,556}{4.982\,236\,556 + 1.036\,841\,276}F_1 = 0.827\,741F_1$，

$$R_2 = \frac{\lambda_2}{\lambda_1 + \lambda_2}F_2 = \frac{1.036\,841\,276}{4.982\,236\,556 + 1.036\,841\,276}F_2 = 0.172\,259F_2$$

$$\begin{aligned} F &= \frac{\lambda_1}{\lambda_1 + \lambda_2}F_1 + \frac{\lambda_2}{\lambda_1 + \lambda_2}F_2 \\ &= R_1F_1 + R_2F_2 \\ &= R_1(a_{11}Z_1 + a_{21}Z_2 + a_{31}Z_3 + a_{41}Z_4 + a_{51}Z_5 + a_{61}Z_6 + a_{71}Z_7) + R_2(a_{12}Z_1 + a_{22}Z_2 + a_{32}Z_3 + a_{42}Z_4 + a_{52}Z_5 + a_{62}Z_6 + a_{72}Z_7) \\ &= Z_1(R_1a_{11} + R_2a_{12}) + Z_2(R_1a_{21} + R_2a_{22}) + Z_3(R_1a_{31} + R_2a_{32}) + Z_4(R_1a_{41} + R_2a_{42}) + Z_5(R_1a_{51} + R_2a_{52}) + Z_6(R_1a_{61} + R_2a_{62}) + Z_7(R_1a_{71} + R_2a_{72}) \end{aligned}$$

主成分分析计算过程数据见表 6-44。

表 6-44 主成分分析计算过程数据（2010 年）

变量 Z	计算的主成分系数值		特征值比例		$a_{j1}\times R_1$	$a_{j2}\times R_2$	$a_{j1}\times R_1+a_{j2}\times R_2$
	a_{j1}	a_{j2}	R_1	R_2			
人口密度	0.286 701	0.652 744	0.827 741	0.172 259	0.237 314	0.112 441	0.349 76
SO_2 排放强度	0.419 364	-0.251 53	0.827 741	0.172 259	0.347 125	-0.043 33	0.303 8
烟粉尘排放强度	0.371 481	-0.450 89	0.827 741	0.172 259	0.307 49	-0.077 67	0.229 82
废气排放强度	0.408 729	-0.075 72	0.827 741	0.172 259	0.338 322	-0.013 04	0.325 28
污水、废水排放强度	0.330 143	0.485 3	0.827 741	0.172 259	0.273 273	0.083 597	0.356 87

续表

变量 Z	计算的主成分系数值		特征值比例				
	a_{j1}	a_{j2}	R_1	R_2	$a_{j1}\times R_1$	$a_{j2}\times R_2$	$a_{j1}\times R_1+a_{j2}\times R_2$
COD 排放强度	0. 407 404	0. 118 667	0. 827 741	0. 172 259	0. 337 225	0. 020 442	0. 357 67
工业固体废物产生强度	0. 402 375	-0. 228 08	0. 827 741	0. 172 259	0. 333 062	-0. 039 29	0. 293 77

将 2002 年、2005 年和 2010 年环境胁迫综合指数及其各年的相对排序一并列入表 6-45。

表 6-45　黄河中上游能源化工区环境胁迫综合指数及相对位序表

地区	环境胁迫指数综合得分值			相对位序		
	2002 年	2005 年	2010 年	2002 年	2005 年	2010 年
阿拉善左旗	0	0. 001	0	1	1	1
巴彦淖尔市	0. 090	0. 111	0. 204	4	4	4
包头市	0. 485	0. 319	0. 551	11	10	12
宝鸡市	0. 491	0. 447	0. 583	12	13	13
鄂尔多斯市	0. 054	0. 076	0. 159	2	3	3
临汾市	0. 544	0. 472	0. 519	13	14	11
吕梁市	0. 357	0. 306	0. 489	9	9	10
石嘴山市	1. 218	0. 956	1. 333	19	18	19
铜川市	0. 613	0. 409	0. 636	14	12	14
渭南市	1. 183	0. 987	1. 167	17	19	18
乌海市	2. 076	1. 911	1. 938	20	20	20
吴忠市	0. 388	0. 392	0. 446	10	11	9
咸阳市	1. 029	0. 866	0. 964	16	16	16
忻州市	0. 204	0. 267	0. 290	6	7	6
延安市	0. 067	0. 075	0. 084	3	2	2
银川市	0. 657	0. 761	0. 854	15	15	15
榆林市	0. 103	0. 112	0. 227	5	5	5
运城市	1. 193	0. 946	1. 077	18	17	17
中卫市	0. 220	0. 291	0. 365	7	8	8
总体	0. 257	0. 238	0. 323	8	6	7

从表 6-45 和图 6-26 可以看出，乌海市、石嘴山市、渭南市、运城市、咸阳市所受到的环境胁迫一直较高，而阿拉善左旗、延安市、鄂尔多斯市、巴彦淖尔市和榆林市所受到的环境胁迫相对较低。银川市所受到的环境胁迫在增强，并且变化显著。总体而言，黄河中上游能源化工区 2002 ~ 2005 年所受到的环境胁迫在减小，而 2005 ~ 2010 年所受到的环境胁迫在增强。

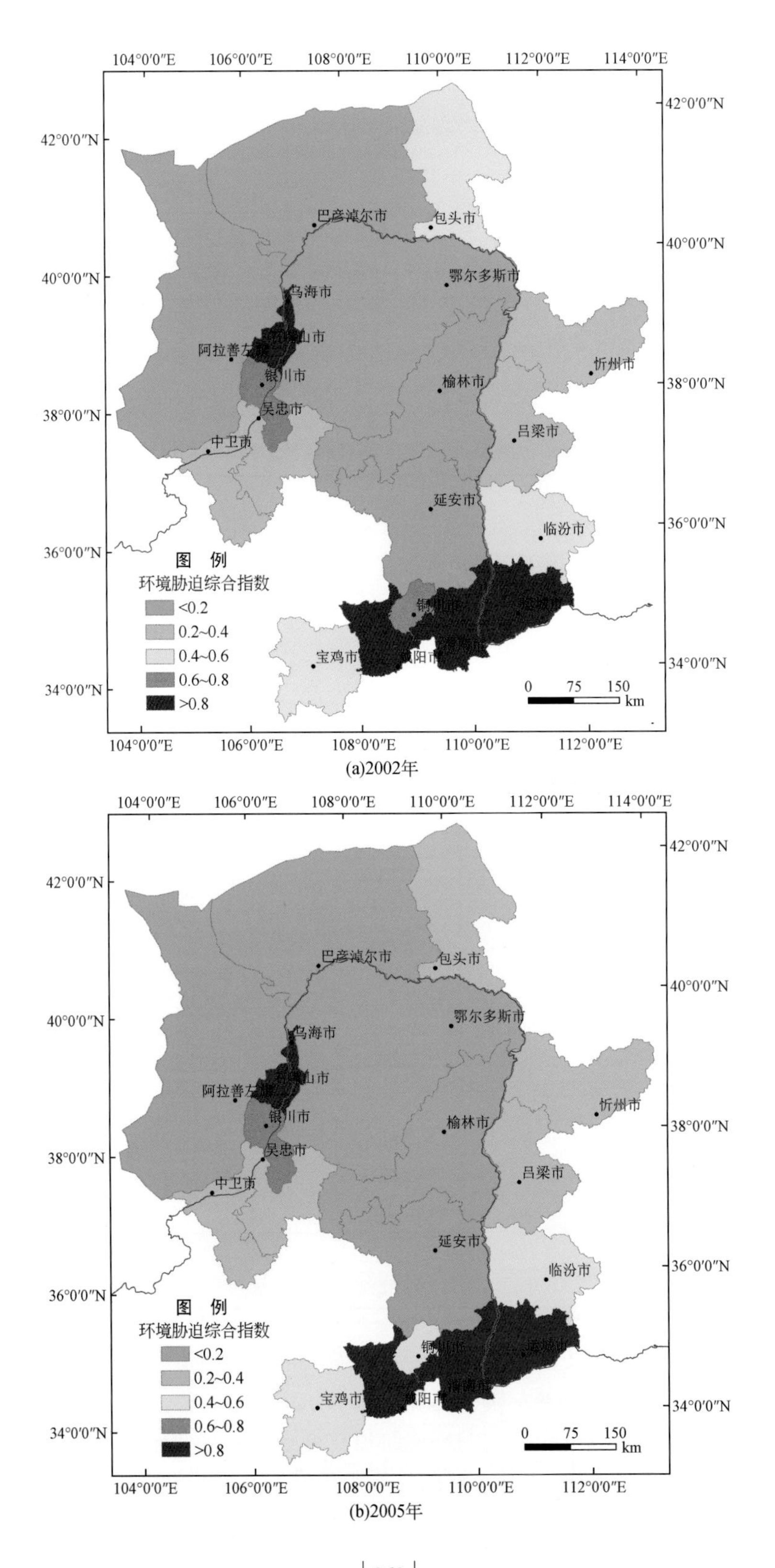

(a)2002年

(b)2005年

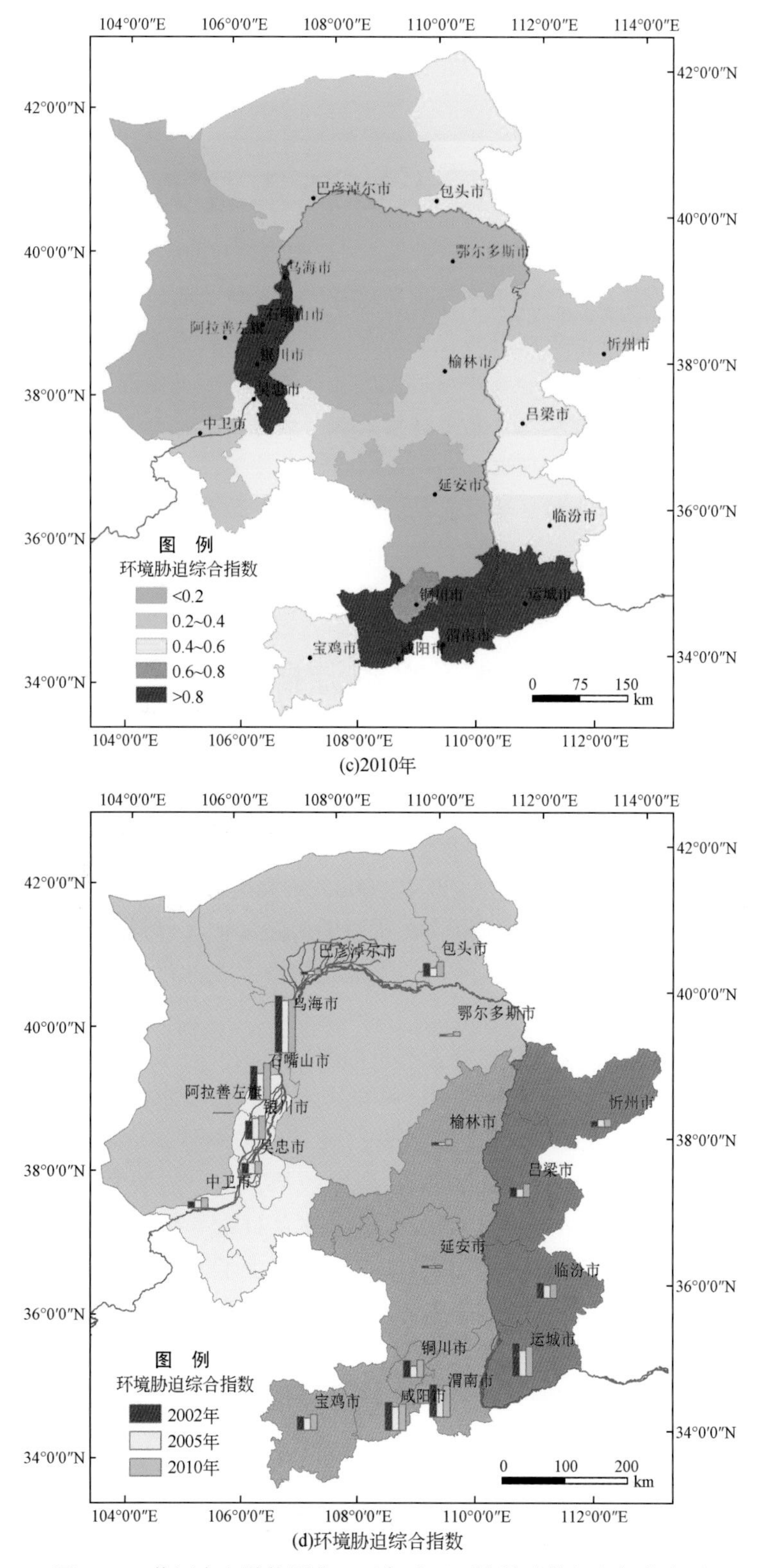

(c)2010年

(d)环境胁迫综合指数

图6-26 黄河中上游能源化工区各地区环境胁迫等级空间分布图

第 7 章　水资源承载力分析

水资源承载力目前广泛应用于评价区域经济发展所需要的水资源供需平衡和生态系统保护。从水资源开发利用的角度来看，水资源承载力是指在特定的社会技术经济条件下，通过合理分配和有效利用实现社会经济与环境协调发展的水资源开发利用的最大规模。另外，从人口总体规模来看，水资源承载力是以维护生态环境良性发展为前提，在水资源合理配置和高效利用的条件下，区域内能满足社会经济发展的最大人口容量。从支撑区域社会经济系统发展方面来看，水资源承载力是以维护生态环境良性循环发展为条件，对该地区社会经济发展的最大支撑能力。总之，水资源承载力涉及两个方面，一是良好生态环境的维持，二是社会经济发展规模。

7.1　水资源概况

黄河中上游地区处于我国内陆地区，水资源十分贫乏、生态环境也极为脆弱。人均水资源量仅为黄河流域的一半。该区域约 40% 位于半干旱地区，产水模数不足 5 万 m^3/km^2。区域降水少而蒸发强烈，如宁东、蒙西多年平均降水量仅为 200mm 左右，黄河流域榆林市东部的地区也仅为 400mm，蒸发量则高达 1300 ~ 2200mm。同时该地区煤炭、石油、天然气、矿产等资源丰富，在全国占有重要的地位，在水资源短缺的地区建设高耗水的煤化工项目将给水资源带来极大的压力。此外，黄河及其支流是当地主要的供水水源，但黄河流域水资源严重短缺，上下游用水矛盾极为突出。

黄河流域是我国受气候变化影响较为严重的区域之一。自 20 世纪 60 年代以来，黄河流域平均气温上升了 1.7℃。黄河中上游地区自产水资源量少，在气候变暖和人类活动双重影响下，区域的水资源形式发生了相应变化，近年来水资源衰减明显。根据第二次全国水资源评价“45 年系列”（1956 ~ 2000 年系列）成果，黄河流域多年平均河川径流量较第一次水资源评价减少了 45.8 亿 m^3；区域水资源量为 113.86 亿 m^3，较第一次水资源评价“57 年系列”（1919 ~ 1975 年）减少了 17.31 亿 m^3，减少了 15.2%。未来气候变化和人类活动加剧等因素的综合影响将进一步增加区域水资源演变的不确定性。

黄河中上游地区自产水资源量少，且受工程和泥沙等多因素的综合影响，可利用量更少。为解决黄河流域水资源问题，国务院 1987 年颁布《黄河可供水量分配方案》（简称 87 分水方案）作为黄河水资源管理的主要依据。按照黄河多年平均来水 580 亿 m^3，分水方案确定 200 亿 m^3 为河道内生态环境需水量，10 亿 m^3 为水土保持减水量，370 亿 m^3 作为河道外省（自治区）工农业用水。《全国水资源综合规划》预测 2020 年黄河河川径流量将进一步减少 15 亿 m^3，在水资源量减少的基础上，按照黄河水量调度的“丰增枯减”原则将《黄河可供水量分配方案》的分水指标调整分配到 10 个省（自治区、直辖市）。此后为进一步加强黄河水资源管理和调度，黄河水利委员会和各省（自治区）分别出台了《黄河水资源总量控制指标细化方案》作为黄河水量统一调度的基本依据（表 7-1）。

表 7-1　黄河中上游能源化工区黄河水量分配　　（单位：亿 m^3）

省（自治区）	地市	87 分水方案水权指标	调整指标
宁夏	银川市	12.35	11.52
	石嘴山市	6.4	5.97
	吴忠市	11.41	10.65
	中卫市	6.84	6.38
内蒙古	包头市	5.5	5.13
	鄂尔多斯市	7.0	6.53
	乌海市	0.5	0.47
	巴彦淖尔市	40.0	37.32
	阿拉善盟	0.5	0.47
陕西	铜川市	1.03	0.96
	宝鸡市	4.58	4.27
	咸阳市	6.54	6.1
	渭南市	10.26	9.57
	延安市	2.46	2.3
	榆林市	5.85	5.46
山西	忻州市	0.86	0.8
	吕梁市	4.71	4.4
	临汾市	7.79	7.27
	运城市	12.46	11.63
合计		147.04	137.2

注：数据来源于《黄河中上游能源化工区重点产业发展战略环境评价研究》，其中阿拉善左旗仍用原名。

7.2　水资源现状评价

黄河中上游能源化工区各地区现状水资源状况如表 7-2 所示。

表 7-2　黄河中上游能源化工区水资源状况

地区	年均降水量		径流量/亿 m^3	蒸发量/亿 m^3	土壤含水蓄变量/亿 m^3	年地表水资源量		地下水资源量/亿 m^3	水资源总量/亿 m^3
	多年平均/mm	折合降水总量/亿 m^3				多年平均/mm	折合总量/亿 m^3		
吴忠市	231.94	45.69	1.33	44.54	0.0	5.85	1.15	5.82	1.33
银川市	193.8	6.77	1.11	6.10	-0.03	20.05	0.7	4.36	1.11

续表

地区	年均降水量		径流量/亿 m^3	蒸发量/亿 m^3	土壤含水蓄变量/亿 m^3	年地表水资源量		地下水资源量/亿 m^3	水资源总量/亿 m^3
	多年平均/mm	折合降水总量/亿 m^3				多年平均/mm	折合总量/亿 m^3		
石嘴山市	187.7	8.36	1.20	7.53	-0.02	19.0	0.85	2.49	1.2
中卫市	312.6	46.26	1.85	44.60	-0.06	11.5	1.72	9.14	1.98
鄂尔多斯市	270.84	234.78	27.06	224.4	-0.82	12.92	11.2	18.43	27.07
乌海市	175.0	3.07	0.27	2.96	-0.01	7.0	0.12	0.27	0.28
阿拉善盟	168.02	5.39	0.66	5.34	-0.01	1.79	0.06	0.61	0.66
巴彦淖尔市	193.08	57.15	6.44	55.69	-0.19	5.58	1.65	5.57	6.44
包头市	326.51	31.11	4.04	29.64	-0.10	16.49	1.57	7.15	4.03
榆林市	388.39	169.25	25.75	151.01	-0.20	42.32	18.44	16.31	25.76
延安市	504.47	186.3	13.93	173.04	-0.45	37.34	13.71	5.09	13.93
渭南市	594.89	78.13	12.32	70.99	-0.04	54.66	7.18	10.04	12.31
铜川市	576.75	22.39	2.20	20.49	0.02	48.44	1.88	1.03	2.2
宝鸡市	653.18	85.36	23.43	65.61	0.28	148.97	19.47	11.82	23.43
咸阳市	560.14	56.7	7.28	52.34	0.07	42.37	4.29	6.46	7.29
忻州市	471.35	57.21	7.21	53.55	-0.13	31.22	3.79	5.12	7.21
吕梁市	493.13	103.5	10.32	95.81	-0.27	37.92	7.96	8.2	10.31
临汾市	530.42	107.14	16.13	94.76	0.29	59.87	12.09	9.28	16.14
运城市	573.17	81.58	12.54	75.44	0.11	42.37	6.03	9.38	12.54
合计	383.56	1386.14	174.23	1273.84	-1.56	31.85	113.86	136.57	175.22

注：数据来源于《黄河中上游能源化工区重点产业发展战略环境评价研究》p53～58。

7.2.1 水资源量总体偏低

黄河中上游地区1956～2000年多年平均降水量为383.56mm，折合降水总量为1386.14亿 m^3/年，比黄河流域平均降水量少62.2mm。这1386.14亿 m^3 降水的87.4%又直接蒸发返回大气层，12.6%（174.23亿 m^3），形成了天然河川和地下径流量，仅很少一部分降水调节区域蓄变量。

在降水量偏低的同时，其在时空分布上呈现出较大的异质性。降水量在地区分布上呈现出由南向北、由东向西递减的特征，山丘区降水量大于平原、高原区。同时降水年内分配极不均匀，6～9月降水量占年降水量的61%～76%。12月至翌年3月是最枯时期，降水量不到年降水量的10%。降水量年际变化大，各地区降水量年际的变差系数CV值为0.2～0.3，河口镇以上多数地区在0.3以上。在评价的“45年系列”（1956～2000年）中，20世纪60年代较丰，平均降水量为398mm；90年代较枯，平均降水量仅为164mm。

区域内入境断面为宁夏回族自治区下河沿站，出境断面为河南省三门峡站。天然状态下，下河沿断面1956～2000年年均入境水量为330.9亿m^3，其中1956～1979年年均入境水量为338.0亿m^3，1980～2000年年均入境水量为324.8亿m^3（较1956～1979年年均值减少了4%）。三门峡断面1956～2000年年均出境水量为482.7亿m^3，其中1956～1979年年均出境水量为502.1亿m^3，1980～2000年年均出境水量为463.2亿m^3（较1956～1979年年均值减少了7%）。区间“45年系列”年均贡献天然径流量为151.8亿m^3。

在人类活动影响下，区域内1956～2000年系列年均实测入境水量为307.7亿m^3，其中1956～1979年年均入境水量为329.5亿m^3，1980～2000年年均入境水量为287.3亿m^3（较1956～1979年年均值减少了13%）。年均出境水量1956～2000年为357.9亿m^3，其中1956～1979年为438.3亿m^3，1980～2000年为301.2亿m^3（较1956～1979年减少了32%）。区间45年年均贡献径流量为50.2亿m^3，1980～2000年年均贡献径流量为13.8亿m^3。由于天然来水量不断减少，以及人类活动影响下垫面变化剧烈，总体上天然径流和实测径流均基本呈逐渐减少的趋势。随着区间取用水量逐年增加，黄河中上游地区正从水资源产出地区向水资源消耗地区转变，1980～2000年区间21年平均水资源净消耗量（地表水消耗量–当地地表产水量）为23.6亿m^3。

7.2.2 可利用水资源量呈减少趋势

研究区可利用水资源以黄河过境水为主。黄河干流自宁夏回族自治区中卫市下河沿断面流入研究区至河南省三门峡断面流出研究区，贯穿研究区19个地市中的15个，1980～2000年实测年均入境水量为287.3亿m^3。长期以来黄河干流一直是区域主要供水水源，供水量占研究区地表水总供水量的60%以上。研究区自产水资源量少和气候变暖使得近年来水资源衰减明显。研究区约40%位于半干旱地区，产水模数不足5万m^3/km^2。研究区集水面积占黄河流域的47.6%，而水资源量仅占24.6%，人均水资源量不足黄河流域人均水资源量的一半，亩①均水资源量不足流域的1/3。近20年来，由于气候变化和人类活动对地表下垫面的影响，黄河流域水资源情势发生了变化，黄河中游变化尤其显著，水资源量明显减少。根据第二次全国水资源综合规划成果，天然状态下，研究区下河沿断面1956～1979年年平均黄河天然径流量为338.0亿m^3，1980～2000年年平均为324.8亿m^3，减少了4%。三门峡断面1956～1979年年平均黄河天然径流量为502.1亿m^3，1980～2000年年平均为463.2亿m^3，较1956～1979年年平均值减少了7%。

7.2.3 水资源开发利用现状压力较大

区域内对黄河水资源的依存度较大。黄河干流两岸引黄灌溉历史悠久，近几十年来有不断发展的趋势，尤其是在人类活动（包括工业活动和农业活动）及人口总量增加的态势

① 1亩≈666.7m^2，下同。

下。目前，研究区内有大中型引水工程74处，地下水取水机电井41万眼。2007年研究区各类工程总供水量大于223.6亿 m^3，其中农田灌溉用水量为165.75亿 m^3，占总供水量的74.13%；工业用水量为26.59亿 m^3，占总供水量的11.89%。区域内工业生产对水资源的需求，加大了水资源开发利用的强度。

7.2.4 重点产业用水效率低

2007年研究区重点产业消耗水资源约11.37亿 m^3，其中电力、冶金和焦化是耗水大户，分别占重点产业耗水的42%、20.1%和12.5%。随着国内煤化工产业的发展，大型煤化工项目将相继在该区域内建成投产，届时煤化工产业的耗水比例将会得到更大的增长。从研究区重点产业规模和用水量来看，煤炭开采中由于洗选方式效率偏低等原因，用水量为0.43 m^3/t，高于标准要求；煤电行业当前由于一些地区仍存在一些水冷机组，整体效率不高；冶金、造纸、水泥、煤焦化等行业普遍存在工艺落后、用水效率低等问题。

7.3 水资源开发利用存在的问题

黄河流域及其邻近地区，随着人口的增长、经济的发展和人们生活水平的提高，对黄河提出了更高的供水要求，已超过了黄河水资源的承载能力，使供需矛盾日益尖锐。据统计，黄河流域20世纪50年代年均耗水量为122亿 m^3，至90年代，年均耗水量已增加到高于300亿 m^3，河道频繁断流是黄河水资源供需失衡的集中表现。区域内近年来经济快速增长、水资源需求量不断增加，水资源管理制度缺失且不到位引发了一系列的生态环境问题。研究区水资源量总体偏低，可利用水资源量呈减少趋势，更是加大了对水资源开发利用的压力。此外，研究区用水效率偏低，农业用水比例高，部分支流水资源超载严重，煤炭开采存在潜在影响，重点湖沼湿地补给量不足，地下水开采引发地质环境灾害。

7.3.1 工业发展干扰区域生态功能维护

研究区属于干旱缺水地区，区域水资源总量呈下降趋势，而区域重点产业中电力、焦化、冶金为高耗水行业，在技术水平和水资源利用效率较低的情况下，产业规模的不断扩大及生活用水量的不断增加，使区域水资源短缺的矛盾日益凸显。研究区2007年总用水量223.06亿 m^3，较2000年减少了14.07亿 m^3。其中，工业用水24.07亿 m^3，增加了1.27亿 m^3；城市及农村生活用水8.92亿 m^3，增加了4.8亿 m^3。

研究区高耗水能源化工产业发展，冲击局部区域生态用水底线，诱发生态环境退化。研究区工业强势发展态势明显，而尤以高耗水的电力、冶金和焦化等为主导的工业结构，激化了能源化工产业发展与水资源的矛盾，在工业快速增长的同时，工业用水总量大幅度增加。工业用水挤占生态环境用水，或工业用水占用农业用水指标，农业灌溉用水挤占生态环境用水现象普遍，并引发一系列生态环境问题。例如，工农业用水挤占地下水生态用水，形成 36 处地下水漏斗，造成河流断流；工农业用水挤占河道内生态用水，引发多处河流断流、湿地萎缩。

长期以来，生态环境对水资源的需求在水资源规划和管理中一直被忽视，生态需水与生态环境配水极为不协调，区域生态环境呈恶化趋势。区域生态脆弱性和敏感性问题与水资源短缺问题交织作用，形成恶性循环。

7.3.2 工业发展加剧区域环境质量恶化

2000～2010 年，研究区 GDP 总量翻了近 3 番，GDP 占全国比例从 2.1% 上升到 4.1%，上升了 2 个百分点。由于产业发展结构主要是以高耗水的电力、冶金和焦化等为主导的工业结构，因此与研究区经济总量快速提高相对应的是，研究区黄河支流水污染比较严重，大多数支流多年呈劣Ⅴ类水质。区域内造纸、化工、食品加工、冶金等行业是污染较重的行业，也是影响研究区水环境的主要产业和主要因素。这些企业大多数设备陈旧，工艺落后，原材料及水资源利用效率低，污染治理设施投入严重不足，污染治理欠账不仅量大而且时间长。工业发展导致生态用水被挤占，造成局部湖沼湿地萎缩，降低了局部区域生物多样性水平。

7.3.3 农业用水比例高，工农业用水效率偏低

农业用水量占总用水量的 85%，单方水效益仅为 0.97 元/m^3；工业用水量占 6.3%，单方水效益为 57.9 元/m^3。农业用水比例大、效益低。从现状引黄灌区的种植结构来看，高耗水作物水稻种植面积为 134 万亩，占引黄灌区面积的 23.5%，其用水量占农业总用水量的 32.2%，与区域水资源短缺的现状不相符，可适当调整种植结构。

在研究区，渠系水有效利用系数仅为 0.6，灌溉水综合利用率仅为 0.48，农业用水的生产效率低，水分生产率仅为 1.12kg/m^3。工业用水重复利用率也仅为 50%～60%，而相对发达地区的工业用水重复利用率已达到 80%～90%。研究区单位产品的用水量是发达地区的 6 倍。

研究区在管理体制、机制和职能划分等诸多方面还做不到水资源管理在防洪、取水、需水、节水与污水 5 个方面的统一。地下水尚未纳入水利部门的统一管理，水利、地矿、环保、城建等多部门在水管理上还存在职责交叉、权属不清的问题。灌区现行农业用水水价偏低，造成用水户缺乏节水意识，现行的水价政策不适应节水机制的形成。

7.3.4 部分支流水资源超载严重

部分支流河道外用水大幅度增加，超过水资源承载能力，使河道内生态环境用水难以保证，导致下游河段断流，如汾河、渭河、清水河等出现了不同程度的断流现象。主要支流径流量大幅度减少和断流，也进一步加剧了黄河干流的水资源供需严峻形势。2010 年黄

河流域水资源利用强度已达到115.5%，已超过其承载能力。此外，一些支流水污染问题日趋严重，省际水污染矛盾日益突出，水污染形势十分严峻。

7.3.5 煤炭开采、地下水开采引发地质环境灾害

据统计2007年区域浅层地下水超采、深层地下水开采量分别为8.9亿m^3、3.8亿m^3，区域（河谷）平原（盆地）区，由于长期过量开采地下水，形成数个深层承压水降落漏斗和浅层地下水降落漏斗。地下水的持续大量开采，一方面造成地下水位持续下降，形成大范围地下水降落漏斗，产生一系列地质环境灾害；另一方面也在一定程度上袭夺地表水，对河川径流产生很大影响。

在煤炭产区，因多年煤炭资源开采造成局部区域水资源遭到不同程度的破坏，一是使局部地区（主要是山西区）地下水源地及泉域地下水出现水量减少和地下水污染现象，影响到饮用水安全；二是煤炭开采排水，打破了局部地区原有地表水和地下水平衡状态，两者间供补给关系发生改变，地下水位下降造成河道基流补给减少，进而造成黄河部分支流径流量减少。

7.4 水资源承载力分析

7.4.1 水资源承载力的主成分分析

水资源承载力是指根据一定的发展阶段，以可预见的技术、经济和社会发展水平为依据，以可持续发展为原则，以维护生态环境良性发展为前提，在水资源合理配置和高效利用的条件下承载的经济和人口容量。

近年来，随着社会经济的发展、人口的增加、水资源短缺和水污染问题的加剧，水资源供需矛盾日益突出，黄河中上游能源化工区水资源保障的压力日趋增大，水资源问题日趋成为黄河中上游能源化工区经济社会发展的硬约束。多年来，为了解决日益突出的水问题，探究水资源、社会经济发展及生态环境保护之间的协调关系等，国内外的学者开展了水资源承载力的研究，但尚未形成统一的认识。中国学者于20世纪80年代末提出水资源承载力的概念，引起了学术界高度关注，并成为当前水资源科学领域研究的重点和热点。

目前，研究水资源承载力的方法很多，但比较有代表性的方法主要有常规趋势分析法、模糊综合分析法、多目标综合分析法、系统动力学法等，这些方法虽然都有各自的优点，但在具体的水资源承载力评价过程中都存在一定的局限性，有的甚至误判的可能性比较大。近期，随着多元统计学方法的广泛应用，主成分分析法作为一种较新的方法被应用于水资源承载力的评价，其本质是通过对原有复杂变量的线性变换和部分信息的舍弃，将高维变量系统进行最优化的综合与简化，并客观地确定了系统各指标的权重，克服了模糊综合评判方法的缺陷，避免造成主观任意性。而水资源承载力评价的核心正是如何科学、

客观地将一个复杂的多目标问题简化成一个简单的单目标问题。因此，将主成分分析法应用于水资源承载力的评价不失为一种较好的评价方法。在借鉴前人研究成果的基础上，选取主成分分析法，评估各评估单元、不同时段水资源承载力的相对大小，确定 k 个主成分参量计算黄河中上游能源化工区水资源承载力，以期为该地区水资源合理配置与可持续发展提供理论依据。

(1) 指标选取

通过对黄河中上游能源化工区水资源状况的调查和分析，力求从不同角度、不同方面客观反映该区域水资源供需关系及开发利用状况。根据选取水资源承载力评价指标所遵循的原则，参照中国水资源供需关系中的指标体系及标准，根据水资源公报数据，选取 2000 ~ 2011 年序列资料作为评价的基础数据，根据科学性原则及专家意见，从中选取 12 个评价指标，建立黄河中上游能源化工区水资源承载力指标体系。具体包括降水资源（X_1，mm）、人口（X_2，万人）、地区生产总值 GDP（X_3，亿元）、第一产业产值（X_4，亿元）、第二产业产值（X_5，亿元）、工业总产值（X_6，亿元）、第三产业产值（X_7，亿元）、全社会固定资产总投资（X_8，亿元）、耕地面积（X_9，$10^3 hm^2$）、有效灌溉面积（X_{10}，$10^3 hm^2$）、城市总供水（X_{11}，万 t）、工业用水量（X_{12}，万 t），共计 12 个指标。综合评价指数的得分越高，水资源承载力状况越好；反之，则越小。

主成分分析的原理与在 SPSS16.0 中的实现过程在第 8 章中有详细论述，这里不再重复。

(2) 结果与分析

对黄河中上游能源化工区水资源状况的主成分分析结果如表 7-3 和表 7-4 所示。

表 7-3 黄河中上游能源化工区各地区 2000 ~ 2011 年水资源承载力综合得分统计表

地区	2000 年	2001 年	2002 年	2003 年	2004 年	2005 年	2006 年	2007 年	2008 年	2009 年	2010 年	2011 年
阿拉善左旗	0.01	0.03	0.04	0.04	0.05	0.03	0.03	0.06	0.08	0.07	0.06	0.06
巴彦淖尔市	0.77	1.10	1.06	0.90	0.96	0.81	0.96	0.61	0.81	0.70	0.80	0.82
包头市	1.74	1.35	1.31	1.21	1.37	1.14	1.30	1.23	1.18	1.35	1.14	0.94
宝鸡市	1.33	1.41	1.21	1.04	1.15	0.90	0.97	1.02	0.88	1.04	0.88	0.86
鄂尔多斯市	0.96	1.02	0.97	0.86	1.02	0.84	1.12	1.11	1.08	1.33	1.11	1.04
临汾市	1.39	1.29	1.22	1.07	1.29	0.91	1.01	1.00	0.78	0.86	0.73	0.77
吕梁市	0.76	0.84	0.85	0.70	0.90	0.67	0.80	0.87	0.71	0.78	0.67	0.72
石嘴山市	0.41	0.27	0.23	0.18	0.17	0.18	0.16	0.16	0.17	0.16	0.14	0.13
铜川市	0.23	0.23	0.22	0.22	0.24	0.16	0.18	0.24	0.18	0.25	0.18	0.18
渭南市	1.18	1.57	1.48	1.34	1.45	1.16	1.22	1.24	1.16	1.08	1.04	1.16
乌海市	0.34	0.21	0.17	0.13	0.13	0.13	0.10	0.16	0.13	0.13	0.12	0.01
吴忠市	0.50	0.60	0.58	0.49	0.47	0.36	0.39	0.26	0.33	0.32	0.36	0.40

续表

地区	2000 年	2001 年	2002 年	2003 年	2004 年	2005 年	2006 年	2007 年	2008 年	2009 年	2010 年	2011 年
咸阳市	1.38	1.56	1.42	1.25	1.36	1.13	1.16	1.34	1.10	1.07	1.09	1.07
忻州市	0.72	0.78	0.78	0.66	0.82	0.58	0.65	0.71	0.62	0.62	0.60	0.79
延安市	0.84	0.93	0.80	0.68	0.78	0.62	0.75	0.83	0.62	0.73	0.56	0.56
银川市	0.79	0.56	0.51	0.41	0.36	0.36	0.38	0.33	0.34	0.35	0.36	0.31
榆林市	0.90	0.99	0.92	0.78	0.99	0.78	1.01	1.16	1.06	1.11	1.01	0.92
运城市	1.46	1.49	1.42	1.24	1.45	1.04	1.18	1.07	0.95	0.99	0.94	0.99
中卫市	0.17	0.34	0.32	0.28	0.28	0.24	0.28	0.21	0.28	0.25	0.29	0.33

表 7-4　黄河中上游能源化工区各地区 2000 ~ 2011 年水资源承载力排序统计表

地区	2000 年	2001 年	2002 年	2003 年	2004 年	2005 年	2006 年	2007 年	2008 年	2009 年	2010 年	2011 年
阿拉善左旗	19	19	19	19	19	19	19	19	19	19	19	18
巴彦淖尔市	11	7	7	7	9	8	9	12	8	11	8	8
包头市	1	5	4	4	3	2	1	3	1	1	1	5
宝鸡市	5	4	6	6	6	6	8	7	7	6	7	7
鄂尔多斯市	7	8	8	8	7	7	5	5	4	2	2	3
临汾市	3	6	5	5	5	5	6	8	9	8	9	10
吕梁市	12	11	10	10	10	10	10	9	10	9	10	11
石嘴山市	15	16	16	17	17	16	17	17	17	17	17	17
铜川市	17	17	17	16	16	17	16	15	16	16	16	16
渭南市	6	1	1	1	1	1	2	2	2	4	4	1
乌海市	16	18	18	18	18	18	18	18	18	18	18	19
吴忠市	14	13	13	13	13	14	13	14	14	14	13	13
咸阳市	4	2	3	2	4	3	4	1	3	5	3	2
忻州市	13	12	12	12	11	12	12	11	11	12	11	9
延安市	9	10	11	11	12	11	11	10	12	10	12	12
银川市	10	14	14	14	14	13	14	13	13	13	14	15
榆林市	8	9	9	9	8	9	7	4	5	3	5	6
运城市	2	3	2	3	2	4	3	6	6	7	6	4
中卫市	18	15	15	15	15	15	15	16	15	15	15	14

对各地区水资源承载力指数进行分级，分为小、较小、中、较大、大 5 级，每级对应标准化取值分别为 0 ~ 0.4、0.4 ~ 0.6、0.6 ~ 0.8、0.8 ~ 1、>1.0。区域内 2000 ~ 2011 年水资源承载力空间分布如图 7-1 所示。

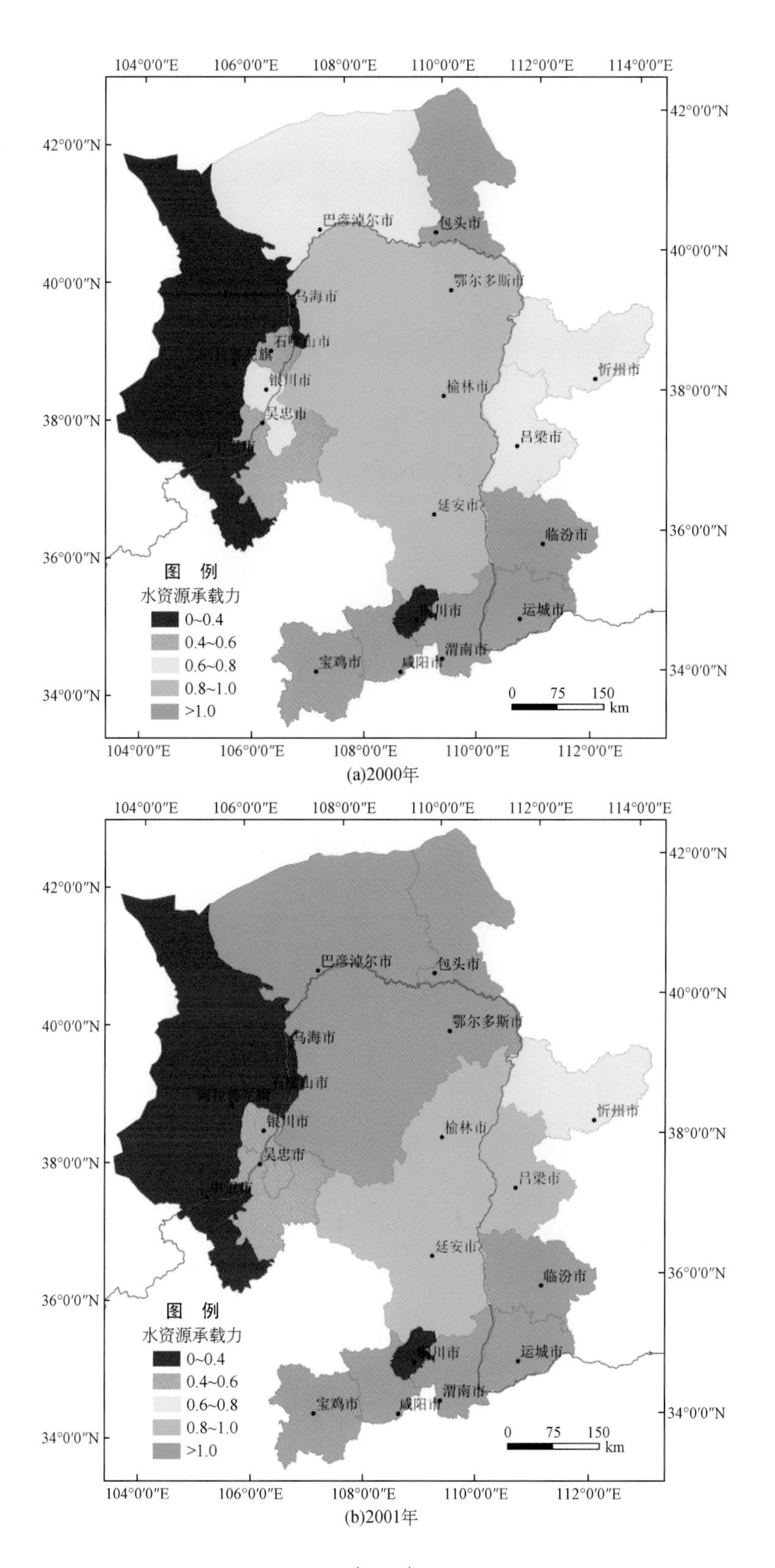

(a)2000年

(b)2001年

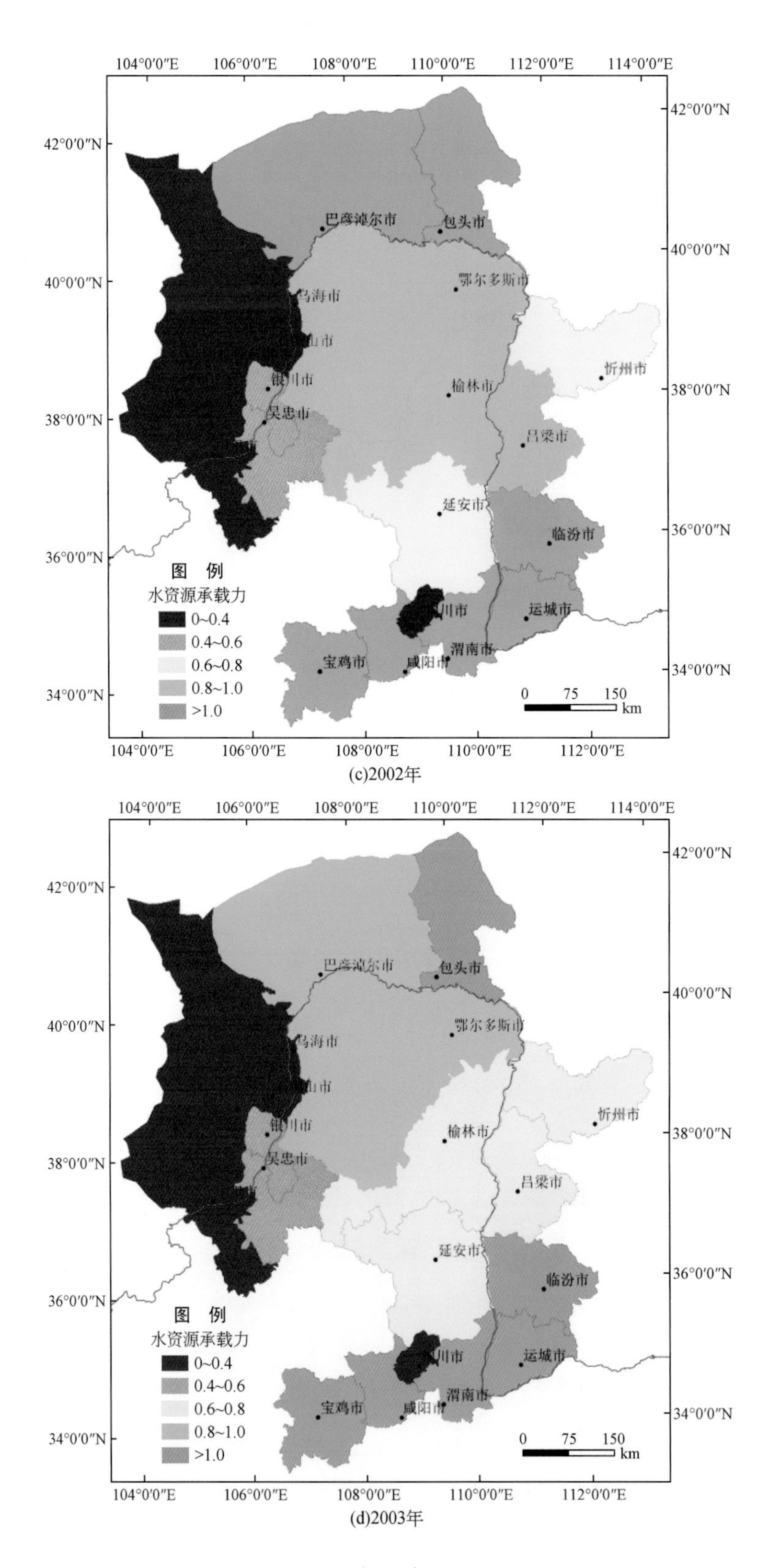

(c)2002年

(d)2003年

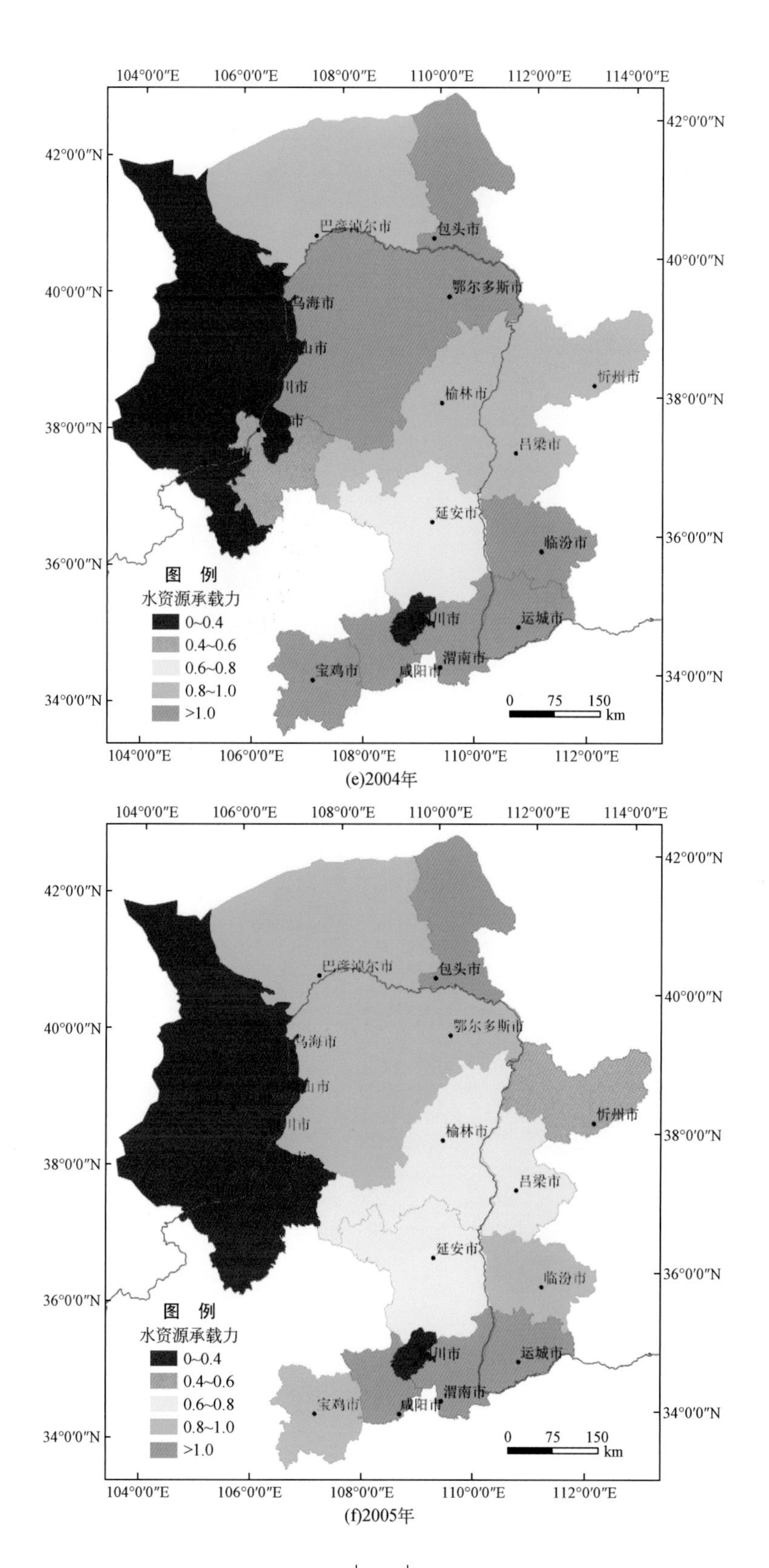

(e)2004年

(f)2005年

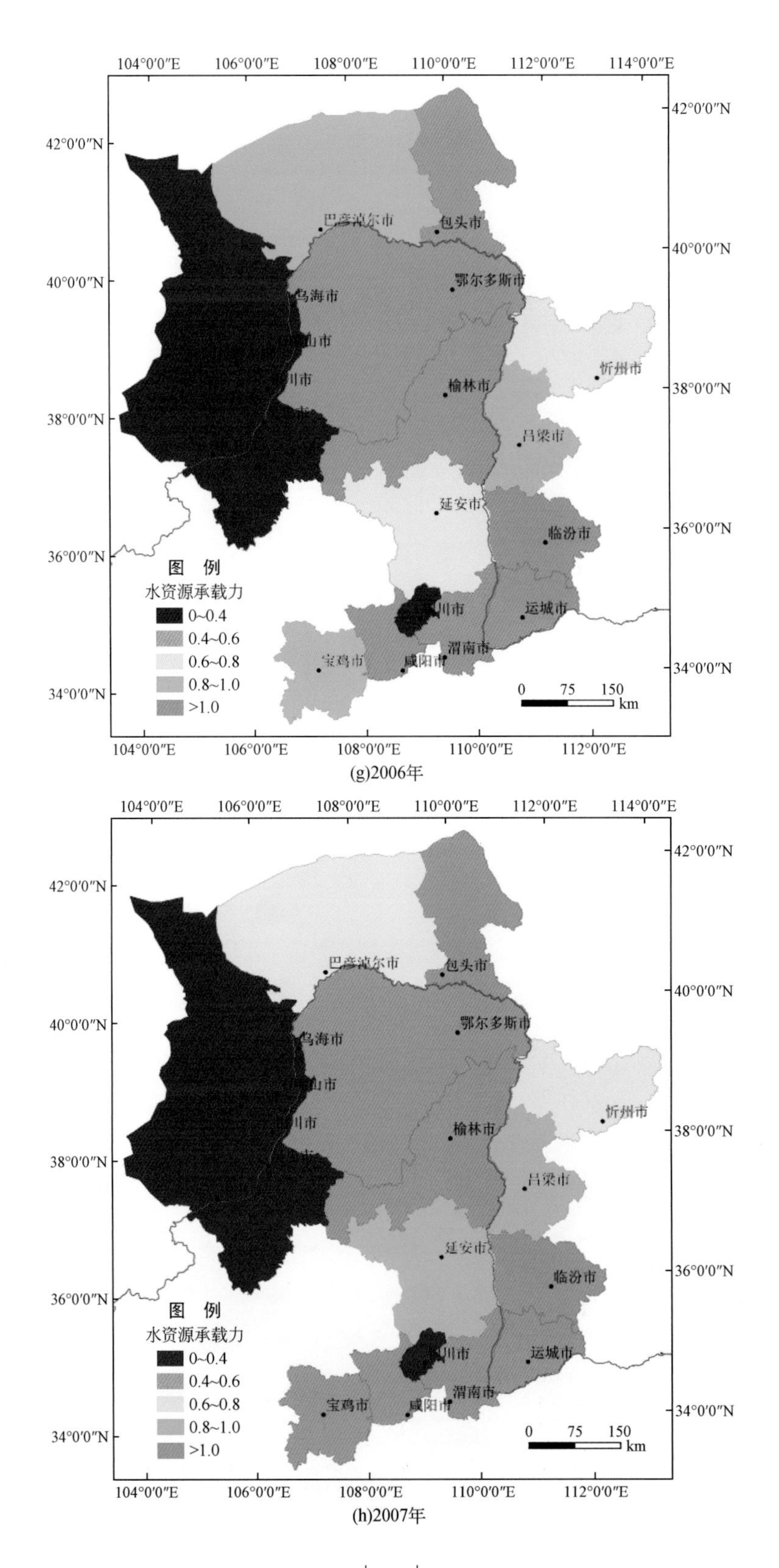

(g)2006年

(h)2007年

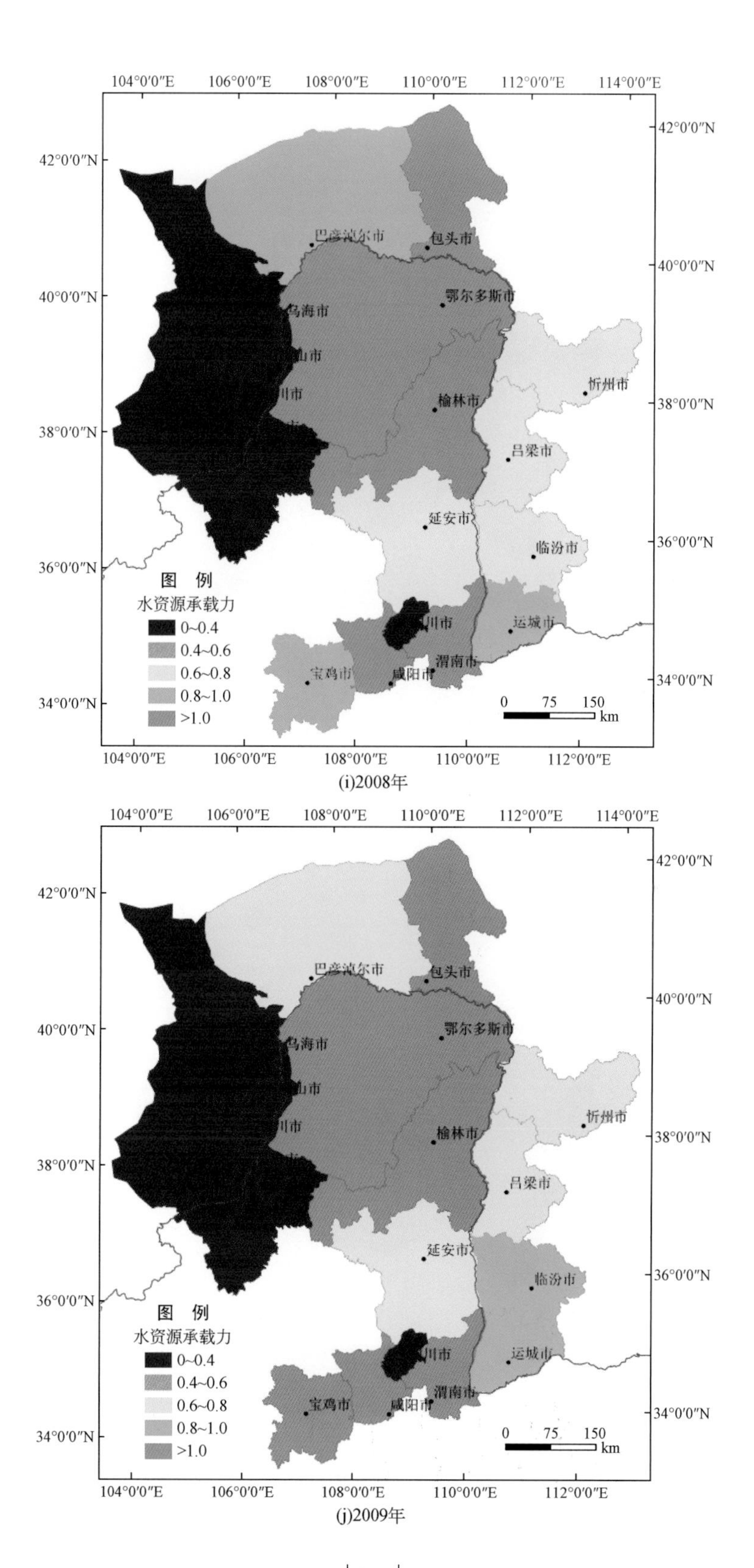

(i)2008年

(j)2009年

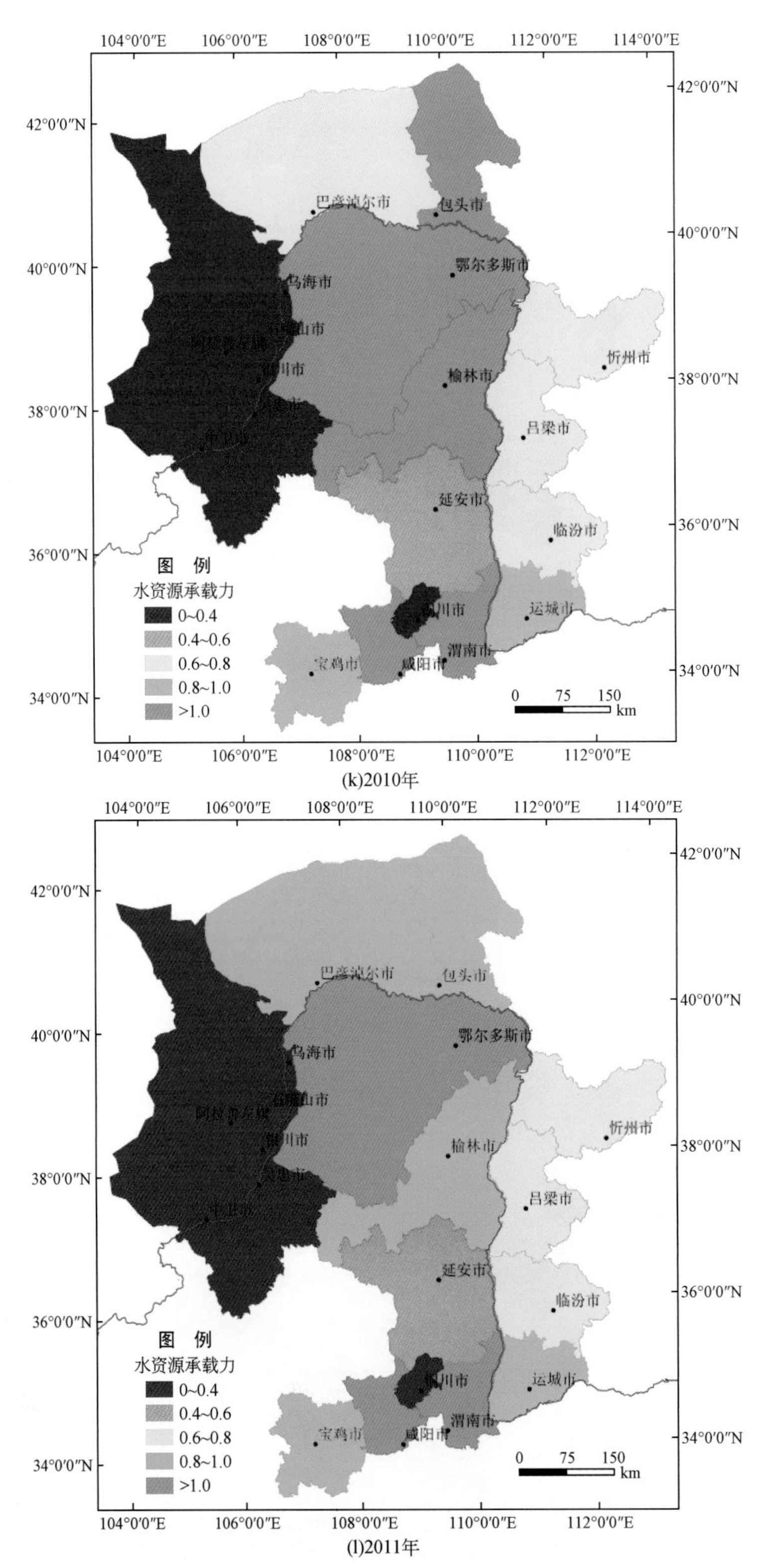

图 7-1　黄河中上游能源化工区水资源承载力空间分异

图 7-1 显示了研究区水资源承载力的空间分异情况。区域内，阿拉善左旗、石嘴山市、铜川市、乌海市、银川市、中卫市相对水资源承载力一直都比较低，而包头市、渭南市和咸阳市水资源承载力一直都比较高。

7.4.2 水资源承载力评价——以银川市为例

采用与整个研究区水资源承载力评价相同的方法（主成分分析法），以银川市为例，对其水资源承载力进行评价。

选取的反映银川市水资源承载力的 12 个因子如表 7-5 所示。对表 7-5 的各项数据进行标准化处理，其结果如表 7-6 所示。利用 SPSS 16.0 进行主成分分析可得水资源承载力驱动因子的相关系数矩阵（表 7-7）和主成分的特征值及贡献率。由表 7-7 可知，所选取的因子之间存在一定的相关关系，这是进行主成分分析的基础和条件，也进一步验证了对因子进行主成分分析的必要性和科学性。各因子指标的共同度见表 7-8。经计算得到银川市 2000 ~ 2010 年水资源承载力主成分分析综合因子得分情况（图 7-2）。

表 7-5 银川市水资源承载力评价指标原始数据统计表

年份	X_1	X_2	X_3	X_4	X_5	X_6	X_7	X_8	X_9	X_{10}	X_{11}	X_{12}
2000	133.8	142.8	109.3	4.5	21.3	20.0	31.9	48.6	146.0	126.8	11 867.0	9 863.6
2001	163.2	129.8	82.9	4.5	31.1	23.0	40.0	52.9	144.9	126.8	9 801.0	9 755.9
2002	303.6	133.0	93.6	4.5	40.9	26.0	48.2	73.0	142.7	126.8	9 686.0	9 648.3
2003	194.8	133.0	111.6	4.6	50.7	31.4	56.3	143.4	136.1	152.7	10 004.0	7 600.0
2004	144.0	137.8	130.4	5.5	59.6	42.8	65.4	171.7	132.7	134.7	10 129.0	7 772.0
2005	169.9	140.6	187.2	6.2	79.5	61.3	101.5	201.7	131.0	164.4	10 020.0	7 305.0
2006	195.8	145.0	244.1	7.0	99.4	79.7	137.7	232.9	130.1	140.3	9 636.0	6 885.0
2007	214.7	161.7	301.5	8.5	117.9	97.9	175.1	292.7	129.7	160.1	9 059.0	5 646.0
2008	194.6	165.4	353.5	10.4	138.0	115.5	205.1	365.7	129.5	164.1	10 048.0	5 847.0
2009	180.0	170.2	439.8	11.0	173.2	116.1	255.6	491.7	129.4	171.3	10 225.0	5 773.0
2010	206.3	158.8	517.0	13.8	204.5	134.6	298.8	648.7	129.3	166.5	10 525.0	5 421.0

表 7-6 银川市水资源承载力评价指标标准化处理结果

年份	X_1	X_2	X_3	X_4	X_5	X_6	X_7	X_8	X_9	X_{10}	X_{11}	X_{12}
2000	−1.45	−0.32	−0.90	−0.97	−1.33	−1.27	−1.15	−1.16	2.11	−1.39	4.46	1.69
2001	−0.71	−1.26	−1.09	−0.97	−1.15	−1.19	−1.06	−1.14	1.90	−1.39	−0.73	1.62
2002	2.86	−1.04	−1.01	−0.96	−0.97	−1.11	−0.96	−1.02	1.50	−1.39	−1.02	1.54
2003	0.10	−1.03	−0.88	−0.94	−0.78	−0.97	−0.86	−0.61	0.26	0.27	−0.22	0.13
2004	−1.19	−0.68	−0.74	−0.63	−0.62	−0.67	−0.76	−0.44	−0.37	−0.89	0.10	0.25
2005	−0.54	−0.48	−0.34	−0.37	−0.24	−0.18	−0.32	−0.27	−0.69	1.01	−0.18	−0.07

续表

年份	X_1	X_2	X_3	X_4	X_5	X_6	X_7	X_8	X_9	X_{10}	X_{11}	X_{12}
2006	0.12	-0.16	0.08	-0.11	0.13	0.31	0.11	-0.09	-0.84	-0.53	-1.14	-0.36
2007	0.60	1.07	0.49	0.41	0.48	0.79	0.55	0.26	-0.92	0.74	-2.59	-1.22
2008	0.09	1.34	0.86	1.07	0.86	1.25	0.91	0.69	-0.97	0.99	-0.11	-1.08
2009	-0.28	1.69	1.49	1.26	1.52	1.27	1.51	1.42	-0.99	1.45	0.34	-1.13
2010	0.39	0.86	2.04	2.20	2.10	1.75	2.03	2.34	-1.00	1.15	1.09	-1.37

表 7-7 银川市水资源承载力评价指标相关系数矩阵

指标	X_1	X_2	X_3	X_4	X_5	X_6	X_7	X_8	X_9	X_{10}	X_{11}	X_{12}
X_1	1											
X_2	-0.003	1										
X_3	0.074	0.892	1									
X_4	0.084	0.869	0.992	1								
X_5	0.120	0.859	0.991	0.985	1							
X_6	0.098	0.905	0.975	0.970	0.979	1						
X_7	0.115	0.885	0.997	0.990	0.997	0.983	1					
X_8	0.071	0.816	0.982	0.982	0.989	0.947	0.982	1				
X_9	-0.011	-0.687	-0.744	-0.724	-0.799	-0.836	-0.768	-0.761	1			
X_{10}	0.006	0.763	0.803	0.783	0.828	0.831	0.816	0.810	-0.830	1		
X_{11}	-0.511	-0.023	-0.038	-0.035	-0.134	-0.186	-0.111	-0.041	0.393	-0.189	1	
X_{12}	-0.039	-0.824	-0.870	-0.853	-0.901	-0.930	-0.887	-0.870	0.949	-0.896	0.320	1

表 7-8 各因子指标的共同度

指标	初始值	提取值
X_1	1.000	0.644
X_2	1.000	0.824
X_3	1.000	0.967
X_4	1.000	0.947
X_5	1.000	0.976
X_6	1.000	0.981
X_7	1.000	0.971
X_8	1.000	0.942
X_9	1.000	0.765
X_{10}	1.000	0.777
X_{11}	1.000	0.841
X_{12}	1.000	0.914

注：各因子指标的共同度表示各变量中所含信息能被提取的程度。

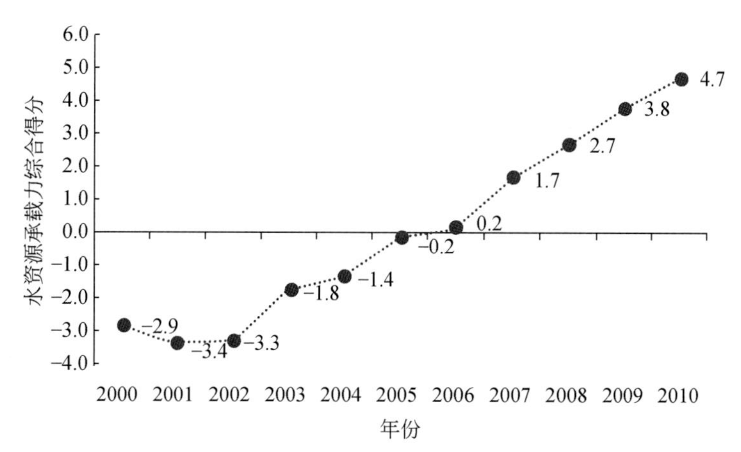

图 7-2 银川市 2000 ~ 2010 年水资源承载力主成分分析综合因子得分统计图

通过表 7-9 可知，可提取前两个主成分来进行分析，其中第一主成分的特征值为 9.001 418 3，贡献率为 75.012%；第一主成分的特征值为 1.546 627 9，贡献率为 12.889%。二者累计贡献率为 87.9%。两大主成分比较全面地反映了影响水资源承载力变化的驱动因子，可以充分体现银川市水资源承载力的年际变化趋势。第一主成分和第二主成分的特征值所对应的开方值结果分别为 3.000 236 和 1.243 635（表 7-10）。

表 7-9 主成分的特征值和贡献率

主成分	初始特征值			被提取的载荷平方和		
	特征值	各主成分贡献率/%	累计贡献率/%	特征值	各主成分贡献率/%	累计贡献率/%
1	9.001	75.012	75.012	9.001 418 3	75.012	75.012
2	1.547	12.889	87.900	1.546 627 9	12.889	87.900
3	0.816	6.800	94.700			
4	0.241	2.008	96.708			
5	0.225	1.876	98.584			
6	0.125	1.040	99.623			
7	0.021	0.172	99.795			
8	0.017	0.139	99.934			
9	0.008	0.064	99.997			
10	0.000	0.003	100.000			
11	-2.773×10^{-17}	-2.311×10^{-16}	100.000			
12	-7.035×10^{-17}	-5.863×10^{-16}	100.000			

表 7-10　主成分系数计算结果

因子	初始因子载荷矩阵		特征值开方结果值		计算的主成分系数值 a	
	因子载荷系数					
	1	2	1	2	a_{j1}	a_{j2}
X_1	0. 085 655 5	−0. 797 721 81	3. 000 236	1. 243 635	0. 028 55	−0. 641 44
X_2	0. 895 758 5	0. 147 263 148	3. 000 236	1. 243 635	0. 298 563	0. 118 413
X_3	0. 977 231 6	0. 108 851 815	3. 000 236	1. 243 635	0. 325 718	0. 087 527
X_4	0. 967 071 1	0. 108 126 239	3. 000 236	1. 243 635	0. 322 332	0. 086 944
X_5	0. 987 543 9	0. 019 182 059	3. 000 236	1. 243 635	0. 329 155	0. 015 424
X_6	0. 990 361	−0. 009 210 837	3. 000 236	1. 243 635	0. 330 094	−0. 007 41
X_7	0. 984 583 3	0. 041 925 424	3. 000 236	1. 243 635	0. 328 169	0. 033 712
X_8	0. 965 595 2	0. 099 540 688	3. 000 236	1. 243 635	0. 321 84	0. 080 04
X_9	−0. 856 832	0. 175 675 095	3. 000 236	1. 243 635	−0. 285 59	0. 141 259
X_{10}	0. 881 152 1	−0. 014 838 796	3. 000 236	1. 243 635	0. 293 694	−0. 011 93
X_{11}	−0. 175 017	0. 900 352 409	3. 000 236	1. 243 635	−0. 058 33	0. 723 968
X_{12}	−0. 949 964 5	0. 105 858 742	3. 000 236	1. 243 635	−0. 316 63	0. 085 12

则 2 个主成分的表达式分别为

$$\begin{cases} F_1 = \sum_{j=1}^{12} a_{j1} Z_j \\ F_2 = \sum_{j=1}^{12} a_{j2} Z_j \end{cases}$$

以每个主成分所对应的特征值占所提取主成分总的特征值之和的比例作为权重计算主成分综合模型：

$$F = \frac{\lambda_1}{\lambda_1 + \lambda_2} F_1 + \frac{\lambda_2}{\lambda_1 + \lambda_2} F_2$$

设 $R_1 = \frac{\lambda_1}{\lambda_1 + \lambda_2} F_1 = \frac{9.001\ 418\ 3}{9.001\ 418\ 3 + 1.546\ 627\ 9} F_1 = 0.853\ 373 F_1$，

$$R_2 = \frac{\lambda_2}{\lambda_1 + \lambda_2} F_2 = \frac{1.546\ 627\ 9}{9.001\ 418\ 3 + 1.546\ 627\ 9} F_2 = 0.146\ 627 F_2$$

$$\begin{aligned} F &= \frac{\lambda_1}{\lambda_1 + \lambda_2} F_1 + \frac{\lambda_2}{\lambda_1 + \lambda_2} F_2 \\ &= R_1 F_1 + R_2 F_2 \\ &= R_1 \sum_{j=1}^{12} a_{j1} Z_j + R_2 \sum_{j=1}^{12} a_{j2} Z_j \\ &= \sum_{j=1}^{12} Z_j (R_1 a_{j1} + R_2 a_{j2}) \end{aligned}$$

主成分分析计算过程如表 7-11 所示。综合得分及排序见表 7-12。

表 7-11　主成分分析计算过程数据

变量 Z	计算的主成分系数值		特征值比例		$a_{j1}\times R_1$	$a_{j2}\times R_2$	$a_{j1}\times R_1+a_{j2}\times R_2$
	a_{j1}	a_{j2}	R_1	R_2			
X_1	0.028 55	−0.641 44	0.853 373	0.146 627	0.024 363	−0.094 05	−0.069 7
X_2	0.298 563	0.118 413	0.853 373	0.146 627	0.254 785	0.017 363	0.272 15
X_3	0.325 718	0.087 527	0.853 373	0.146 627	0.277 959	0.012 834	0.290 79
X_4	0.322 332	0.086 944	0.853 373	0.146 627	0.275 069	0.012 748	0.287 82
X_5	0.329 155	0.015 424	0.853 373	0.146 627	0.280 892	0.002 262	0.283 15
X_6	0.330 094	−0.007 41	0.853 373	0.146 627	0.281 694	−0.001 09	0.280 61
X_7	0.328 169	0.033 712	0.853 373	0.146 627	0.280 05	0.004 943	0.284 99
X_8	0.321 84	0.080 04	0.853 373	0.146 627	0.274 649	0.011 736	0.286 39
X_9	−0.285 59	0.141 259	0.853 373	0.146 627	−0.243 71	0.020 712	−0.223
X_{10}	0.293 694	−0.011 93	0.853 373	0.146 627	0.250 631	−0.001 75	0.248 88
X_{11}	−0.058 33	0.723 968	0.853 373	0.146 627	−0.049 78	0.106 153	0.056 37
X_{12}	−0.316 63	0.085 12	0.853 373	0.146 627	−0.270 2	0.012 481	−0.257 7

表 7-12　2000～2010 年银川市水资源承载力综合评价得分及排序表

年份	综合得分	综合排名
2000	−2.920	9
2001	−3.406	11
2002	−3.339	10
2003	−1.763	8
2004	−1.403	7
2005	−0.172	6
2006	0.153	5
2007	1.656	4
2008	2.703	3
2009	3.791	2
2010	4.691	1

主成分载荷是主成分与变量之间的相关系数。第一主成分与除 X_1（降水资源）和 X_{11}（城市总供水）以外其他因子之间存在较强的相关关系，与 X_9（耕地面积）、X_{12}（工业用水量）存在较强的负相关关系，与其他因子之间存在较强的正相关关系，基本涵盖了经济发展和人口的主要因子。由此可以得出经济发展水平是影响水资源承载力的主要影响因子。随着银川市经济的持续发展，对水资源的需求不断增长，同时在经济发展过程中污水的大量排放也给水资源承载力造成了沉重的负担，但经济的发展和科技水平的提高也使得城市污水处理能力得到显著增强，在水资源自然禀赋基础上的供水能力也得到逐年稳步提升。人口作为持续的外部因素也在一定程度上影响着水资源的承载力。

第二主成分主要包括水资源自然状况及供水因子。在银川市水资源总量基本稳定的情况下，入境水量的补给在一定程度上缓解了水资源的承载压力。引过境黄河水有效地保证了银川市的供水能力是银川市经济社会可持续发展的坚实后盾。对此结果进行分析可得到以下几点认识。

1）应用主成分分析法对银川市的水资源承载力进行综合评价能比较全面客观地反映银川市水资源承载力的变化趋势。通过分析可把影响水资源承载力的驱动因子分为经济发展因子、人口因子和水资源自然因子，而经济发展水平对当地水资源承载力的影响最为关键。

2）银川市水资源承载力具有逐年稳步上升的发展趋势，但随着经济社会的不断发展，水资源的有限供给与持续增长的用水需求之间的矛盾将日益凸显，水资源的自然属性决定了其资源禀赋的相对稳定性，所以必须充分高效地开发水利资源，坚持节流为主、开源为辅的水资源开发利用原则，必须大力推广节水技术，最大限度提高工农业用水效率。

3）银川市较为丰富的入境水量为其经济社会的发展提供了一定的支撑作用。沿黄河提水有效地缓解了区域内的用水矛盾。这就要求相关部门进一步加强水利工程建设，充分挖掘水资源的开发潜力，提高工程的蓄水保水能力，避免入境的水资源在未实现其经济效益和社会效益之前又回流黄河。

从前面黄河中上游能源化工区的整体分析可以看出，银川市的相对水资源承载力处在较低位置，但对银川市进行单独分析，发现其水资源承载力在逐步提高，从侧面反映了黄河中上游能源化工区水资源承载力在提高。

7.5　水资源可持续利用对策

水资源问题是制约研究区经济和产业发展的关键问题，区域是否有足够的可利用水资源用于发展能源化工产业是产业发展规模的首要限制因素。研究区干旱缺水的环境特点，将制约高耗水能源化工行业的大规模发展。研究区降水量少、蒸发量大、干旱指数高，近50年地表水资源量呈下降趋势，现状供水能力严重不足。研究区电力、焦化、冶金等高耗水重点产业规模无限扩大，工业用水量大幅度增加，将激化水资源短缺的矛盾。如果出现工农业用水挤占生态用水现象，还将影响黄河水资源可持续利用和“生态廊道”功能发挥，影响流域生态系统的健康。因此，在能源化工产业战略实施过程中，必须严格控制高耗水能源化工行业规模，提高工业用水效率，实施工业强制节水措施，减缓能源化工产业水资源过度消耗对区域整体生态系统的不利影响。

根据研究区水资源条件，在进行水资源供需分析时，从供给和需求双侧进行全面调控，缓解区域水资源供需矛盾不断恶化的态势，塑造良好的区域生态环境，维持区域经济社会快速发展。

7.5.1　严格用水定额管理

多管齐下，开源节流，强化节水，加强需水管理，抑制不合理用水，严格控制用水总量过度增长，降低对水资源的过度消耗，适度开采地下水，但要制止对水资源的无序开发和过度开发。建立科学合理的用水和消费模式，建立充分体现水资源紧缺状况、有利于促进节约用水的水价体系，建立与水资源承载力相适应的经济结构体系，切实转变经济增长方式，提高水资源的利用效率和效益。按照水资源高效利用的要求，制订各地区和各行业的用水定额，实行严格的区域用水定额管理，明确用水效率控制性指标。积极推广利用现代科技，建立水资源高效利用体系。从前面的研究区水资源承载力分析可以看出，区域的水资源承载力在增强，这是建立在科技发展基础之上的。

7.5.2 加强生态环境保护

以保障饮用水安全、保护和恢复水体功能、改善水环境质量为目标，根据水功能区纳污能力合理确定江河湖库入河污染物总量控制意见，明确水资源保护的控制性指标，保护和改善各水体的水质。水资源是研究区重点产业发展、生态功能维持和社会经济全面发展的关键性制约因素，重点产业发展需建立保障区域生态需水机制，科学引导产业规模适度发展。

7.5.3 合理调配水资源

在优化城镇和工农业布局、全面推进节水型社会建设和维护生态平衡的基础上，按照供需协调、综合平衡、保护生态、厉行节约、合理开源的原则，全面提高对流域和区域水资源的统一调配能力。在发展能源重化工产业的同时，必须在水资源约束条件下研究流域生态需水保障对策，推行“以水定产”的产业发展模式。以生态需水底线评估为前置条件，合理分配重点产业水资源总量。高水高用低水低用，优化工业用水结构。研究区应大力提倡中水回用、雨水等非传统水源的开发利用，并纳入水资源的统一管理和调配，推广城市再生水利用技术。工业用水非常规水源优先利用，提高水资源利用率，降低新鲜水消耗量。

以第一产业结构优化为调控手段。研究区第一产业内部结构不尽合理，耗水量较大的种植业比例较大，产业结构需要进一步调整，应大幅度提高畜牧业和加工工业比例，改变单一性的生产结构为农牧加工的复合结构，使农牧业总产值逐步增长，降低第一产业耗水量。大力开展节水工业，控制工业用水的快速增长。

7.5.4 加强水资源管理

通过改革创新，努力解决制约水资源可持续利用的制度性障碍，逐步建立体制健全、机制合理、法制完备的现代水资源管理制度。建立高耗水高价、低耗水低价的差别化工业用水水价体系。实施耗水型工业布局差别化调控管理机制，分区对耗水型工业布局进行差别化管理，将研究区划分为耗水型工业严禁布局区、限制布局区和优化布局区。

第 8 章　开发强度及其变化分析

区域开发就是人地关系形成、发展和演变的过程。人是人地关系中的主导因子，人类活动也是区域内生态环境演变的主要驱动力之一。一方面，由于人类过于追求短期利益，违背自然生态规律，导致自然资源过度开发和利用，造成自然生态系统严重受损和破坏，尤其是在处理不当的情形下，会造成整个生态系统的崩溃和瓦解；另一方面，人类通过研发和应用多种技术手段开展生态环境建设，保护生态环境，提高资源利用效率，推动着生态系统的良性运转。人地关系包括人对地的依赖性和人的能动作用，它随着人类社会的发展而变化。在人地关系协调中，人口和经济社会的发展与自然资源和环境之间存在着直接和间接的反馈作用并相互交织在一起。任何区域开发、区域规划和区域管理，必须以改善区域人员相互作用结构、开发人地相互作用潜力和加快人地相互作用在地域系统中的良性循环为目标（郝成元等，2004）。

自从人类出现以后，自然界便开始从自然状态向自然和人类相互作用的状态转化。近代以来，由于人口增长和技术进步，人类活动对地球的影响范围和影响强度不断增加，人类已经成为地球生态系统的主宰（Vitousek et al.，1997）。气候变化、土壤质量下降、水资源污染、生态环境恶化等都与人类活动息息相关。研究人类活动对生态环境的影响机制和作用规律，调控人类活动作用方向和速率，实现资源的可更新循环利用和生态资产的保值与增值，维护区域经济与生态环境的可持续发展，已经成为资源环境领域关注的热点和焦点（魏建兵等，2006；关靖云等，2015），同时对人类活动强度的定量研究结果也有利于人类的生态环境管理。

在中国，随着城市化、工业化和区域空间开发建设的加速推进，由此带来的一系列资源与环境问题，区域开发与资源环境演变相互作用关系，以及中国经济、社会与环境可持续发展问题成为学术界的研究热点（刘艳军等，2013）。区域开发建设与生态环境演变存在着动态的相互作用关系，自然资源禀赋及生态环境本底是区域开发建设的基础和支撑，而区域开发建设又是资源环境演变的重要推动力量。据报道，中国的土地垦殖强度由1661 年的5. 79% 增至20 世纪80 年代的14. 09%，而森林覆盖率从1700 年至20 世纪60 年代下降了约17 个百分点，但在60 年代至2000 年呈增长态势，近40 年间森林面积增加了约74 万 km^2，森林覆盖率由8. 9% 增至16. 6%（何凡能等，2015）。区域开发和资源环境演变是一个有机整体，人类活动系统的生产活动严重依赖自然资源和生态环境，同时资源环境系统通过不断与人类活动系统进行物质、能量和信息的交流，构成了一个典型的具有系统性特性的开放系统（刘耀彬和宋学锋，2005）。

通过对人类活动强度的分析，可以帮助人们找出所面临的资源、环境问题，以及产生这些问题的原因（关靖云等，2015）。当前学者们对人类活动强度的分析主要集中在人类活动强度测算的指标体系（文英，1998；李香云等，2004）、影响因素（颜冉等，2014；关静和章娟，2016）、计算模型（徐建华，1990；徐志刚等，2009）、对生态环境的扰动及调控原则（魏建兵等，2006；陈忠升等，2011），以及各种尺度范围的人类活动强度的评价分析（张翠云和王昭，2004；胡志斌等，2007）等方面。区域开发与资源环境演化作为一个整体具有系统性特征。从动态视角看，区域开发强度增长与资源环境水平演化的关系就是区域人口增长、经济扩张及土地开发与自然资源和生态环境水平在相互作用、相互制约中发展变化（刘艳军等，2013）。以上的这些研究成果对人类活动强度在不同区域的测算分析具有借鉴意义，而在干旱半干旱地区，尤其是水资源短缺的黄河中上游能源化工区人类活动强度计算指标体系的构建方面，要在前人研究的基础上，结合其自然人文条件进行适度调整。

本章开发强度的概念与人类活动强度的概念相当，即表征人类对陆地表层影响和作用程度的综合指标，是指一定面积的区域受人类活动的影响而产生的扰动程度，或者说是人类的社会经济活动造成的该区域自然过程的速率发生改变的程度（文英，1998；徐勇等，2015）。对这种程度的绝对评价是相当困难的，因为难以假定原始的自然条件和原始的自然环境，难以获得自然过程速率的背景值。因此往往是通过进行地区间的对比而得到一个相对结论，所以，对开发强度也可以进行一个相对的评价。由于各地区在资源禀赋、经济条件、发展阶段等方面存在显著差异，造成土地开发强度的地域分区也十分明显。土地资源数量、质量及其结构改变深受区域土地开发强度的影响。土地开发强度既是对土地利用现状的综合表达，也是未来土地开发利用优化决策的重要依据（尧德明等，2008）。近年来，随着黄河中上游能源化工区工业化、城镇化和区域空间开发建设的推进，区域开发强度呈增大趋势，部分地区区域发展不协调及开发失衡等问题显现出来。倘若继续不合理的开发，可能导致区域系统结构紊乱和功能退化，最终将阻碍区域的可持续发展。

随着社会经济的快速发展，中国各区域的开发强度也迅速增加，人类活动消耗的资源量也越来越大，对环境造成的消极影响也随之加大，因此环境承载力的研究也开始兴起（高湘昀等，2012）。目前国内有关环境承载力理论和方法的研究主要集中在环境承载力的内涵、评价方法及对区域、城市环境承载力的评价等方面。环境承载力通常是指在维持生态稳定的状态下，一定地域范围能够承担的最大人口或经济规模。一个地方环境条件较好，意味着承载人口与经济规模的能力就强；环境条件差，则意味着资源环境承载能力弱。当然，环境压力除了与环境承载能力有关外，还与经济开发模式和如何开发有关。对一个地区应有的开发格局需从两个方面进行判断：一是开发强度，二是承载能力。如果开发强度在资源环境承载能力范围内，开发就可以持续下去；如果开发强度超过承载能力的限度，就需要对开发行为加以限制。黄河中上游能源化工区的区域开发强度是否突破了其环境承载力，或在其资源环境承载能力范围内，区域的开发强度是否达到了较适度状态，这些问题亟须回答，需要选取适当的指标来对黄河中上游能源化工区的区域开发强度进行综合评价。

区域开发强度的评价是一个比较复杂的过程，其具体步骤包括构建评价模型、建立评价指标体系、确定各指标权重、获取模型参数、评价开发强度及进行分级。各评价步骤之间为递进关系，前一步工作的结果是开展后一步工作的必要基础。指标体系的建立是评价的关键。区域开发强度涉及自然、经济、社会三个方面，涉及面十分广泛，如土地资源状况、人口密度、城市规模、区域经济发展水平、产业结构、发展速率、土地使用制度、土地市场的供求关系、城市规划控制、科学技术等，它们是决定区域开发强度的大前提，依靠单一指标难以得出全面客观的评价。但这也并不意味着指标越多越好，如果把各种因素收集起来，会得到庞大的指标体系，这不仅会增加评价的工作量，而且还会冲淡主要指标，最后的评价结果也会不理想。基于此，从指标的典型性、可比性、简练性、数据的可得性等方面，选取土地开发强度（land development intensity，LDI）、经济活动强度（economic activity intensity，EAI）、交通网络密度（Trans）、水资源利用强度（water use intensity，WUI）、城市化强度（urbanization intensity，UR）（包括土地城市化、经济城市化、人口城市化）为指标，对黄河中上游能源化工区区域开发强度进行综合评价，并对其十年变化进行分析，指出开发中的问题，从而提出合理的可持续发展的建议。按照区域经济合理布局的要求，规范开发秩序，控制开发强度，形成高效协调可持续的国土空间开发格局。

开发强度的评价及分级是区域开发强度评价工作的最后一步，也是成果的出口。开发强度评价是对特定区域资源开发利用强度的量化过程，即根据研究目的及对象，选择合适的开发强度评价模型，计算评价指标的权重，获取模型参数，然后利用选取的评价模型，将权重和参数引入评价模型，获取研究区域资源开发强度的评价结果。为了更加直观地体现开发强度的等级，通常会按照评价后的值域范围，将评价结果分为几个等级。分等定级的界限取决于开发强度评价最终的值域范围和所要划分等级的个数。虽然用这种方法分级的结果具有很大的主观性，没有确定的分级界限，但这种方法从总体上来说还是有一定优点的。首先，这种分级方法容易操作，便于理解；其次，分级后的结果能够更加直观地体现各区域的开发强度差异（刘国霞，2012）。

在本章中，笔者搜集了黄河中上游能源化工区涉及的各地市的社会经济统计资料，主要是2001年、2006年和2011年的统计年鉴资料进行汇总整理，包括各地市土地总面积、建设用地面积、人口、GDP及各产业产值、高等级公路里程数、年度生产、生活和生态耗水量、年度区域水资源总量等，通过对各开发强度指标值进行极值归一化处理，将各个指标值统一到［0，1］范围内，然后综合各种开发强度指数，建立开发强度综合指数，分析研究区开发强度的分布特征。

8.1 土地开发强度

长期以来，土地开发强度被认为是特定区域内土地利用程度及累积承载密度的综合反映，通常用建筑密度、建筑面积、人口数量、就业规模和经济总量等单项或复合指标来表示，具有多层次、多目的、多要素，以及复杂性和动态性等特征。从构成及效应来看，土地开发强度主要包括土地初始利用条件、利用程度、投入强度及其利用效益4个方面。土地开发强度既是对土地利用现状的综合表达，也是未来土地开发利用规划的重要依据（尧德明等，2008）。

本研究中，土地开发强度用建筑密度来表示，即某一研究区域内建设用地（包括城镇建设、独立工矿、农村居民点、交通、水利设施以及其他建设用地等）总面积占该研究区域总面积的比例，可以反映出一定用地范围内的建筑密集程度，其计算公式为

$$\mathrm{LDI}=\frac{\mathrm{CA}}{A}$$

式中，LDI 为土地开发强度（%）；CA 为研究区域内建设用地总面积（km^2）；A 为该研究区域总面积（km^2）。

在 2000 年、2005 年和 2010 年的三个统计年份里，黄河中上游能源化工区各地区中乌海市土地开发强度均为最高，石嘴山市为次高；其后为运城市、咸阳市、渭南市和银川市，期间该 4 个市位次稍有变化。土地开发强度最低的是阿拉善左旗，次低的是延安市。另外，榆林市、鄂尔多斯市和巴彦淖尔市的土地开发强度也较低（图 8-1）。

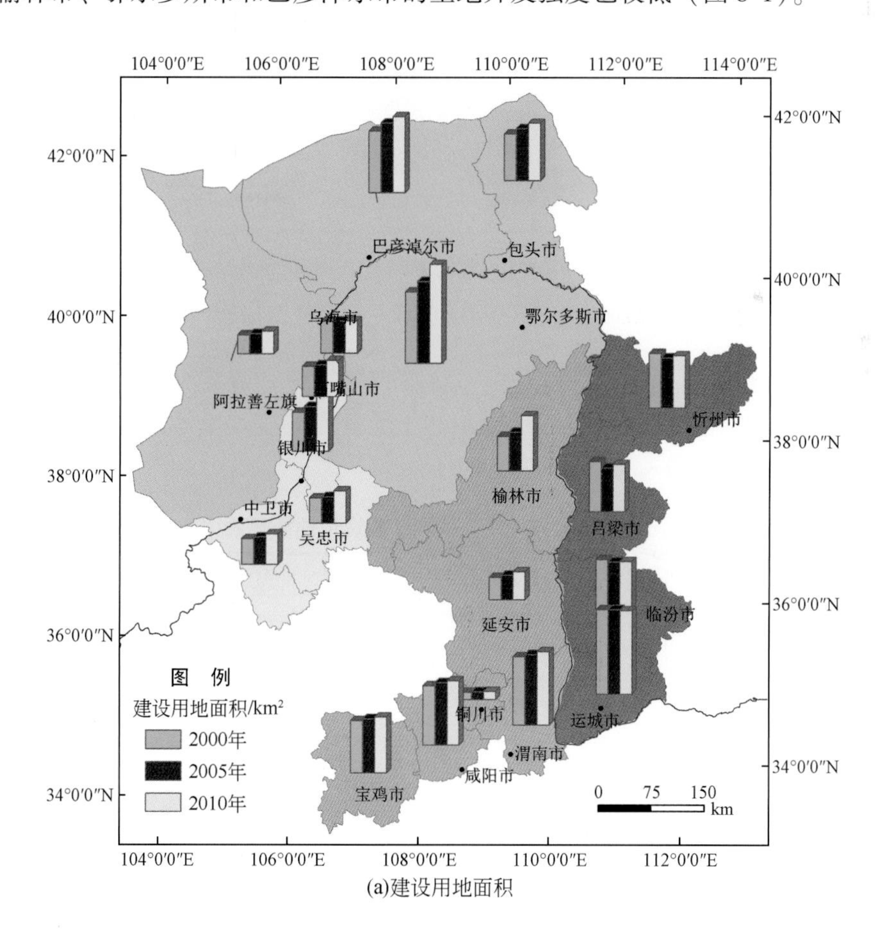

(a)建设用地面积

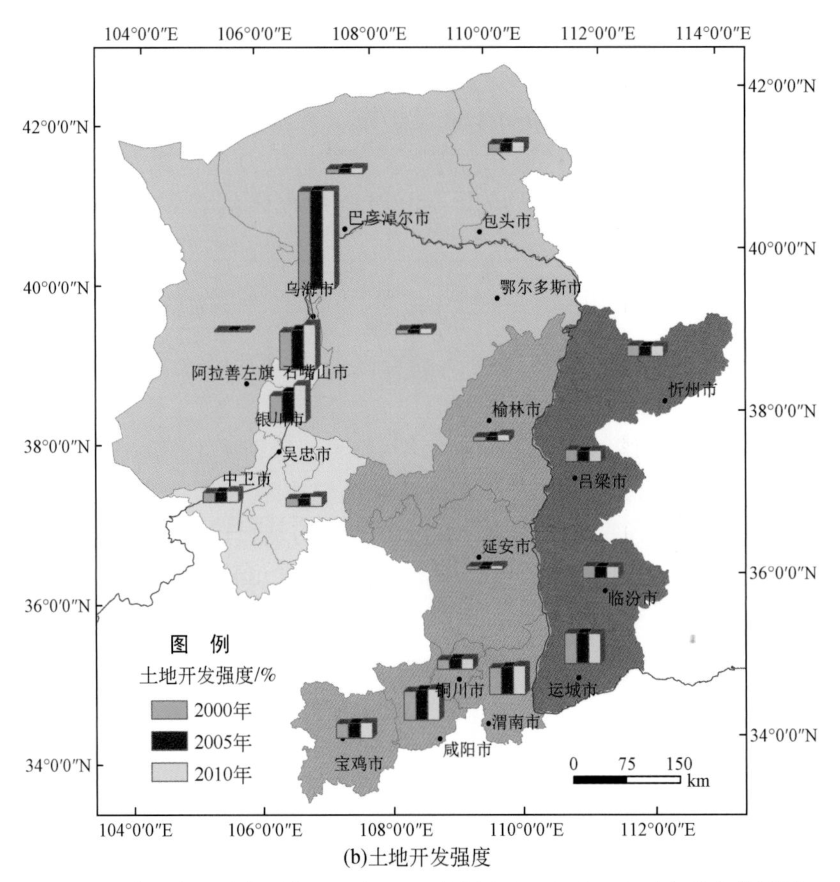

(b)土地开发强度

图 8-1　黄河中上游能源化工区各地区建设用地面积及土地开发强度统计图

研究期间，除山西省的 4 个市可能由于统计误差造成建设用地面积略有减小外（表 8-1），其他地区及研究区整体建设用地面积和土地开发强度均呈增长趋势，其中 2005 ~ 2010 年增长速率大于 2000 ~ 2005 年（图 8-2）。

表 8-1　黄河中上游能源化工区各地区建设用地面积及比例统计表

地区	2000 年		2005 年		2010 年		LDI 变化率/%			LDI 归一化结果		
	面积/km^2	LDI/%	面积/km^2	LDI/%	面积/km^2	LDI/%	2000 ~ 2005 年	2005 ~ 2010 年	2000 ~ 2010 年	2000 年	2005 年	2010 年
阿拉善左旗	207	0.26	222	0.28	248	0.31	7.69	10.71	19.23	0	0	0
巴彦淖尔市	679	1.04	768	1.18	839	1.29	13.46	9.32	24.04	0.037 3	0.042 8	0.046 6
包头市	513	1.86	572	2.07	632	2.29	11.29	10.63	23.12	0.076 5	0.085 1	0.094 1
宝鸡市	574	3.17	595	3.28	614	3.38	3.47	3.05	6.62	0.139 2	0.142 6	0.145 9
鄂尔多斯市	785	0.91	901	1.04	1 087	1.25	14.29	20.19	37.36	0.031 1	0.036 1	0.044 7
临汾市	544	2.69	519	2.56	522	2.58	(4.83)	0.78	(4.09)	0.116 2	0.108 4	0.107 9
吕梁市	552	2.63	484	2.3	521	2.48	(12.55)	7.83	(5.70)	0.113 3	0.096 0	0.103 1

续表

地区	2000 年		2005 年		2010 年		LDI 变化率/%			LDI 归一化结果		
	面积/km²	LDI/%	面积/km²	LDI/%	面积/km²	LDI/%	2000～2005 年	2005～2010 年	2000～2010 年	2000 年	2005 年	2010 年
石嘴山市	334	8.15	352	8.59	399	9.74	5.40	13.39	19.51	0.377 3	0.395 0	0.448 2
铜川市	80	2.04	88	2.25	90	2.29	10.29	1.78	12.25	0.085 1	0.093 6	0.094 1
渭南市	756	5.81	781	6	812	6.24	3.27	4.00	7.40	0.265 4	0.271 9	0.281 8
乌海市	351	21.17	353	21.32	354	21.35	0.71	0.14	0.85	1	1	1
吴忠市	277	1.71	291	1.8	355	2.19	5.26	21.67	28.07	0.069 3	0.072 2	0.089 4
咸阳市	653	6.34	688	6.68	707	6.86	5.36	2.69	8.20	0.290 8	0.304 2	0.311 3
忻州市	605	2.4	557	2.21	580	2.3	(7.92)	4.07	(4.17)	0.102 3	0.091 7	0.094 6
延安市	246	0.66	271	0.73	307	0.83	10.61	13.70	25.76	0.019 1	0.021 4	0.024 7
银川市	428	5.75	492	6.59	603	8.08	14.61	22.61	40.52	0.262 6	0.299 9	0.369 3
榆林市	380	0.88	428	0.99	607	1.41	12.50	42.42	60.23	0.029 7	0.033 7	0.052 3
运城市	934	6.6	936	6.61	922	6.51	0.15	(1.51)	(1.36)	0.303 2	0.300 9	0.294 7
中卫市	285	2.1	305	2.25	339	2.51	7.14	11.56	19.52	0.088 0	0.093 6	0.104 6
总体	9 185	1.81	9 605	1.89	10 538	2.07	4.42	9.52	14.36	0.074 1	0.076 5	0.083 7

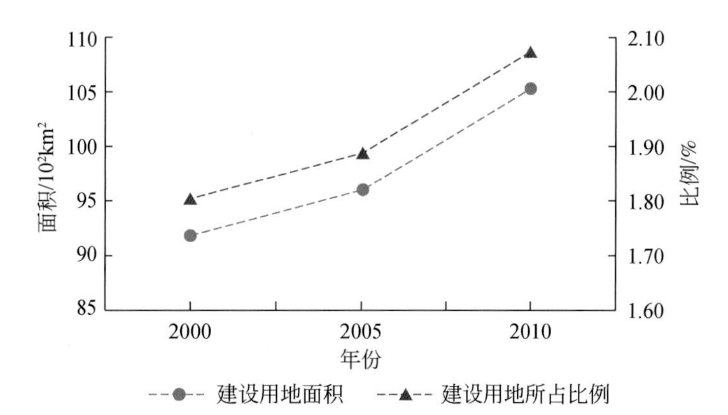

图 8-2 黄河中上游能源化工区 2000 年、2005 年及 2010 年建设用地面积及比例变化

8.2 经济活动强度

经济活动强度一般是指一定区域受人类经济活动的影响而产生的扰动程度。在生态类型、资源条件一定的情况下，经济活动强度的高低与环境受到的扰动具有正相关关系，可分为高强度、中强度和低强度。当人类经济活动所造成该区域自然过程发生改变的速率超过了自然过程自我恢复的速率，使系统趋于崩溃，那么就是高强度的经济活动。如果人类社会经济活动所造成该区域自然过程发生改变的程度在自然过程的自我恢复能力范围内，

就属于低强度的人类经济活动。在一定技术水平下，经济活动强度随区域开发强度（主要包括资源开发度、利用方式、产业结构和技术应用等）的提高而增大，而随自然禀赋优势度的增大而减少。

经济活动强度是指单位国土面积的 GDP（万元/km^2），其计算公式为

$$EAI = GDP/A$$

式中，EAI 为经济活动强度(万元/km^2)；GDP 为研究区域内 GDP 总量（万元）；A 为该研究区域总面积（km^2）。

研究区经济活动强度及其变化如图 8-3 ~ 图 8-5 所示。从整个黄河中上游能源化工区来看，经济活动强度从 2000 年的 41.4 万元/ km^{2}增长到 2005 年的 113.5 万元/ km^2，到 2010 年已经达到 322.0 万元/km^2，逐年增长，后一阶段增长速率更快。受工业化发展速率的影响，乌海市、咸阳市、银川市、包头市和石嘴山市是区域经济活动强度的高值区，而阿拉善左旗、巴彦淖尔市、中卫市、吴忠市和忻州市是区域经济活动强度的低值区。就增长平均速率而言，榆林市、鄂尔多斯市和阿拉善左旗一直处于增长速率的前三位，经济活动强度增长很快，2000 ~ 2010 年，增速达到 1000% 以上。2000 ~ 2010 年，经济活动强度增速较慢的为吴忠市、铜川市、运城市和宝鸡市。区域整体在此期间，经济活动强度增速达到 678.6%（表 8-2）。

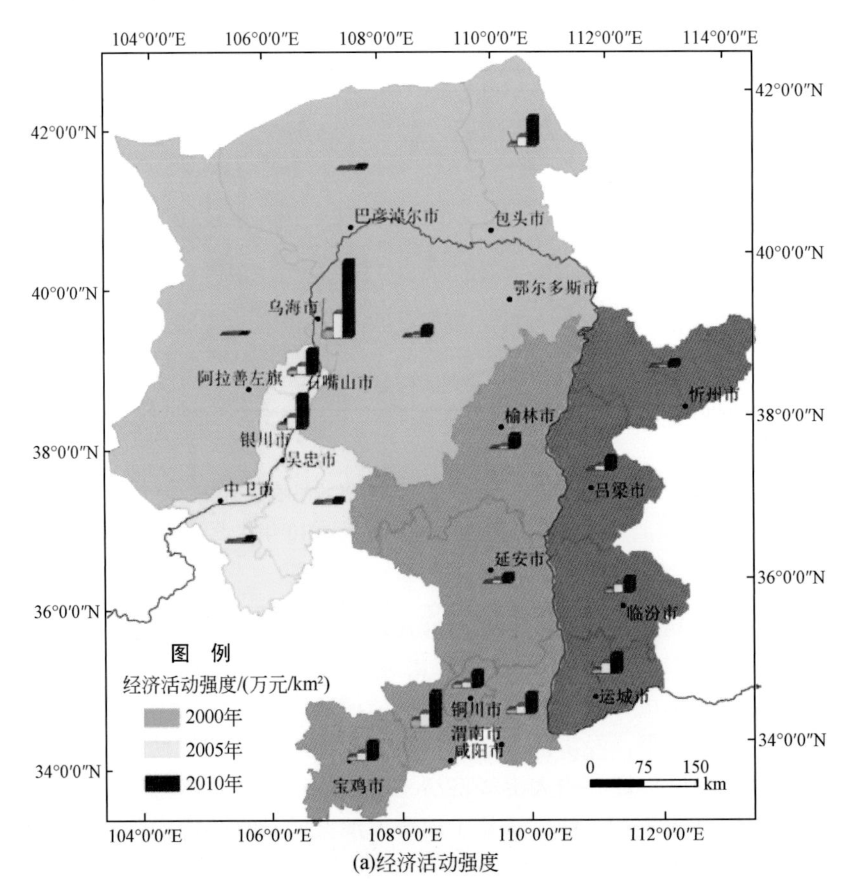

(a)经济活动强度

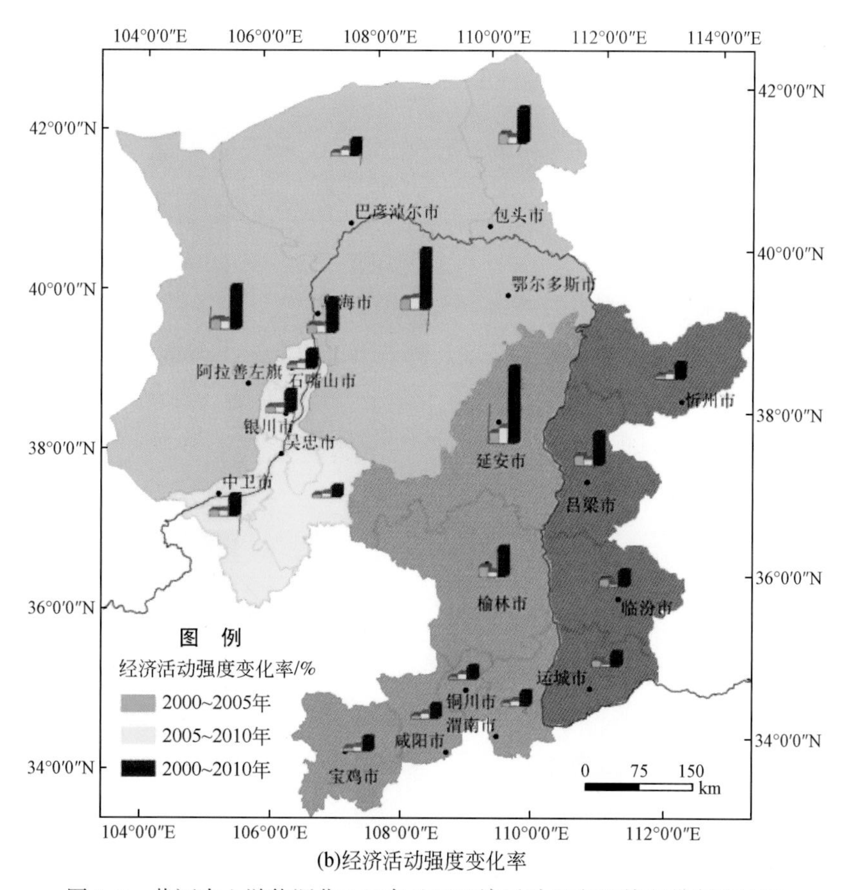

(b)经济活动强度变化率

图 8-3 黄河中上游能源化工区各地区经济活动强度及其变化率统计图

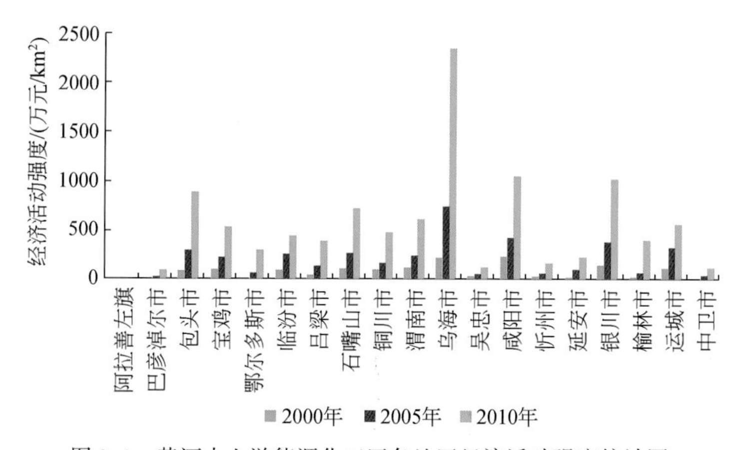

图 8-4 黄河中上游能源化工区各地区经济活动强度统计图

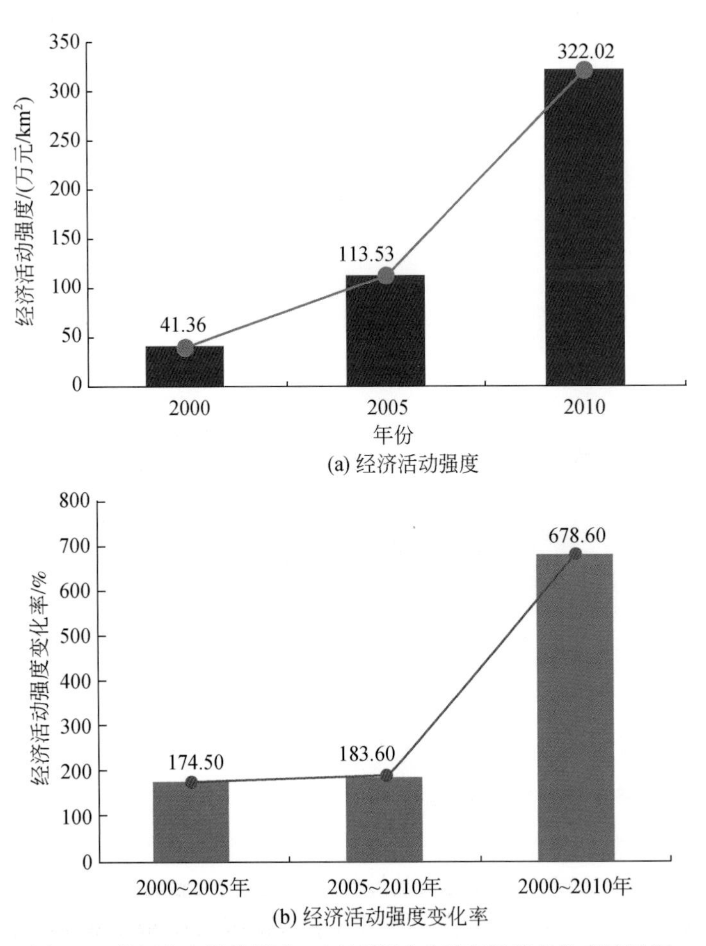

图 8-5　黄河中上游能源化工区经济活动强度及其变化率统计图

表 8-2　黄河中上游能源化工区经济活动强度、经济活动强度变化率及经济活动强度归一化结果统计表

地区	经济活动强度/(万元/km²)			经济活动强度变化率/%			经济活动强度归一化结果		
	2000 年	2005 年	2010 年	2000 ~ 2005 年	2005 ~ 2010 年	2000 ~ 2010 年	2000 年	2005 年	2010 年
阿拉善左旗	1. 0	3. 8	13. 0	280. 2	237. 8	1184. 2	0	0	0
巴彦淖尔市	17. 1	33. 3	92. 7	95. 4	178. 0	443. 3	0. 0697	0. 0392	0. 034
包头市	82. 7	307. 4	891. 4	271. 7	190. 0	977. 7	0. 3548	0. 4032	0. 3745
宝鸡市	112. 1	229. 4	538. 5	104. 7	134. 8	380. 5	0. 4822	0. 2995	0. 224
鄂尔多斯市	17. 3	68. 6	304. 9	296. 4	344. 4	1661. 4	0. 0708	0. 086	0. 1245
临汾市	84. 1	258. 2	439. 4	207. 2	70. 1	422. 6	0. 3606	0. 3378	0. 1818
吕梁市	40. 6	147. 3	402. 4	262. 5	173. 2	890. 3	0. 172	0. 1905	0. 166
石嘴山市	123. 2	266. 4	729. 2	116. 3	173. 7	492. 0	0. 5304	0. 3487	0. 3053
铜川市	103. 4	177. 7	480. 1	71. 9	170. 1	364. 4	0. 4444	0. 2309	0. 1991
渭南市	126. 1	239. 9	615. 5	90. 3	156. 5	388. 1	0. 5431	0. 3135	0. 2569

续表

地区	经济活动强度/(万元/km^2)			经济活动强度变化率/%			经济活动强度归一化结果		
	2000 年	2005 年	2010 年	2000~2005 年	2005~2010 年	2000~2010 年	2000 年	2005 年	2010 年
乌海市	231.3	756.8	2358.7	227.2	211.7	919.6	1	1	1
吴忠市	34.4	60.5	134.0	75.9	121.4	289.5	0.145	0.0753	0.0516
咸阳市	221.7	420.1	1067.1	89.5	154.0	381.4	0.9579	0.5527	0.4494
忻州市	33.1	66.4	173.8	100.4	161.7	424.4	0.1395	0.0831	0.0685
延安市	26.4	100.1	239.2	278.8	138.9	805.1	0.1104	0.1279	0.0964
银川市	146.6	386.9	1031.8	164.0	166.7	604.1	0.6319	0.5087	0.4343
榆林市	18.4	74.1	407.0	303.4	449.0	2114.5	0.0754	0.0934	0.168
运城市	121.7	332.6	584.5	173.2	75.8	380.1	0.5242	0.4365	0.2436
中卫市	19.3	49.2	128.0	154.5	160.5	562.7	0.0795	0.0602	0.0491
总体	41.4	113.5	322.0	174.5	183.6	678.6	0.1752	0.1457	0.1317

8.3 交通网络密度

交通运输快速发展促进了区域社会经济的发展，同时也带来了一定的外溢效应。这种外溢效应也称为外部性，是指一些产品的生产和消费会给不直接参与这种活动的个人或企业带来有害或有益的影响。交通网络密度是指交通线路长度与区域的面积之比。交通网络密度反映区域交通线路的稠密程度和交通线路的通达能力。交通网络密度越大，说明交通基础设施越好。考虑到现实中铁路、水运和航运的线路本身对交通优势度的影响不大，因此，很多学者直接运用公路路网密度来代替交通网络密度。

在本章中，交通网络密度是指单位国土面积四级及四级以上公路里程，用来评估公路建设对生态系统的胁迫效应。计算方法：

$$\text{Trans}_{i,\ t} = \frac{\text{RL}_{i,\ t}}{A_i} \times 100\%$$

式中，$\text{Trans}_{i,t}$为第 i 个地区第 t 年交通网络密度(km/km^2)；$\text{RL}_{i,t}$为第 i 个地区第 t 年四级与四级以上公路里程（km）；A_i为第 i 个地区国土面积（km^2）。

研究区交通网络密度及其变化情况如表 8-3，表 8-4，图 8-6 ~ 图 8-8 所示。研究区交通网络密度基本上都呈增长趋势，2005 ~ 2010 年增长速率大于 2000 ~ 2005 年，仅银川市 2000 ~ 2005 年密度有所下降，与该地区行政区划调整有关，即行政区面积变大而等级公路里程增加数量少，导致密度下降。2000 ~ 2010 年，交通网络密度增长最快的是榆林市、延安市和巴彦淖尔市。

表 8-3　黄河中上游能源化工区交通网络密度统计表

地区	面积/km^2	2000 年		2005 年		2010 年	
		等级公路里程/km	交通网络密度/(km/km^2)	等级公路里程/km	交通网络密度/(km/km^2)	等级公路里程/km	交通网络密度/(km/km^2)
阿拉善左旗	79 809	1 038	0.013	1 437	0.018	2 234.652	0.028
巴彦淖尔市	65 092	3 634	0.056	6 459	0.099	14 785	0.227
包头市	27 605	2 968	0.108	4 484	0.162	5 602	0.203
宝鸡市	18 126	3 647	0.201	5 548	0.306	13 861	0.765
鄂尔多斯	86 691	6 078	0.070	9 248	0.107	15 302	0.177
临汾市	20 260	8 430	0.416	10 241	0.505	16 333	0.806
吕梁市	21 015	5 639	0.268	8 175	0.389	14 873	0.708
石嘴山市	4 095	732	0.179	2 231	0.545	2 232	0.545
铜川市	3 910	1 253	0.320	2 357	0.603	3 140	0.803
渭南市	13 020	5 056	0.388	7 671	0.589	14 627	1.123
乌海市	1 658	372	0.224	724	0.437	868	0.524
吴忠市	16 190	2 490	0.154	4 868	0.301	5 165	0.319
咸阳市	10 296	3 451	0.335	8 061	0.783	13 602	1.321
忻州市	25 175	7 541	0.300	12 370	0.491	15 969	0.634
延安市	37 015	3 049	0.082	8 625	0.233	14 343	0.387
银川市	7 457	4 027	0.540	3 233	0.434	3 236	0.434
榆林市	43 159	4 575	0.106	6 789	0.157	22 066	0.511
运城市	14 157	8 144	0.575	13 777	0.973	15 082	1.065
中卫市	13 527	1 962	0.145	4 653	0.344	4 653	0.344
总体	508 257	75 124	0.148	120 951	0.238	197 973.7	0.390

注：由于没有阿拉善左旗等级公路里程的单独统计，故阿拉善左旗的等级公路里程数据为阿拉善盟的平均数据。宁夏回族自治区的数据不太全，中卫市成立较晚，其 2000 年的等级公路里程数据用宁夏回族自治区 2000 年的数据(全自治区的平均数据)。宁夏回族自治区缺 2010 年的等级公路里程数据，只有全自治区的等级公路里程数据，故宁夏回族自治区各地区 2010 年等级公路里程数据将银川市、石嘴山市、中卫市取 2005 年的不变值，吴忠市取宁夏回族自治区 2010 年的平均值。

表 8-4　黄河中上游能源化工区交通网络密度变化率及其归一化结果统计表

地区	交通网络密度变化率/%			交通网络密度归一化结果		
	2000～2005 年	2005～2010 年	2000～2010 年	2000 年	2005 年	2010 年
阿拉善左旗	38.46	55.56	53.57	0.000	0.000	0.000
巴彦淖尔市	76.79	129.29	75.33	0.076	0.085	0.154
包头市	50.00	25.31	46.80	0.168	0.151	0.135
宝鸡市	52.24	150	73.73	0.335	0.302	0.570

续表

地区	交通网络密度变化率/%			交通网络密度归一化结果		
	2000～2005 年	2005～2010 年	2000～2010 年	2000 年	2005 年	2010 年
鄂尔多斯	52.86	65.42	60.45	0.102	0.093	0.115
临汾市	21.39	59.60	48.39	0.717	0.510	0.602
吕梁市	45.15	82.01	62.15	0.454	0.388	0.526
石嘴山市	204.47	0.00	67.16	0.295	0.552	0.400
铜川市	88.44	33.17	60.15	0.547	0.612	0.599
渭南市	51.80	90.66	65.45	0.668	0.598	0.847
乌海市	95.09	19.91	57.25	0.376	0.438	0.383
吴忠市	95.45	5.98	51.72	0.250	0.296	0.225
咸阳市	133.73	68.71	74.64	0.573	0.801	1.000
忻州市	63.67	29.12	52.68	0.510	0.496	0.469
延安市	184.15	66.09	78.81	0.123	0.225	0.278
银川市	-19.63	0.00	-24.42	0.937	0.435	0.314
榆林市	48.11	225.48	79.26	0.165	0.146	0.374
运城市	69.22	9.46	46.01	1.000	1.000	0.802
中卫市	137.24	0.00	57.85	0.235	0.341	0.244
总体	60.81	63.87	62.05	0.240	0.230	0.280

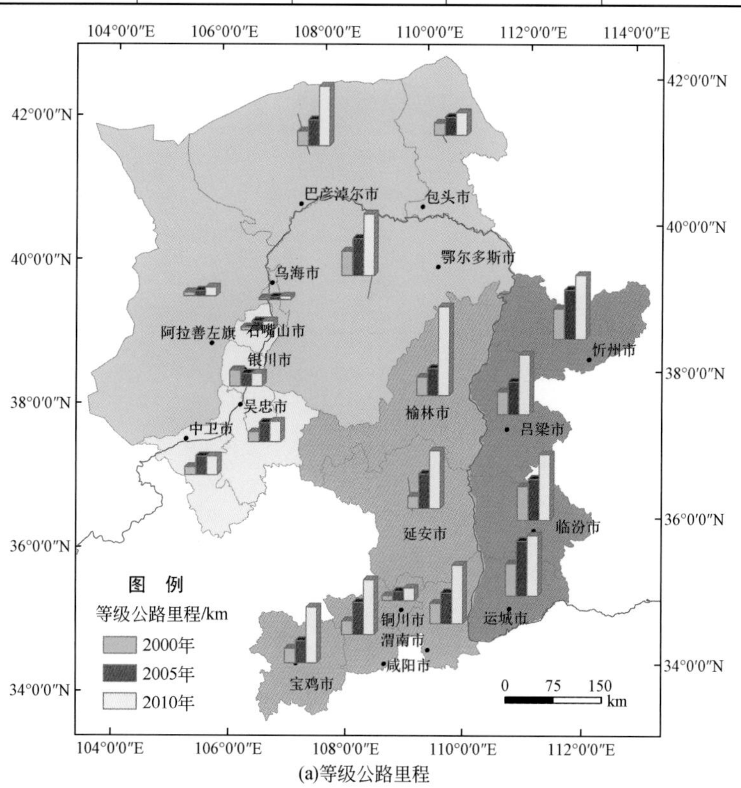

(a)等级公路里程

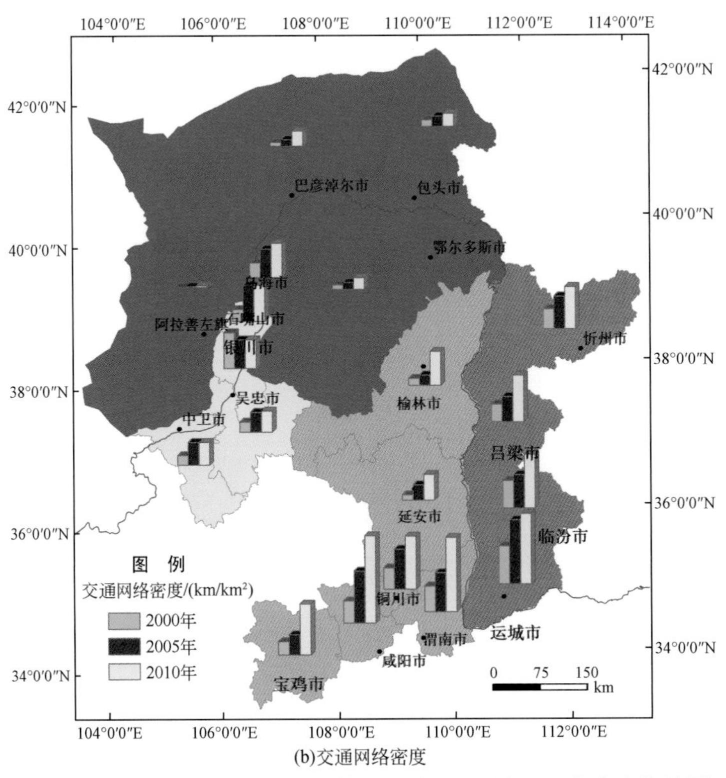

(b)交通网络密度

图 8-6　黄河中上游能源化工区等级公路里程及交通网络密度统计图

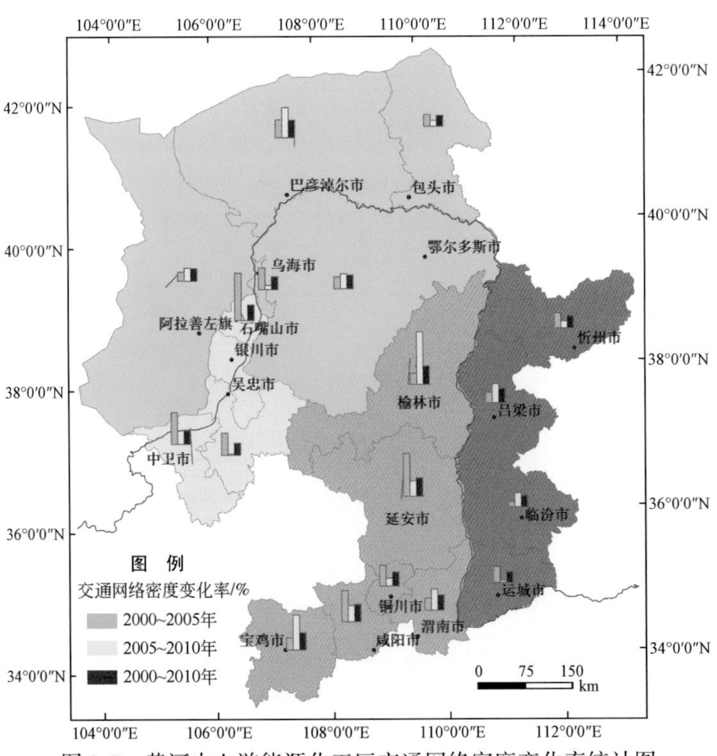

图 8-7　黄河中上游能源化工区交通网络密度变化率统计图

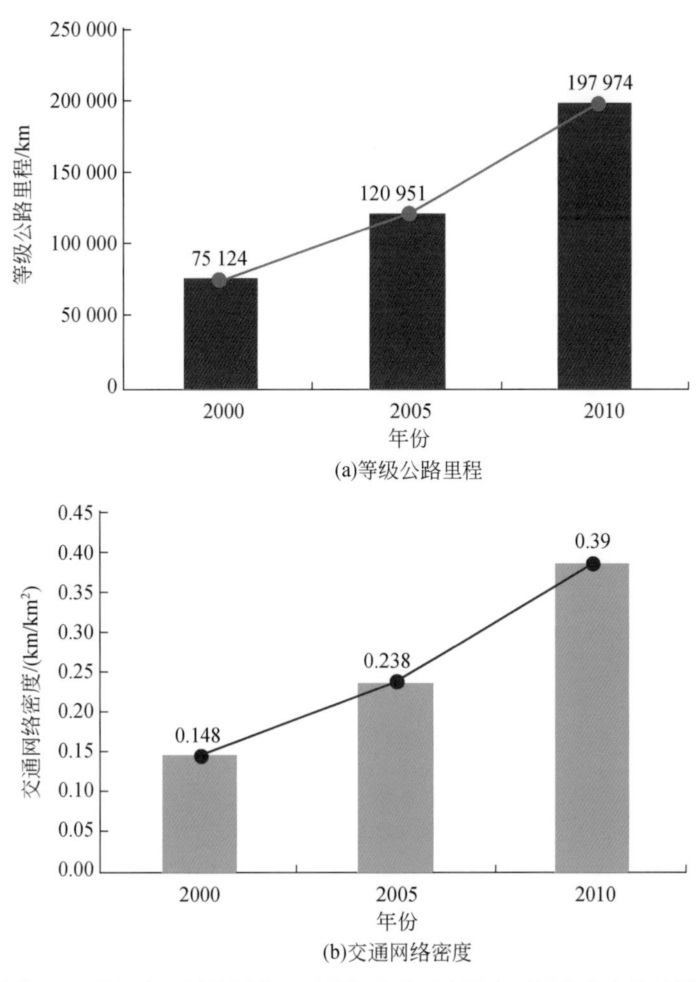

图 8-8　黄河中上游能源化工区等级公路里程及交通网络密度统计图

8.4　水资源利用强度

水资源是最基础的自然资源之一，是生态环境的控制性要素，也是战略性经济资源。中国水资源量约占全世界水资源总量的 6%，但人均水资源量只有世界人均量的 29%，而且时空分布极不均匀，有 9 个省（自治区、直辖市）的人均水资源量低于极端缺水的临界线。随着社会经济的发展，水资源问题已经成为社会经济可持续发展的重要制约因素。因此，客观科学地评价水资源利用强度，对实现区域水资源可持续利用具有非常重要的意义。水资源利用强度表达的是一定区域内水资源开发利用的程度。由于地区和时间分布的不均匀，又受到自然、技术、经济条件的限制，一个区域的水资源不可能也不应该被人类所耗光，开发利用的应仅是水资源的一部分。

水资源利用强度指标的含义：采用用水量占水资源总量的比值评估区域水资源利用状

况。计算方法：根据区域工业、农业、生活、生态环境等用水总量占评估区域水资源总量的比值进行评估，评估方法如下。

$$\mathrm{WUI}_{i,\ t}=\frac{\mathrm{WRU}_{i,\ t}}{\mathrm{TWR}_{i,\ t}\times 10\ 000}\times 100\%$$

式中，$\mathrm{WUI}_{i,t}$为第 i 个地区第 t 年水资源利用强度（%），数据精确到小数点后两位；$\mathrm{WRU}_{i,t}$为第 i 个地区第 t 年工业、农业、生活、生态环境等用水总量（万 m^3）；$\mathrm{TWR}_{i,t}$为第 i 个地区第 t 年地表水资源总量（亿 m^3）。

研究区水资源状况、水资源利用状况及其变化情况见表 8-5 ~ 表 8-8，图 8-9 ~ 图 8-11。

表 8-5　2000 年黄河中上游能源化工区水资源量及用水量统计表

地区	计算面积/km^2	水资源总量/亿 m^3	用水总量/亿 m^3	水资源利用强度/%
阿拉善左旗	80 412	9.757	1.66	17.01
巴彦淖尔市	65 092	60.278	50.562	83.88
包头市	27 768	8.28	8.75	105.68
宝鸡市	18 172	23.06	6.5	28.19
鄂尔多斯市	87 732	28.87	16.11	55.8
临汾市	20 200	15.2	8.835 9	58.13
吕梁市	20 988	7.05	4.55	64.54
石嘴山市	4 092	0.991	14.314	1 444.4
铜川市	3 882	1.79	0.8	44.69
渭南市	13 134	8.64	14.52	168.06
乌海市	1 658	0.28	3.04	1 085.71
吴忠市	15 670	2.909	41.323	1 420.52
咸阳市	10 213	5.26	11.7	222.43
忻州市	25 143	19.87	5.28	26.57
延安市	36 712	7.97	2.39	29.99
银川市	7 542	1.102	26.086	2 367.15
榆林市	43 578	14.64	7.09	48.43
运城市	14 233	9.95	11.269 2	113.26
中卫市	13 203	0.87	2.295	263.79
总体	508 350	226.77	237.08	104.55

注：山西省、宁夏回族自治区用的是 2000 年的数据。巴彦淖尔市用的是 2001 年的统计数据（2002 年的统计公报数据），阿拉善左旗用的是 2003 年的统计数据（2004 年的统计公报数据）。陕西省用的是 2006 年的统计数据（2007 年的统计公报数据）。

表 8-6　2005 年黄河中上游能源化工区水资源量及用水量统计表

地区	计算面积/km^2	水资源总量/亿 m^3	用水量/亿 m^3	水资源利用强度/%
阿拉善左旗	80 412	9.757	1.66	17.01
巴彦淖尔市	65 092	56.525	49.985	88.43
包头市	27 768	7.4	10.09	136.35
宝鸡市	18 131	29.93	6.44	21.52
鄂尔多斯市	87 732	29.92	17.31	57.85
临汾市	20 200	11.124 8	6.804 1	61.16
吕梁市	20 988	10.736 2	5.011 3	46.68
石嘴山市	4 092	1.802	12.763	708.27
铜川市	3 882	1.29	0.83	64.34
渭南市	13 134	10.64	14.88	139.85
乌海市	1 658	1.73	2.59	149.71
吴忠市	15 670	0.885	20.757	2 345.42
咸阳市	10 254	4.84	11.97	247.31
忻州市	25 143	16.262 9	5.138 2	31.59
延安市	36 712	7.83	6.9	88.12
银川市	7 542	2.005	25.796	1 286.58
榆林市	43 578	18.23	2.4	13.17
运城市	14 233	11.411 3	11.420 5	100.08
中卫市	13 203	0.823	16.781	2 039
总体	508 350	233.14	229.53	98.45

注：宁夏回族自治区、内蒙古自治区用的是 2005 年的统计数据（2006 年的统计公报数据），其中阿拉善左旗用的是 2003 年的统计数据（2004 年的统计公报数据）。山西省用的是 2006 年的统计数据（2007 年的统计公报数据）。陕西省用的是 2007 年的统计数据（2008 年的统计公报数据）。

表 8-7　2010 年黄河中上游能源化工区水资源量及用水量统计表

地区	计算面积/km^2	水资源总量/亿 m^3	用水量/亿 m^3	水资源利用强度/%
阿拉善左旗	80 412	5.231 45	2.49	47.6
巴彦淖尔市	65 092	3.59	50.51	1 406.96
包头市	27 768	7.29	10.88	149.25
宝鸡市	18 131	53.45	6.43	12.03
鄂尔多斯市	87 732	18.98	16.58	87.36
临汾市	20 200	8.349 8	6.285 2	75.27
吕梁市	20 988	9.093 8	5.249 9	57.73
石嘴山市	4 092	0.972	12.575	1 293.72
铜川市	3 882	5.55	0.92	16.58
渭南市	13 134	14.64	15.63	106.76
乌海市	1 658	0.25	3.14	1 256

续表

地区	计算面积/km^2	水资源总量/亿 m^3	用水量/亿 m^3	水资源利用强度/%
吴忠市	15 999	0.941	20.25	2 151.97
咸阳市	10 254	9.18	11.58	126.14
忻州市	25 143	16.512 2	4.635 7	28.07
延安市	36 712	13.27	2.54	19.14
银川市	7 542	1.338	24.889	1 860.16
榆林市	43 578	17.61	7.32	41.57
运城市	14 233	9.525 6	10.717 5	112.51
中卫市	13 584	1.103	14.731	1 335.54
总体	508 350	196.88	227.35	115.48

注：山西省用的是2007年的统计数据（2008年的统计公报数据）。

表 8-8　黄河中上游能源化工区水资源利用强度变化量及其归一化结果统计表

地区	水资源利用强度变化量/%			水资源利用强度归一化结果		
	2000～2005年	2005～2010年	2000～2010年	2000年	2005年	2010年
阿拉善左旗	0.00	30.59	30.59	0	0.002	0.017
巴彦淖尔市	4.55	1318.53	1323.08	0.028	0.032	0.652
包头市	30.67	12.90	43.57	0.038	0.053	0.064
宝鸡市	(6.67)	(9.49)	(16.16)	0.005	0.004	0
鄂尔多斯市	2.05	29.51	31.56	0.017	0.019	0.035
临汾市	3.03	14.11	17.14	0.017	0.021	0.03
吕梁市	(17.86)	11.05	(6.81)	0.02	0.014	0.021
石嘴山市	(736.13)	585.45	(150.68)	0.607	0.298	0.599
铜川市	19.65	(47.76)	(28.11)	0.012	0.022	0.002
渭南市	(28.21)	(33.09)	(61.30)	0.064	0.054	0.044
乌海市	(936.00)	1106.29	170.29	0.455	0.059	0.581
吴忠市	924.90	(193.45)	731.45	0.597	1	1
咸阳市	24.88	(121.17)	(96.29)	0.087	0.1	0.053
忻州市	5.02	(3.52)	1.50	0.004	0.008	0.007
延安市	58.13	(68.98)	(10.85)	0.006	0.032	0.003
银川市	(1080.57)	573.58	(506.99)	1	0.546	0.864
榆林市	(35.26)	28.40	(6.86)	0.013	0	0.014
运城市	(13.18)	12.43	(0.75)	0.041	0.037	0.047
中卫市	1775.21	(703.46)	1071.75	0.105	0.869	0.618
总体	(6.10)	17.03	10.93	0.037	0.037	0.048

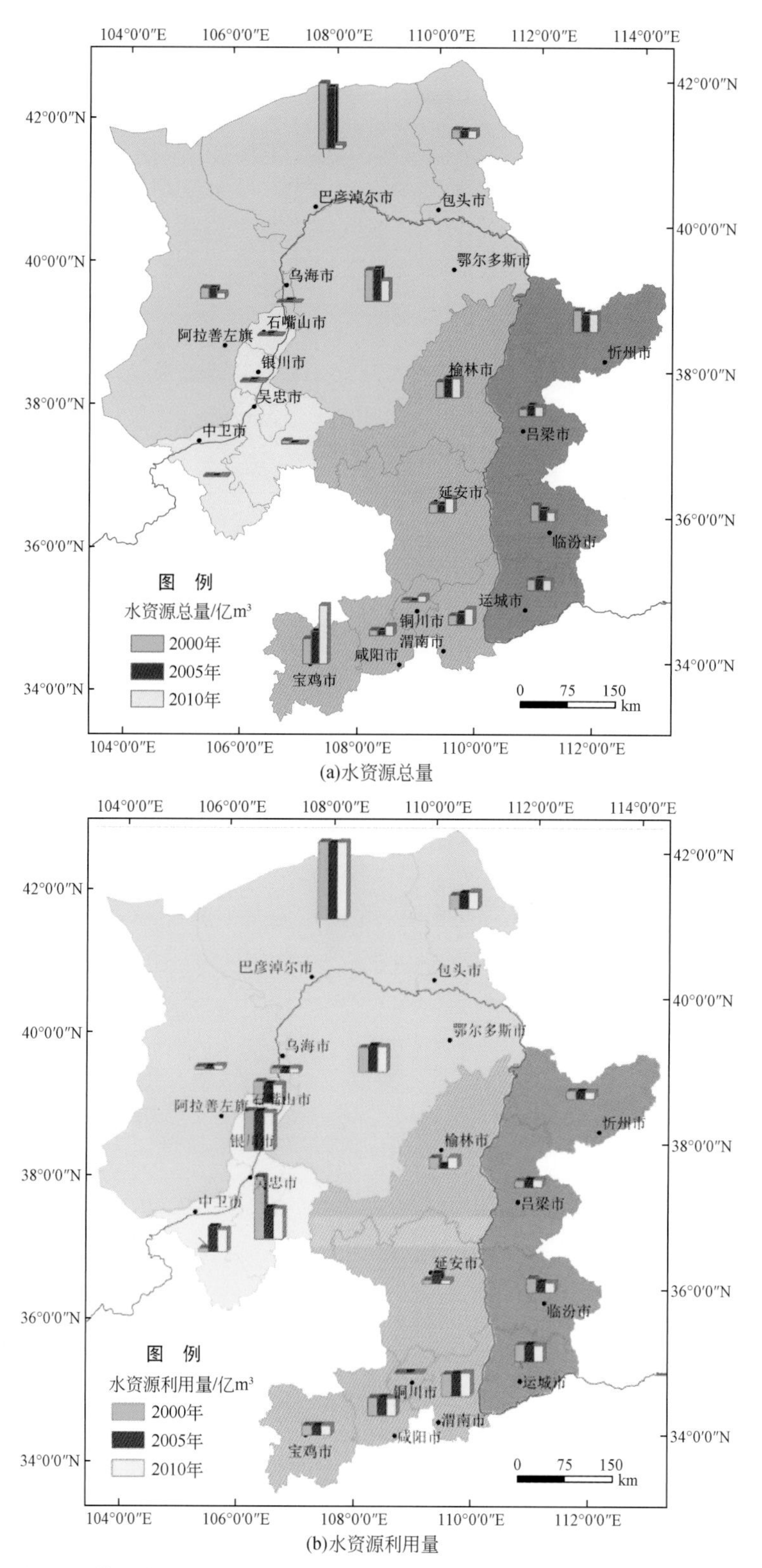

图 8-9　黄河中上游能源化工区各地区水资源总量及水资源利用量统计图

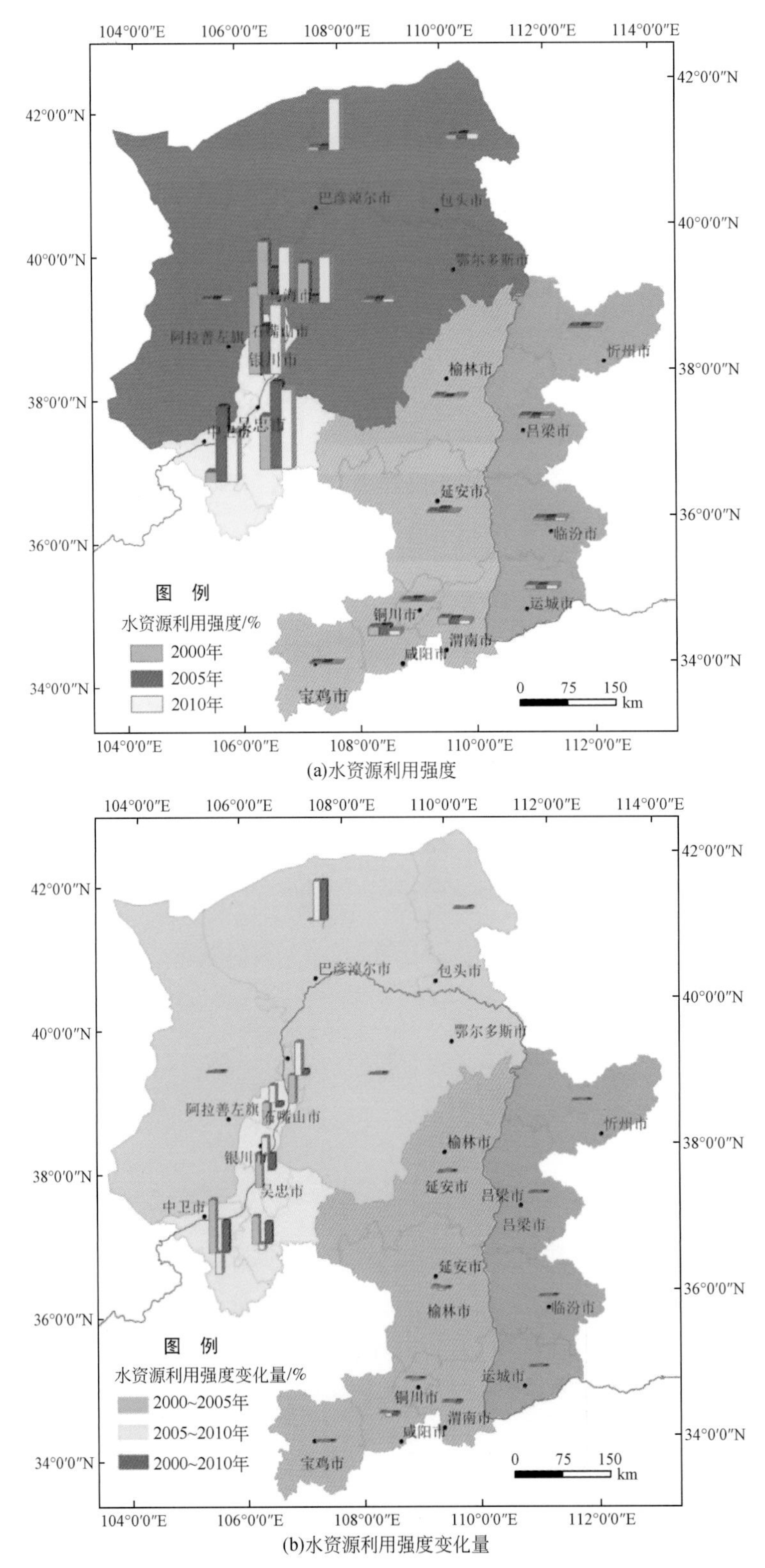

(a)水资源利用强度

(b)水资源利用强度变化量

图 8-10　黄河中上游能源化工区各地区水资源利用强度及其变化量统计图

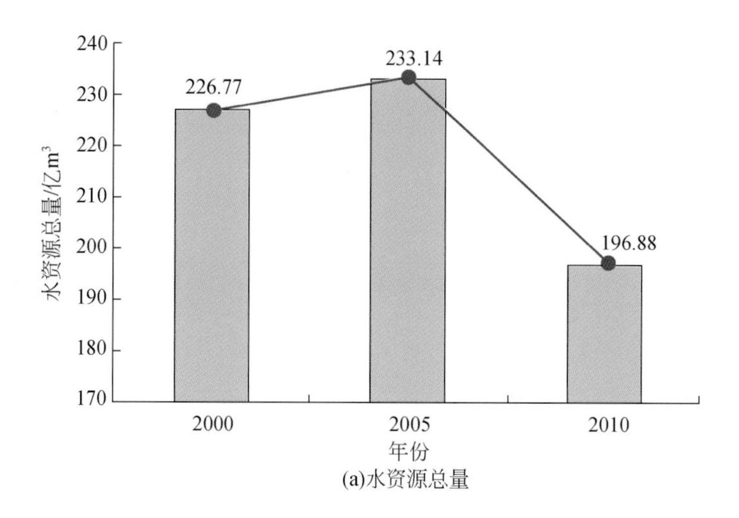

(a)水资源总量

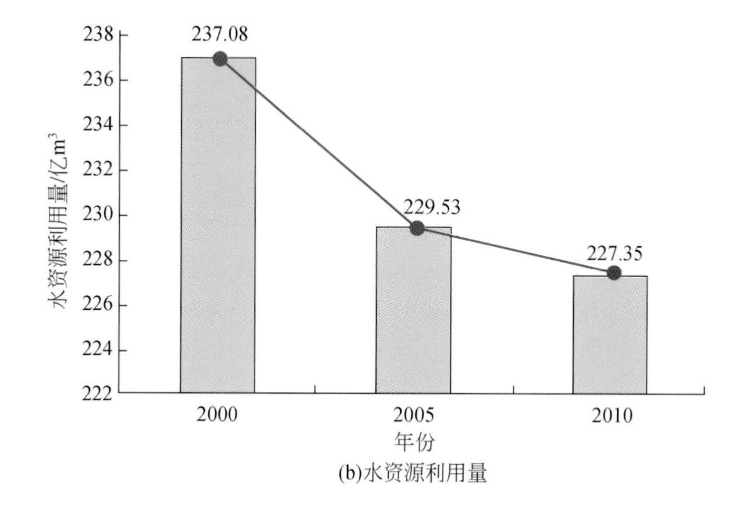

(b)水资源利用量

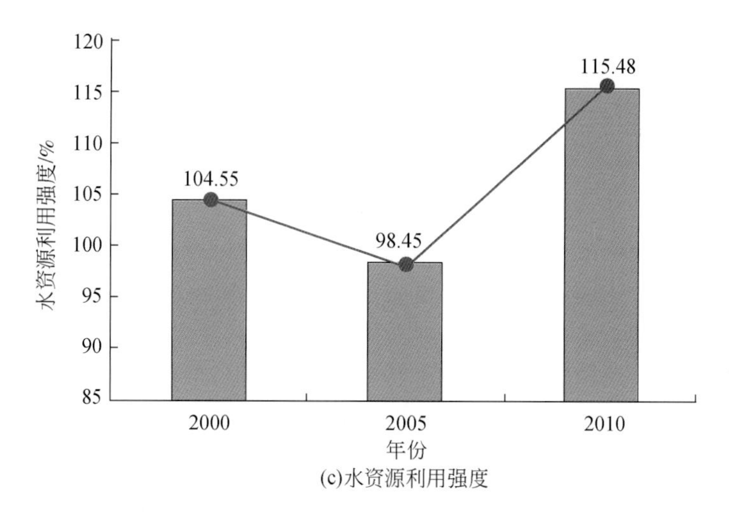

(c)水资源利用强度

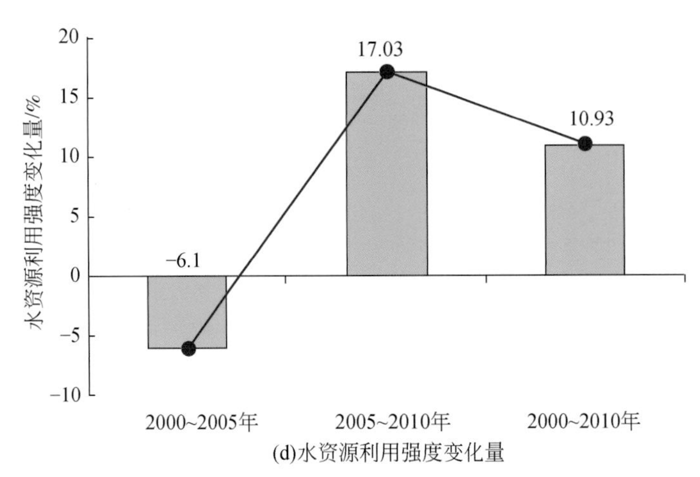

图 8-11　黄河中上游能源化工区水资源总量、利用量、水资源利用强度、水资源利用强度变化量统计图

黄河中上游地区能源化工区经济蓬勃发展，然而由于地处中国西北干旱半干旱的内陆地区，降水少而蒸发强烈，水资源十分贫乏，生态环境脆弱。黄河是该区域的主要供水水源，黄河自身水量不足，水资源严重短缺，上下游用水矛盾突出，可利用量受限（彭少明等，2011）。20 世纪 70 年代以来，黄河流域水资源供需矛盾不断加剧，下游频繁断流，进入 90 年代几乎年年断流。从长远来看，黄河中上游能源化工区最大的制约是水资源的缺乏。

研究期间内，黄河中上游能源化工区水资源总量呈先增加后减少的变化，水资源利用量呈下降趋势，水资源利用强度呈先下降后上升的趋势。黄河上游地区（巴彦淖尔市及其以上）水资源利用量及利用强度均较大，水资源利用强度的变化也大，其他地区水资源利用强度的变化较平稳。

黄河中上游地区是中国缺水最严重的区域之一。根据黄河中上游水资源长期情势，从增加供水、压缩需求、全面统筹的角度提出黄河中上游能源化工区水资源的调控策略：①合理利用各种水源、优化配置区域水资源；②节水挖潜，建设节水型社会；③实施水权转换，推动水资源高效利用；④实施严格水资源管理制度，强化水资源管理（彭少明等，2011）。

8.5　城市化强度

城市化是当代人类社会发生的最为显著的变化之一。中国正经历的城市化进程的速度和规模在人类历史上前所未有，城市数量和规模迅速增加。城市化强度的测度主要有单一指标法和综合指标法。用城市人口的比重来测度城市化水平，虽然有简单易行等优点，但城市化是经济结构、社会结构、生产方式及生活方式的根本性转变，涉及产业的转变和新产业的支撑、城乡社会结构的全面调整和转型、庞大的基础设施的建设和资源环境对它的支撑（陈明星等，2009），单一的人口城市化水平只是测度了农村人口向城市集中的数量和过程，难以准确反映城市化的丰富内涵。因此近期的研究大多采用综合指标法来评价城市化强度。

从土地城市化（land urbanization，LUR）、经济城市化（economic urbanization level，EUR）和人口城市化（population urbanization level，PUR）三方面来综合评价城市化强度，计算公式如下：

$$UI = (LUR + EUR + PUR)/3$$

式中，土地城市化（LUR），指城市建成区面积占评价单元面积的比例；经济城市化（EUR），指第二产业和第三产业总产值占 GDP 的比例；人口城市化（PUR），指城市化人口比例。计算公式如下：

$$LUR = UCA/A$$

式中，UCA 为城市建成区面积；A 为评价单元总面积。

$$EUR = (GDP2 + GDP3)/GDP$$

式中，GDP2、GDP3 为评价单元内第二产业、第三产业所创造 GDP 值；GDP 为评价单元国内生产总值。

$$PUR = P1/P$$

式中，P1 为非农业人口数；P 为评价单元内总人口数。

8.5.1 土地城市化

研究区土地城市化情况见表 8-9，表 8-10，图 8-12。

表 8-9 黄河中上游能源化工区建成区面积统计表 （单位：km^2）

地区	2000 年			2005 年			2010 年		
	总面积	市区面积	建成区面积	总面积	市区面积	建成区面积	总面积	市区面积	建成区面积
阿拉善左旗	80 412	185.26	29.58	80 412	205.22	32.72	80 412	243.97	35.54
巴彦淖尔市	64 413	2 354	18.7	64 413	2 354	31	64 413	2 354	38
包头市	27 691	2 893	149.4	27 768	2 591	177.58	27 768	2 591	183.49
宝鸡市	18 172	555	36	18 172	3 574	61	18 131	3 574	118
鄂尔多斯市	86 752	2 530	16	86 752	2 530	35	86 752	2 530	112.58
临汾市	20 275	1 304	22	20 275	1 316	37	20 275	1 316	37
吕梁市	21 095	1 324	20	21 095	1 324	20	21 240	1 339	18
石嘴山市	4 454	529	47	5 310	2 258	71	5 310	2 262	94
铜川市	3 882	792	20	3 882	2 406	36	3 882	2 406	38
渭南市	13 134	1 221	31	13 134	1 221	33	13 134	1 221	44
乌海市	1 685	1 685	55.8	1 754	1 754	55.8	1 754	1 754	62.92
吴忠市	28 300	1 112	10	20 193	1 160	19	20 394	1 268	28
咸阳市	10 196	526	43	10 196	527	62	10 196	527	81
忻州市	25 500	1 954	14	25 000	1 954	20	25 117	1 982	30

续表

地区	2000 年			2005 年			2010 年		
	总面积	市区面积	建成区面积	总面积	市区面积	建成区面积	总面积	市区面积	建成区面积
延安市	37 037	3 541	21	37 037	3 556	24	37 037	3 556	36
银川市	3 512	1 295	48	9 170	1 667	95	9 025	2 311	121
榆林市	43 578	7 053	17	43 578	7 053	74	43 578	7 053	52
运城市	21 354	1 203	25	13 964	1 203	30	14 181	1 215	55
中卫市	16 986	5 922	17	16 986	5 922	17	17 441	6 876	32
总计	528 428	37 978. 26	640. 48	519 091	44 575. 2	931. 1	520 040	46 379	1 216. 5

注：数据来源于《中国城市统计年鉴2006》。吕梁市没有2000年市区面积及建成区面积统计数据，选用了2005年的数据。阿拉善左旗没有相关数据，采用遥感影像解译的人工表面面积代替市区面积，用居住地面积代替建成区面积。咸阳市2005年建成区面积应该是统计错误，故取2000年和2010年的均值作为2005年的值。总面积采用的是各地政府给出的数据，与地理信息系统实际计算面积有差异。

表 8-10　黄河中上游能源化工区土地城市化及其变化量统计表

地区	土地城市化/%			土地城市化变化量/%		
	2000 年	2005 年	2010 年	2000 ~ 2005 年	2005 ~ 2010 年	2000 ~ 2010 年
阿拉善左旗	0. 037	0. 041	0. 044	0. 004	0. 004	0. 007
巴彦淖尔市	0. 029	0. 048	0. 059	0. 019	0. 011	0. 030
包头市	0. 540	0. 640	0. 661	0. 100	0. 021	0. 121
宝鸡市	0. 198	0. 336	0. 651	0. 138	0. 315	0. 453
鄂尔多斯市	0. 018	0. 040	0. 130	0. 022	0. 089	0. 111
临汾市	0. 109	0. 182	0. 182	0. 074	0. 000	0. 074
吕梁市	0. 095	0. 095	0. 085	0. 000	(0. 010)	(0. 010)
石嘴山市	1. 055	1. 337	1. 770	0. 282	0. 433	0. 715
铜川市	0. 515	0. 927	0. 979	0. 412	0. 052	0. 464
渭南市	0. 236	0. 251	0. 335	0. 015	0. 084	0. 099
乌海市	3. 312	3. 181	3. 587	(0. 130)	0. 406	0. 276
吴忠市	0. 035	0. 094	0. 137	0. 059	0. 043	0. 102
咸阳市	0. 422	0. 608	0. 794	0. 186	0. 186	0. 373
忻州市	0. 055	0. 080	0. 119	0. 025	0. 039	0. 065
延安市	0. 057	0. 065	0. 097	0. 008	0. 032	0. 041
银川市	1. 367	1. 036	1. 341	(0. 331)	0. 305	(0. 026)
榆林市	0. 039	0. 170	0. 119	0. 131	(0. 050)	0. 080
运城市	0. 117	0. 215	0. 388	0. 098	0. 173	0. 271
中卫市	0. 100	0. 100	0. 183	0. 000	0. 083	0. 083
总计	0. 121	0. 179	0. 234	0. 058	0. 055	0. 113

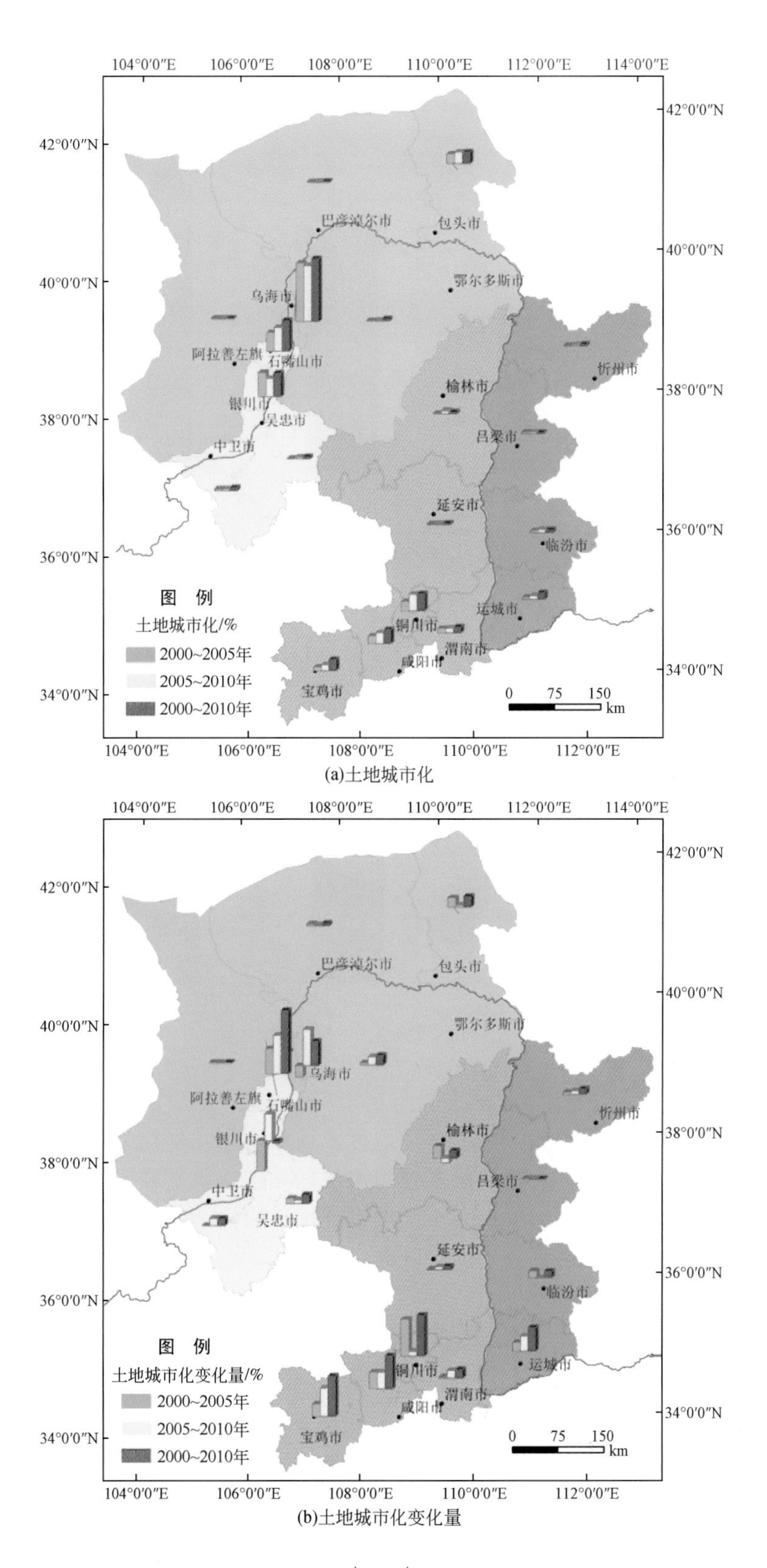

(a)土地城市化

(b)土地城市化变化量

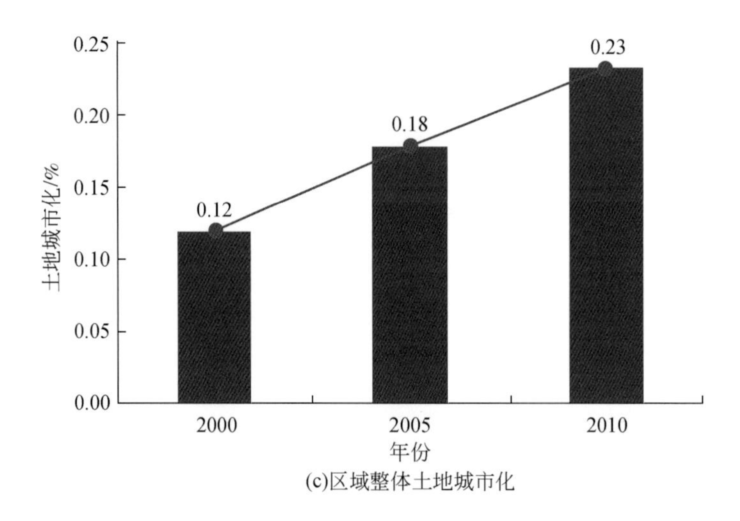

(c)区域整体土地城市化

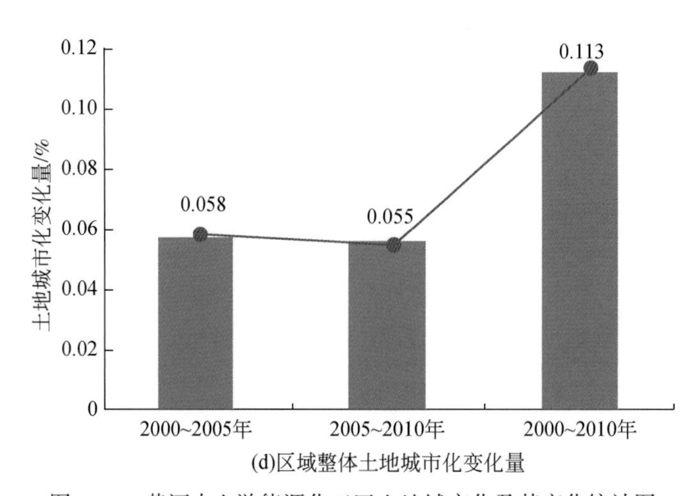

(d)区域整体土地城市化变化量

图 8-12　黄河中上游能源化工区土地城市化及其变化统计图

研究期间内，黄河中上游能源化工区各地区土地城市化几乎均呈增长趋势。前五年的增速略高于后五年。乌海市、石嘴山市和银川市土地城市化水平较高，阿拉善左旗和巴彦淖尔市土地城市化水平较低。十年间，土地城市化增长最快的是石嘴山市、铜川市和宝鸡市，区域整体土地城市化水平一直呈递增状态。

8.5.2　经济城市化

黄河中上游能源化工区经济城市化相关情况见表 8-11，图 8-13，图 8-14。

研究期间内，黄河中上游能源化工区经济城市化水平最高的是乌海市、鄂尔多斯市和包头市，最低的是巴彦淖尔市、中卫市和咸阳市。各地在 2000 ~ 2005 年，经济城市化均呈增长趋势，2005～2010 年，运城市、临汾市、吴忠市、宝鸡市、延安市经济城市化呈下降趋势。十年间各地经济城市化均增长。研究区经济城市化整体呈增长趋势，后期增速小于前期，但该比值在 2010 年已经达到 92.06%（表 8-11）。

表 8-11　黄河中上游能源化工区经济城市化水平统计表

地区	经济城市化/%			经济城市化变化率/%		
	2000 年	2005 年	2010 年	2000～2005 年	2005～2010 年	2000～2010 年
阿拉善左旗	67.14	92.5	95.4	37.8	3.1	42.1
巴彦淖尔市	60.99	69.72	80.27	14.3	15.1	31.6
包头市	91.6	96.35	97.3	5.2	1.0	6.2
宝鸡市	87.6	89.75	89.32	2.5	(0.5)	2.0
鄂尔多斯市	83.66	93.17	97.32	11.4	4.5	16.3
临汾市	86.5	94.17	92.52	8.9	(1.8)	7.0
吕梁市	81.59	93.67	94.83	14.8	1.2	16.2
石嘴山市	86.8	92.48	93.98	6.5	1.6	8.3
铜川市	90.1	91.8	92.45	1.9	0.7	2.6
渭南市	76.4	81.82	83.91	7.1	2.6	9.8
乌海市	96.9	98.49	99.05	1.6	0.6	2.2
吴忠市	76.1	83.67	82.53	9.9	(1.4)	8.4
咸阳市	77.5	80.18	81.5	3.5	1.6	5.2
忻州市	79.5	87.14	88.75	9.6	1.8	11.6
延安市	78	92.04	91.96	18.0	(0.1)	17.9
银川市	88.8	93.38	94.74	5.2	1.5	6.7
榆林市	81.9	91.41	94.75	11.6	3.7	15.7
运城市	79	88.62	82.9	12.2	(6.5)	4.9
中卫市	67.8	78.95	80.96	16.4	2.5	19.4
总计	82.13	90.08	92.06	9.7	2.2	12.1

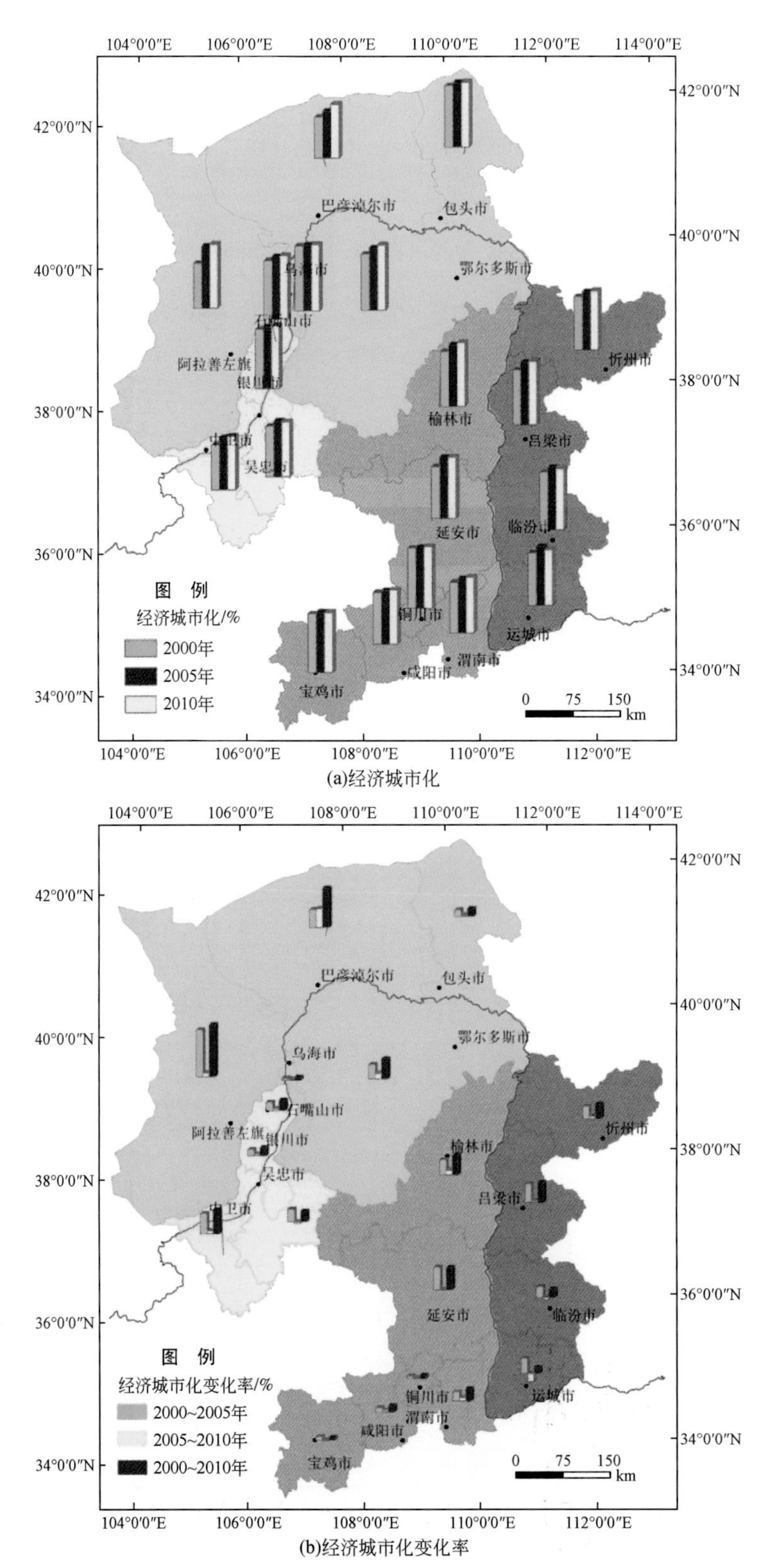

图 8-13 黄河中上游能源化工区各地区经济城市化及其变化率统计图

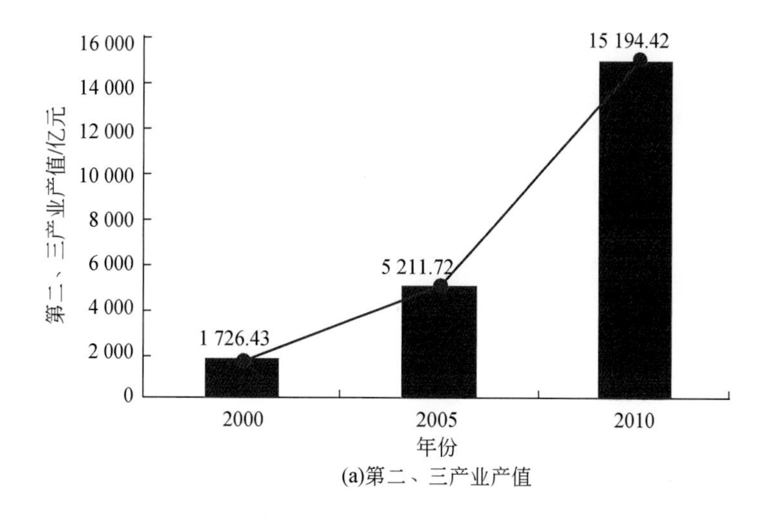

(a)第二、三产业产值

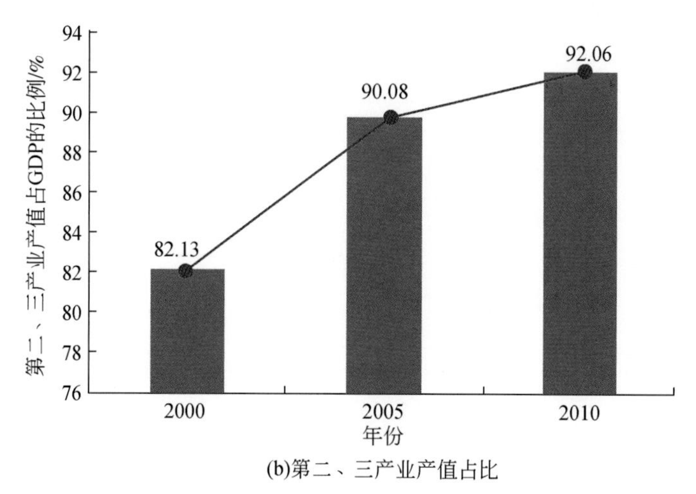

(b)第二、三产业产值占比

图 8-14　黄河中上游能源化工区经济城市化统计图

8.5.3　人口城市化

黄河中上游能源化工区人口城市化及其变化情况见表 8-12，表 8-13，图 8-15，图 8-16。研究期间内，黄河中上游能源化工区各地区中，人口城市化水平（population urbanization level，PUL）最高的是铜川市、乌海市和咸阳市，最低的是吕梁市、忻州市、运城市、中卫市和吴忠市。十年间，人口城市化增长最快的是宝鸡市（与该市行政区调整有关）、渭南市、榆林市、延安市、铜川市。区域整体人口城市化后期增速（2.6%）低于前期（25.1%），2010 年该区人口城市化已经达到 59.11%（表 8-12）。

表 8-12　黄河中上游能源化工区人口统计数据

地区	2000 年			2005 年			2010 年		
	总人口/万人	城镇人口/万人	城镇人口比例/%	总人口/万人	城镇人口/万人	城镇人口比例/%	总人口/万人	城镇人口/万人	城镇人口比例/%
阿拉善左旗	14.87	10.11	67.99	13.99	9.42	67.33	14.21	9.11	64.11
巴彦淖尔市	168.27	62.08	36.89	175.87	66.42	37.77	186.34	84.04	45.10
包头市	225.44	154.91	68.71	236.47	167.31	70.75	219.8	136.47	62.09
宝鸡市	359.42	105.56	29.37	369.53	258.26	69.89	381.09	348.63	91.48
鄂尔多斯市	136.98	59.57	43.49	137.86	70.81	51.36	152.38	98.49	64.63
临汾市	395.08	106.23	26.89	412.05	142.79	34.65	432.07	176.20	40.78
吕梁市	338.23	75.75	22.40	353.08	112.23	31.79	373.05	141.44	37.91
石嘴山市	67.54	40.68	60.23	72.28	42.09	58.23	74.82	45.59	60.93
铜川市	79.26	40.40	50.97	84.4	80.83	95.77	85.44	81.89	95.85
渭南市	529.22	114.36	21.61	537.06	423.73	78.90	560.06	405.88	72.47
乌海市	42.76	39.77	93.01	46.5	44.05	94.73	44.34	41.78	94.23
吴忠市	108.64	40.54	37.32	124.12	38.58	31.08	138.35	37.79	27.31
咸阳市	488.60	161.83	33.12	509.01	418.2	82.16	539.13	413.47	76.69
忻州市	293.83	79.30	26.99	303.88	101.67	33.46	306.99	116.22	37.86
延安市	201.68	57.80	28.66	210.7	157.92	74.95	230.22	173.17	75.22
银川市	142.75	71.95	50.40	140.6	86.67	61.64	158.8	94.86	59.74
榆林市	313.80	69.16	22.04	338.38	237.57	70.21	364.50	255.04	69.97
运城市	481.24	105.02	21.82	498.48	154.87	31.07	513.92	193.05	37.56
中卫市	91.37	12.29	13.45	102.84	25.84	25.13	118.12	39.59	33.52
总体	4478.98	1407.31	31.42	4667.1	2639.26	56.55	4893.63	2892.71	59.11

注：①2000 年的数据来源于第五次全国人口普查数据。

②2005 年陕西省、山西省的总人口、城镇人口和乡村人口来源于《陕西统计年鉴 2006》、《山西统计年鉴 2006》，内蒙古自治区的总人口来源于《内蒙古统计年鉴 2006》。

③2010 年内蒙古自治区的总人口数据来源于《内蒙古统计年鉴 2011》，乡村人口来源于《内蒙古统计年鉴 2011》中的乡村人口数据，城镇人口来自总人口与乡村人口的差值，内蒙古自治区各地区人口为各县、市、区人口汇总。

④宁夏回族自治区 2005 年数据来源于《中国城市年鉴 2006》，城镇人口数据采用的是非农业人口数据。

⑤宁夏回族自治区 2010 年数据来源于《中国城市年鉴 2011》，城镇人口数据采用的是市辖区人口数据。

表 8-13　黄河中上游能源化工区人口城市化水平十年变化量

地区	2000 ~ 2005 年	2005 ~ 2010 年	2000 ~ 2010 年
阿拉善左旗	(0.7)	(3.2)	(3.9)
巴彦淖尔市	0.9	7.3	8.2
包头市	2.0	(8.7)	(6.6)
宝鸡市	40.5	21.6	62.1
鄂尔多斯市	7.9	13.3	21.1

续表

地区	2000～2005 年	2005～2010 年	2000～2010 年
临汾市	7.8	6.1	13.9
吕梁市	9.4	6.1	15.5
石嘴山市	(2.0)	2.7	0.7
铜川市	44.8	0.1	44.9
渭南市	57.3	(6.4)	50.9
乌海市	1.7	(0.5)	1.2
吴忠市	(6.2)	(3.8)	(10.0)
咸阳市	49.0	(5.5)	43.6
忻州市	6.5	4.4	10.9
延安市	46.3	0.3	46.6
银川市	11.2	(1.9)	9.3
榆林市	48.2	(0.2)	47.9
运城市	9.3	6.5	15.7
中卫市	11.7	8.4	20.1
总体	25.1	2.6	27.7

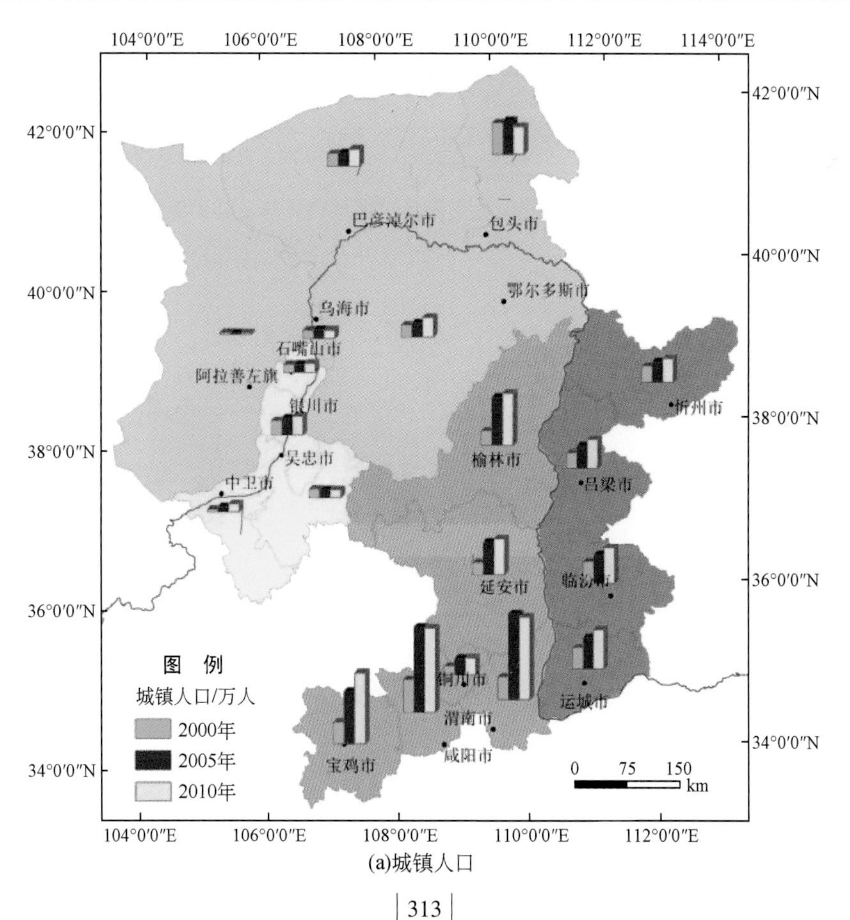

(a)城镇人口

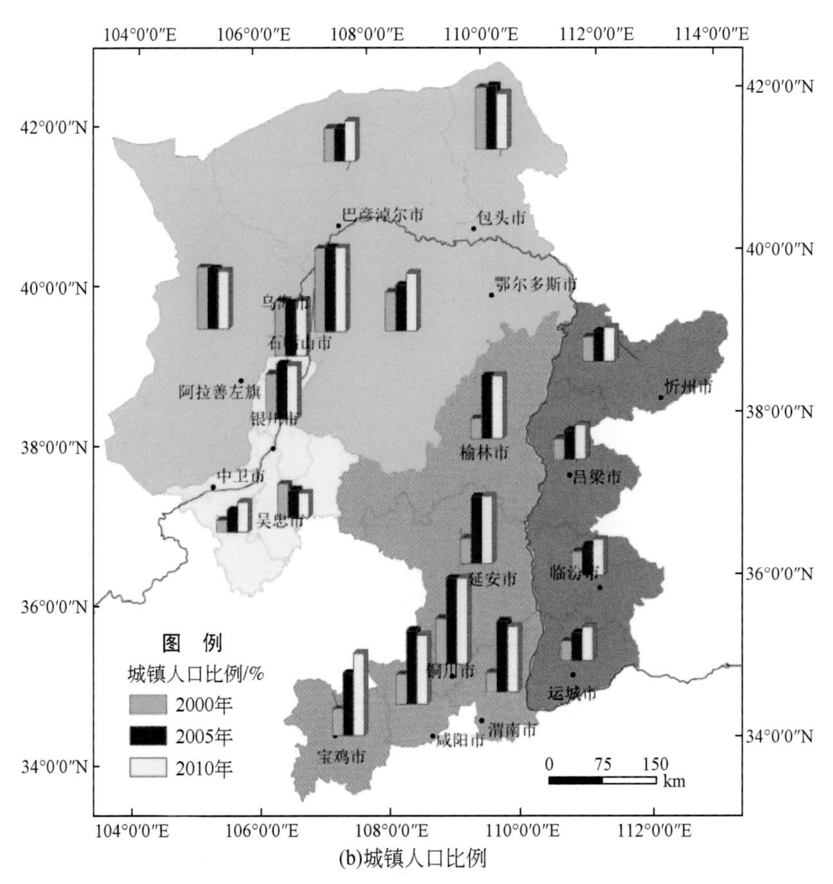

(b)城镇人口比例

图 8-15　黄河中上游能源化工区各地区城镇人口及其比例统计图

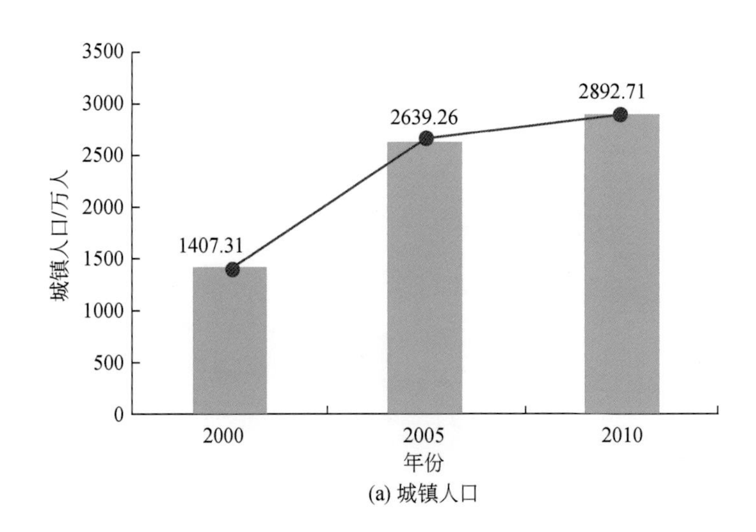

(a) 城镇人口

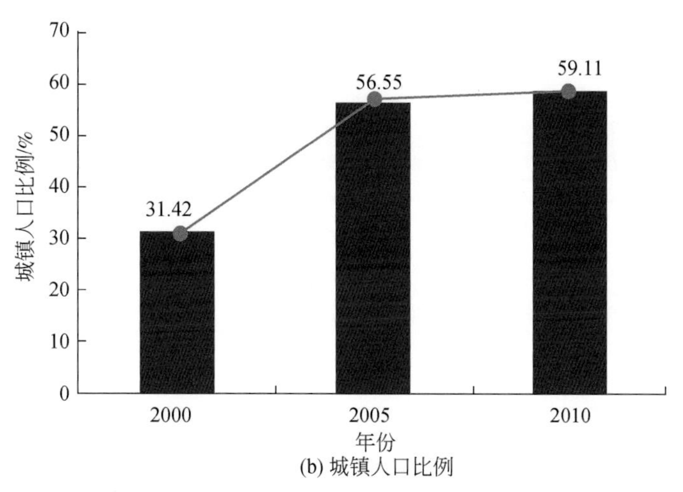

(b) 城镇人口比例

图 8-16 黄河中上游能源化工区城镇人口及其比例统计图

将研究区的城市化强度指标汇总于表 8-14 并进一步进行归一化（表 8-15）以便进行主成分分析，然后将开发强度各指标值及其变化汇总于表 8-16。

表 8-14 黄河中上游能源化工区土地、经济及人口城市化统计表

地区	土地城市化			经济城市化			人口城市化		
	2000 年	2005 年	2010 年	2000 年	2005 年	2010 年	2000 年	2005 年	2010 年
阿拉善左旗	0.0368	0.0407	0.0442	67.14	92.5	95.4	67.99	67.33	64.11
巴彦淖尔市	0.0290	0.0481	0.0590	60.99	69.72	80.27	36.89	37.77	45.1
包头市	0.5395	0.6395	0.6608	91.6	96.35	97.3	68.71	70.75	62.09
宝鸡市	0.1981	0.3357	0.6508	87.6	89.75	89.32	29.37	69.89	91.48
鄂尔多斯市	0.0184	0.0403	0.1298	83.66	93.17	97.32	43.49	51.36	64.63
临汾市	0.1085	0.1825	0.1825	86.5	94.17	92.52	26.89	34.65	40.78
吕梁市	0.0948	0.0948	0.0847	81.59	93.67	94.83	22.4	31.79	37.91
石嘴山市	1.0552	1.3371	1.7702	86.8	92.48	93.98	60.23	58.23	60.93
铜川市	0.5152	0.9274	0.9789	90.1	91.8	92.45	50.97	95.77	95.85
渭南市	0.2360	0.2513	0.3350	76.4	81.82	83.91	21.61	78.9	72.47
乌海市	3.3116	3.1813	3.5872	96.9	98.49	99.05	93.01	94.73	94.23
吴忠市	0.0353	0.0941	0.1373	76.1	83.67	82.53	37.32	31.08	27.31
咸阳市	0.4217	0.6081	0.7944	77.5	80.18	81.5	33.12	82.16	76.69
忻州市	0.0549	0.0800	0.1194	79.5	87.14	88.75	26.99	33.46	37.86
延安市	0.0567	0.0648	0.0972	78	92.04	91.96	28.66	74.95	75.22
银川市	1.3667	1.0360	1.3407	88.8	93.38	94.74	50.4	61.64	59.74
榆林市	0.0390	0.1698	0.1193	81.9	91.41	94.75	22.04	70.21	69.97
运城市	0.1171	0.2148	0.3878	79	88.62	82.9	21.82	31.07	37.56
中卫市	0.1001	0.1001	0.1835	67.8	78.95	80.96	13.45	25.13	33.52
总体	0.1212	0.1794	0.2339	82.13	90.08	92.06	31.42	56.55	59.11

表 8-15 黄河中上游能源化工区城市化强度及其归一化结果统计表

地区	城市化强度/%			城市化强度归一化结果		
	2000 年	2005 年	2010 年	2000 年	2005 年	2010 年
阿拉善左旗	45.056	53.290	53.185	0.4811	0.6039	0.5706
巴彦淖尔市	32.636	35.846	41.810	0.1480	0.0364	0.1778
包头市	53.617	55.913	53.350	0.7106	0.6892	0.5763
宝鸡市	39.056	53.325	60.484	0.3202	0.6050	0.8226
鄂尔多斯市	42.389	48.190	54.027	0.4096	0.4380	0.5996
临汾市	37.833	43.001	44.494	0.2874	0.2692	0.2705
吕梁市	34.695	41.852	44.275	0.2032	0.2318	0.2629
石嘴山市	49.362	50.682	52.227	0.5965	0.5190	0.5375
铜川市	47.195	62.832	63.093	0.5384	0.9143	0.9127
渭南市	32.749	53.657	52.238	0.1510	0.6158	0.5379
乌海市	64.407	65.467	65.622	1	1	1
吴忠市	37.818	38.281	36.659	0.2870	0.1156	0
咸阳市	37.014	54.316	52.995	0.2654	0.6373	0.5640
忻州市	35.515	40.227	42.243	0.2252	0.1789	0.1928
延安市	35.572	55.685	55.759	0.2267	0.6818	0.6595
银川市	46.856	52.019	51.940	0.5293	0.5625	0.5276
榆林市	34.660	53.930	54.946	0.2023	0.6247	0.6314
运城市	33.646	39.968	40.283	0.1751	0.1705	0.1251
中卫市	27.117	34.727	38.221	0	0	0.0539
总体	37.89	48.94	50.47	0.2889	0.4624	0.4768

表 8-16 黄河中上游能源化工区的开发强度

项目	土地开发强度/%	经济活动强度/(万元/km²)	交通网络密度/(km/km²)	水资源利用强度/%	城市化强度/%			综合城市化强度/%
					土地城市化	经济城市化	人口城市化	
2000 年	1.81	41.36	0.148	95.65	0.12	82.13	31.42	37.89
2005 年	1.89	113.53	0.238	101.58	0.18	90.08	56.55	48.94
2010 年	2.07	322.02	0.389	86.6	0.23	92.06	59.11	50.47
2000～2005 年变动比例/%	4.42	174.49	60.81	5.93	0.06	7.95	25.13	11.05
2005～2010 年变动比例/%	9.52	183.64	63.45	-14.98	0.05	1.98	2.56	1.53
2000～2010 年变动比例/%	12.56	678.58	162.84	-9.05	0.11	9.93	27.69	12.58

8.6 综合评价

确定权重是进行开发强度综合评价的必须步骤。权重用来表示各指标变量或要素对于上一层次等级要素的相对重要程度的信息，是以某种数量形式对比、衡量被评价事物总体中各个因素相对重要性程度的量值。权重是综合评价中的一个重要环节，合理地分配权重是量化评价的关键。目前确定指标权重的方法一般可分为主观赋权法和客观赋权法两类。主观赋权法一般有专家评价法和层次分析法等，客观赋权法一般有主成分分析法、因子分析法和熵权法等，这些方法都有各自的适用范围和优缺点（刘述锡等，2015）。

主成分分析法又称为主分量分析法，该方法的核心思想是降维，即从众多的评价因子中筛选出几个起主要作用的，且相互独立的综合评价因子。因为评价因子过多会增加计算量，也会使评价结果分析变复杂，为了使评价结果即全面又准确，就需要从众多的评价因素中选出几个主要的评价因素。该方法的优点：用降维思想从多个变量中找出几个主要变量，在应用上侧重信息贡献和综合影响评价（刘国霞，2012）。

综合表8-1、表8-2、表8-4、表8-8和表8-15中的各种开发强度指数，建立开发强度综合指数，分析各研究区开发强度的分布特征。采用主成分分析法评估各评估单元、不同时段开发强度的相对大小，确定 k 个主成分参量计算开发强度综合指数。

主成分分析法的工作目标，就是要在力保数据信息丢失最小的原则下，对高维变量空间进行降维处理，即在保证数据信息损失最小的前提下，经线性变换和舍弃一小部分信息，以少数的综合变量取代原始采用的多维变量（Jolliffe，2002）。数学上的处理就是将原来 J 个指标做线性组合，作为新的综合指标（傅湘和纪昌明，1999；张文霖，2005）。最经典的做法就是用 F_1（选取的第一个线性组合，即第一个综合指标）的方差来表达，即 Var（F_1）越大，表示 F_1 包含的信息越多。因此在所有的线性组合中选取的 F_1 应该是方差最大的，故称 F_1 为第一主成分。如果第一主成分不足以代表原来 J 个指标的信息，再考虑选取 F_2，即选第二个线性组合，为了有效地反映原来的信息，F_1 已有的信息就不需要再出现在 F_2 中，用数学语言表达就是要求 Cov（F_1，F_2）$=0$，则称 F_2 为第二主成分，依此类推可以构造出第三、第四……第 J 个主成分。

主成分分析的数学模型为

$$\begin{cases} F_1 = a_{11}ZX_1 + a_{21}ZX_2 + \cdots + a_{p1}ZX_p \\ F_2 = a_{12}ZX_1 + a_{22}ZX_2 + \cdots + a_{p2}ZX_p \\ \vdots \\ F_p = a_{1m}ZX_1 + a_{2m}ZX_2 + \cdots + a_{pm}ZX_p \end{cases}$$

式中，a_{1i}，a_{2i}，…，a_{pi}（$i=1, 2, \cdots, m$）为 $\boldsymbol{X}$ 协方差矩阵的特征值对应的特征向量，ZX_1，ZX_2，…，ZX_p 是原始变量经过标准化处理的值。因为在实际应用中往往存在指标的量纲不同，所以在计算之前须消除量纲的影响，而将原始数据标准化。

$$A = (a_{ij})_{p\times m} = (a_1, a_2, \cdots, a_m), \quad \boldsymbol{R}a_i = \lambda_i a_i$$

式中，$\boldsymbol{R}$ 为相关系数矩阵；λ_i、a_i 为相应的特征值和单位特征向量，$\lambda_1 \geqslant \lambda_2 \geqslant \cdots \geqslant \lambda_p \geqslant 0$。

进行主成分分析的步骤如下所述。

1）根据研究问题选取指标与数据。

2）进行指标数据标准化。由于不同因子具有不同的量纲，无法进行综合计算，因此需要通过标准化处理转换为无量纲的数据。研究中采用极差标准化进行数据变换，每一专题指标标准化后的分级数值在0～1，其计算公式为

$$x'_i = \frac{x_i - x_{\min}}{x_{\max} - x_{\min}}$$

式中，x'_i 为变换后的数据；x_i 为各项原始数据；$x_{\max}$ 为指标中的最大值；$x_{\min}$ 为指标中的最小值。

3）进行指标之间的相关性判定。

4）确定主成分个数 m。

5）确定主成分 F_i 表达式。

6）进行主成分命名。

7）计算综合主成分值并进行评价。其计算公式为

$$\mathrm{DII} = \sum_{g=1}^{k} (\lambda_g / \sum_{g=1}^{m} \lambda_g) F_g$$

式中，DII 为开发强度综合指数；λ 为特征根；F 为主成分分量。

运用 SPSS16.0 统计分析软件 Factor 过程对黄河中上游能源化工区 5 个开发强度指标进行主成分分析（图 8-17）。具体操作步骤如下。

1）Analyze→Data Reduction→Factor Analysis，弹出 Factor Analysis 对话框；

2）把 2000 年各地区的变量标准化值选入 Variables 框；

3）点击 Factor Analysis 中 Extraction，弹出对话框，在 Method 中选中 Principal Components，然后点击 Continue，返回 Factor Analysis 对话框；

4）点击 OK。

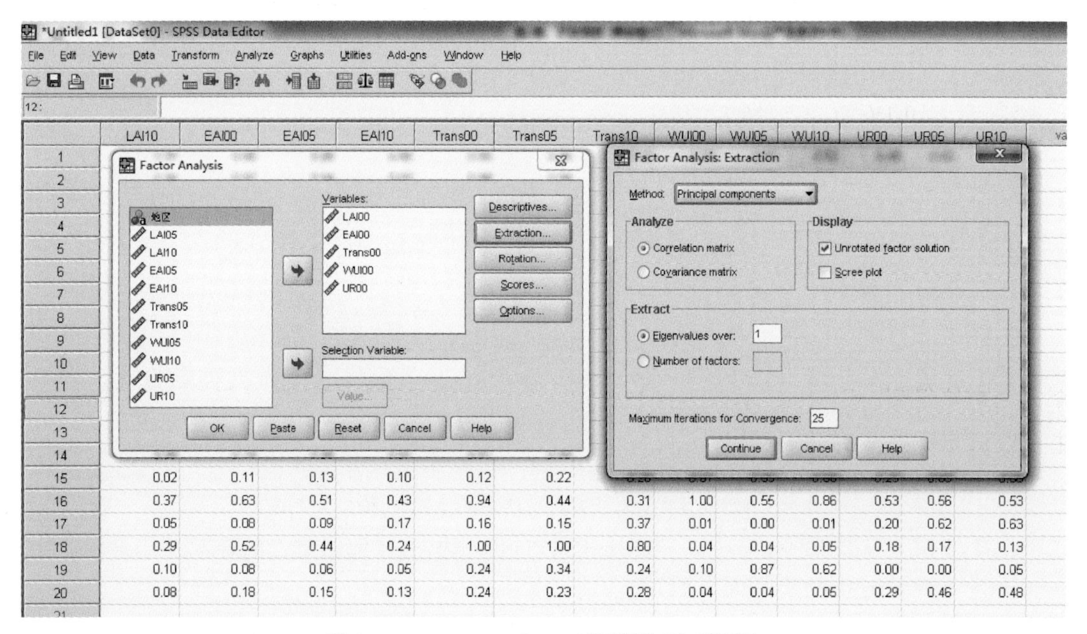

图 8-17　Factor Analysis 对话框与子对话框

各因子指标的共同度见表 8-17。主成分个数提取原则为主成分对应的特征值大于 1 的前几个主成分。特征值在某种程度上可以被看成是表示主成分影响力度大小的指标。如果

特征值小于 1，说明该主成分的解释力度还不如直接引入一个原变量的平均解释力度大，因此一般可以用特征值大于 1 作为纳入标准，或者一般取方差累计贡献率达到 80% 左右的前 k 个主成分，因为它们已经代表了绝大部分的信息。通过表 8-18 可知，可提取 2 个主成分（累计贡献率 78.038%，接近 80%）来进行分析。

表 8-17　各因子指标的共同度（2000 年）

因子	初始值	提取值
土地开发强度	1.000	0.811
经济活动强度	1.000	0.849
交通网络密度	1.000	0.929
水资源利用强度	1.000	0.444
城市化强度	1.000	0.868

注：各因子指标的共同度表示各变量中所含信息能被提取的程度。

表 8-18　方差分解主成分提取分析表（2000 年）

主成分	初始特征值			提取的载荷平方和		
	特征值	主成分贡献率/%	累计贡献率/%	特征值	主成分贡献率/%	累计贡献率/%
1	2.803	56.053	56.053	2.803	56.053	56.053
2	1.099	21.985	78.038	1.099	21.985	78.038
3	0.688	13.751	91.789			
4	0.274	5.487	97.277			
5	0.136	2.723	100.000			

从表 8-19 可知，土地开发强度和经济活动强度在第一主成分上有较高载荷，其余变量也在第一主成分上有较高载荷，说明第一主成分反映了所有这些指标的信息。而交通网络密度和城市化强度在第二主成分上有较高载荷，说明第二主成分基本上反映了交通网络密度和城市化强度这两个指标的信息。所以提取 2 个主成分基本可以反映全部指标的信息，故而决定用 2 个新变量来代替原来的 5 个变量。但这 2 个新变量的表达还不能从输出窗口中直接得到，因为“Component Matrix”是指初始因子载荷矩阵，每一个载荷量表示主成分与对应变量的相关系数。

表 8-19　初始因子载荷矩阵（2000 年）

因子	主成分	
	1	2
土地开发强度	0.894	-0.112
经济活动强度	0.902	0.190
交通网络密度	0.530	0.805

续表

因子	主成分	
	1	2
水资源利用强度	0.659	-0.101
城市化强度	0.690	-0.626

用表 8-19（初始因子载荷矩阵）中的因子载荷系数除以相对应的主成分特征值的开平方根便得到两个主成分中每个指标所对应的系数（表 8-20）。主成分系数表示主成分与相应的原先变量的相关系数，相关系数（绝对值）越大，主成分对该变量的代表性也越大。

表 8-20 主成分系数计算结果（2000 年）

因子	初始因子载荷矩阵 因子载荷系数		特征值开方结果值		计算的主成分系数值 a	
	1	2	1	2	a_{j1}	a_{j2}
土地开发强度	0.894	-0.112	1.674 216	1.048 332	0.533 981	-0.106 84
经济活动强度	0.902	0.190	1.674 216	1.048 332	0.538 76	0.181 24
交通网络密度	0.530	0.805	1.674 216	1.048 332	0.316 566	0.767 887
水资源利用强度	0.659	-0.101	1.674 216	1.048 332	0.393 617	-0.096 34
城市化强度	0.690	-0.626	1.674 216	1.048 332	0.412 133	-0.597 14

所提取的前两个主成分的特征值分别为 2.803（第一主成分）和 1.099（第二主成分），所对应的开方结果值分别为 1.674 216 和 1.048 332。

则 2 个主成分的表达式分别为

$$\begin{cases} F_1 = a_{11}Z_1 + a_{21}Z_2 + a_{31}Z_3 + a_{41}Z_4 + a_{51}Z_5 \\ F_2 = a_{12}Z_1 + a_{22}Z_2 + a_{32}Z_3 + a_{42}Z_4 + a_{52}Z_5 \end{cases}$$

以每个主成分所对应的特征值占所提取主成分总的特征值之和的比例作为权重计算主成分综合模型：

$$F = \frac{\lambda_1}{\lambda_1 + \lambda_2}F_1 + \frac{\lambda_2}{\lambda_1 + \lambda_2}F_2$$

设 $R_1 = \frac{\lambda_1}{\lambda_1 + \lambda_2}F_1 = \frac{2.803}{2.803 + 1.099}F_1 = 0.7183F_1$，

$$R_2 = \frac{\lambda_2}{\lambda_1 + \lambda_2}F_2 = \frac{1.099}{2.803 + 1.099}F_2 = 0.2817F_2$$

$$\begin{aligned} F &= \frac{\lambda_1}{\lambda_1 + \lambda_2}F_1 + \frac{\lambda_2}{\lambda_1 + \lambda_2}F_2 \\ &= R_1F_1 + R_2F_2 \\ &= R_1(a_{11}Z_1 + a_{21}Z_2 + a_{31}Z_3 + a_{41}Z_4 + a_{51}Z_5) + R_2(a_{12}Z_1 + a_{22}Z_2 + a_{32}Z_3 + a_{42}Z_4 + a_{52}Z_5) \end{aligned}$$

$= Z_1(R_1a_{11} + R_2a_{12}) + Z_2(R_1a_{21} + R_2a_{22}) + Z_3(R_1a_{31} + R_2a_{32}) + Z_4(R_1a_{41} + R_2a_{42}) + Z_5(R_1a_{51} + R_2a_{52})$

2000 年研究区开发强度主成分分析的过程与结果数据见表 8-21 ~ 表 8-23。

表 8-21　标准化以后的变量列表（2000 年）

地区	土地开发强度	经济活动强度	交通网络密度	水资源利用强度	城市化强度
阿拉善左旗	0	0	0	0	0. 4811
巴彦淖尔市	0. 0373	0. 0697	0. 076	0. 028	0. 148
包头市	0. 0765	0. 3548	0. 168	0. 038	0. 7106
宝鸡市	0. 1392	0. 4822	0. 335	0. 005	0. 3202
鄂尔多斯市	0. 0311	0. 0708	0. 102	0. 017	0. 4096
临汾市	0. 1162	0. 3606	0. 717	0. 017	0. 2874
吕梁市	0. 1133	0. 172	0. 454	0. 02	0. 2032
石嘴山市	0. 3773	0. 5304	0. 295	0. 607	0. 5965
铜川市	0. 0851	0. 4444	0. 547	0. 012	0. 5384
渭南市	0. 2654	0. 5431	0. 668	0. 064	0. 151
乌海市	1	1	0. 376	0. 455	1
吴忠市	0. 0693	0. 145	0. 25	0. 597	0. 287
咸阳市	0. 2908	0. 9579	0. 573	0. 087	0. 2654
忻州市	0. 1023	0. 1395	0. 51	0. 004	0. 2252
延安市	0. 0191	0. 1104	0. 123	0. 006	0. 2267
银川市	0. 2626	0. 6319	0. 937	1	0. 5293
榆林市	0. 0297	0. 0754	0. 165	0. 013	0. 2023
运城市	0. 3032	0. 5242	1	0. 041	0. 1751
中卫市	0. 088	0. 0795	0. 235	0. 105	0
总体	0. 0741	0. 1752	0. 24	0. 037	0. 2889

表 8-22　主成分分析计算过程数据（2000 年）

变量 Z	计算的主成分系数值		特征值比例		$a_{j1}\times R_1$	$a_{j2}\times R_2$	$a_{j1}\times R_1+a_{j2}\times R_2$
	a_{j1}	a_{j2}	R_1	R_2			
土地开发强度	0. 533 981	−0. 106 84	0. 718 279	0. 281 721	0. 383 547 339	−0. 030 099 07	0. 353 448 267
经济活动强度	0. 538 76	0. 181 24	0. 718 279	0. 281 721	0. 386 979 994	0. 051 059 114	0. 438 039 108
交通网络密度	0. 316 566	0. 767 887	0. 718 279	0. 281 721	0. 227 382 71	0. 216 329 894	0. 443 712 603
水资源利用强度	0. 393 617	−0. 096 34	0. 718 279	0. 281 721	0. 282 726 825	−0. 027 141	0. 255 585 824
城市化强度	0. 412 133	−0. 597 14	0. 718 279	0. 281 721	0. 296 026 479	−0. 168 226 88	0. 127 799 601

表 8-23　2000 年开发强度各项变量得分及综合得分和综合排名表

地区	土地开发强度	经济活动强度	交通网络密度	水资源利用强度	城市化强度	综合得分	综合排名
阿拉善左旗	0	0	0	0	0.061 484	0.061 5	20
巴彦淖尔市	0.013 184	0.030 531	0.033 722	0.007 156	0.018 914	0.103 5	19
包头市	0.027 039	0.155 416	0.074 544	0.009 712	0.090 814	0.357 5	11
宝鸡市	0.049 2	0.211 222	0.148 644	0.001 278	0.040 921	0.451 3	9
鄂尔多斯市	0.010 992	0.031 013	0.045 259	0.004 345	0.052 347	0.144 0	17
临汾市	0.041 071	0.157 957	0.318 142	0.004 345	0.036 73	0.558 2	7
吕梁市	0.040 046	0.075 343	0.201 446	0.005 112	0.025 969	0.347 9	13
石嘴山市	0.133 356	0.232 336	0.130 895	0.155 141	0.076 232	0.728 0	5
铜川市	0.030 078	0.194 665	0.242 711	0.003 067	0.068 807	0.539 3	8
渭南市	0.093 805	0.237 899	0.296 4	0.016 357	0.019 298	0.663 8	6
乌海市	0.353 448	0.438 039	0.166 836	0.116 292	0.127 8	1.202 4	1
吴忠市	0.024 494	0.063 516	0.110 928	0.152 585	0.036 678	0.388 2	10
咸阳市	0.102 783	0.419 598	0.254 247	0.022 236	0.033 918	0.832 8	3
忻州市	0.036 158	0.061 106	0.226 293	0.001 022	0.028 78	0.353 4	12
延安市	0.006 751	0.048 36	0.054 577	0.001 534	0.028 972	0.140 2	18
银川市	0.092 816	0.276 797	0.415 759	0.255 586	0.067 644	1.108 6	2
榆林市	0.010 497	0.033 028	0.073 213	0.003 323	0.025 854	0.145 9	16
运城市	0.107 166	0.229 62	0.443 713	0.010 479	0.022 378	0.813 4	4
中卫市	0.031 103	0.034 824	0.104 272	0.026 837	0	0.197 0	15
总体	0.026 191	0.076 744	0.106 491	0.009 457	0.036 921	0.255 8	14

2005 年的综合开发强度计算过程及结果见表 8-24 ~ 表 8-29。

表 8-24　标准化以后的变量列表（2005 年）

地区	土地开发强度	经济活动强度	交通网络密度	水资源利用强度	城市化强度
阿拉善左旗	0	0	0	0.002	0.6039
巴彦淖尔市	0.0428	0.0392	0.085	0.032	0.0364
包头市	0.0851	0.4032	0.151	0.053	0.6892
宝鸡市	0.1426	0.2995	0.302	0.004	0.605
鄂尔多斯市	0.0361	0.086	0.093	0.019	0.438
临汾市	0.1084	0.3378	0.51	0.021	0.2692
吕梁市	0.096	0.1905	0.388	0.014	0.2318
石嘴山市	0.395	0.3487	0.552	0.298	0.519
铜川市	0.0936	0.2309	0.612	0.022	0.9143
渭南市	0.2719	0.3135	0.598	0.054	0.6158

续表

地区	土地开发强度	经济活动强度	交通网络密度	水资源利用强度	城市化强度
乌海市	1	1	0. 438	0. 059	1
吴忠市	0. 0722	0. 0753	0. 296	1	0. 1156
咸阳市	0. 3042	0. 5527	0. 801	0. 1	0. 6373
忻州市	0. 0917	0. 0831	0. 496	0. 008	0. 1789
延安市	0. 0214	0. 1279	0. 225	0. 032	0. 6818
银川市	0. 2999	0. 5087	0. 435	0. 546	0. 5625
榆林市	0. 0337	0. 0934	0. 146	0	0. 6247
运城市	0. 3009	0. 4365	1	0. 037	0. 1705
中卫市	0. 0936	0. 0602	0. 341	0. 869	0
总体	0. 0765	0. 1457	0. 23	0. 037	0. 4624

表 8-25　各因子指标的共同度（2005 年）

因子	初始值	提取值
土地开发强度	1. 000	0. 858
经济活动强度	1. 000	0. 931
交通网络密度	1. 000	0. 568
水资源利用强度	1. 000	0. 691
城市化强度	1. 000	0. 775

注：各因子指标的共同度表示各变量中所含信息能被提取的程度。

表 8-26　方差分解主成分提取分析表（2005 年）

主成分	初始特征值			提取的载荷平方和		
	特征值	主成分贡献率/%	累计贡献率/%	特征值	主成分贡献率/%	累计贡献率/%
1	2. 536	50. 714	50. 714	2. 536	50. 714	50. 714
2	1. 287	25. 741	76. 455	1. 287	25. 741	76. 455
3	0. 761	15. 226	91. 681			
4	0. 338	6. 751	98. 432			
5	0. 078	1. 568	100. 000			

通过表 8-26 可知，可提取前两个主成分来进行分析，其中第一主成分的特征值为 2. 536，贡献率为 50. 714%；第二主成分的特征值为 1. 287，贡献率为 25. 741%。二者累计贡献率为 76. 455%。第一主成分和第二主成分的特征值所对应的开方值结果分别为 1. 592 482 和 1. 134 46。

表 8-27　主成分系数计算结果（2005 年）

因子	初始因子载荷矩阵 因子载荷系数		特征值开方结果值		计算的主成分系数值 a	
	1	2	1	2	a_{j1}	a_{j2}
土地开发强度	0.902 805 6	0.206 608 1	1.592 482	1.134 46	0.566 917	0.182 12
经济活动强度	0.958 008 2	0.116 601 5	1.592 482	1.134 46	0.601 582	0.102 781
交通网络密度	0.567 804 4	0.495 691 4	1.592 482	1.134 46	0.356 553	0.436 94
水资源利用强度	-0.243 915	0.794 569 8	1.592 482	1.134 46	-0.153 17	0.700 395
城市化强度	0.648 828	-0.594 734 5	1.592 482	1.134 46	0.407 432	-0.524 24

则 2 个主成分的表达式分别为

$$\begin{cases} F_1 = a_{11}Z_1 + a_{21}Z_2 + a_{31}Z_3 + a_{41}Z_4 + a_{51}Z_5 \\ F_2 = a_{12}Z_1 + a_{22}Z_2 + a_{32}Z_3 + a_{42}Z_4 + a_{52}Z_5 \end{cases}$$

以每个主成分所对应的特征值占所提取主成分总的特征值之和的比例作为权重计算主成分综合模型：

$$F = \frac{\lambda_1}{\lambda_1 + \lambda_2}F_1 + \frac{\lambda_2}{\lambda_1 + \lambda_2}F_2$$

设 $R_1 = \frac{\lambda_1}{\lambda_1 + \lambda_2}F_1 = \frac{2.536}{2.536 + 1.287}F_1 = 0.663\ 353F_1$，

$$R_2 = \frac{\lambda_2}{\lambda_1 + \lambda_2}F_2 = \frac{1.287}{2.536 + 1.287}F_2 = 0.336\ 647F_2$$

$$\begin{aligned} F &= \frac{\lambda_1}{\lambda_1 + \lambda_2}F_1 + \frac{\lambda_2}{\lambda_1 + \lambda_2}F_2 \\ &= R_1F_1 + R_2F_2 \\ &= R_1(a_{11}Z_1 + a_{21}Z_2 + a_{31}Z_3 + a_{41}Z_4 + a_{51}Z_5) + R_2(a_{12}Z_1 + a_{22}Z_2 + a_{32}Z_3 + a_{42}Z_4 + a_{52}Z_5) \\ &= Z_1(R_1a_{11} + R_2a_{12}) + Z_2(R_1a_{21} + R_2a_{22}) + Z_3(R_1a_{31} + R_2a_{32}) + Z_4(R_1a_{41} + R_2a_{42}) + \\ &\quad Z_5(R_1a_{51} + R_2a_{52}) \end{aligned}$$

表 8-28　主成分分析计算过程数据（2005 年）

变量 Z	计算的主成分系数值		特征值比例		$a_{j1}\times R_1$	$a_{j2}\times R_2$	$a_{j1}\times R_1+a_{j2}\times R_2$
	a_{j1}	a_{j2}	R_1	R_2			
土地开发强度	0.566 917	0.182 12	0.663 353	0.336 647	0.376 066	0.061 31	0.437 377
经济活动强度	0.601 582	0.102 781	0.663 353	0.336 647	0.399 061	0.034 601	0.433 662
交通网络密度	0.356 553	0.436 94	0.663 353	0.336 647	0.236 521	0.147 094	0.383 615
水资源利用强度	-0.153 17	0.700 395	0.663 353	0.336 647	-0.101 6	0.235 785	0.134 182
城市化强度	0.407 432	-0.524 24	0.663 353	0.336 647	0.270 271	-0.176 49	0.093 786

表 8-29　2005 年开发强度各项变量得分及综合得分和综合排名表

地区	综合得分	综合排名
阿拉善左旗	0.057	20
巴彦淖尔市	0.076	19
包头市	0.342	10
宝鸡市	0.365	9
鄂尔多斯市	0.132	18
临汾市	0.418	8
吕梁市	0.297	13
石嘴山市	0.624	5
铜川市	0.465	7
渭南市	0.549	6
乌海市	1.141	1
吴忠市	0.323	11
咸阳市	0.753	2
忻州市	0.284	14
延安市	0.219	16
银川市	0.645	4
榆林市	0.170	17
运城市	0.725	3
中卫市	0.314	12
总体	0.233	15

2010 年的综合开发强度计算过程及结果见表 8-30 ~ 表 8-35。

表 8-30　标准化以后的变量列表（2010 年）

地区	土地开发强度	经济活动强度	交通网络密度	水资源利用强度	城市化强度
阿拉善左旗	0	0	0	0.017	0.5706
巴彦淖尔市	0.0466	0.034	0.154	0.652	0.1778
包头市	0.0941	0.3745	0.135	0.064	0.5763
宝鸡市	0.1459	0.224	0.57	0	0.8226
鄂尔多斯市	0.0447	0.1245	0.115	0.035	0.5996
临汾市	0.1079	0.1818	0.602	0.03	0.2705
吕梁市	0.1031	0.166	0.526	0.021	0.2629
石嘴山市	0.4482	0.3053	0.4	0.599	0.5375
铜川市	0.0941	0.1991	0.599	0.002	0.9127
渭南市	0.2818	0.2569	0.847	0.044	0.5379

续表

地区	土地开发强度	经济活动强度	交通网络密度	水资源利用强度	城市化强度
乌海市	1	1	0. 383	0. 581	1
吴忠市	0. 0894	0. 0516	0. 225	1	0
咸阳市	0. 3113	0. 4494	1	0. 053	0. 564
忻州市	0. 0946	0. 0685	0. 469	0. 007	0. 1928
延安市	0. 0247	0. 0964	0. 278	0. 003	0. 6595
银川市	0. 3693	0. 4343	0. 314	0. 864	0. 5276
榆林市	0. 0523	0. 168	0. 374	0. 014	0. 6314
运城市	0. 2947	0. 2436	0. 802	0. 047	0. 1251
中卫市	0. 1046	0. 0491	0. 244	0. 618	0. 0539
总体	0. 0837	0. 1317	0. 28	0. 048	0. 4768

表 8-31 各因子指标的共同度（2010 年）

因子	初始值	提取值
土地开发强度	1. 000	0. 941
经济活动强度	1. 000	0. 951
交通网络密度	1. 000	0. 441
水资源利用强度	1. 000	0. 917
城市化强度	1. 000	0. 565

注：各因子指标的共同度表示各变量中所含信息能被提取的程度。

表 8-32 方差分解主成分提取分析表（2010 年）

主成分	初始特征值			提取的载荷平方和		
	特征值	主成分贡献率/%	累计贡献率/%	特征值	主成分贡献率/%	累计贡献率/%
1	2. 379	47. 589	47. 589	2. 379	47. 589	47. 589
2	1. 435	28. 693	76. 282	1. 435	28. 693	76. 282
3	0. 934	18. 676	94. 958			
4	0. 197	3. 940	98. 897			
5	0. 055	1. 103	100. 000			

通过表 8-32 可知，可提取前两个主成分来进行分析，其中第一主成分的特征值为 2. 379 452 9，贡献率为 47. 589%；第二主成分的特征值为 1. 434 653，贡献率为 28. 693%。二者累计贡献率为 76. 282%。第一主成分和第二主成分的特征值所对应的开方值结果分别为 1. 542 548 和 1. 197 77。

表 8-33　主成分系数计算结果（2010 年）

因子	初始因子载荷矩阵 因子载荷系数		特征值开方结果值		计算的主成分系数值 a	
	1	2	1	2	a_{j1}	a_{j2}
土地开发强度	0. 935 764 7	0. 255 742 8	1. 542 548	1. 197 77	0. 606 636	0. 213 516
经济活动强度	0. 971 439 4	0. 084 852 4	1. 542 548	1. 197 77	0. 629 763	0. 070 842
交通网络密度	0. 370 642 6	−0. 551 055 5	1. 542 548	1. 197 77	0. 240 28	−0. 460 07
水资源利用强度	0. 146 393	0. 946 084 7	1. 542 548	1. 197 77	0. 094 903	0. 789 872
城市化强度	0. 633 479 3	−0. 404 116 6	1. 542 548	1. 197 77	0. 410 671	−0. 337 39

则 2 个主成分的表达式分别为

$$\begin{cases} F_1 = a_{11}Z_1 + a_{21}Z_2 + a_{31}Z_3 + a_{41}Z_4 + a_{51}Z_5 \\ F_2 = a_{12}Z_1 + a_{22}Z_2 + a_{32}Z_3 + a_{42}Z_4 + a_{52}Z_5 \end{cases}$$

以每个主成分所对应的特征值占所提取主成分总的特征值之和的比例作为权重计算主成分综合模型：

$$F = \frac{\lambda_1}{\lambda_1 + \lambda_2}F_1 + \frac{\lambda_2}{\lambda_1 + \lambda_2}F_2$$

设 $R_1 = \frac{\lambda_1}{\lambda_1 + \lambda_2}F_1 = \frac{2.3794529}{2.3794529 + 1.434653}F_1 = 0.623856F_1$，

$$R_2 = \frac{\lambda_2}{\lambda_1 + \lambda_2}F_2 = \frac{1.434653}{2.3794529 + 1.434653}F_2 = 0.376144F_2$$

$$\begin{aligned} F &= \frac{\lambda_1}{\lambda_1 + \lambda_2}F_1 + \frac{\lambda_2}{\lambda_1 + \lambda_2}F_2 \\ &= R_1F_1 + R_2F_2 \\ &= R_1(a_{11}Z_1 + a_{21}Z_2 + a_{31}Z_3 + a_{41}Z_4 + a_{51}Z_5) + R_2(a_{12}Z_1 + a_{22}Z_2 + a_{32}Z_3 + a_{42}Z_4 + a_{52}Z_5) \\ &= Z_1(R_1a_{11} + R_2a_{12}) + Z_2(R_1a_{21} + R_2a_{22}) + Z_3(R_1a_{31} + R_2a_{32}) + Z_4(R_1a_{41} + R_2a_{42}) + \\ &\quad Z_5(R_1a_{51} + R_2a_{52}) \end{aligned}$$

表 8-34　主成分分析计算过程数据（2010 年）

变量 Z	计算的主成分系数值		特征值比例		$a_{j1} \times R_1$	$a_{j2} \times R_2$	$a_{j1} \times R_1 + a_{j2} \times R_2$
	a_{j1}	a_{j2}	R_1	R_2			
土地开发强度	0. 606 636	0. 213 516	0. 623 856	0. 376 144	0. 378 453	0. 080 313	0. 458 77
经济活动强度	0. 629 763	0. 070 842	0. 623 856	0. 376 144	0. 392 881	0. 026 647	0. 419 53
交通网络密度	0. 240 28	−0. 460 07	0. 623 856	0. 376 144	0. 149 9	−0. 173 05	−0. 023 2
水资源利用强度	0. 094 903	0. 789 872	0. 623 856	0. 376 144	0. 059 206	0. 297 106	0. 356 31
城市化强度	0. 410 671	−0. 337 39	0. 623 856	0. 376 144	0. 256 199	−0. 126 91	0. 129 29

表 8-35　2010 年开发强度各项变量得分及综合得分和综合排名表

地区	综合得分	综合排名
阿拉善左旗	0.080	20
巴彦淖尔市	0.287	9
包头市	0.294	7
宝鸡市	0.254	10
鄂尔多斯	0.160	15
临汾市	0.157	16
吕梁市	0.146	17
石嘴山市	0.607	3
铜川市	0.232	12
渭南市	0.303	6
乌海市	1.206	1
吴忠市	0.414	4
咸阳市	0.400	5
忻州市	0.089	19
延安市	0.132	18
银川市	0.720	2
榆林市	0.172	13
运城市	0.252	11
中卫市	0.290	8
总体	0.166	14

在区域发展的过程中，资源稀缺和开发需求旺盛是大多数地区所面临的突出矛盾。市场机制的作用使人们追求高强度的开发和高效益的资源配置成为必然趋势，然而区域总体开发容量是有限度的，区域开发必须以保证生态环境质量和人们适宜生活的空间环境质量为前提。因此，必须确定区域适宜的开发强度、分配合理的开发容量并形成合理的空间密度分布，在满足发展需要和保证环境质量二者之间取得平衡。从黄河中上游能源化工区开发强度统计表（表 8-36）及空间分布图（图 8-18）上可以看出，阿拉善左旗、鄂尔多斯市、延安市、忻州市、吕梁市、临汾市处于较低开发等级阶段，其开发有待进一步加强。但这几个地区的生态环境比较脆弱，尤其是阿拉善左旗和鄂尔多斯市，大部分地区都是沙

漠或沙地地区，因此一定要慎重增大对这些地区的开发强度。内蒙古自治区的乌海市，以及宁夏回族自治区沿黄城市带的银川市、石嘴山市和吴忠市处于开发等级较高阶段，尤其是内蒙古自治区的乌海市，研究期间，一直占据研究区开发强度最大位置，或许应对乌海市的开发适当进行限制。其他地区基本处于中度开发阶段（图 8-19）。我们将 2000 年、2005 年及 2010 年研究区开发强度综合指数得分值及其相对位次列于表 8-36。

表 8-36　黄河中上游能源化工区各地区开发强度指数及其相对位次统计表

地区	开发强度综合指数得分值			开发强度相对位次		
	2000 年	2005 年	2010 年	2000 年	2005 年	2010 年
阿拉善左旗	0.0615	0.0569	0.0798	20	20	20
巴彦淖尔市	0.1035	0.0760	0.2874	19	19	9
包头市	0.3576	0.3417	0.2945	11	10	7
宝鸡市	0.4513	0.3654	0.2541	9	9	10
鄂尔多斯市	0.1440	0.1324	0.1601	17	18	15
临汾市	0.5583	0.4176	0.1575	7	8	16
吕梁市	0.3479	0.2971	0.1462	13	13	17
石嘴山市	0.7279	0.6244	0.6074	5	5	3
铜川市	0.5394	0.4645	0.2315	8	7	12
渭南市	0.6638	0.5493	0.3027	6	6	6
乌海市	1.2025	1.1408	1.2057	1	1	1
吴忠市	0.3881	0.3228	0.4138	10	11	4
咸阳市	0.8328	0.7532	0.4000	3	2	5
忻州市	0.3534	0.2843	0.0887	12	14	19
延安市	0.1402	0.2194	0.1317	18	16	18
银川市	1.1085	0.6447	0.7204	2	4	2
榆林市	0.1459	0.1698	0.1724	16	17	13
运城市	0.8134	0.7255	0.2517	4	3	11
中卫市	0.1970	0.3145	0.2901	15	12	8
总体	0.2558	0.2332	0.1659	14	15	14

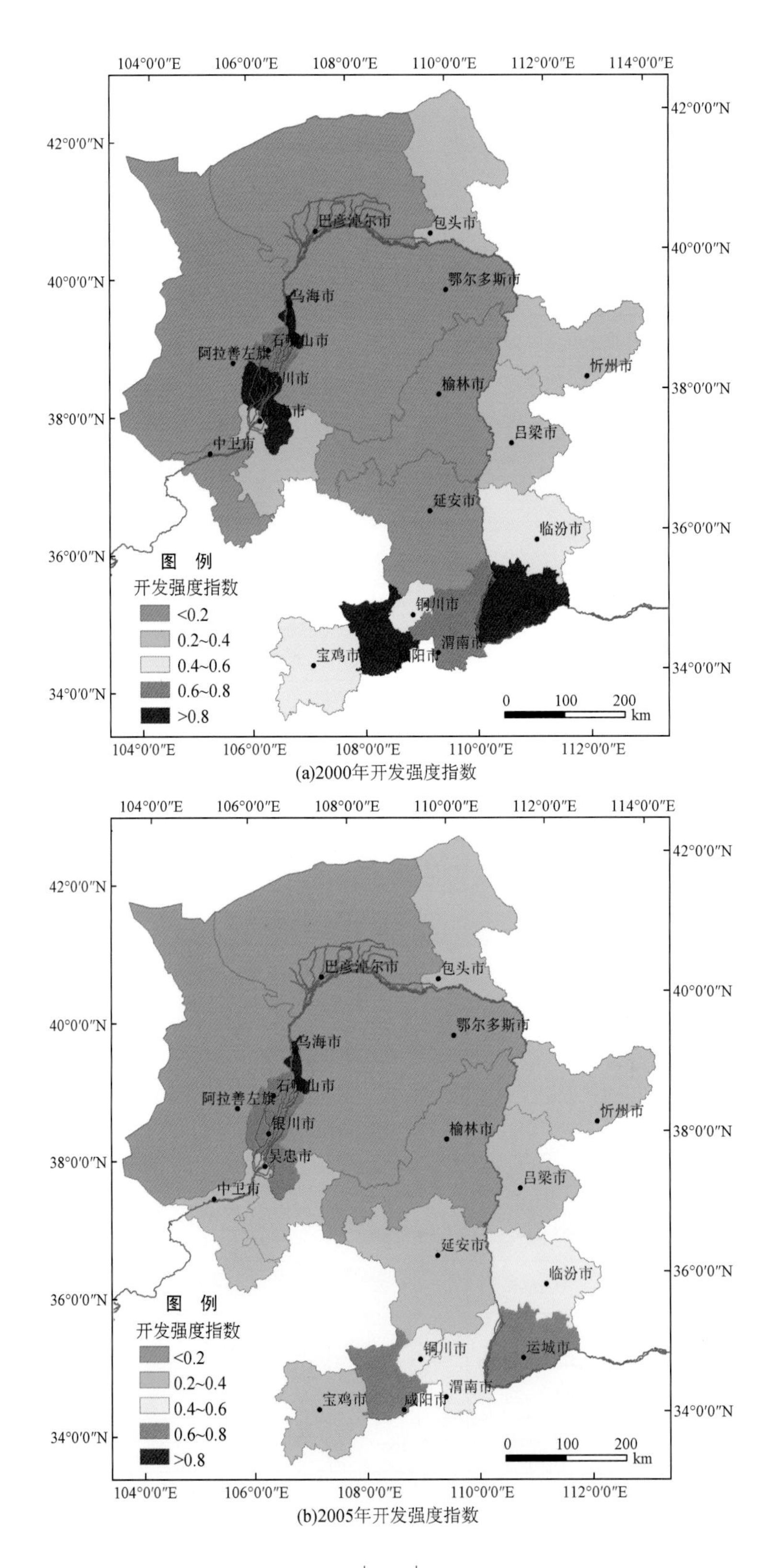

(a)2000年开发强度指数

(b)2005年开发强度指数

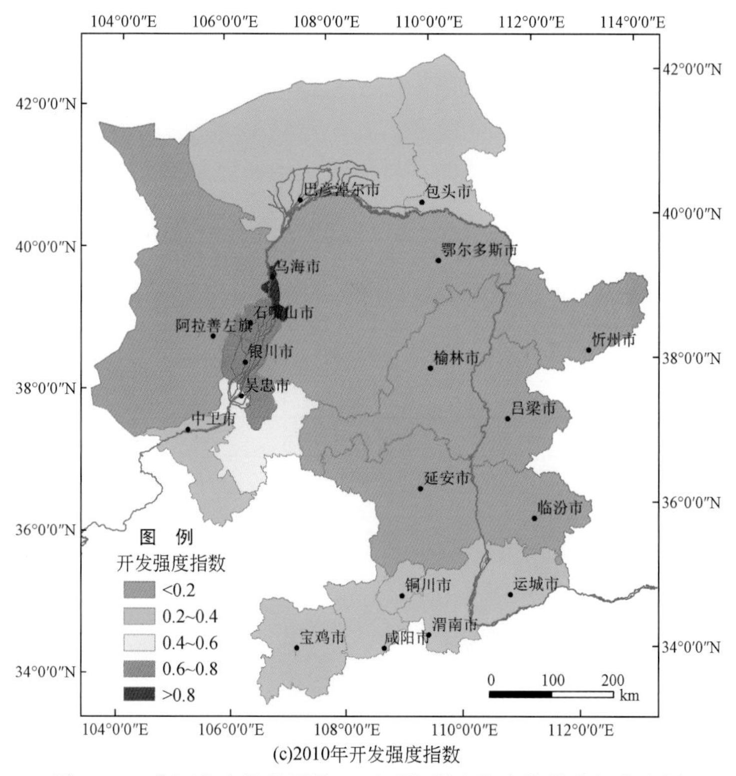

(c)2010年开发强度指数

图 8-18 黄河中上游能源化工区开发强度综合指数空间分布图

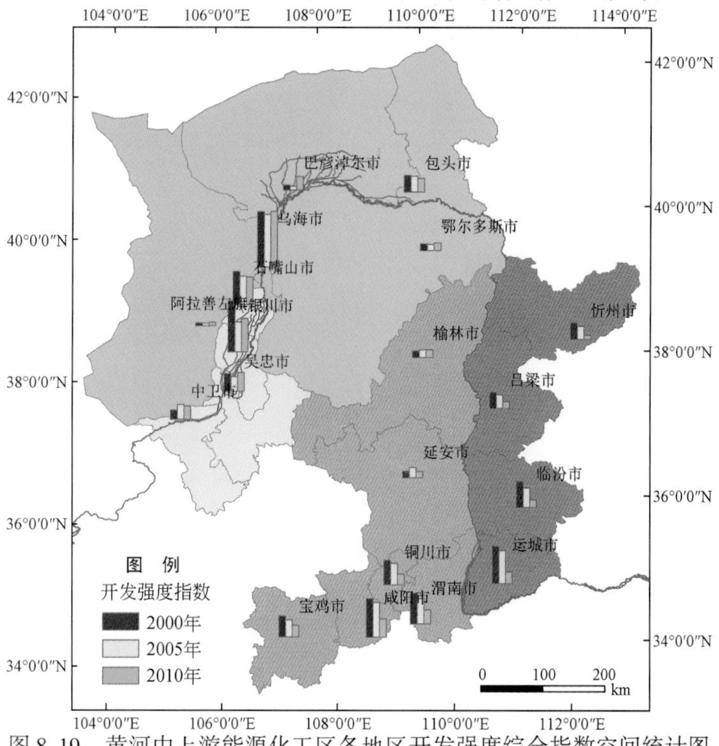

图 8-19 黄河中上游能源化工区各地区开发强度综合指数空间统计图

2000～2010 年，开发强度增加最快的是宁夏回族自治区沿黄城市带的 4 个地区，2010 年占据着研究区开发强度最大值的前四位中的三席（内蒙古自治区的乌海市居首位），而开发强度下降最快的是山西省的 4 个地区。其他地区基本没有表现出太明显的变化趋势（图 8-19）。研究区开发强度发生变动的区域面积统计如表 8-37 和图 8-20 所示。

表 8-37　黄河中上游能源化工区开发强度分级统计

级别	2000 年		2005 年		2010 年	
	面积/km²	比例/%	面积/km²	比例/%	面积/km²	比例/%
小（<0.2）	325 366.7	64.0	274 825.2	54.06	313 158.8	61.60
较小（0.2～0.4）	89 995.7	17.70	158 667.5	31.21	155 488.23	30.59
中（0.4～0.6）	42 301.23	8.32	37 190.83	7.32	26 489.9	5.21
较大（0.6～0.8）	17 115.61	3.37	36 006.26	7.08	11 552.86	2.27
大（>0.8）	33 571.15	6.6	1 660.6	0.33	1 660.6	0.33

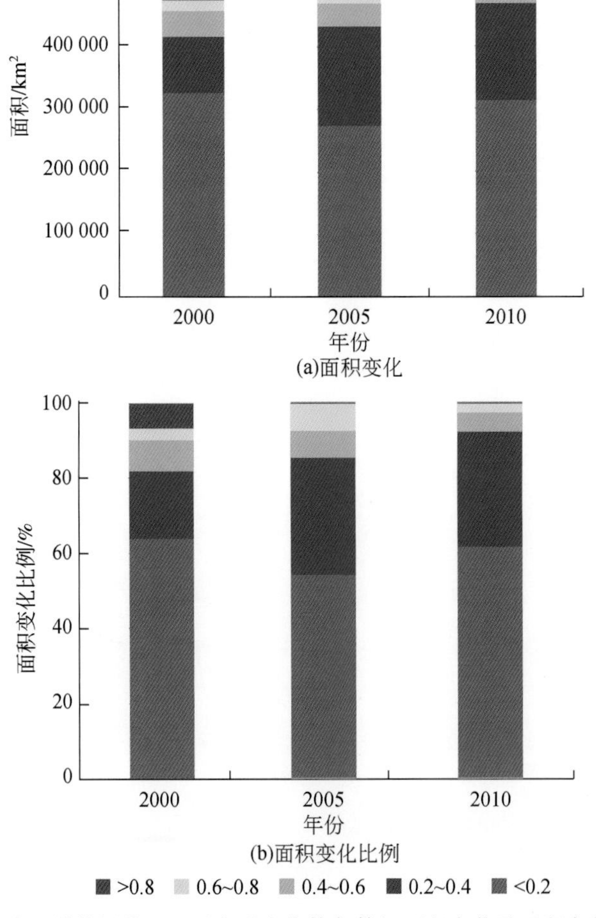

图 8-20　黄河中上游能源化工区开发强度指数各等级面积变化及面积变化比例统计图

黄河中上游能源化工区整体开发强度指数从 2000 年的 0.2558 下降为 2005 年的 0.2332，再降为 2010 年的 0.1659，即该区域开发活动在相对减弱，因此可适当增大在该区的开发活动。

从开发强度的面积变化来看（表 8-38），2000～2010 年只有位于较小开发强度等级的土地面积在增大，位于其他开发强度等级的土地面积均在减小。整体上看，区域开发活动有所减弱。

表 8-38　黄河中上游能源化工区 2000～2010 年开发强度面积及比例变化

级别	2000～2005 年变化		2005～2010 年变化		2000～2010 年变化	
	面积/km^2	比例/%	面积/km^2	比例/%	面积/km^2	比例/%
小（<0.2）	-50 541.5	-15.53	38 333.6	13.95	-12 207.9	-3.75
较小（0.2～0.4）	68 671.8	76.31	-3 179.27	-2.00	65 492.53	72.77
中（0.4～0.6）	-5 110.4	-12.08	-10 700.93	-28.77	-15 811.33	-37.38
较大（0.6～0.8）	18 890.65	110.37	-24 453.4	-67.91	-5 562.75	-32.50
大（>0.8）	-31 910.55	-95.05	0	0.00	-31 910.55	-95.05

结合黄河中上游能源化工区开发强度（表 8-36）的分析，得出研究区开发强度及其动态统计表（表 8-39）。

表 8-39　黄河中上游能源化工区开发强度综合指数及其动态度统计表

地区	开发强度综合指数得分值			开发强度综合指数动态度/%		
	2000 年	2005 年	2010 年	2000～2005 年	2005～2010 年	2000～2010 年
阿拉善左旗	0.0615	0.0569	0.0798	(7.54)	40.30	29.73
巴彦淖尔市	0.1035	0.0760	0.2874	(26.55)	277.95	177.61
包头市	0.3576	0.3417	0.2945	(4.43)	(13.83)	(17.65)
宝鸡市	0.4513	0.3654	0.2541	(19.04)	(30.47)	(43.70)
鄂尔多斯市	0.1440	0.1324	0.1601	(8.06)	20.91	11.16
临汾市	0.5583	0.4176	0.1575	(25.19)	(62.29)	(71.79)
吕梁市	0.3479	0.2971	0.1462	(14.62)	(50.77)	(57.97)
石嘴山市	0.7279	0.6244	0.6074	(14.22)	(2.73)	(16.56)
铜川市	0.5394	0.4645	0.2315	(13.87)	(50.16)	(57.07)
渭南市	0.6638	0.5493	0.3027	(17.25)	(44.90)	(54.40)
乌海市	1.2025	1.1408	1.2057	(5.13)	5.69	0.27
吴忠市	0.3881	0.3228	0.4138	(16.82)	28.17	6.60
咸阳市	0.8328	0.7532	0.4000	(9.55)	(46.89)	(51.97)
忻州市	0.3534	0.2843	0.0887	(19.56)	(68.80)	(74.90)
延安市	0.1402	0.2194	0.1317	56.46	(39.98)	(6.09)
银川市	1.1085	0.6447	0.7204	(41.84)	11.75	(35.01)
榆林市	0.1459	0.1698	0.1724	16.38	1.53	18.16
运城市	0.8134	0.7255	0.2517	(10.80)	(65.30)	(69.05)

续表

地区	开发强度综合指数得分值			开发强度综合指数动态度/%		
	2000 年	2005 年	2010 年	2000 ~ 2005 年	2005 ~ 2010 年	2000 ~ 2010 年
中卫市	0. 1970	0. 3145	0. 2901	59. 62	(7. 75)	47. 25
总体	0. 2558	0. 2332	0. 1659	(8. 84)	(28. 85)	(35. 14)

对黄河中上游能源化工区 2000 ~ 2005 年、2005 ~ 2010 年、2000 ~ 2010 年耕地面积变化量、耕地面积动态度、城镇面积变化量、城镇面积动态度与对应年份开发强度综合指数动态度之间进行相关分析，发现它们之间没有显著的相关关系。

通过对黄河中上游能源化工区 2000 年、2005 年、2010 年开发强度与对应年份的耗水量之间的相关分析，发现它们之间也不存在显著的相关关系。

通过建立 2000 年、2005 年、2010 年人均生态承载力与开发强度之间的相关关系（表 8-40），发现人均生态承载力与开发强度之间呈负相关关系，尤其是在 2000 年和 2005 年，相关程度达到极显著水平，说明随着开发强度的增加，人均生态承载力下降。具体内容在第 4 章“4. 4 生态承载力变化的经济驱动力分析”中已经做了介绍。

表 8-40　黄河中上游能源化工区人均生态承载力与开发强度相关系数表（$n=20$）

项目	2000 年开发强度	2005 年开发强度	2010 年开发强度
2000 年人均生态承载力	-0. 707**		
	0. 000		
2005 年人均生态承载力		-0. 649**	
		0. 002	
2010 年人均生态承载力			-0. 406
			0. 076

** 在 0. 01 水平上显著相关。下行为显著性水平。

将 2000 年、2005 年和 2010 年环境胁迫指数与开发强度进行相关分析，结果见表 8-41。

表 8-41　黄河中上游能源化工区开发强度指数与环境胁迫指数相关系数表（$n=20$）

项目		开发强度指数		
		2000 年	2005 年	2010 年
环境胁迫指数	2000 年	0. 883**		
		0. 000		
	2005 年		0. 965**	
			0. 000	
	2010 年			0. 820**
				0. 000

** 在 0. 01 水平上显著相关。下行为显著性水平。

从表 8-41 和图 8-21 可以看出，3 个年份里，开发强度指数与环境胁迫指数之间均呈极显著（P=0.000）正相关关系，说明产业开发导致环境胁迫增大。二者之间的相关系数先增大后减小，说明后期开发强度对环境的依赖性在减弱。

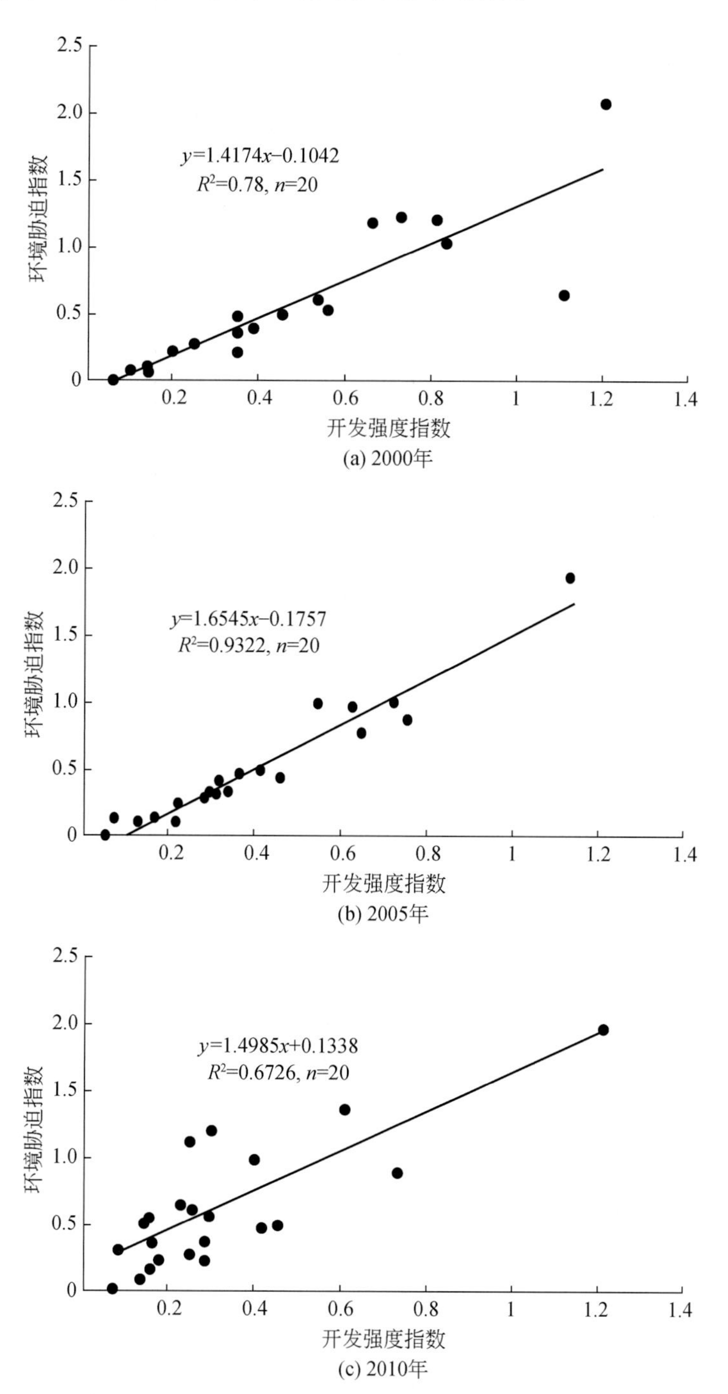

图 8-21　黄河中上游能源化工区开发强度指数与环境胁迫指数相关关系图

建立黄河中上游能源化工区开发强度与相关环境胁迫指标之间的相关关系，它们的相关系数见表8-42。

表8-42　黄河中上游能源化工区开发强度与相关环境胁迫指标相关系数统计表

开发强度	污水、废水排放强度	COD排放强度	工业固体废物排放强度	废气排放强度	烟粉尘排放强度	SO_2排放强度	人口密度
2000年	0.944**	0.793**	0.664**	0.737**	0.644**	0.699**	0.741**
	0.000	0.000	0.001	0.000	0.002	0.001	0.000
2005年	0.821**	0.912**	0.755**	0.753**	0.704**	0.778**	0.772**
	0.000	0.000	0.000	0.000	0.001	0.000	0.000
2010年	0.789**	0.829**	0.635**	0.718**	0.756**	0.800**	0.320
	0.000	0.000	0.003	0.000	0.000	0.000	0.169

** 在0.01水平上显著相关。下行为显著性水平。

可以看出，开发强度与环境胁迫各指标之间的相关系数均达到极显著相关水平（除2010年的人口密度与开发强度相关系数未达到显著相关外），尤其是开发强度指数与污水、废水排放强度和COD排放强度之间不仅达到极显著相关水平，而且相关系数也很高，表明黄河中上游能源化工区在资源开发过程中仍然是以牺牲环境为代价的，且资源开发与水资源关系极为密切（COD是通过废水排放的，而污水、废水更是直接与水相关联）。通过比较，笔者发现该区域的大气污染物排放量远高于全国平均水平，废水和COD排放水平与全国基本相当（图8-22）。因此该区域需要合理控制产业规模，提升整体技术水平，采取积极有效的循环经济模式，发展低碳经济，以减少温室气体和污水、废水排放，提升该区域的总体环境质量。

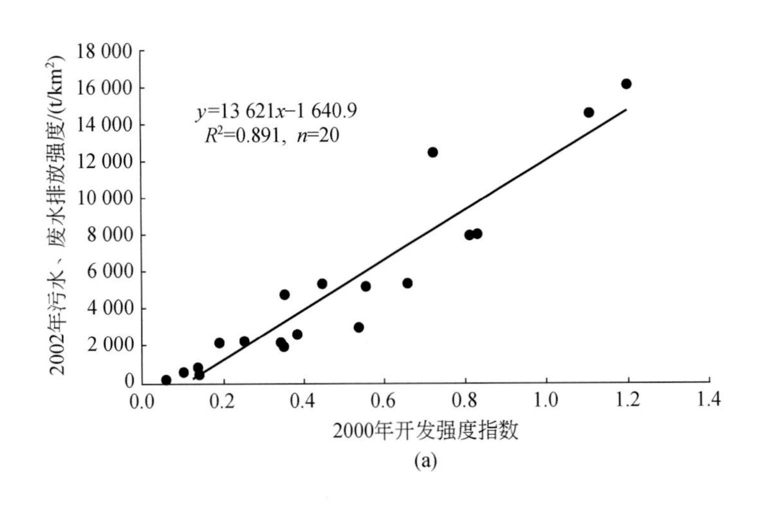

(a)

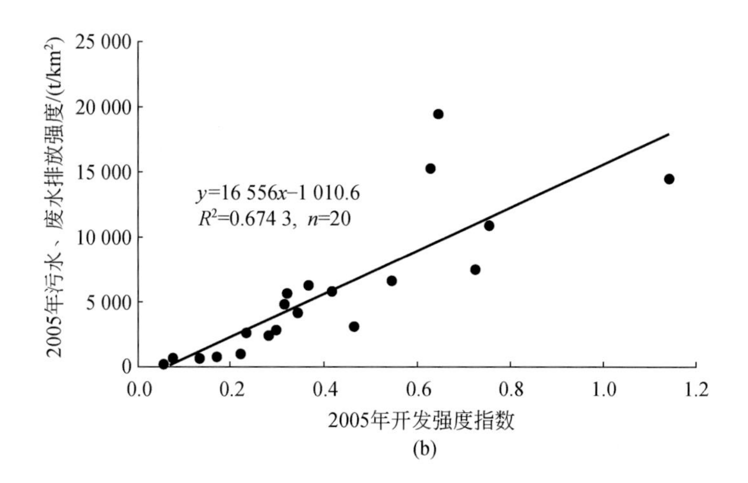

25 000
20 000
15 000
10 000
5 000
0
2005年污水、废水排放强度/(t/km²)
y=16 556x−1 010.6
R²=0.674 3, n=20
0.0
0.2
0.4
0.6
0.8
1.0
1.2
2005年开发强度指数

(b)

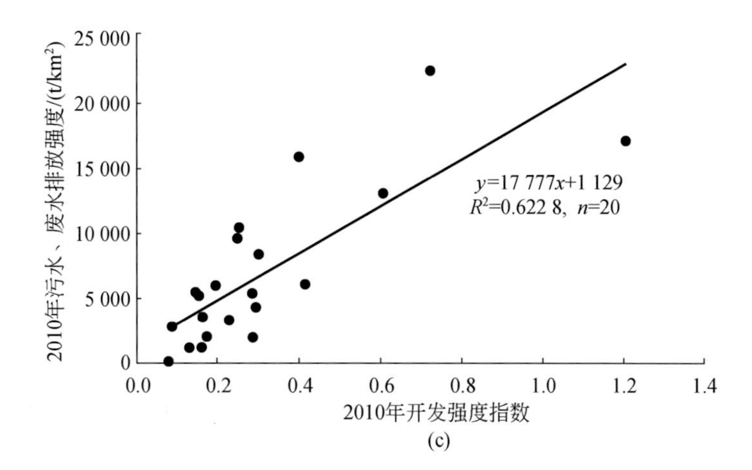

25 000
20 000
15 000
10 000
5 000
0
2010年污水、废水排放强度/(t/km²)
y=17 777x+1 129
R²=0.622 8, n=20
0.0
0.2
0.4
0.6
0.8
1.0
1.2
1.4
2010年开发强度指数

(c)

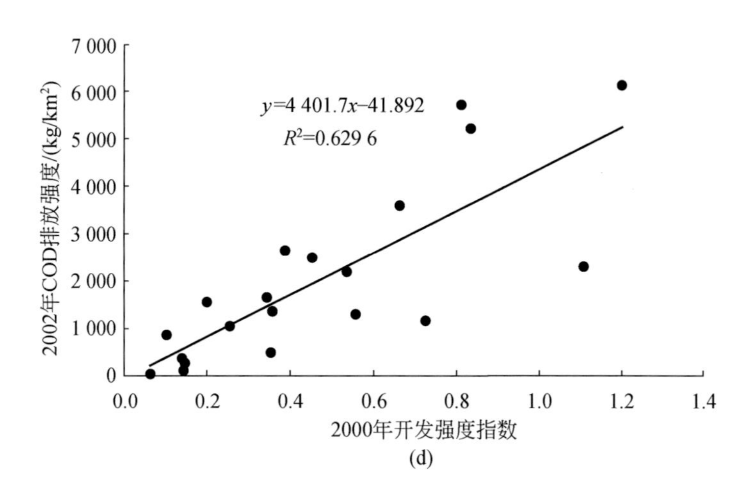

7 000
6 000
5 000
4 000
3 000
2 000
1 000
0
2002年COD排放强度/(kg/km²)
y=4 401.7x−41.892
R²=0.629 6
0.0
0.2
0.4
0.6
0.8
1.0
1.2
1.4
2000年开发强度指数

(d)

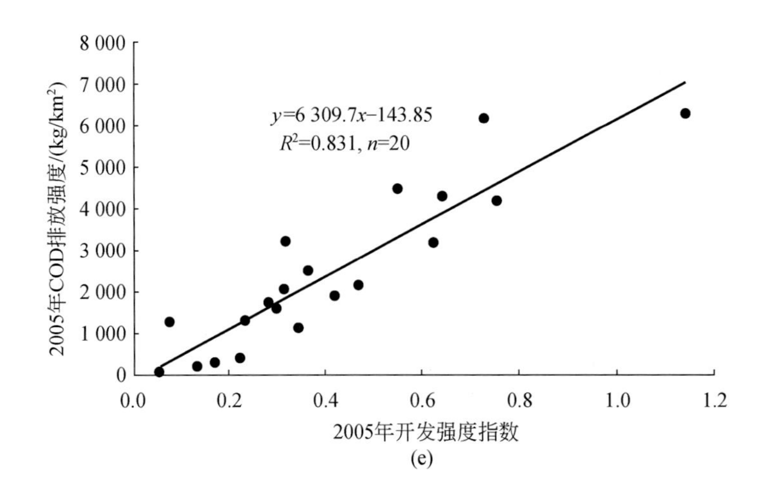

y=6 309.7x−143.85
R^2=0.831, n=20
2005年COD排放强度/(kg/km²)
2005年开发强度指数
8 000
7 000
6 000
5 000
4 000
3 000
2 000
1 000
0
0.0
0.2
0.4
0.6
0.8
1.0
1.2

(e)

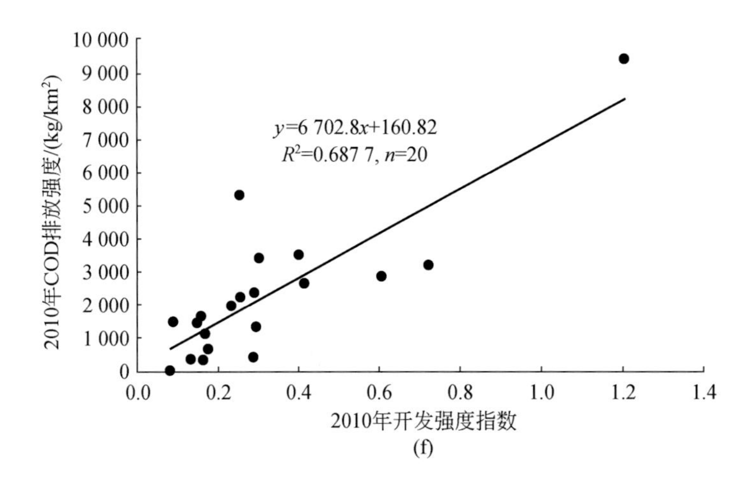

y=6 702.8x+160.82
R^2=0.687 7, n=20
2010年COD排放强度/(kg/km²)
2010年开发强度指数
10 000
9 000
8 000
7 000
6 000
5 000
4 000
3 000
2 000
1 000
0
0.0
0.2
0.4
0.6
0.8
1.0
1.2
1.4

(f)

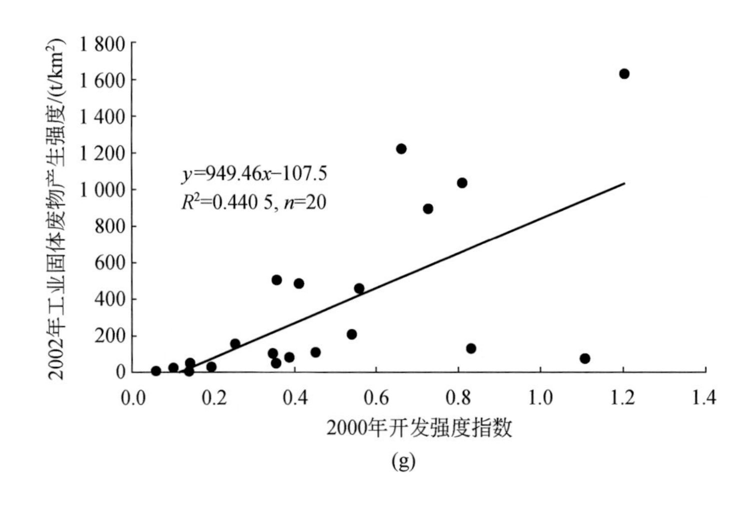

y=949.46x−107.5
R^2=0.440 5, n=20
2002年工业固体废物产生强度/(t/km²)
2000年开发强度指数
1 800
1 600
1 400
1 200
1 000
800
600
400
200
0
0.0
0.2
0.4
0.6
0.8
1.0
1.2
1.4

(g)

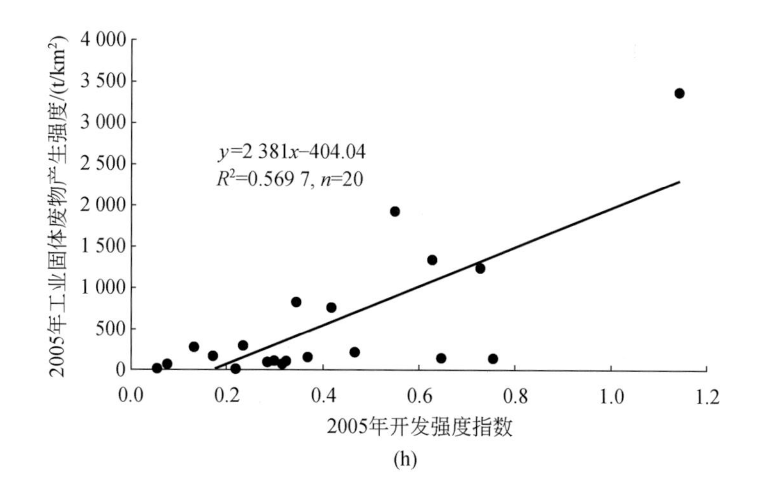

2005年工业固体废物产生强度/(t/km²)
y=2 381x−404.04
R^2=0.569 7, n=20
2005年开发强度指数

(h)

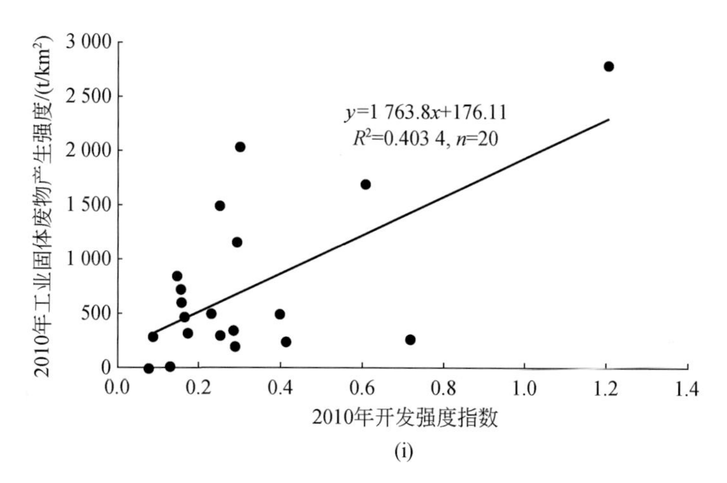

2010年工业固体废物产生强度/(t/km²)
y=1 763.8x+176.11
R^2=0.403 4, n=20
2010年开发强度指数

(i)

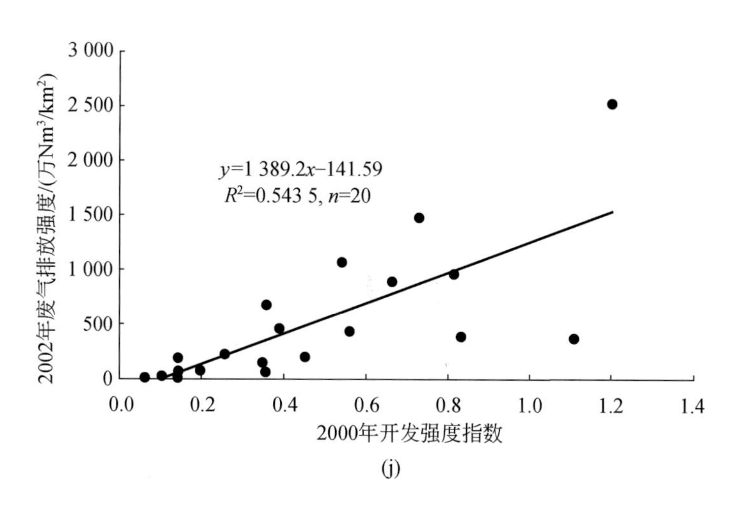

2002年废气排放强度/(万Nm³/km²)
y=1 389.2x−141.59
R^2=0.543 5, n=20
2000年开发强度指数

(j)

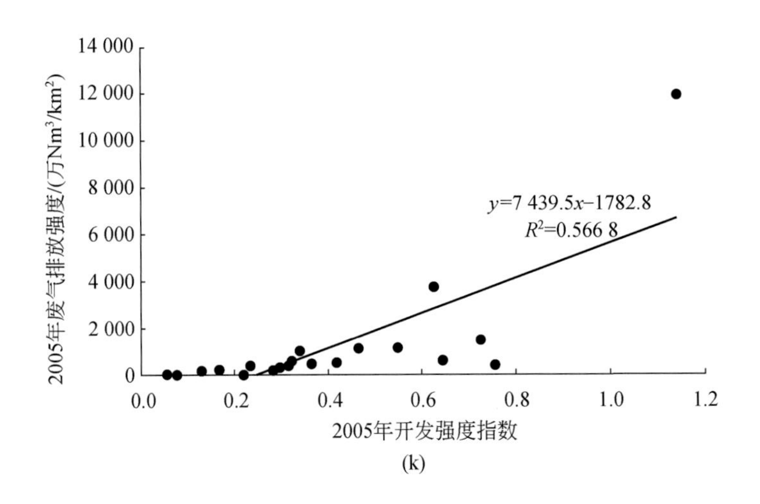

2005年废气排放强度/(万Nm³/km²)
14 000
12 000
10 000
8 000
6 000
4 000
2 000
0
0.0
0.2
0.4
0.6
0.8
1.0
1.2
y=7 439.5x−1782.8
R^2=0.566 8
2005年开发强度指数

(k)

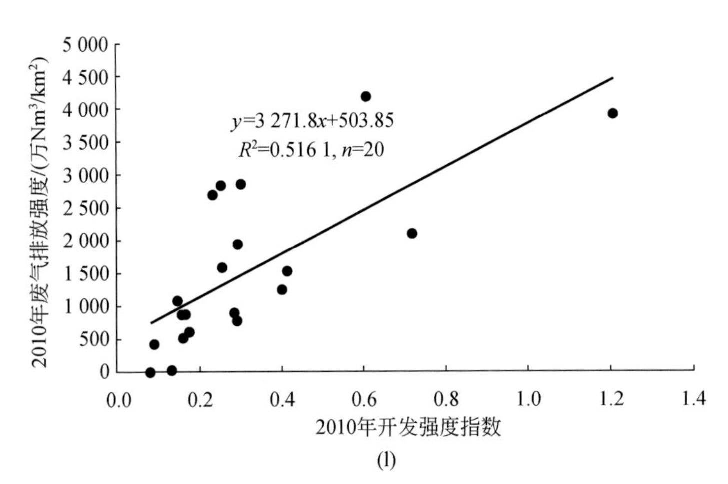

2010年废气排放强度/(万Nm³/km²)
5 000
4 500
4 000
3 500
3 000
2 500
2 000
1 500
1 000
500
0
0.0
0.2
0.4
0.6
0.8
1.0
1.2
1.4
y=3 271.8x+503.85
R^2=0.516 1, n=20
2010年开发强度指数

(l)

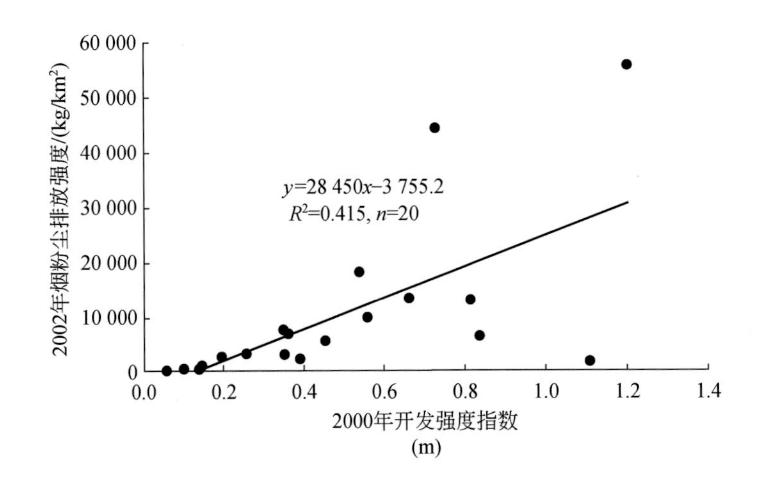

2002年烟粉尘排放强度/(kg/km²)
60 000
50 000
40 000
30 000
20 000
10 000
0
0.0
0.2
0.4
0.6
0.8
1.0
1.2
1.4
y=28 450x−3 755.2
R^2=0.415, n=20
2000年开发强度指数

(m)

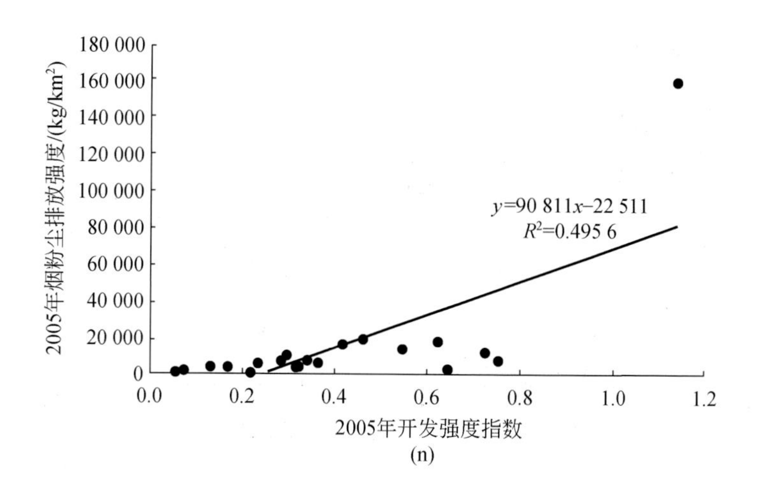

2005年烟粉尘排放强度/(kg/km²)
180 000
160 000
140 000
120 000
100 000
80 000
60 000
40 000
20 000
0
0.0
0.2
0.4
0.6
0.8
1.0
1.2
y=90 811x−22 511
R^2=0.495 6
2005年开发强度指数

(n)

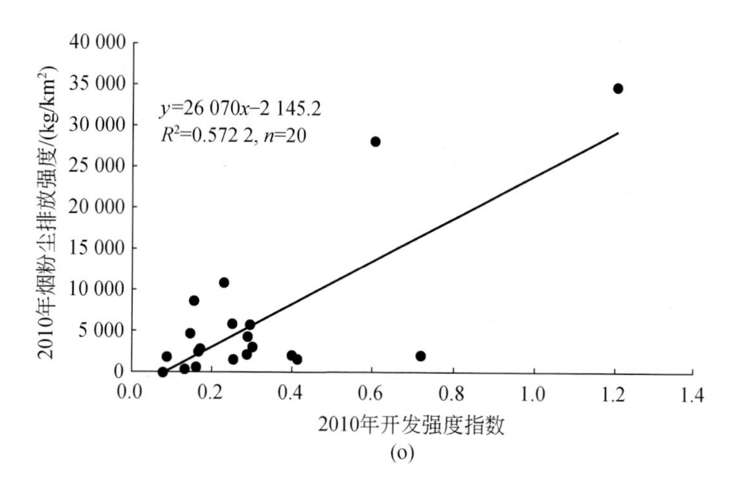

2010年烟粉尘排放强度/(kg/km²)
40 000
35 000
30 000
25 000
20 000
15 000
10 000
5 000
0
0.0
0.2
0.4
0.6
0.8
1.0
1.2
1.4
y=26 070x−2 145.2
R^2=0.572 2, n=20
2010年开发强度指数

(o)

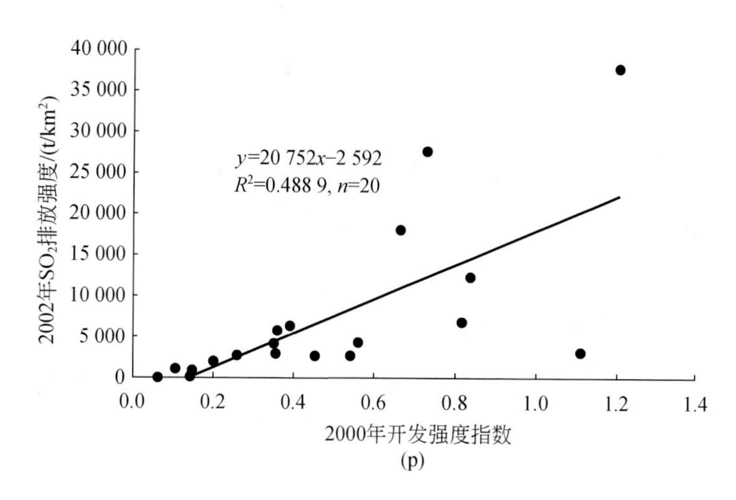

2002年SO_2排放强度/(t/km²)
40 000
35 000
30 000
25 000
20 000
15 000
10 000
5 000
0
0.0
0.2
0.4
0.6
0.8
1.0
1.2
1.4
y=20 752x−2 592
R^2=0.488 9, n=20
2000年开发强度指数

(p)

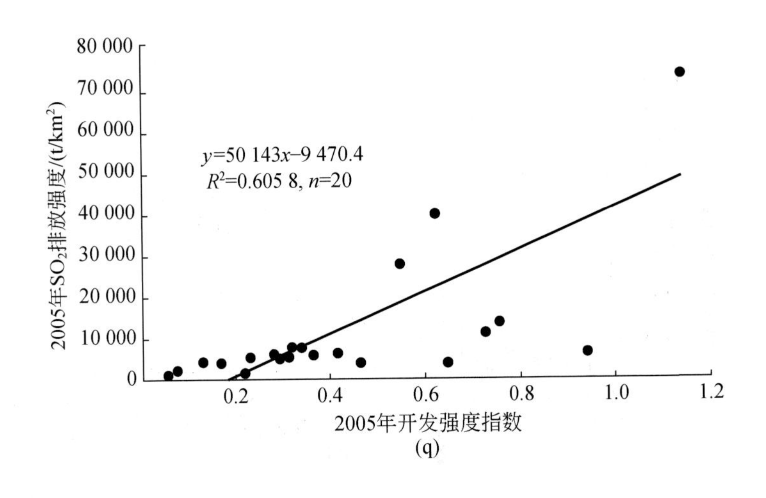
80 000
70 000
60 000
50 000
40 000
30 000
20 000
10 000
0
2005年SO2排放强度/(t/km2)
y=50 143x−9 470.4
R2=0.605 8, n=20
0.2
0.4
0.6
0.8
1.0
1.2
2005年开发强度指数
(q)

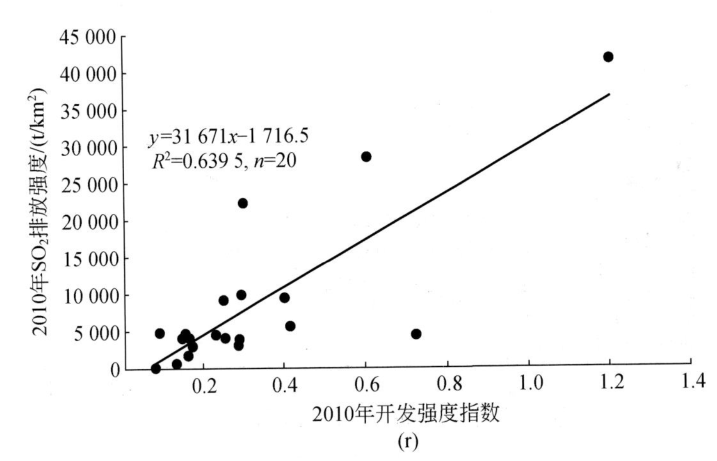
45 000
40 000
35 000
30 000
25 000
20 000
15 000
10 000
5 000
0
2010年SO2排放强度/(t/km2)
y=31 671x−1 716.5
R2=0.639 5, n=20
0.2
0.4
0.6
0.8
1.0
1.2
1.4
2010年开发强度指数
(r)

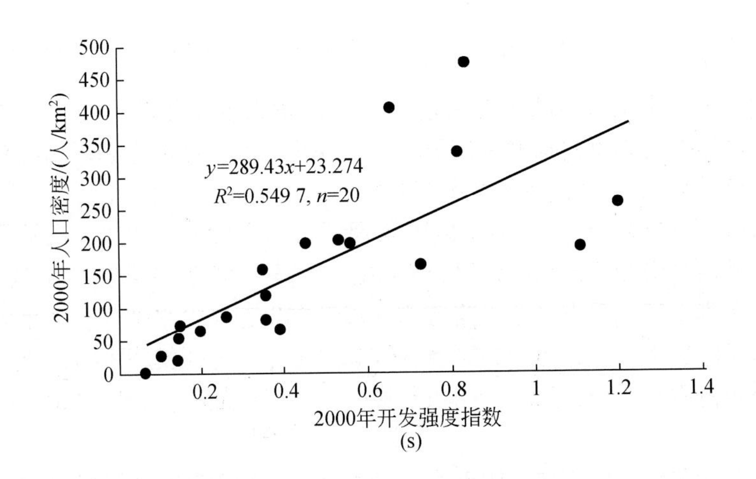
500
450
400
350
300
250
200
150
100
50
0
2000年人口密度/(人/km2)
y=289.43x+23.274
R2=0.549 7, n=20
0.2
0.4
0.6
0.8
1
1.2
1.4
2000年开发强度指数
(s)

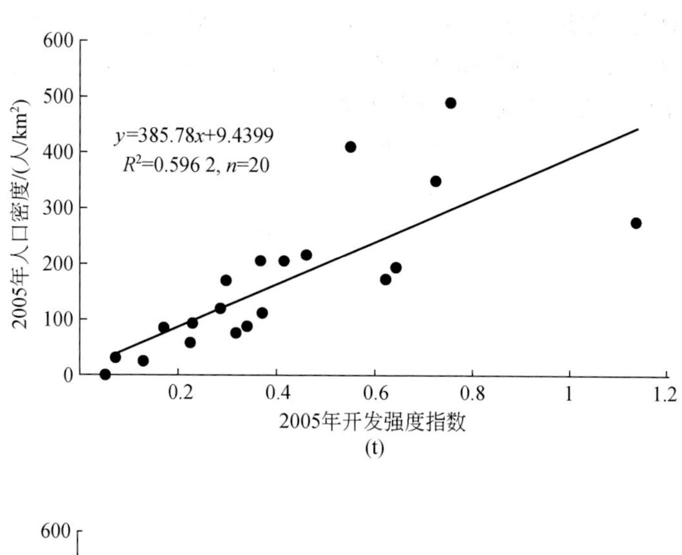

(t)

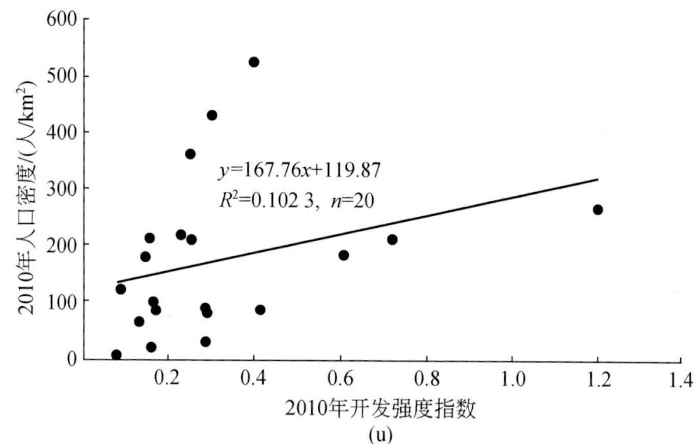

(u)

图 8-22 黄河中上游能源化工区开发强度指数与各环境胁迫因子相关关系图

综上所述，黄河中上游能源化工区近十年来开发强度变化较平稳，总体开发潜力较大，但在增大区域开发强度的时候一定要谨慎，因为该区整体的生态环境比较脆弱，尤其是区域北部、西北部的内蒙古自治区和宁夏回族自治区分布有大片的沙地，生态系统极易遭到破坏。黄丽华等（2011b）以生态风险景观评价为主要分析方法，揭示了黄河中上游能源化工区区域内的潜在生态风险水平也存在较大差异。鄂尔多斯市、巴彦淖尔市等自然生态风险源分布集中区、重点产业战略实施区域潜在生态风险水平高，多重风险源叠加影响易发生生态风险放大效应，是生态风险重点监控区，自然生态风险源分布相对较单一、生态风险源分布范围较小的山西省忻州市等地，重点产业战略实施区域潜在生态风险水平相对较低。

黄河中上游能源化工区煤炭资源丰富，是我国依赖资源推动经济增长的典型区域，也是我国主要的煤炭产区调出区、煤源重化工产品重要生产区。煤化工、能源电力等高耗水行业及煤炭开采业为该区重点发展产业。该区域跨半湿润、半干旱、干旱三种气候。自然环境的过渡性决定了区域生态环境的脆弱性。该区域不但干旱缺水，还面临土地沙化、土壤盐渍化、水土流失、湿地萎缩等生态环境问题。因此笔者建议，黄河中上游能源化工区实施重点产业发展战略及产业调整时应结合区域目前开发强度、潜在生态风险等特点，合理调控重点产业布局，提升区域生态安全水平。

第9章 社会经济与生态环境协调发展对策

生态环境是人类生存和社会经济可持续发展的基础，与人类福祉密切相关。加强生态保护、改善环境质量，是关系到我国现代化建设全局和长远发展的战略性工作。黄河中上游能源化工区位于我国东北—西南走向的生态过渡带上，气候、水文、土壤、植被等生态因子呈现迅速过渡的特点，独特的地理位置和自然环境的过渡性，决定了黄河中上游能源化工区生态环境的脆弱性。该区域生态系统稳定性差，干旱缺水，湿地萎缩，沙尘暴频发，土壤侵蚀、土壤盐渍化、土地沙化严重，是多重自然生态风险源集中分布区。近年来，该区域重点发展产业（煤炭开采与洗选业、石油加工业、炼焦及核燃料加工业、化学原料及化学制品制造业、黑色金属冶炼及压延加工业，以及电力、热力的生产和供应业等）扩张迅速，水环境污染等人为风险源开始凸现。生态用水被挤占，规划矿区粗放型煤矿开发等人为风险将加剧区域的生态脆弱性。随着黄河中上游能源化工区能源、化工等重化工业的快速扩张，部分区域产业发展与资源环境之间的矛盾突出，已严重影响区域的生态功能和环境质量，如不及时优化、引导和调控，将进一步恶化环境质量，降低生态功能，加剧生态风险，威胁区域可持续发展。为此，提出社会经济与生态环境协调发展对策。

黄河中上游能源化工区在全国具有重要的生态地位，是华北地区的生态防线、黄河流域生态安全核心区。区内广泛分布的荒漠生态系统保护区和野生动物栖息地保护区是华北地区风沙防线的重要组成部分，沿黄河分布的众多湿地保护区对黄河流域生态功能起着重要作用。其北部也是我国防风固沙、水土保持的关键区域。当荒漠化问题持续，生态用水长期不足时，这些自然保护区将难以维持，最终失去原有的生态功能，因此该区域生态环境质量的好坏将直接影响我国未来中长期生态安全的总体水平和环境质量的演变趋势。

黄河中上游能源化工区的区域经济基础薄弱，为我国后发展地区，但发展的意愿和需求强烈。该区域有我国重点扶持的贫困地区，部分地区生存条件恶劣，谋求生存发展的意愿非常强烈。该区域内不均衡的经济发展态势，更加激发了较落后地区的发展愿望。该区域作为我国煤炭的主要供给区，其发展需求将随着国家能源资源需求的增长而不断增长。与其他区域相比，黄河中上游能源化工区呈现出过度重工业化倾向，但仍是以钢铁、化学原料、石油加工等原材料工业为主。同时，在该区域能源化工产业中，中小型企业一直是该区域煤炭的开采主力，其规模普遍很小，与地区煤炭资源条件不匹配，而且产业集中度也比较低，产业结构仍需进一步优化；该区域是“西电东送”北通道的重要输出地，但目前仍以火力发电为主，其技术水平还有待提升；该地区也是电石的主要产地，但是其布局分散、技术水平普遍偏低（刘鹤等，2010）。

黄河中上游能源化工区在以较好的资源禀赋为基本背景，以需求结构和国家发展战略及政策选择等为主要外驱动力和调控手段的综合作用下不断演进，呈现出以强化第二产业为突出地位的主导趋势。以能源化工产业的发展主导的区域经济发展会受到水资源、大气环境及其他生态环境的制约。在重点产业的发展上，黄河中上游能源化工区有很大潜力，但要在新一轮区域发展中把握主动权，需要以创新的理念打造产业发展新模式，避免在资源环境问题上重蹈先发地区的覆辙。在黄河中上游能源化工区未来的发展中，必须摒弃传统非理性发展模式，在产业发展和布局方面充分考虑区域资源环境的禀赋条件；根据各地资源环境承载力、承载水平及重点产业发展的中长期风险，制定区域化产业发展和环境保护政策，形成合理的产业地域分工，以确保我国未来发展的核心区域及全国的生态安全。处理好黄河中上游能源化工区经济社会发展与生态环境保护的关系，推动发展方式的根本性转变，有利于促进黄河中上游能源化工区走资源节约型、环境友好型发展道路，是我国中长期经济社会可持续发展的战略性问题。

9.1 区域生态环境十年变化总体评价

黄河中上游能源化工区是在国家区域发展战略引领下的我国未来发展的重点区域之一。通过新一轮的遥感调查与评估，可以及时获取该区域的生态环境、开发强度、生态承载力等基础数据，为构建高效、协调、可持续的国土空间开发格局，评估社会经济发展对生态环境的影响，进而确保区域开发战略的落实提供重要的依据和保障。通过本研究，揭示了黄河中上游能源化工区生态环境现状、问题及其十年变化趋势。

在生态系统构成与格局的变化分析中，笔者了解到 2000 ~ 2010 年黄河中上游能源化工区生态系统发生了较明显的变化，主要体现为耕地面积减小、林地面积扩大，以及建设用地面积快速扩张。耕地面积减小了 5909km^2，林地面积扩大了 5622 km^2，而建设用地增加了 2159 km^2，变化率分别为 5.7%、8.26% 和 26.4%。为了从根本上改善黄河中上游能源化工区的生态环境状况，我国在该区域实施了大量的水土保持工程，以及不断推进的三北防护林工程、退耕还林（还草）、天然林保护等重大生态保护与建设工程。研究区生态系统构成与格局的变化体现了这些生态建设工程的成果。

2000 ~ 2010 年，研究区生态承载力下降了 1 193 730ghm^2，下降幅度为 1.95%，而人均生态承载力表现为相似的变化趋势。其中林地和建设用地生态承载力呈较快增长趋势，而耕地生态承载力呈下降趋势，这进一步体现为“退耕还林”所取得的成效。通过对生态承载力变化的经济驱动力的分析，笔者了解到人口增长、经济总量的扩张带来了建设用地的增加，这促进了生态承载力的提高，并且随着人类开发活动的增强、人口数量的增加，人均生态承载力下降。

2000 ~ 2010 年，研究区生态质量总体上趋向好转，这从主要通过自然环境因子构建的生态质量综合指数的变化上可以体现出来。研究期间内，虽然研究区植被覆盖度没有体现出明显的增大，但叶面积指数增加了 29.12%，净初级生产力和生物量均呈持续增加趋势。模型模拟土壤侵蚀（面蚀）的结果表明，2010 年研究区的土壤侵蚀量已经下降到 3.3 亿 t，佐证了黄河来沙量大量减少的事实。研究期间内，研究区湿地萎缩不太明显，可能是因为湿地面积相对于研究区来说太小，因此其变化不易确定。黄河干流的水污染状况在好转，但大部分支流的水污染比较严重，这进一步造成该区域的水质性缺水，会加重本来就已经很严重的区域水源性缺水问题。经过治理，该区域整体环境空气质量在好转，大部分地区已经不见酸雨，每年天气良好天数处于增加状态。生态质量的好转将为区域经济的扩张提供一个良好的基础，避免区域发展进入一条“先污染、后治理”的老路。

黄河中上游能源化工区是我国“三高”（高污染、高耗能、高耗水）产业的集聚区域之一，区域内不可避免地会受到废气、废水、废渣“三废”的环境胁迫。通过笔者构建的环境胁迫综合指数进行的研究表明，2002～2005 年研究区受到的环境胁迫在减小，而 2005～2010 年研究区所受到的环境胁迫在增大。环境胁迫和区域开发强度二者的相关分析研究结果表明，研究区的环境胁迫主要来自污水、废水排放和 COD 的排放，即都与污水排放有关。黄河中上游能源化工区是干旱缺水区域，水污染会进一步加重区域的缺水状况。因此笔者重点对该区域的水资源承载能力进行了评价，发现虽然区域的环境胁迫在增大，但主要由于科技水平的提高，区域的水资源承载能力在增强。

对区域开发强度的分析结果表明，其整体的开发强度在研究期间内并没有大的增强，相反有相对下降趋势，因此研究区总体开发潜力较大。分析开发强度与环境胁迫之间的关系可以发现，研究区开发强度的增大导致了环境胁迫的增强，在资源开发过程中该区域仍然是以牺牲环境为代价的，且资源开发与水资源的关系极为密切，但后期开发强度对环境的依赖性在减弱。通过比较发现该区域的大气污染物排放量远高于全国平均水平，废水和 COD 排放水平与全国基本相当。因此该区域需要合理控制产业规模，提升整体技术水平，采取积极有效的循环经济模式，发展低碳经济，以减少温室气体和污水、废水排放，提升该区域的总体环境质量。

总体来看，2000～2010 年黄河中上游能源化工区生态环境质量趋向转好，生态环境胁迫在波动增大，开发强度不大且相对有下降趋势，生态承载力略微波动上升，其资源和环境承载力可以支撑未来社会经济及产业的发展。虽然水资源是该地区社会经济发展的一个最主要的限制性因子，但区域的水资源承载力却处于上升趋势。

9.2 经济发展与环境保护协调发展对策

为实现黄河中上游能源化工区经济可持续发展并确保中长期生态环境安全，黄河中上游能源化工区经济发展过程中应该充分汲取西方发达国家和我国先发展地区资源环境代价过大的经验教训，采取有力措施，从思想意识、决策机制、空间布局和经济结构等方面，努力缓解、破解产业发展的空间布局与生态安全格局、结构规模和资源环境承载能力之间的矛盾。具体发展对策包括以下几个方面。

9.2.1 将生态文明建设摆在区域发展的突出位置

贯彻“十八大”指导思想，把生态文明建设放在突出地位，融入经济建设、政治建设、文化建设、社会建设各方面和全过程。深入贯彻落实科学发展观，以推动科学发展为主题，以体制机制创新为主线，加快推进生态文明建设制度体系的构建，走出一条经济又好又快发展、人民生活富裕、生态环境良好、社会文明进步、人与自然和谐相处的发展道路。

9.2.2 建立健全区域可持续发展的决策机制

创新决策理念，把环境、资源等生态因素作为各级政府重大决策时的重要评判依据。在重大事项和项目的决策过程中，优先考虑环境影响和生态效应，保证环境保护意识和要求切实进入各级党政决策者关于区域社会经济发展的具体决策中，从产业布局、经济结构等重大决策的源头上控制资源环境问题的产生。政府在制定宏观经济政策时，要有资源、环保、生态部门和其他有关部门共同参与，确保区域发展、经济发展总体战略、规划和政策充分考虑生态环境因素；组建跨学科的研究队伍，进行环境经济政策研究，为政策制定提供咨询服务；广泛听取利益相关者和公众的意见，由此形成一个多方参与的环境与发展政策制定机制，提高决策的科学性。对没有通过环境影响评价的政策、规划实行一票否决制。对涉及群众环境权益的重大事项，严格执行集体决策、社情民意反映、专家咨询、公示听证、环境评价、责任追究等制度。

9.2.3 优化产业发展的空间格局

加快推进国土规划编制实施工作，根据社会经济可持续发展的要求，以及自然、经济、社会条件，对土地的开发、利用、治理、保护按照空间和时间总体安排，进一步优化区域国土空间开发格局。基于全国生态功能区划与五大区域战略环境评价成果，提出黄河中上游能源化工区重点产业布局与全国基础性、战略性产业布局相协调的指导意见，确保国家重大生产力布局与国家生态安全格局及战略性资源的分布相协调；引导黄河中上游能源化工区充分发挥比较优势，实现错位发展，为形成区域内产业发展明确分工、有序布局、竞争合作的良性格局发挥示范引导作用，强化黄河中上游能源化工区内部重点产业发展布局的协调，避免“遍地开花”式的无序布局和恶性竞争；综合考虑全国能源重化工产能总体规模和空间发展战略，以及黄河中上游能源化工区各地市社会经济发展水平、产业发展定位和资源环境承载能力的差异，编制黄河中上游能源化工区产业发展规划，统筹安排区域内煤炭开采与洗选业、石油加工、化学原料及化学制品制造业等污染相对较重的大项目的布局。沿黄河城市应从流域整体的角度出发，综合考虑上游和下游环境容量差异进行产业布局，以减轻同一水系、同一污染物的环境负荷，促进流域整体协调发展。

9.2.4 加快区域经济结构的战略性调整

按照国家“十二五”时期推进经济结构战略性调整的总体要求，加速推进黄河中上游能源化工区经济结构实现战略性调整。建立差别化的产业、财政和环境政策，引导产业结构向资源节约、环境友好的方向调整与升级，化解区域产业结构规模与资源环境承载能力之间的矛盾；优化能源消费结构，探索煤炭高效清洁转化的新途径，适当开发利用新型清洁能源；大力推进传统产业的升级换代进程，加快淘汰小化工、小钢铁、小造纸、小水泥等高能耗、高污染的落后产能；加快发展低碳经济，加大对节能、清洁煤、可再生能源等低碳和零碳技术的研发与产业化投入，培育以低碳为特征的新的经济增长点；加快培育战略性新兴产业，大力发展新能源、新材料、电子信息等新型产业，积极培育环保、生物等潜力型新型产业。

9.3 区域生态环境的综合治理对策

生态环境问题已对区域经济社会的可持续发展带来威胁，而缓解这些问题仅靠企业和地方的投入远远不够。考虑到黄河中上游能源化工区重要产业基地的全局性作用，国家应当规划实施一批区域性生态环境治理工程，加快推进黄河中上游能源化工区生态环境恢复与保育，全面提升区域可持续水平。通过国家直接投资、财政补贴、生态转移支付等多种方式支持环境保护基础设施、生态环境保护重大项目的建设。同时，应当同步建设一批直接服务于重要产业基地及产业集聚区主要节点的环境保护基础设施，从强化能力建设入手，提升区域产业与人口集聚区条件，提升破解环境与发展突出矛盾的支撑能力。可采取以下措施。

9.3.1 提高人口素质，增强可持续发展观念

首先，人口增长是导致生态赤字的一个关键因素，人口的增加使物质的需求量急剧增加，从而给环境带来更大的压力，因此控制人口数量刻不容缓。同时应提高人口素质，改变人们的消费观，提倡绿色消费，杜绝浪费现象，从点点滴滴节约能源开始。其次，要加强宣传和培训，向广大人民群众普及环境保护知识，增强大家环境保护和可持续发展的意识。让群众时刻保持着环境保护意识，在实际生产、生活中从环境效益出发考虑问题，相关部门要加强关于环境保护意识的教育及环境管理方面的工作。

9.3.2 制定生态补偿、排污权交易和绿色金融等机制

地区间的不平衡发展势必带来地区间巨大的经济落差，降低山区保护生态环境的积极性。另外，重点发展地区排放的污染物会直接或间接影响生态保护地区的生态环境。因此，有必要在黄河中上游能源化工区对生态保护为主地区建立生态恢复和生态补偿机制。例如，因矿产资源开采而给周围环境造成污染、破坏的恢复治理，由矿产资源开发者和矿产资源利用受益者进行补偿；因矿产资源开采而造成周围环境污染、破坏从而导致该区域居民丧失发展机会，则由矿产资源开发者和矿产资源利用受益者给予补偿，以此达到保护

生态环境的目的。

在生态补偿机制下继续推行“退耕还林（还草）”工作，增大黄河中上游能源化工区的植被覆盖度。植被覆盖度的增加对于该地区土壤侵蚀、土地沙化、沙尘暴频发等生态问题具有不言而喻的重要意义。此外，黄河中上游能源化工区还应当积极推进环境保险、绿色信贷和绿色融资等制度，继续增大公共财政对环保的支持力度，形成稳定、导向性强、使用具有极强针对性的专项财政资金保障体系。

9.3.3 提高生态修复和环境污染治理的科技含量，加强水污染治理

重视科学技术的作用，大力推广科学技术在清洁生产、燃气推广、生态修复、资源综合利用，以及废弃物再利用、生态产业等方面的应用，积极开发新产品，引进新技术。对科技含量较高的项目和有利于改善生态环境的适用技术，予以享受高新技术产业和先进技术的优惠政策。

针对黄河中上游能源化工区环境胁迫以污废水排放为主的特点，加强重要流域水环境综合治理、重点流域沿岸乡镇垃圾集中处理和规模化畜禽养殖场污染治理，保护黄河主干道及其主要支流等水生态廊道，提高流域水环境质量。控制水资源开发利用程度，在加强节水的同时，限制排入河、湖的污染物总量，保护好水资源和水环境。

9.3.4 调整优化产业结构及其空间布局

黄河中上游能源化工区产业结构的调整应该确立“优化第二产业结构，保证第一产业发展，重点扶持第三产业”的指导思想，采取以下具体措施：在确保粮食供需总量平衡的前提下，采取措施调整农牧结构和粮经结构，协调与生态环境的关系，重点发展具有市场潜力特色农牧业产品深加工，延伸产业链，提高附加值。继续把第二产业作为未来区域主要的经济增长点，严格控制和淘汰技术工业落后、高耗能、严重污染环境、破坏生态、浪费资源的产业项目；优化内部结构，大力扶持装备制造业等具有一定产业基础的非能源型制造业，努力将其培养成区域主导产业，积极培育电子信息、生物制药、新材料等高新技术产业，为区域产业转型和接替产业发展打下基础。把改造提升传统服务业与发展新兴现代服务业结合起来；在强化生产型服务业的基础上，重点扶持生活型服务业的发展，推动城市化进程；充分利用区域特色资源，大力发展旅游业等朝阳产业，将发展服务业与优化生态环境结合起来，努力创造合理的产业结构，为生态环境的可持续发展做出贡献。

黄河中上游能源化工区重点产业的发展，尤其是石化产业的大力发展将对周边地区产生一定的污染影响。应当采取以下措施进行综合整治：新建的重点产业区尽量规划在城市全年主导风向的下风向；在重点产业集聚区配套建设工业区集中污水处理设施，并且污水处理厂应当先于工业项目建设；在重点产业集聚区，尤其是石化产业区周边设置环境安全防范区，防范区内要求不新增居民点，控制人口规模，已有居民点在条件合适情况下逐步搬迁，该区域重点发展非污染型配套产业。

9.3.5 合理开发利用现有资源

积极树立资源保护观：在顺应经济发展需求的基础上，树立新的资源利用观念，努力推进土地资源配置的合理化和市场化；提高土地质量和利用率，提高农业综合生产能力，同时要改善农业生产条件，提高土地单位面积的产量。

黄河中上游能源化工区最大的生态问题仍然是水资源问题，为此应采取以下措施：①合理利用各种水源、优化配置区域水资源。协调好生活、生产和生态用水，确定合理的第一、二、三产业发展结构和用水比例，充分利用雨水、微咸水及中水等非常规水源，增加可利用水量。②节水挖潜，建设节水型社会。依靠科技进步和制度创新，提高水的利用效率和效益，强化节水型社会建设的管理体制，完善水资源高效利用工程体系，增强全社会的资源忧患意识。③实施水权转换，推动水资源高效利用。进一步推进区内的水权转换工作，一方面发展现代高新节水生态农业、完善农业节水工程体系和管理措施建设，提高用水效率；另一方面通过优化农业种植结构减少农业用水，实现农业水权向工业的转让。尝试在更大范围内开展跨区水权的转换，探索区域内水资源优化调配的模式，实现水资源的高效利用。④实施严格水资源管理制度，强化水资源管理。贯彻落实科学发展观，落实水资源管理的“三条红线”，加强水资源统一管理。

9.3.6 发展循环经济，构建资源节约型社会

大力推行节能减排，强化政府节能减排的政策导向作用，通过借鉴国内外的产业节能减排政策机制、管理法规，制定地方性节能减排的相关政策措施，并监督有效落实。发展循环经济，将循环经济的理念贯穿到经济发展和产品生产过程中，努力促进“资源—产品—污染排放”的传统生产方式向“资源—产品—再生资源”的循环经济模式转变。实现经济效益、社会效益及生态效益“三赢”的局面。这是一种人与自然和谐相处的经济发展新模式，可以循环的方式利用自然资源和环境容量，实现经济活动的生态转向及资源节约型社会的构建。

参考文献

柏超，陈敏，肖荣波，等. 2014. 广东省生态环境胁迫综合评价研究. 广东农业科学，41（14）：144-148.

边亮. 2009. 黄土高原区防护林遥感监测方法研究. 阜新：辽宁工程技术大学硕士学位论文.

蔡崇法，丁树文，史志华. 2000. 应用USLE模型与地理信息系统IDRISI预测小流域土壤侵蚀量的研究. 水土保持学报，14（2）：19-24.

陈楠，汤国安，刘咏梅，等. 2003. 基于不同比例尺的DEM地形信息比较. 西北大学学报（自然科学版），33（2）：237-240.

陈芳清，李永，郄光武，等. 2008. 水蓼对水淹胁迫的耐受能力和形态学响应. 武汉植物学研究，26（2）：142-146.

陈明星，陆大道，张华. 2009. 中国城市化水平的综合测度及其动力因子分析. 地理学报，64（4）：387-398.

陈文业，戚登臣，郑华平. 2008. 黄河首曲重大生态功能区护岸林建设问题探讨. 水土保持研究，6：210-214.

陈文业，郑华平，戚登臣，等. 2007. 黄河上游重大生态功能区草地逆型演替植物多样性变化研究. 中国草地学报，29（6）：6-11.

陈永林，谢炳庚，钟业喜，等. 2014. 县域交通优势度与经济发展的空间关联——以江西省为例. 地域研究与开发，33（5）：21-26.

陈忠升，陈亚宁，李卫红. 2011. 塔里木河干流径流损耗及其人类活动影响强度变化. 地理学报，66（1）：89-98.

崔旭，葛元英，白中科. 2010. 黄土区大型露天煤矿区生态承载力评价研究——以平朔安太堡露天煤矿为例. 中国生态农业学报，18（2）：422-427.

段春青，刘昌明，陈晓楠. 2010. 区域水资源承载力概念及研究方法的探讨. 地理学报，65（1）：82-90.

额尔登苏布达. 2013. 内蒙古鄂尔多斯3种草地植被类型碳储量的比较研究. 呼和浩特：内蒙古农业大学硕士学位论文.

冯明义，Walling D E，张信宝，等. 2003. 黄土丘陵区小流域侵蚀产沙对坡耕地退耕响应的^{137}Cs法. 科学通报，48（13）：1452-1457.

傅湘，纪昌明. 1999. 区域水资源承载能力综合评价：主成分分析法的应用. 长江流域资源与环境，8（2）：168-173.

高吉喜. 2001. 可持续发展理论探索——生态承载力理论、方法与应用. 北京：中国环境科学出版社.

高湘昀，安海忠，刘红红. 2012. 我国资源环境承载力的研究评述. 资源与产业，14（6）：116-120.

高照良，付艳玲，张建军，等. 2013. 近50年黄河中游流域水沙过程及对退耕的响应. 农业工程学报，29（6）：99-105.

关靖云，瓦哈甫·哈力克，伏吉芮，等. 2015. 2002～2011年吐鲁番地区人类活动强度变化分析. 西安理工大学学报，31（1）：106-112.

关静，章娟. 2016. 基于OLS的城市土地开发强度需求与限制因素分析. 长白学刊，（2）：64-72.

关丽，刘湘南. 2009. 水稻镉污染胁迫遥感诊断方法与试验. 农业工程学报，25（6）：168-173.

国务院第一次全国水利普查领导小组办公室. 2010. 第一次全国水利普查培训教材之六：水土保持情况普查. 北京：中国水利水电出版社.

郝成元，吴绍洪，杨勤业．2004. 人地关系的科学演进．软科学，18（4）：1-3.
何凡能，李美娇，肖冉．2015. 中美过去300年土地利用变化比较．地理学报，70（2）：297-307.
胡志斌，何兴元，李月辉．2007. 岷江上游地区人类活动强度及其特征．生态学杂志，26（4）：539-543.
黄河水利委员会，黄河中游治理局．1993. 黄河水土保持志．郑州：河南人民出版社．
黄丽华，王亚男，韩笑．2011a. 黄河中上游能源化工区重点产业发展战略土地资源承载力评价．环境科学研究，24（2）：243-250.
黄丽华，胡志瑛，舒艳，等．2011b. 黄河中上游能源化工区重点产业发展战略生态风险评价．四川环境，30（2）：57-63.
黄溦溦，张念念，胡庭兴，等．2011. 高温胁迫对不同种源希蒙得木叶片生理特性的影响．生态学报，31（23）：7047-7055.
惠泱河，蒋晓辉，黄强．2001. 水资源承载力评价指标体系研究．水土保持通报，21（1）：30-33.
霍贝贝．2010. 铜川市聚落生态修复及其对策研究．西安：陕西师范大学硕士学位论文.
金鑫．2012. 银川市2001～2009年间大气环境及植被变化研究．南京：南京信息工程大学硕士学位论文.
雷金银．2012. 黄土高原北部风沙区土地退化与治理研究．银川：宁夏人民教育出版社.
李军．2014. 榆林市生态系统服务功能变化及其生态安全．西安：西北大学博士学位论文.
李令跃，甘泓．2001. 试论水资源合理配置和承载能力概念与可持续发展之间的关系．水科学进展，12（3）：307- 313.
李双双，延军平，万佳．2012. 近10年陕甘宁黄土高原区植被覆盖时空变化特征．地理学报，67（7）：960-970.
李香云，王立新，章予舒．2004. 西北干旱区土地荒漠化中人类活动作用及其指标选择．地理科学，24（1）：68-75.
凌虹，孙翔，朱晓东，等．2010. 基于化工发展胁迫的连云港生态风险预警研究．安全与环境学报，10（4）：111-116.
刘斌涛，陶和平，刘邵权，等．2012. 自然灾害胁迫下区域生态脆弱性动态——以四川省清平乡为例．应用生态学报，23（1）：193-198.
刘东生，郭正堂，吴乃琴．1994. 史前黄土高原的自然植被景观——森林还是草原．地球学报，（Z2）：226-234.
刘国霞．2012. 基于GIS的有居民海岛土地利用适宜性和开发强度评价研究——以东海岛为例．呼和浩特：内蒙古师范大学硕士学位论文．
刘鹤，刘毅，许旭．2010. 黄河中上游能源化工区产业结构的演进特征及机理．经济地理，30（10）：1657-1663.
刘述锡，孙钦邦，孙淑艳，等．2015. 海岸带开发强度评价研究——以温州为例．海洋开发与管理，32（2）：9-15.
刘晓燕，杨胜天，晓宇，等．2015. 黄河主要来沙区林草植被变化及对产流产沙的影响机制．中国科学：技术科学，10：1052-1059.
刘艳军，刘静，何翠．2013. 中国区域开发强度与资源环境水平的耦合关系演化．地理研究，32（3）：507-517.
刘艳艳，王少剑．2015. 珠三角地区城市化与生态环境的交互胁迫关系及耦合协调度．人文地理，3：64-71.
刘耀彬，宋学锋．2005. 城市化与生态环境耦合模式及判别．地理科学，25（4）：408-414.
逯明辉，巩振辉，陈儒钢，等．2009. 辣椒热胁迫及耐热性研究进展．北方园艺，9：99-102.

吕厚远，刘东生，郭正堂．2003. 黄土高原地质、历史时期古植被研究状况．科学通报，48（1）：2-7.
吕汝健．2003. 吴忠市受损生态系统恢复与重建模式研究．西安：西北大学硕士学位论文．
马斌，周志宇，张莉丽．2008. 阿拉善左旗植物物种多样性空间分布特征．生态学报，28（12）：6099-6106.
毛留喜，宇振荣，程序，等．2000. 北方农牧交错带人口胁迫与耕地利用的相互关系．农业工程学报，16（4）：11-14.
孟庆香．2006. 基于遥感、GIS和模型的黄土高原生态环境质量综合评价．杨凌：西北农林科技大学博士学位论文．
苗鸿，王效科，欧阳志云．2001. 中国生态环境胁迫过程区划研究．生态学报，21（1）：7-13.
欧阳志云，徐卫华，王学志．2008. 汶川大地震对生态系统的影响．生态学报，28（12）：5801-5809.
欧阳志云，张路，吴炳方，等．2015. 基于遥感技术的全国生态系统分类体系．生态学报，35（2）：219-226.
庞敏，侯庆春，薛智德．2005. 延安研究区主要自然植被类型土壤水分特征初探．水土保持学报，19（2）：138-141.
彭少明，王浩，张新海．2011. 黄河中上游能源重化工基地发展需求及水资源调控战略研究．中国水利，21：28-31.
乔标，方创琳，李铭．2005. 干旱区城市化与生态环境交互胁迫过程研究进展及展望．地理科学进展，24（6）：31-41.
秦超，李君轶，陈宏飞．2014. 近20年宝鸡市植被覆盖度动态变化及驱动力分析．山东农业科学，(9)：98-105.
饶本强，黄斌，张列宇，等．2010. 稀土元素Ce对爪哇伪枝藻盐胁迫耐受性的影响．农业环境科学学报，29（9）：1693-1701.
邵宏波，梁宗锁，邵明安．2005. 高等植物对环境胁迫的适应与其胁迫信号的转导．生态学报，25（7）：1772-1781.
邵薇薇，杨大文，孙福宝，等．2009. 黄土高原地区植被与水循环的关系．清华大学学报（自然科学版），12：1958-1962.
施炜纲，张敏莹，刘凯，等．2009. 水工工程对长江下游渔业的胁迫与补偿．湖泊科学，21（1）：10-20.
施雅风，曲耀光．1992. 乌鲁木齐河流域水资源承载力及其合理利用．北京：科学出版社．
宋静，王会肖，王飞．2013. 生态环境质量评价研究进展及方法评述．环境科学与技术，(S2)：448-453.
孙刚，周道玮．1999. 胁迫生态学研究进展．生态与农村环境学报，15（4）：42-46.
孙广友，王海霞，于少鹏，等．2004. 强胁迫力使脆弱环境突变——松辽平原百年开发史例证．第四纪研究，24（6）：663-671.
孙建国．2014. 黄土高原土地退化与植被动态的遥感分析．北京：中国环境出版社．
汤奇成，张捷斌．2001. 西北干旱地区水资源与生态环境保护．地理科学进展，(3)：227-232.
滕崇德. 1998. 植物学（上册）. 长春：东北师范大学出版社.
铁铮，廖行．2007. 黄土高原防护林体系高效配置出显著效益．北京林业大学学报，(2)：49.
王兵，张光辉，刘国彬，等．2012. 黄土高原丘陵区水土流失综合治理生态环境效应评价．农业工程学报，20：150-161.
王芳．2015. 渭南地区全新世以来的孢粉组合与古环境．石家庄：石家庄经济学院硕士学位论文．
王芳，黎夏，卓莉，等．2007. 基于Hyperion高光谱数据的城市植被胁迫评价．应用生态学报，18（6）：1286-1292.

王家骥，姚小红，李京荣．2000. 黑河流域生态承载力估测．环境科学研究，13（2）：44-48.
王盛萍，张志强，张化永，等．2010. 黄土高原防护林建设的恢复生态学与生态水文学基础．生态学报，9：2475-2483.
王霞，杨晓晖，张建军．2007. 西鄂尔多斯高原植被与环境间的关系研究．中国水土保持科学，5（3）：84-89.
王中根，夏军．1999. 区域生态环境承载力的量化方法研究．长江职工大学学报，16（4）：9-12.
魏丽，黄淑娥，李迎春，等．2005. 区域生态环境质量评价方法研究．气象，31（1）：23-28.
魏建兵，肖笃宁，解伏菊．2006. 人类活动对生态环境的影响评价与调控原则．地理科学进展，25（2）：36-45.
文安邦，张信宝，沃林 D E. 1998. 黄土丘陵区小流域泥沙来源及其动态变化的^{137}Cs 法研究．地理学报，53（S1）：124-133.
文琦，丁金梅．2011. 水资源胁迫下的区域产业结构优化路径与策略研究——以榆林市为例．农业现代化研究，32（1）：91-96.
文琦，刘彦随，丁金梅，等．2008. 银川市水资源胁迫与生态系统健康状况研究．资源科学，30（2）：247-253.
文英．1998. 人类活动强度定量评价方法的初步探讨．科学与社会，（4）：56-61.
吴炳方，苑全治，颜长珍．2014. 21 世纪前十年的中国土地覆盖变化．第四纪研究，34（4）：723-731.
吴钦孝，杨文治．1998. 黄土高原植被建设与持续发展．北京：科学出版社．
夏婷，王忠静，罗琳，等．2015. 基于 REDRAW 模型的黄河河龙间近年蒸散发特性研究．水利学报，7：811-818.
信忠保，许炯心，郑伟．2007. 气候变化和人类活动对黄土高原植被覆盖变化的影响．中国科学，37（11）：1504-1514.
徐建华．1990. 地理过程中人类活动定量分析的数学模型——以水土流失和沙漠化过程为例．兰州大学学报（社会科学版），18（3）：19-24.
徐勇，孙晓一，汤青．2015. 陆地表层人类活动强度：概念、方法及应用．地理学报，70（7）：1068-1079.
徐志刚，庄大方，杨琳．2009. 区域人类活动强度定量模型的建立与应用．地球信息科学学报，11（4）：452-460.
徐中民，程国栋，张志强．2001. 生态足迹方法——可持续性定量研究的新方法——以张掖地区 1995 年的生态足迹计算为例．生态学报，21（9）：1485-1494.
许炯心．2000. 黄河中游多沙粗沙区的风水两相侵蚀产沙过程．中国科学，30（5）：540-548.
颜冉，韩高峰，黄文娟．2014. 基于 OD 反推的合理土地开发强度方法研究．西南科技大学学报，29（2）：46-50.
杨开忠，杨咏，陈洁．2000. 生态足迹分析理论与方法．地球科学进展，15（6）：630-636.
杨勤业，袁宝印．1991. 黄土高原地区自然环境及其演变．北京：科学出版社.
杨勇．2007. 咸阳市土地利用变化与生态安全评价. 西安：陕西师范大学硕士学位论文.
尧德明，陈玉福，张富刚，等．2008. 海南省土地开发强度评价研究．河北农业科学，12（1）：86-87.
姚治君，王建华，江东．2002. 区域水资源承载力的研究进展及其理论探析．水科学进展，13（1）：111-115.
翟红娟，崔保山，胡波，等．2007. 纵向岭谷区不同水电梯级开发情景胁迫下的区域生态系统变化．科学通报，S2：93-100.

张翠云，王昭．2004. 黑河流域人类活动强度的定量评价．地球科学进展，19（S1）：386-390.
张凯，司建华，王润元．2008. 气候变化对阿拉善荒漠植被的影响研究．中国沙漠，28（5）：879-885.
张晴雯，雷廷武，潘英华，等．2004. 细沟侵蚀可蚀性参数及土壤临界抗剪应力的有理（实验）求解方法．中国科学院研究生院学报，21（4）：468-475.
张文霖．2005. 主成分分析在 SPSS 中的操作应用．市场研究，（12）：31-34.
张信宝，李少龙，王成华，等．1989. 黄土高原小流域泥砂来源的 ^{137}Cs 法研究．科学通报，34（3）：210-213.
张永勇，夏军，王中根．2007. 区域水资源承载力理论与方法探讨．地理科学进展，26（2）：126-132.
章文波，谢云，刘宝元．2002. 利用日雨量计算降雨侵蚀力的方法研究．地理科学，22（6）：705-711.
赵国华，翟国静，李晓粤．2007. 水资源承载力的内涵与理论探析．水土保持研究，14（6）：289-294.
赵军凯，张爱社．2006. 水资源承载力的研究进展与趋势展望．水文，26（6）：47-51.
赵万羽，李建龙，陈亚宁．2008. 天山北坡区域生态承载力与可持续发展——以阜康市为例．生态学报，28（9）：4364-4371.
赵西宁，吴普特，王万忠．2004. 水资源承载力研究现状与发展趋势分析．干旱地区农业研究，22（4）：173-177.
中国科学院黄土高原综合科学考察队．1991. 黄土高原地区土壤资源及其合理利用．北京：中国科学技术出版社．
中国植被编辑委员会．1980. 中国植被．北京：科学出版社．
周能福，董旭辉，王亚男．2013. 黄河中上游能源化工区重点产业发展战略环境评价研究．北京：中国环境出版社．
Barrett G W，Dyne G M V，Odum E P. 1976. Stress ecology. Bioscience，26（3）：192-194.
Chen B，Chen G Q，Yang Z F，et al. 2007. Ecological footprint accounting for energy and resource in China. Energy Policy，35（3）：1599-1609.
Chen N，Ma T，Zhang X. 2016. Responses of soil erosion processes to land cover changes in the Loess Plateau of China：a case study on the Beiluo River basin. Catena，136：118-127.
Connell J H. 1978. Diversity in tropical rain forests and coral reef. Science，199（4335）：1302-1310.
Daily G C，Ehrlich P R. 1996. Socioeconomic equity，sustainability and earths carry capacity. Ecological Application，6（4）：991-1001.
Dang X，Liu G，Xue S，et al. 2013. An ecological footprint and emergy based assessment of an ecological restoration program in the loess hilly region of China. Ecological Engineering，61（8）：258-267.
Feng X，Wang Y，Chen L，et al. 2010. Modeling soil erosion and its response to land-use change in hilly catchments of the Chinese Loess Plateau. Geomorphology，118（3-4）：239-248.
Foster G R，Meyer L D，Onstad C A. 1977. A runoff erosivity factor and variable slope length exponents for soil loss estimates. Transactions of the ASAE，20（4）：683-687.
Fu B，Liu Y，Lü Y，et al. 2011. Assessing the soil erosion control service of ecosystems change in the Loess Plateau of China. Ecological Complexity，8（4）：284-293.
Fu B J，Zhao W W，Chen L D，et al. 2005. Assessment of soil erosion at large watershed scale using RUSLE and GIS：a case study in the Loess Plateau of China. Land Degradation & Development，16（1）：73-85.
Hickey R. 2000. Slope angle and slope length solutions for GIS. Cartography，29（1）：1-8.
Hickey R，Smith A，Jankowski P. 1994. Slope length calculations from a DEM within ARC/INFO grid. Computers Environment Urban Systems，18（5）：365-380.

Jolliffe I T. 2002. Principal Component Analysis, Series: Springer Series in Statistics. 2nd ed. New York: Springer.

Knight R L, Swaney D P. 1981. In defense of ecosystems . American Naturalist, 117 (6): 991-992.

Lal R. 2001. Soil degradation by erosion. Land Degradation & Development, 12 (12): 519-539.

Li X, Liu L, Duan Z, et al. 2013. Spatio-temporal variability in remotely sensed surface soil moisture and its relationship with precipitation and evapotranspiration during the growing season in the Loess Plateau, China . Environmental Earth Sciences, 71 (4): 1809-1820.

Li Y, Liang K, Liu C, et al. 2016. Evaluation of different evapotranspiration products in the middle Yellow River Basin, China. Hydrology Research, doi: 10.2166/nh.2016.120.

Liu R, Wen J, Wang X, et al. 2010. Actual daily evapotranspiration estimated from MERIS and AATSR data over the Chinese Loess Plateau. Hydrology & Earth System Sciences, 4841 (1): 36-45.

Lufafa A, Tenywa M M, Isabirye M, et al. 2003. Prediction of soil erosion in a Lake Victoria basin catchment using a GIS-based Universal Soil Loss Model. Agricultural Systems, 76 (3): 883-894.

Mccool D K, Brown L C, Foster G R. 1987. Revised slope steepness factor for the Universal Soil Loss Equation. Transactions of the ASAE, 30 (5): 1387-1396.

Mccool D K, Foster G R, Mutchler C K, et al. 1989. Revised slope length factor for the Universal Soil Loss Equation. Transactions of the ASAE, 32 (5): 1571-1576.

Miao C Y, Ni J R, Borthwick A G L. 2010. Recent changes of water discharge and sediment load in the Yellow River Basin, China. Progress in Physical Geography, 34 (4): 541-561.

Odum E P, Finn J T, Franz E H. 1979. Perturbation theory and the subsidy-stress gradient. Bioscience, 29 (6): 349-352.

Paine R T. 1979. Disaster, catastrophe, and local persistence of the sea *Palmpostelsia palmaeformis*. Science, 205 (4407): 685-687.

Rees W. 1992. Ecological footprints and appropriated carrying capacity: what urban economics leaves out. Environment and Urbanization, 4 (2): 121-130.

Sharply A N, Williams J R. 1990. EPIC——Erosion/Productivity Impact Calculator 1. Model Documentation. United States Department of Agriculture Technical Bulletin Number 1768, Washington D. C. : USDA-ARS.

Sleeser M. 1990. Enhancement of Carrying Capacity Option (ECCO) . London: The Resource Use Institute.

Sprugel D G, Bormann F H. 1981. Natural disturbance and the steady state in high-altitude balsam fir forests. Science, 211 (4480): 390-393.

Sun W, Shao Q, Liu J, et al. 2014. Assessing the effects of land use and topography on soil erosion on the Loess Plateau in China. Catena, 121 (7): 151-163.

Uchijima Z, Seino H. 1993. Assessment of net primary productivity of the Earth's natural vegetation. Journal of Agricultural Meteorology, 48 (5): 859-862.

Uchijima Z, Seino H. 1995. Agroclimatic evaluation of net primary productivity of natural vegetation: Chikugo model for evaluating primary productivity . Journal of Agricultural Meteorology, 40: 343-352.

Van der Knijff J M, Jones R J A, Montanarella L. 1999. Soil Erosion Risk Assessment in Europe. EUR 19044 EN. Luxembourg: Office Communities.

Van Leeuwen W J D, Sammons G. 2004. Vegetation dynamics and erosion modeling using remotely sensed data (MODIS) and GIS. Salt Lake City: Tenth Biennial USDA Forest Service Remote Sensing Applications Conference.

Van Remortel R D, Hamilton M E, Hickey R J. 2001. Estimating the LS factor for RUSLE through iterative slope length processing of digital elevation data within ArcInfo Grid. Cartography, 30 (1): 27-35.

Vitousek P M, Mooney H A, Lubchenco J, et al. 1997. Human domination of Earth's ecosystems. Science, 277 (5325): 494-499.

Wackernagel M, Rees W. 1998. Our Ecological Footprint: Reducing Human Impact on the Earth. Gabriola Island: New Society Publishers.

Wang S, Fu B J, Gao G Y, et al. 2012. Soil moisture and evapotranspiration of different land cover types in the Loess Plateau, China. Hydrology & Earth System Sciences, 16 (8): 2883-2892.

Wang Y Q, Shao M A, Liu Z P. 2013. Vertical distribution and influencing factors of soil water content within 21m profile on the Chinese Loess Plateau. Geoderma, 193-194: 300-310.

Wischmeier W, Smith D. 1978. Predicting Rainfall Erosion Losses: A Guide to Conservation. Agricultural Handbook 537. Washington D. C.: US Department of Agriculture.

Xu M, Li Q, Wilson G. 2016. Degradation of soil physicochemical quality by ephemeral gully erosion on sloping cropland of the hilly Loess Plateau, China. Soil & Tillage Research, 155: 9-18.

Zhang Q F, Wang L, Wu F Q. 2008. GIS-based assessment of soil erosion at Nihe Gou catchment. Agricultural Sciences in China, 7 (6): 746-753.

Zhao X, Zhang B, Wu P. 2014. Changes in key driving forces of soil erosion in the Middle Yellow River Basin: vegetation and climate. Natural Hazards, 70 (1): 957-968.

Zhou Z C, Shangguan Z P, Zhao D. 2006. Modeling vegetation coverage and soil erosion in the Loess Plateau Area of China. Ecological Modelling, 198 (1-2): 263-268.

索　引